U0294287

国家出版基金项目

"十三五"国家重点图书出版规划项目

"十四五"时期国家重点出版物出版专项规划项目

国家出版基金项目
NATIONAL PUBLICATION FOUNDATION

中国水电关键技术丛书

深厚覆盖层上高面板堆石坝关键技术与实践

周恒　陆希　沈振中　等　著

中国水利水电出版社

www.waterpub.com.cn

·北京·

内 容 提 要

本书系国家出版基金项目《中国水电关键技术丛书》之一。本书根据多座大中型水电站的混凝土面板堆石坝工程建设及行业领域技术开发课题成果，围绕深厚覆盖层上百米级高面板堆石坝在勘测、设计、施工与运行过程中存在的诸多关键技术问题，以及在深厚覆盖层上高面板堆石坝的理论研究与工程实践，采用理论研究、模型试验、数值模拟、监测分析预测等多手段融合，取得了一系列重大理论与技术上的突破，并在国内外十多个大型水利水电工程中进行了应用。

本书适用于水利水电工程设计、施工与科研的工程技术人员，对高等院校相关专业的学生也有较好的指导意义。

图书在版编目（CIP）数据

深厚覆盖层上高面板堆石坝关键技术与实践 / 周恒等著. -- 北京：中国水利水电出版社，2023.12
（中国水电关键技术丛书）
ISBN 978-7-5226-2099-2

Ⅰ．①深… Ⅱ．①周… Ⅲ．①堆石坝－研究 Ⅳ．①TV641.4

中国国家版本馆CIP数据核字(2024)第015200号

书　　名	中国水电关键技术丛书 **深厚覆盖层上高面板堆石坝关键技术与实践** SHENHOU FUGAICENG SHANG GAOMIANBAN DUISHIBA GUANJIAN JISHU YU SHIJIAN	
作　　者	周　恒　陆　希　沈振中　等　著	
出版发行	中国水利水电出版社 （北京市海淀区玉渊潭南路 1 号 D 座　　100038） 网址：www.waterpub.com.cn E - mail：sales@mwr.gov.cn 电话：(010) 68545888（营销中心）	
经　　售	北京科水图书销售有限公司 电话：(010) 68545874、63202643 全国各地新华书店和相关出版物销售网点	
排　　版	中国水利水电出版社微机排版中心	
印　　刷	北京印匠彩色印刷有限公司	
规　　格	184mm×260mm　16 开本　24.75 印张　609 千字	
版　　次	2023 年 12 月第 1 版　2023 年 12 月第 1 次印刷	
印　　数	0001—1000 册	
定　　价	**228.00 元**	

《中国水电关键技术丛书》编撰委员会

《中国水电关键技术丛书》组织单位

中国大坝工程学会
中国水力发电工程学会
水电水利规划设计总院
中国水利水电出版社

本书编委会

主　　编：周　恒　陆　希　沈振中

副 主 编：苗　喆　甘　磊　赵明华

参编人员：李树武　吴峻峰　张　晖　张　雷　王　伟
　　　　　　黄　鹏　姬　阳　王家元　李天宇

审 稿 人：侯　靖　肖　峰

本书参编单位：中国电建集团西北勘测设计研究院有限公司
　　　　　　　　　河海大学
　　　　　　　　　中国水电基础局有限公司

历经 70 年发展，特别是改革开放 40 年，中国水电建设取得了举世瞩目的伟大成就，一批世界级的高坝大库在中国建成投产，水电工程技术取得新的突破和进展。在推动世界水电工程技术发展的历程中，世界各国都作出了自己的贡献，而中国，成为继欧美发达国家之后，21 世纪世界水电工程技术的主要推动者和引领者。

截至 2018 年年底，中国水库大坝总数达 9.8 万座，水库总库容约 9000 亿 m^3，水电装机容量达 350GW。中国是世界上大坝数量最多的国家，也是高坝数量最多的国家：60m 以上的高坝近 1000 座，100m 以上的高坝 223 座，200m 以上的特高坝 23 座；千万千瓦级的特大型水电站 4 座，其中，三峡水电站装机容量 22500MW，为世界第一大水电站。中国水电开发始终以促进国民经济发展和满足社会需求为动力，以战略规划和科技创新为引领，以科技成果工程化促进工程建设，突破了工程建设与管理中的一系列难题，实现了安全发展和绿色发展。中国水电工程在大江大河治理、防洪减灾、兴利惠民、促进国家经济社会发展方面发挥了不可替代的重要作用。

总结中国水电发展的成功经验，我认为，最为重要也是特别值得借鉴的有以下几个方面：一是需求导向与目标导向相结合，始终服务国家和区域经济社会的发展；二是科学规划河流梯级格局，合理利用水资源和水能资源；三是建立健全水电投资开发和建设管理体制，加快水电开发进程；四是依托重大工程，持续开展科学技术攻关，破解工程建设难题，降低工程风险；五是在妥善安置移民和保护生态的前提下，统筹兼顾各方利益，实现共商共建共享。

在水利部原任领导汪恕诚、张基尧的关心支持下，2016 年，中国大坝工程学会、中国水力发电工程学会、水电水利规划设计总院、中国水利水电出版社联合发起编撰出版《中国水电关键技术丛书》，得到水电行业的积极响应，数百位工程实践经验丰富的学科带头人和专业技术负责人等水电科技工作者，基于自身专业研究成果和工程实践经验，精心选题，着手编撰水电工程技术成果总结。为高质量地完成编撰任务，参加丛书编撰的作者，投入极大热情，倾注大量心血，反复推敲打磨，精益求精，终使丛书各卷得以陆续出版，实属不易，难能可贵。

21 世纪初叶，中国的水电开发成为推动世界水电快速发展的重要力量，形成了中国特色的水电工程技术，这是编撰丛书的缘由。丛书回顾了中国水电工程建设近30年所取得的成就，总结了大量科学研究成果和工程实践经验，基本概括了当前水电工程建设的最新技术发展。丛书具有以下特点：一是技术总结系统，既有历史视角的比较，又有国际视野的检视，体现了科学知识体系化的特征；二是内容丰富、翔实、实用，涉及专业多，原理、方法、技术路径和工程措施一应俱全；三是富于创新引导，对同一重大关键技术难题，存在多种可能的解决方案，并非唯一，要依据具体工程情况和面临的条件进行技术路径选择，深入论证，择优取舍；四是工程案例丰富，结合中国大型水电工程设计建设，给出了详细的技术参数，具有很强的参考价值；五是中国特色突出，贯彻科学发展观和新发展理念，总结了中国水电工程技术的最新理论和工程实践成果。

与世界上大多数发展中国家一样，中国面临着人口持续增长、经济社会发展不平衡和人民追求美好生活的迫切要求，而受全球气候变化和极端天气的影响，水资源短缺、自然灾害频发和能源电力供需的矛盾还将加剧。面对这一严峻形势，无论是从中国的发展来看，还是从全球的发展来看，修坝筑库、开发水电都将不可或缺，这是实现经济社会可持续发展的必然选择。

中国水电工程技术既是中国的，也是世界的。我相信，丛书的出版，为中国水电工作者，也为世界上的专家同仁，开启了一扇深入了解中国水电工程技术发展的窗口；通过分享工程技术与管理的先进成果，后发国家借鉴和吸取先行国家的经验与教训，可避免走弯路，加快水电开发进程，降低开发成本，实现战略赶超。从这个意义上讲，丛书的出版不仅能为当前和未来中国水电工程建设提供非常有价值的参考，也将为世界上发展中国家的河流开发建设提供重要启示和借鉴。

作为中国水电事业的建设者、奋斗者，见证了中国水电事业的蓬勃发展，我为中国水电工程的技术进步而骄傲，也为丛书的出版而高兴。希望丛书的出版还能够为加强工程技术国际交流与合作，推动"一带一路"沿线国家基础设施建设，促进水电工程技术取得新进展发挥积极作用。衷心感谢为此作出贡献的中国水电科技工作者，以及丛书的撰稿、审稿和编辑人员。

中国工程院院士

2019 年 10 月

水电是全球公认并为世界大多数国家大力开发利用的清洁能源。水库大坝和水电开发在防范洪涝干旱灾害、开发利用水资源和水能资源、保护生态环境、促进人类文明进步和经济社会发展等方面起到了无可替代的重要作用。在中国，发展水电是调整能源结构、优化资源配置、发展低碳经济、节能减排和保护生态的关键措施。新中国成立后，特别是改革开放以来，中国水电建设迅猛发展，技术日新月异，已从水电小国、弱国，发展成为世界水电大国和强国，中国水电已经完成从"融入"到"引领"的历史性转变。

迄今，中国水电事业走过了70年的艰辛和辉煌历程，水电工程建设从"独立自主、自力更生"到"改革开放、引进吸收"，从"计划经济、国家投资"到"市场经济、企业投资"，从"水电安置性移民"到"水电开发性移民"，一系列改革开放政策和科学技术创新，极大地促进了中国水电事业的发展。不仅在高坝大库建设、大型水电站开发，而且在水电站运行管理、流域梯级联合调度等方面都取得了突破性进展，这些进步使中国水电工程建设和运行管理技术水平达到了一个新的高度。有鉴于此，中国大坝工程学会、中国水力发电工程学会、水电水利规划设计总院和中国水利水电出版社联合组织策划出版了《中国水电关键技术丛书》，力图总结提炼中国水电建设的先进技术、原创成果，打造立足水电科技前沿、传播水电高端知识、反映水电科技实力的精品力作，为开发建设和谐水电、助力推进中国水电"走出去"提供支撑和保障。

为切实做好丛书的编撰工作，2015年9月，四家组织策划单位成立了"丛书编撰工作启动筹备组"，经反复讨论与修改，征求行业各方面意见，草拟了丛书编撰工作大纲。2016年2月，《中国水电关键技术丛书》编撰委员会成立，水利部原部长、时任中国大坝协会（现为中国大坝工程学会）理事长汪恕诚，国务院南水北调工程建设委员会办公室原主任、时任中国水力发电工程学会理事长张基尧担任编委会主任，中国电力建设集团有限公司总工程师周建平、水电水利规划设计总院院长郑声安担任丛书主编。各分册编撰工作实行分册主编负责制。来自水电行业100余家企业、科研院所及高等院校等单位的500多位专家学者参与了丛书的编撰和审阅工作，丛书作者队伍和校审专家聚集了国内水电及相关专业最强撰稿阵容。这是当今新时代赋予水电工作者的一项重要历史使命，功在当代、利惠千秋。

丛书紧扣大坝建设和水电开发实际，以全新角度总结了中国水电工程技术及其管理创新的最新研究和实践成果。工程技术方面的内容涵盖河流开发规划，水库泥沙治理，工程地质勘测，高心墙土石坝、高面板堆石坝、混凝土重力坝、碾压混凝土坝建设，高坝水力学及泄洪消能，滑坡及高边坡治理，地质灾害防治，水工隧洞及大型地下洞室施工，深厚覆盖层地基处理，水电工程安全高效绿色施工，大型水轮发电机组制造安装，岩土工程数值分析等内容；管理创新方面的内容涵盖水电发展战略、生态环境保护、水库移民安置、水电建设管理、水电站运行管理、水电站群联合优化调度、国际河流开发、大坝安全管理、流域梯级安全管理和风险防控等内容。

丛书遵循的编撰原则为：一是科学性原则，即系统、科学地总结中国水电关键技术和管理创新成果，体现中国当前水电工程技术水平；二是权威性原则，即结构严谨，数据翔实，发挥各编写单位技术优势，遵照国家和行业标准，内容反映中国水电建设领域最具先进性和代表性的新技术、新工艺、新理念和新方法等，做到理论与实践相结合。

丛书分别入选"十三五"国家重点图书出版规划项目和国家出版基金项目，首批包括50余种。丛书是个开放性平台，随着中国水电工程技术的进步，一些成熟的关键技术专著也将陆续纳入丛书的出版范围。丛书的出版必将为中国水电工程技术及其管理创新的继续发展和长足进步提供理论与技术借鉴，也将为进一步攻克水电工程建设技术难题、开发绿色和谐水电提供技术支撑和保障。同时，在"一带一路"倡议下，丛书也必将切实为提升中国水电的国际影响力和竞争力，加快中国水电技术、标准、装备的国际化发挥重要作用。

在丛书编写过程中，得到了水利水电行业规划、设计、施工、科研、教学及业主等有关单位的大力支持和帮助，各分册编写人员反复讨论书稿内容，仔细核对相关数据，字斟句酌，殚精竭虑，付出了极大的心血，克服了诸多困难。在此，谨向所有关心、支持和参与编撰工作的领导、专家、科研人员和编辑出版人员表示诚挚的感谢，并诚恳欢迎广大读者给予批评指正。

《中国水电关键技术丛书》编撰委员会

2019 年 10 月

随着区域能源优化和绿色低碳等国家战略发展目标的推进，国家新能源建设贯彻"四个革命、一个合作"能源安全新战略，落实"2030 年前碳达峰、2060 年前碳中和"的目标，并着力构建清洁低碳、安全高效的能源体系，预计 2030 年非化石能源占一次能源消费比重将达到 25% 左右，水电资源因其可再生、成本低、环保安全等优点，成为优先开发利用的能源之一。

混凝土面板堆石坝坝型具有对地形地质条件适应性强、经济优、安全可靠的特点，在我国得到快速发展，成为水电开发的主要坝型之一。据统计我国混凝土面板堆石坝的总数已经占世界的 50% 以上，高混凝土面板堆石坝的数量已经占世界的 60% 左右。我国混凝土面板堆石坝在数量、坝高、工程规模和技术难度等方面都居世界前列。随着水利水电资源的开发和技术的发展，我国将有越来越多的面板堆石坝建造于西南地区的岷江、大渡河、雅砻江、金沙江、嘉陵江和西北地区的黄河、塔里木河、伊犁河等河流的深厚覆盖层上，与建在基岩上的面板堆石坝相比，其防渗系统的可靠性是工程成功的关键，且受覆盖层工程特性、力学参数指标等影响，面临的问题比在基岩上建坝要复杂得多，并存在一系列尚未彻底解决的重大技术问题。在坝体填筑荷载和水压力的作用下，覆盖层会产生较大且不均匀的沉降，势必会影响到土石坝坝体和坝基防渗体系的长效安全运行。目前，长效安全问题始终是高坝大库设计需要考虑的首要问题。

本书针对深厚覆盖层对高面板堆石坝的影响，结合多个实际工程的勘测设计、建设的经验，阐述了覆盖层上面板堆石坝基础防渗及变形控制应关注的问题，从覆盖层勘探、覆盖层工程地质特性、覆盖层上土石坝坝基渗流控制、防渗墙与混凝土趾板的连接方式、深厚覆盖层的监测预警、防渗墙施工关键技术以及深厚覆盖层上面板堆石坝长效性能评估等几方面探讨了深厚覆盖层上面板堆石坝的一些关键技术，以供设计、施工及科研人员参考。

本书总结了覆盖层现有地质勘察和物探技术，分析了百米级工程坝基覆盖层物理力学参数指标，研究了不同覆盖层模量系数和坝高条件下滚哈布奇勒和察汗乌苏面板堆石坝应力变形特性，提出了物探测试方法选用和布置原则、坝基覆盖层物理力学指标建议值、深厚覆盖层上面板堆石坝坝高与覆盖层模量系数定量关系，有效攻克了深厚覆盖层物理力学参数指标难以准确测定的难题。

本书阐述了深厚覆盖层上土石坝坝基渗流控制措施，提出了一种新的计算任意断面、柱面渗流量的插值网格方法；考虑覆盖层深度、地层渗透特性和坝高等因素，提出了全封闭式、半封闭式和悬挂式三类防渗型式下覆盖层坝基防渗控制标准；结合察汗乌苏、九甸峡、苗家坝等工程，分析了坝基防渗墙施工工序对其应力变形的影响。同时，本书总结了已建深厚覆盖层上面板堆石坝防渗系统设计经验，分析了察汗乌苏、金川、九甸峡等面板堆石坝防渗墙与面板柔性连接型式下坝体、面板、趾板、连接板、防渗墙及接缝变形特性，论证了柔性连接型式的合理性，推广应用至实际工程中，并根据计算分析提出了防渗墙施工工序指导建议。

本书提出了基于 HMPSO-RBFNN 模型的土石坝力学参数反演分析方法以及考虑堆石体和覆盖层流变效应的面板堆石坝应力变形分析模型；开发了混凝土面板、防渗墙及防渗帷幕渗透溶蚀试验装置，建立了水泥基材料渗透-溶蚀耦合分析模型以及覆盖层上面板堆石坝防渗体力学性能劣化预测模型；建立了正常和非常运行状态下面板堆石坝堆石体变形、接缝变形、面板应力的监控和安全预警指标。

本书比较全面地研究了深厚覆盖层上的面板堆石坝，推广应用效果突出，高度践行了十九大报告提出的"壮大节能环保产业、清洁生产产业、清洁能源产业。推进能源生产和消费革命；构建清洁低碳、安全高效的能源体系"先进发展理念，继续发挥水电在绿色低碳循环发展经济体系的重要作用，服务于黄河、大渡河、金沙江、怒江等河流上游地质条件复杂河段上的深厚覆盖层上高面板堆石坝建设，继续促进经济社会高质量发展。

谨以此书献给广大水利水电工程建设者。作者自忖学浅，拙作不足之处，希望读者提出宝贵意见。

作者

2022 年 1 月于西安

目录

第 1 章

概述

我国西南、西北尤其是青藏高原地区的高山峡谷河流中深厚覆盖层分布广泛，且河床覆盖层均较为深厚，一般都在 50m 以上，但可开发的水能资源十分丰富。随着我国水电事业的发展，将有更多的土石坝建设在这些深厚覆盖层上。

目前建设在深厚覆盖层上的高土石坝，按其防渗型式的不同一般分为砾石土心墙土石坝、沥青混凝土心（斜）墙坝和混凝土面板堆石坝。据不完全统计，我国坝高 100m 以上的高土质心墙堆石坝，有 8 座坐落在覆盖层坝基上，以小浪底水利枢纽为里程碑，覆盖层最厚的达 101.5m。我国部分建于覆盖层上（坝高 100m 以上）的高土质心墙堆石坝见表 1-1。

表 1-1　　　　我国部分建于覆盖层上（坝高 100m 以上）的高土质心墙堆石坝

序号	坝名	地点	河流	坝高 /m	坝基处理	覆盖层厚度 /m	建成年份
1	长河坝	四川康定	大渡河	240.0	防渗墙	70.0	2017
2	瀑布沟	四川汉源	大渡河	186.0	防渗墙	77.9	2009
3	小浪底	河南洛阳	黄河	160.0	防渗墙	80.0	2001
4	毛尔盖	四川黑水	黑水河	147.0	防渗墙	50.0	2011
5	狮子坪	四川理县	杂谷脑河	136.0	防渗墙	101.5	2007
6	硗碛	四川宝兴	青衣江	125.5	防渗墙	72.4	2007
7	水牛家	四川平武	火溪河	108.0	防渗墙	30.0	2007
8	碧口	四川文县	白龙江	101.0	防渗墙	34.0	1997

21 世纪以来，在引进国外先进技术和总结国内经验的基础上，沥青混凝土心墙堆石坝有了较多应用。建于覆盖层上的沥青混凝土心墙堆石坝，如冶勒、黄金坪、下坂地、旁多、雅砻江和大河沿等水电站大坝，都是用现代技术设计和施工的。我国近期建于深厚覆盖层上的沥青混凝土心墙堆石坝见表 1-2。

表 1-2　　　　我国近期建于深厚覆盖层上的沥青混凝土心墙堆石坝

序号	坝名	地点	河流	坝高 /m	坝基处理	覆盖层厚度 /m	建成年份
1	冶勒	四川石棉	南桠河	124.5	防渗墙	400	2006
2	黄金坪	四川甘孜	大渡河	85.5	防渗墙	130	2016
3	下坂地	新疆塔吉克	塔什库尔干河	78.0	防渗墙	156	2011
4	旁多	西藏拉萨	拉萨河	81.3	防渗墙	420	2013
5	雅砻江	西藏乃东	雅砻河	73.5	防渗墙	124	2017
6	大河沿	新疆吐鲁番	大河沿河	75.0	防渗墙	185	2021

　　混凝土面板堆石坝作为土石坝的一种坝体结构型式，近年来在我国的建设发展迅速，在数量、坝高、规模和技术难度等方面均居世界前列。20 世纪末，100m 级混凝土面板堆石坝成套技术已经成熟，并开始建设 200m 级特高坝。21 世纪以来，在建设多座 200m 级高坝的基础上，进行了一些 250m 级特高混凝土面板堆石坝的勘测设计和关键技术问题的科研试验研究，如水布垭面板堆石坝（坝高 233m）、猴子岩面板堆石坝（坝高 223.5m）、江坪河面板堆石坝（坝高 219m）和由我国设计的马来西亚巴贡面板堆石坝（坝高 205m）。而建在深厚覆盖层上的面板堆石坝坝高也已经突破 150m，覆盖层深度达到 100m，据不完全统计，我国已建、在建和正在设计的河床趾板建在覆盖层上的面板堆石坝约有 27 座，其中已建的河床趾板建在覆盖层上的百米级面板堆石坝有 8 座，如九甸峡（坝高 136.5m）、河口村（坝高 122.0m）、苗家坝（坝高 111.0m）、察汗乌苏（坝高 110.0m）、那兰（坝高 109.0m）、多诺（坝高 108.5m）、斜卡（坝高 108.2m）和阿尔塔什（坝高 164.8m，覆盖层厚 90m）等大坝，正在建设的有金川大坝（坝高 111.0m，覆盖层厚 65m），拟建的有滚哈布奇勒大坝（坝高 158.0m，覆盖层厚 50m）。21 世纪我国已建和在建于深厚覆盖层上坝高 100m 以上的面板堆石坝见表 1-3。

表 1-3　21 世纪我国已建和在建于深厚覆盖层上坝高 100m 以上的面板堆石坝统计

序号	坝名	地点	河流	坝高/m	坝基处理	建成年份
1	九甸峡	甘肃卓尼	洮河	136.5	防渗墙	2009
2	河口村	河南济源	沁河	122.0	防渗墙	2014
3	苗家坝	甘肃文县	白龙江	111.0	防渗墙	2012
4	察汗乌苏	新疆和静	开都河	110.0	防渗墙	2007
5	那兰	云南金平	藤条江	109.0	防渗墙	2005
6	多诺	四川九寨沟	白水江	108.5	防渗墙	2013
7	斜卡	四川九龙	九龙河	108.2	防渗墙	2014
8	阿尔塔什	新疆莎车	叶尔羌河	164.8	防渗墙	2021
9	金川	四川金川	大渡河	111.0	防渗墙	2020 年在建

　　随着水利水电资源的持续开发，近期和将来还将面临更多的深厚覆盖上的建坝需求，与建在基岩上的面板堆石坝相比，修建于覆盖层上的面板堆石坝，受覆盖层工程特性、力学参数指标的影响，面临的问题比在基岩上建坝更复杂。在坝体填筑荷载和水压力作用下，覆盖层会产生较大的沉降和不均匀沉降，这对面板堆石坝坝体和坝基防渗体系的应力和变形有着重要影响。如何结合覆盖层工程地质勘察、物探及水文地质试验获得可靠的覆盖层力学参数，开展覆盖层坝基防渗控制措施选取、坝体分区和监测系统设计、坝体长效安全预警指标确定等工作，对于深厚覆盖层上高面板堆石坝的设计理论、筑坝技术和管理理念具有重要的工程应用价值和社会经济效益。

1.1　深厚覆盖层上土石坝建设现状

　　我国西南地区的岷江、大渡河、雅砻江、金沙江、嘉陵江等河流可开发的水能资源十分丰富，但河床覆盖层均较深厚，厚度一般都在 50m 以上。覆盖层厚度超过 300m 的有大渡河冶勒水电站（覆盖层厚度超 420m），西藏尼洋河多布水电站（覆盖层厚度达 365m）。我国已建在覆盖层上的百米级土石坝较多，如察汗乌苏面板坝（坝高 110.0m）、那兰面板坝（坝高 109.0m）、九甸峡面板坝（坝高 136.5m）、苗家坝面板坝（坝高 111.0m）、多诺面板坝（坝高 108.5m）、斜卡面板坝（坝高 108.2m）、老渡口面板坝（坝高 96.8m）、河口村面板坝（坝高 122.0m）、长河坝土质心墙坝（坝高 240.0m）、瀑布沟土质心墙坝（坝高 186.0m）和冶勒沥青混凝土心墙堆石坝（坝高 124.5m）、阿尔塔什面板坝（坝高 164.8m），2022 年正在建设的金川面板坝（坝高 111.0m）、雅砻沥青混凝土心墙坝（坝高 73.5m）和大河沿沥青混凝土心墙坝（坝高 75.0m）等（郦能惠 等，2012；钮新强，2017；徐泽平，2019；马洪琪，2011；邓铭江，2012；刘杰 等，2011；沈振中等，2015）。

在国外，也有不少在深厚覆盖层上建坝的工程实例，如巴基斯坦 Tarbela 土石坝（坝高 145.0m），坝基砂卵石覆盖层厚度达到了 230m；智利 Puclaro 混凝土面板堆石坝（坝高 83.0m），坝基覆盖层最厚达 113m；埃及阿斯旺黏土心墙坝，大坝高度为 111.0m，长度 3830m，坝基覆盖层最大厚度达到 225m；法国 Serre - poncon 心墙土石坝和 Mont - Cenis 心墙土石坝是 20 世纪修建的两座水坝，坝高分别为 129.0m 和 121.0m，覆盖层最厚分别为 110m 和 102m；加拿大在最大厚度分别为 160.4m 和 71m 的覆盖层上采用了混凝土防渗墙，分别修建了高 107.0m 的 Manic - I 坝和高 150.0m 的 Big Horn 坝；意大利兴建的 Zoccolo 水电站坝基覆盖层最大深度为 100m，为沥青混凝土斜墙土石坝（坝高 117.0m）；越南在最深 70m 的覆盖层上兴建了 128.0m 高的 Hepin 心墙堆石坝。

1.2 深厚覆盖层坝基勘探技术

深厚覆盖层分布规律性差，结构和级配变化大，且常有粒径 200～300mm 的漂卵石或间有 1m 以上的大孤石，伴随架空现象，透水性强，粉细砂及淤泥呈分层或透镜分布，组成极不均一（陈海军 等，1996；金辉，2008；党林才，2011）。

深厚覆盖层物探方法一般有电法、电磁法、地震勘探法、声波测井法、地下水动态参数测量仪法和自振法抽水试验等。河床覆盖层物探方法应用较多的是地震勘探法，通过地震波传播速率较准确地区分、探测出河床覆盖层的底界，以及基岩的起伏变化特征。当覆盖层结构松散、地下水较浅或直接处于水下时，采用浅层横波反射波法效果较好。但地震勘探法的精度受地形、地层、地下水等因素影响较大（赵成斌 等，2007；安岩 等，2011；江玉乐 等，2008）。

深厚覆盖层孔内分层测试的物探方法包括电测井法和放射性测井法等。电测井法一般适用于浅层覆盖层的分层勘探。目前，主要采用密度测井法和自然伽马测井法。这两种方法皆属于放射性测井，对有无套管和井液种类均无特殊要求。孔内分层测试方法除可对覆盖层进行详细分层外，还可测定各沉积层的密度和孔隙率。深厚覆盖层钻孔勘探方法是孔内 CT 穿透，该方法可以对两钻孔之间覆盖层的介质，通过波速测试，进行宏观分层或异常区的划分。当覆盖层的物性参数差别不大时，该方法不适合对覆盖层进行分层（冯彦东等，2009）。

无论采用何种物探方法，获得的均是间接的勘探资料。由于物探方法受自身的特点及环境条件限制，影响因素较多，具多解性，需与钻探等技术联合使用，方显其有效性。钻探技术是现今水利水电工程河床深厚覆盖层地质勘察的主要手段，包括大口径钻进技术、金刚石套钻取芯技术、金刚石钻具砂卵石层中钻进技术、液动阀式双作用冲击回转钻进及取样技术、各种类型的砂层和软土层钻进及取样技术等。我国在绳索取芯技术、破碎地层取芯技术、声频振动钻机取芯技术等许多方面，已经达到了国际先进水平。

通过钻探取芯，可了解覆盖层厚度、分层及各层次沉积层的成分、颗粒直径、结构特征；通过钻探取样，可了解各层次松散体的级配、孔隙率等；通过钻孔抽水、注水或测流，可了解不同深度不同层次的渗透参数。因此，钻探在深厚覆盖层勘探中所起到的作用是重要且综合的。但由于深厚覆盖层具有岩性复杂、结构松散、粒径悬殊、局部架空等特点，影响钻探效果及取芯质量的因素较多，钻进及护壁难度大，成孔困难，取芯不易，对钻探的技术要求较高。覆盖层勘探主要钻进方法有冲击钻进法、回转钻进法等。冲击钻进法包括打（压）入取样钻进、冲击管取样钻进等，主要用于土层、砂层或淤泥层，且要求卵石最大粒径不大于 130mm，故在岩性复杂的深厚覆盖层勘探中不适用。回转钻进法包括泥浆护孔硬质合金钻进、跟管护孔硬质合金干钻、跟管护孔钢粒钻进、SM 植物胶冲洗金刚石跟管钻进、跟管扩孔回转钻进，以及绳索取芯钻进等。回转钻进法是目前覆盖层钻进中最常用的方法。

随着我国钻进工艺、取样工具的改进，钻探效率成倍增长，质量显著提高，成本明显降低，与国内外同类型钻探队伍相比，水利水电行业在某些方面已处于领先地位（杨聚利等，2008；夏万洪 等，2009；李志远，2012；卢晓仓 等，2013；左三胜 等，2009）。金刚石钻进技术实现了新的技术跨越，可以在河床深厚覆盖层中取出柱状岩样，已被普遍推广应用。

在覆盖层勘察中，如果仅是调查覆盖层深度并兼作抽水试验孔，可采取跟管护孔金刚石钻进，或跟管护孔钢粒钻进方式。当取芯要求较高时，从取芯质量及钻进速率、成孔质量考虑，可采用 SM 植物胶冲洗金刚石回转钻进，该方法取芯质量较好。此外，提高覆盖层岩芯采取率的钻进方法有潜孔锤跟管钻进等。潜孔锤跟管钻进是与潜孔锤钻进相结合的孔底扩孔钻进同步跟进下套管的一种钻进新技术，主要用于松散地层和砂卵石层钻进。国内外大量工程实践证明，潜孔锤跟管钻进是提高砂卵石层和滑坡体松散堆石层钻进效率较理想的钻进工艺，它具有效率高、质量好、成本低、应用范围广等特点，值得推广应用。

1.3　深厚覆盖层坝基渗流控制技术

水利水电工程坝基覆盖层防渗处理措施主要有四种，分别是混凝土防渗墙、帷幕灌浆、高压喷射灌浆和混凝土沉井。国外较早采用灌浆帷幕进行冲积砂砾石地层坝基防渗处理的工程有法国 Serre - poncon 坝（坝高 125.0m，基础为 115m 深的夹有大砾石及细砂的砂砾石冲积层）、埃及阿斯旺大坝（最大孔深 250m 且穿透冲积层）、加拿大 Mission Terzaghi 坝（孔深 150m）、德国 Sylvenstein 坝（最大孔深 100m）和瑞士 Mattmark

坝（最大孔深 100m）等；国内的有 20 世纪 60 年代建成的密云水库、岳城水库等。20 世纪 80 年代以后，覆盖层帷幕灌浆主要应用在围堰地基防渗中。该技术材料消耗大、施工速率慢、单价较高（宋玉才，2014）。

混凝土防渗墙具有渗透稳定性好、渗漏量控制效果明显、墙体槽孔连接可靠、检验技术相对成熟、对地层颗粒组成要求低、成墙深度较大等优点，被作为深厚覆盖层坝基首选的防渗处理方案，在我国水利水电工程中被广泛应用。如察汗乌苏、那兰、九甸峡、苗家坝、老渡口和铜街子等面板堆石坝工程均采用混凝土防渗墙。其他沥青混凝土心墙坝、砾石土心墙坝等也普遍采用混凝土防渗墙进行坝基覆盖层防渗，如西藏旁多沥青混凝土心墙砂砾石坝、泸定黏土心墙坝、长河坝砾石土心墙堆石坝、加拿大的 Manic-Ⅲ 黏土心墙堆石坝、瀑布沟砾石土心墙堆石坝、碧口壤土心墙坝、黄金坪沥青心墙坝和大河沿沥青心墙坝等。其中，大河沿覆盖层最大厚度 185m，坝基混凝土防渗墙厚 1.0m，最大墙深 186.15m，突破了世界最深防渗墙记录。根据近 10 年的工程应用和实践，目前采用的混凝土防渗墙造孔技术、清孔工艺、混凝土浇筑方法和接头管起拔技术，建成 100m 甚至更深的防渗墙是可行的，质量是有保证的，深度大于 120m 的防渗墙也有几座已经建成。

高压喷射帷幕灌浆最早是由日本提出的一种施工技术。20 世纪 80 年代以来在国内外得到迅速发展，尤其是水利工程防渗方面。国内水利工程高压喷射帷幕灌浆常用于坝高 70m 以下的工程或临时工程的覆盖层防渗，该技术具有单价低、施工速率快等优点，但墙段之间连接不可靠，遇到粒径较大的漂卵砾石地层时，施工难度明显增大。国内也有采用沉井作为坝基覆盖层防渗的工程，如映秀湾、铜街子和宝珠寺等水电站（白勇，2009；罗玉龙 等，2007；史光宇 等，2010）。

对于 100m 及以上巨厚覆盖层而言，单一防渗墙防渗在施工技术、建造成本和工期上容易受到制约，防渗墙和墙下帷幕方案不失为一种可行的防渗方案，在一些巨厚覆盖层上堆石坝得以应用（付巍，2011；许小东，2011；沈振中 等，2006；王根龙 等，2006）。防渗墙和帷幕联合防渗措施对建在巨厚覆盖层上土石坝的坝基渗流控制效果显著。采用墙幕联合防渗措施的典型工程有深厚覆盖层上的冶勒水电站，坝基左岸采用墙幕联合防渗，河床坝段采用封闭式混凝土防渗墙，右坝肩在 2 层共 140m 深的混凝土防渗墙下再设置 60m 深的灌浆帷幕，墙幕搭接处长 25m，总防渗深度约为 200m，创造性地采用双层接力措施保证了防渗墙的施工质量。泸定水电站河床覆盖层厚 148m，采用"110m 深悬挂式防渗墙＋墙下 2 排帷幕灌浆"的坝基渗控措施。新疆下坂地沥青混凝土心墙坝坝基覆盖层厚度达 148m，大坝心墙下设置深 85m 的混凝土防渗墙，墙底部再接 4 排 66m 深的灌浆帷幕直达基岩彻底截断覆盖层，墙幕搭接长度为 10m。瀑布沟砾石土心墙堆石坝防渗处理采用 2 道间隔 12m 的高强度、低弹性模量防渗墙，下接帷幕灌浆，心墙与坝基混凝土防渗墙采用"单墙廊道式＋单墙插入式"连接。尼山水库大坝采用刚、塑性混凝土防渗墙与水泥灌浆帷幕联合方案处理强透水层砾质粗砂和岩溶型灰岩。斜卡面板坝河床覆盖层采用厚度 1.2m 的混凝土防渗墙，防渗墙底部补充双排帷幕灌浆防渗，厚 3.2m，帷幕与基岩相接。滚哈布奇勒面板坝坝基覆盖层 50m 左右，混凝土防渗墙厚 1.4m，嵌入基岩 1.0m，防渗墙底部防渗帷幕深入 3Lu 线以下 5m。阿尔塔什面板坝覆盖层深约 100m，坝基混凝土防渗墙最大墙深 96m，墙厚 1.2m，嵌入基岩 1.0m，防渗墙底部防渗帷幕深入

3Lu 线以下 5m。

覆盖层坝基总体防渗要求包括保证覆盖层地基渗透稳定性、控制过大渗漏量和下游过高的渗透压力，具体就是控制渗流、降低渗透坡降、避免管涌等有害渗透变形，控制渗流量。防渗效果一般通过浸润面、消减水头占比、渗透坡降、渗流量等具体量值来反映（温立峰 等，2014；孙明权 等，2012；徐毅，2013；沈振中 等，2009）。但是各工程无法采用完全统一的固定指标进行覆盖层坝基渗流控制。目前尚无统一的坝基渗流定量控制指标和要求。

1.4　深厚覆盖层上面板坝防渗系统连接型式

深厚覆盖层上的混凝土面板堆石坝，一般采用混凝土防渗墙作为地基的垂直防渗措施，并与趾板、面板以及各部件之间的接缝止水结构联合构成坝体结构的完整防渗体系。考虑到面板堆石坝结构和地基覆盖层条件的不同，坝体结构的应力变形呈现不同的特点，其中趾板与防渗墙所采用的连接型式对整个防渗体系的影响很大。坝体和地基在施工期和运行期的堆石自重荷载和水荷载作用下产生压缩变形。由于坝基天然覆盖层、混凝土以及人工填筑碾压的坝体材料性质的差异，坝体、坝基的变形与混凝土防渗墙和趾板的变形必然存在差别，从而导致两者产生变形差。如果变形差过大就会导致坝体趾板和防渗墙的连接结构破坏。因此如何确保坝体坝基与混凝土防渗墙和趾板的变形协调、确保连接结构的安全可靠是深覆盖层上混凝土面板堆石坝设计的关键性问题（温续余 等，2007；邱乾勇等，2008；凤家骥 等，1989）。

防渗墙和混凝土面板的连接型式可以归纳为四类：第一类是通过水平趾板、连接板和防渗墙水平连接；第二类是通过水平趾板和防渗墙水平连接；第三类是通过多块连接板整体上形成拱形和防渗墙连接；第四类是面板通过坐落在防渗墙顶上的趾板或重力墙和防渗墙连接。

连接型式第一类和第二类实际上是一种连接型式。它们的区别仅为第一类趾板和防渗墙之间有连接板（一块或数块连接板）；而第二类则是在趾板和防渗墙之间没有连接板，趾板和防渗墙直接连接，仅此而已。如果把连接板视为由趾板分缝而成，则趾板不分缝即为第二类。趾板分缝一道缝（有一块连接板）或两道缝（有两块连接板）或分数条缝（有数块连接板）即为第一类。

第三类连接型式仅在我国新疆柯柯亚坝使用过，其覆盖层厚度为 15m 左右，最大厚度达 37m，最大坝高 41.5m，只能证明在覆盖层不深、坝不高的中等高度的水头作用下其防渗是可靠的。这种类型在面板和防渗墙之间要由多块连接板整体上形成拱形连接，为此防渗墙轴线需布置在坝踵上游较远处，如柯柯亚坝防渗墙轴线就布置在坝踵上游 23m以外，连接板的工程量大。所以这种类型对高坝、高水头、深厚覆盖层是不适用的。

第四类的连接型式一般是不可取的。因为在深厚覆盖层地基上的混凝土面板坝，混凝土面板和防渗墙间存在着较大的沉陷差，对第四类的连接型式来说，较大的沉陷差只能靠混凝土面板和趾板间的缝（即周边缝）来吸收。对高坝、高水头，当深厚覆盖层沉陷差达到某一量级时，面板和趾板间缝内止水将被破坏导致漏水。另外，趾板坐落在防渗墙顶，一般情况下趾板较防渗墙顶的宽度大。对高坝，在高水头作用下防渗墙将承受趾板传来的较大垂直水压力，这对防渗墙的应力是不利的。当然，对于低水头矮坝如槽渔滩坝（最大坝高 16.0m）或有特殊要求需要进行特殊处理的坝如铜街子左副坝（防渗墙顶部需设置混凝土重力式挡墙用作导流明渠的边墙）也不可采用这种连接型式。

目前在工程上，防渗墙和混凝土面板的连接主要采用两种型式：第一种是刚性连接型式，即趾板通过混凝土垫梁固定在防渗墙顶部，趾板与防渗墙无接缝构成一个整体结构，这样的连接一般采用双防渗墙的型式。刚性连接其连接型式简单，施工方便，人为建造一种类似于基岩上趾板的结构方案，与面板仍然采用周边缝连接，但由于防渗墙既是防渗结构，又是承重结构，承受荷载较大，两道防渗墙承受的土压力大小不一致则变形不协调易造成墙顶趾板结构的应力较大，不利于墙体稳定性和防渗安全性。第二种是柔性连接型式，趾板与防渗墙之间通过设置协调不均匀变形的分离式连接板实现趾板与防渗墙的连接，并在趾板、连接板和防渗墙之间设置伸缩缝，形成相对独立的结构块。柔性连接型式趾板因水荷载而产生的位移以及连接板因竖向水压力而产生的位移在分离缝的作用下对防渗墙的影响较小（苗喆 等，2006；刁慧贤 等，2014；刘娟 等，2008；沈婷 等，2005）。

综上所述，混凝土面板和防渗墙通过水平趾板水平连接的型式，是深厚覆盖层上面板坝混凝土面板和防渗墙连接的普遍型式。但是趾板分缝与否、分缝宽度、缝的止水结构型式等，受坝高和覆盖层厚度等因素的影响。针对深厚覆盖层上的高面板坝，还需对其混凝土防渗墙和面板之间连接结构及型式开展进一步的研究，以提出一种适用于深厚覆盖层上高面板坝的坝体及坝基防渗体连接型式。

1.5 土石坝渗流及变形参数反演分析方法

采用数值模拟手段分析和评价大坝运行性态时，渗流及变形参数是渗流及静动力分析模型中必不可少的输入参数，这些参数对计算结果具有重要影响。由于大坝结构及功能的特殊性，坝体材料参数的确定往往很难通过现场试验获得。通常，工程中常采用现场或室内试验来确定相关参数，但这种局部点的试验结果难以准确地反映整个区域的参数分布情况。此外，大坝在长期运行过程中，坝体内部参数常常受不同环境因素影响，其内部参数在空间和时间上均发生变化。坝体内的水位、渗流量和位移等参数作为大坝安全监测的关键参数，通常易于获取，因此，借助已知的监测资料反演坝体实际渗流及变形参数成为实际工程中常用的手段。

目前，在工程中得到实际应用的参数反演分析方法具有相近的形式，一般可分为逆反分析法和正反分析法，这两种方法均是以识别结构参数为目标。随着人工智能技术的发展，以神经网络为代表的近似反演方法得到迅猛发展（张文兵 等，2019；李炎隆 等，2013；Ren et al.，2019；Li et al.，2021；Zhong et al.，2017；高林钢 等，2020；梁国贺，2017）。Snayaei 等（1991）以一框架模型试验获得的静态测量数据对桁架的弹性参数进行了反演，评估了结构在试验过程中的损伤行为（Sanayei et al.，1991）；崔飞 等（2000）综合运用梯度法、Gauss-Newton 法和 Monte-Carlo 法对一平面框架的单元面积和截面惯性矩进行了识别，结果认为 Monte-Carlo 法在计算稳定性和初值迭代方面表现较好，但也存在收敛速率慢的缺点。随着图像处理技术的革新，变形场测量方法不断改进。逆反分析法开始被逐步应用于固体材料本构参数的反演中，但目前也仅限于试验方面的应用，难以在实际工程中推广。

正反分析法需先对反演分析参数进行假设，然后使用该方法得到坝体内相关参数的数据变化，接着将测量的数据和真实的检测数据进行对比分析，从而验证分析结果的合理性，然后再进行不断的修正和调整以使模拟结果接近实测值，最终可以得到反演参数值。正反分析法避免了逆方程的推导，可直接通过数值计算程序实现对未知参数的反演，适用于各种线性或非线性问题参数的反演，应用非常广泛。在实际工程中，参数反演的主要任务就是利用正反分析法寻找高效的优化算法，使参数反演朝着实用性和多参数方向发展（康飞，2009；班宏泰 等，2008；Neuman et al.，1980；Kitanidis et al.，1985；Li et al.，2010；刘迎曦 等，2000；王登刚 等，2002；姚磊华，2005；郭向红 等，2009）。

局部寻优方法如梯度类算法，具有较广的适用性，收敛速率也较快，不足之处在于不能保证获得的解是全局最优解，而只是某一局部的最优解。此外，对于渗流参数反演而言，水位没有明显的表达式，难以利用计算水位对参数求一阶偏导数。因此，局部寻优方法很难直接应用于复杂的渗流参数反演中。为了克服局部寻优方法的不足，基于各类仿生智能算法的全局寻优方法在近年得到广泛关注。进化类算法多是受自然界一些生物的进化过程启发而来，其中以遗传算法（Genetic Algorithms，GA）最为典型。遗传算法是将生物在进化过程中发生的遗传、突变、杂交和自然选择等引入其中，进而实现算法上的智能化。融合算法虽然能较好地得到相应的反演结果，但其依旧是在进化类算法的基础建立得来，故所需的计算时间成本也较高，大大限制了该类算法在实际工程中的应用，不利于大坝结果工作性态的快速反演。

近似法反演是指将参数样本预先指定为计算模型的响应输出，通过建立参数空间与响应空间的映射关系来避免重复的、高耗时的模型计算。近似法反演大大提高了模型参数的反演效率，可实现在线参数反演。目前，利用近似法反演参数的方法主要包括图谱法、逆向映射模型法和代理模型法。

图谱法是由我国学者杨志法开创性提出的，最早用于解决岩土工程中的位移反演分析问题（杨志法 等，2002；司红云 等，2003；练继建 等，2004）。该方法的核心思想是通过预设参数样本，然后利用模型计算结构在给定参数样本上的输出结果，最后绘制参数样本与计算结果的对照图谱，以便用于现场实际参数的对应识别。图谱法虽然较为简单，但当参数样本容量较大或测点较多时，将变得烦琐。

逆向映射模型法是通过数学方法建立已有参数样本和模型响应之间的映射关系，在反演过程中只需输入响应参数就可以获得识别参数。这种逆向映射关系常采用人工神经网络（Artificial Neural Network，ANN）来建立。在大坝参数反演方面，周新杰等（2021）对比了 BP 神经网络和径向神经网络（RBF 神经网络）在反演面板堆石坝流变参数时的性能表现，发现 RBF 神经网络响应面的评估指标均优于 BP 神经网络响应面。由于神经网络在训练过程中需要对网络结构不断进行优化，并且其准确性多依赖于初始权值和阈值，这促使了一些优化算法在神经网络反演分析中的应用。迟世春等（2016）用多种群遗传算法优化 RBF 神经网络，反演了水布垭面板堆石坝变形相关参数；沈宇扬等（2020）通过分析研究，使用能够快速收敛的思维进化法优化 BP 神经网络，并将其应用于某混凝土面板堆石坝的渗透系数反演中，获得了较好结果；关志豪等（2020）对比了 RBF 神经网络和遗传算法优化的 BP 神经网络（GA－BP 神经网络）在反演混凝土坝弹性模量中的表现，发现 GA－BP 神经网络在计算精度和效率方面均优于 RBF 神经网络。逆向映射模型反演参数过程简单明了，一旦网络结构训练好即可应用。但是该方法在识别参数后难以直接评价其准确性，需将所识别的参数代入数值计算模型中，通过将数值计算结果与实测结果对比方可确定反演模型的准确性。

代理模型法建立了参数空间与响应空间之间的非线性映射关系，在保证计算结果与高精度模型相一致的前提下，减小了计算规模。虽然在坝工领域还未直接引入"代理模型"概念，但很多方法都是建立在这一思想之下，如人工神经网络、径向基函数和多项式响应面等。代理模型代替数值模型计算，能够快速输出系统响应，但也在一定程度上牺牲了反演的精度。程正飞（2018）提出了粒子群算法（PSO）和代理模型的组合算法，用于建立设计参数与优化目标函数的关系式，通过该关系式，能够有效地解决反演分析中遇到的单目标优化难的问题，同时能够满足多目标分析的需求。Gan 等（2014）采用 MPSO－BP 反演分析模型，反演得到了九甸峡面板坝主、次堆石体和覆盖层力学参数，分析了九甸峡面板堆石坝长期变形特性。

大坝渗流及变形参数反演是评价大坝安全性态的重要环节，渗流及变形参数反演方法是相关领域学者研究的热点。随着参数反演方法的发展，更加合理且高效的方法被不断提出和应用。相较于其他类型的参数反演方法，基于代理模型的参数反演模型在计算效率以及工程实用性方面均具有优势，并得到广泛关注和发展。然而，现有代理模型参数反演方法仍存在不足之处，如何改进现有方法的映射关系、提高目标函数优化方法的全局搜索能力，是有待进一步解决的科学问题，这有助于拓展该方法在坝工领域的应用。

1.6 深厚覆盖层上坝基防渗墙施工技术

防渗墙作为地下连续墙在水利水电工程中的专有型式，起源于欧洲，它是综合了钻井技术和水下浇筑混凝土技术而发展起来的。在水利水电工程中，防渗墙主要有槽孔型和连锁桩柱型。槽孔型是利用钻孔、挖槽机械分独立单元挖掘槽形孔，浇筑混凝土或回填其他防渗材料后，通过接头技术形成连续体。连锁桩柱型是在土体中，采用钻机钻孔形成独立桩体，并通过套接、平接等方式形成连续体。

1950 年前后，防渗墙开始在意大利和法国等国家应用，研发了由桩柱排列形成的防渗墙，1951—1952 年在意大利巴舍斯的导流围堰下修建了连锁桩柱型防渗墙。1954—1955 年在玛利亚-奥-拉哥坝 42m 深的含有大漂石的砂砾石层中修建了防渗墙。为了建造等厚度防渗墙发展了槽孔型防渗墙施工法，在莱茵河侧渠电站修建了深 40m、厚 0.8m 的围堰防渗墙，并迅速向其他建筑领域扩展，成为深基础和地下构筑物施工的重要手段。与此同时，施工工艺不断改进，形成了许多高效实用的工法，较著名的有意大利的抓斗和冲击钻联合作业成槽的伊科斯（ICOS）法和单斗挖槽埃尔塞（ELSE）法、法国的冲击回转式钻机成槽的索列丹斯（Soletanche）法、德国的反循环法等。日本于 1959 年从意大利引进 ICOS 法，用于中部电力田雉坝的防渗墙施工；1961 年在地下铁道 4 号线的方南街段用 ICOS 法建造了箱形隧道的边墙。此后，日本陆续研制了许多独创的地下连续墙施工设备和施工方法，如以多头钻切削成槽的 BW 工法、以双头滚刀式成槽机成槽的 TBW 工法和以凿刨式成槽机成槽的 TW 工法等。

　　1990 年前，国外修建了大量防渗墙工程，较深的有墨西哥马莱罗斯心墙壤土坝防渗墙（深 91.4m）、墨西哥拉维力大心墙堆石坝防渗墙（深 80.0m）、加拿大马尼克－3 号心墙土石坝防渗墙（深 130.4m）、土耳其心墙土石坝防渗墙（深 100.6m）、美国纳沃霍坝土坝防渗墙（深 110.0m）和美国穆德山坝土石坝（深 122.5m）。2000 年以来，国外水利工程规模较大的防渗墙工程较少，城市与交通等领域的地连墙工程运用较多，如日本横跨东京湾道路川崎人工岛工程（地下连续墙深 119m）、东京江东泵站工程（地下连续墙深 104m），以及外郭放水工路 1 号、2 号、3 号、4 号竖井工程（地下连续墙深度分别为 130m、129m、140m 和 122m）。

　　我国防渗墙建设始于 20 世纪 50 年代末期（高钟璞，2000；韩新华，2014；宗敦峰 等，2017）。1958 年，湖北省明山水库创造了预制连锁管柱桩防渗墙。同年在山东省青岛月子口水库采用这种方法在砂砾石地基中首次建成了深 20m、有效厚度 0.43m 的连锁管柱桩防渗墙。1959 年，中国水电基础局在北京市密云水库砂砾石地基中创造了"钻劈法"造孔工法，建成了最大深度 44m、厚 0.8m 的槽孔型防渗墙，成墙面积 1.9 万 m²，形成了规模施工和最初的成套技术。1967 年，四川省大渡河上的龚嘴水电站首次将防渗墙用于大型土石围堰防渗，最大深度 52m，墙厚 0.8m，成墙面积 12382m²。随后，许多地质条件较差的坝（闸）基均采用了防渗墙方案，如四川省映秀湾水电站闸基和渔子溪一级水电站闸基防渗墙工程。

　　20 世纪 70 年代，防渗墙作为病险土石坝处理的最佳手段被广泛应用（温立峰 等，2015；郦能惠 等，2007；谢兴华 等，2009），如广西澄碧河水库大坝防渗墙、甘肃黄羊河水库坝体防渗墙、江西柘林水库坝体防渗墙等。20 世纪 80 年代初，在葛洲坝水利枢纽大江围堰防渗墙施工中，首次引进日本液压导板抓斗挖槽机，进行实验施工，并首次进行了防渗墙"拔管法"接头技术的试验。1986 年，四川省铜街子水电站左深槽承重防渗墙工程，最大深度 74.4m，墙厚 1.0m，成墙面积 6896.2m²，大型防渗墙兼作承重结构，创造了防渗墙深度的新纪录。1990 年，福建省水口水电站主围堰防渗墙首次应用塑性混凝土，取得良好效果，防渗效率达 98%，塑性混凝土材料开始应用推广，如山西册田水库防渗墙、北京十三陵水库防渗墙、河南小浪底水利枢纽上游围堰防渗墙及长江三峡大江围堰防渗墙等。1994 年，小浪底主坝混凝土右岸防渗墙工程，最大墙深 81.9m，墙厚 1.2m，成墙面积 10541m²，混凝土设计强度 35MPa，是迄今为止我国墙体材料强度最高的防渗墙。施工中右岸部分采用了缓凝型高强混凝土，缓解了墙体混凝土强度过高给钻凿接头带来的困难。1998 年，长江三峡工程二期上游围堰防渗墙工程，是我国 20 世纪已建防渗墙工程中规模最大、综合难度最大的防渗墙，地层地质条件复杂。为了确保在一个枯水期完成任务，中国水电基础局进行了全面攻关，并通过精心组织施工，顺利完成了施工。三峡工程与小浪底工程一起，标志着我国 100m 以下防渗墙施工技术已经成熟。100m 以上复杂地质条件下超深防渗墙施工的技术难点主要体现在以下几个方面：

（1）防渗墙造孔挖槽施工机械与机具的性能和能力需要大幅提升。在100m以上超深防渗墙槽孔施工中，复杂地质与恶劣气候等条件的叠加效应，使得传统冲击式钻机、液压（钢丝绳）抓斗等造孔挖槽设备，面临动力不足、提升系统不适应、机具不配套等问题。

（2）防渗墙造孔成槽施工工法技术需要进一步创新和完善。与防渗墙造孔挖槽设备的研发与改进相配套，100m以上超深与复杂地质条件防渗墙造孔成槽施工工法技术需要创新和完善，如钻劈法等传统单一的工艺已远远不能满足要求，多种设备配合的施工工艺需要创新和完善，新的工法技术需要研究和总结。

（3）防渗墙接头技术是复杂地质条件下超深防渗墙的技术瓶颈。我国防渗墙接头长期采用套打法施工，因为100m以上超深防渗墙混凝土强度高、墙体深，这种方法从小浪底84m防渗墙施工实践看，不可能应用于100m以上深度超深防渗墙。20世纪末，铣削法与双反弧接头法在工程中开始试验应用。但铣削法是液压铣槽机专用的接头方式，双反弧接头法在冶勒100m深墙试验中，也暴露出种种弊端，在100m以上深度的超深防渗墙施工中应用难度极大。

（4）复杂地质条件防渗墙施工仍然是防渗墙施工技术的突出难点。随着防渗墙深度的增加，严重漏失塌孔地层和孤、漂（块）石地层与硬岩地层造孔、大倾角陡坡硬岩地层嵌岩等众多地质难题，使复杂地质条件下防渗墙施工更加困难。

（5）复杂地质条件超深防渗墙的其他配套技术，如清孔换浆技术、混凝土浇筑技术、墙下预埋灌浆管技术等，随着防渗墙深度量级的增加，都需要全面研究和实践。

1.7 深厚覆盖层上面板坝长期变形特性

覆盖层上修建高面板坝，其覆盖层会产生较大沉降，局部甚至会出现不均匀变形，同时坝体不同分区材料差异也会存在不均匀变形。坝体及坝基的变形会导致坝体防渗体与坝基防渗墙出现张拉或开裂变形，威胁大坝安全。目前，理论上研究面板坝变形特性的数值方法大都采用三维非线性有限元法，不同之处仅在于所采用的计算模型不同，如邓肯-张$E-B$模型（简称"$E-B$模型"）、内勒$K-G$模型（简称"$K-G$模型"）、修正邓肯-张$E-\mu$模型和弹塑性模型。弹塑性模型主要有沈珠江双屈服面模型、殷宗泽双屈服面模型和分部屈服面"空间准滑面"模型等。

国内较早开展面板堆石坝有限元分析的单位是河海大学。顾淦臣等（1988）针对非线性弹性本构关系的适用性问题提出了自己的意见，在此基础上编制了土石坝三维非线性有限元静力动力分析程序（TSDA），研究指出$E-B$模型和$K-G$模型的计算结果与观测资料相比拟合得比较好，而采用修正邓肯-张$E-\mu$模型所得到的蓄水后面板挠度比实测值偏小，拉应力比实测值偏大，因此进行面板堆石坝有限元分析时不建议采用该模型。南京水利科学研究院沈珠江等对面板堆石坝也开展了大量的有限元分析，于1970年提出了一个可用于面板堆石坝有限元计算的双曲屈服面弹塑性模型（南水模型），并对国内一座180m高的面板坝进行了有限元计算，发现当采用$E-B$模型时不能反映堆石体的剪缩特性，所得到的计算结果较实测值偏大而且下游坡面的变形方向跟实测不符，而采用南水模型计算得到的结果比较符合已有的经验和实测值。通过对西北口堆石坝面板裂缝成因的研究分析，得到了低坝面板裂缝主要由干缩和温度应力引起的结论（沈珠江 等，1991；章为民 等，1992；付志安 等，1993；张宗亮，2007；程展林 等，2004）。冯新生等（2009）运用三维弹塑性有限元数值分析方法，岩土料本构模型采用双屈服面模型、大坝特殊边界的力学特性采用界面单元模拟，对寺坪面板坝设计进行优化。黄景忠等（2006）运用三维非线性有限元分析，计算研究了六甲面板堆石坝的坝体应力和变形，对坝体的工作性态做出了较好的评价。李巍等（2006）采用三维非线性有限元分析方法对水泊渡水库面板堆石坝施工填筑期及水库蓄水运行期的应力变形进行了模拟计算。张宏强等（2008）采用三维非线性有限元静力分析方法，深入地研究了岸坡极度陡峭的地形中高面板堆石坝的应力应变特性。权锋等（2009）基于 E-B 模型，对公伯峡面板堆石坝进行了应力变形三维有限元仿真计算，获得了其竣工期及运行期的应力变形分布规律。张运花等（2009）分别采用 E-B 模型和沈珠江双屈服面模型模拟堆石坝体，利用线弹性模型模拟沥青混凝土面板并进行应力变形计算分析，并对两种不同模型在竣工期和蓄水期坝体堆石和面板的应力变形规律进行了比较。赖巧玉等（2007）对金钟水利枢纽面板堆石坝进行了三维弹塑性有限元分析，模拟了坝体材料分区、填筑及蓄水过程和面板的分缝，采用双屈服面模型模拟堆石体的变形特征。

随着覆盖层上高土石坝的快速发展，对覆盖层和堆石体的流变性状的研究也日益得到重视。国内沈珠江等（1994a，1994b）在双屈服面弹塑性模型（南水模型）基础上，提出了反映堆石料流变特性的三参数模型，结合几座面板堆石坝的观测数据进行流变参数反演分析。郭兴文等（1999）对沈珠江三参数流变模型中最终体积流变与围压的线性关系进行改进，对水布垭面板堆石坝进行了考虑流变的应力变形分析。米占宽（2001）和方维风（2003）改进了沈珠江三参数流变模型中最终体积流变和最终剪切流变与围压和应力水平的有关假定，分别提出了改进的六参数模型和七参数模型。梁军（2003）结合殷宗泽双屈服面模型建立了流变计算模式，从理论上论证分析了堆石流变的机理，研究分析了流变对紫坪铺面板堆石坝堆石体和面板应力变形、面板缝和周边缝变位的影响。米占宽等（2002）对公伯峡面板堆石坝筑坝材料进行了三轴流变试验和坝体流变计算分析。郭兴文等（2001）采用沈珠江的指数型衰减三参数模型对水布垭面板堆石坝进行了流变计算分析。谢晓华等（2001）在分析成屏混凝土面板堆石坝应力应变时也考虑了流变的影响。沈振中等（2005）根据国内外一些面板堆石坝观测到的堆石坝的流变变形可以占到瞬时变形的 30%～60%的一般规律，采用广义开尔文模型和伯格斯模型分别研究了九甸峡面板堆石坝蓄水后 10 年内坝体流变变形（坝顶沉降）增加 30%和 50%两种情况下，坝体堆石流变变形规律及其对面板应力和变形、周边缝和面板缝变形的影响（吕生玺 等，2008；邱乾勇 等，2008）。大量学者采用有限元方法对深厚覆盖层上面板坝的长期变形特性进行了研究（周伟 等，2007；王海俊 等，2008；王辉 等，2006；甘磊 等，2017；温立峰，2018；姚福海，2019）。同时考虑堆石体和覆盖层流变效应的面板坝长期变形特性的研究成果尚少，但是已有工程监测资料表明，深厚覆盖层流变效应对于高面板坝长期变形特性的影响不可忽视。

1.8 深厚覆盖层上面板坝防渗系统渗透溶蚀

深厚覆盖层上面板坝的防渗结构，如面板、趾板、连接板、防渗墙、防渗帷幕等，均为水泥基材料，在环境水的长期作用下，其防渗结构中的固相钙如氢氧化钙（CH）和水化硅酸钙（C-S-H）会发生分解并加速析出，即溶蚀（Phung et al.，2016；张开来等，2018；Ulm et al.，1999）。溶蚀现象是一种常见的水泥基材料病害，特别是在水利工程中。水工混凝土的耐久性是指抵抗冻融、环境水侵蚀、冲磨与空蚀、钢筋锈蚀和碱-骨料反应等作用而保持良好性能的能力。对于环境水的侵蚀，过去认为当 pH＞6.5 时，环境水对混凝土材料是没有侵蚀作用的。然而，工程实践表明，即使环境水中不存在 CO_3^{2-}、SO_4^{2-}，混凝土材料也会发生侵蚀破坏。大黑汀水库在运行 16 年以后观测到坝基主廊道排水孔排出析出物，运行 21 年后法向排水沟沉淀物显著增多，并有逐年增加趋势。经检测发现，析出物主要成分为氧化钙（CaO）。这是由于地下水对其坝基防渗帷幕的溶出性侵蚀和软水侵蚀造成的，通过对防渗帷幕钻孔取样和钻孔内水下电视观察，大坝防渗帷幕已严重破坏。古城水库在运行 32 年以后，两岸坝肩岩体存在明显的绕坝渗漏，冬季渗水结成冰堆，帷幕防渗能力明显衰减。这是因为中性的环境水 pH＝7，而水泥基材料孔隙溶液的 pH＝12.5～13.0，由于环境水的 pH 值远小于水泥基材料孔隙溶液的 pH 值，材料中的固相钙在与环境水接触时，在水力梯度和浓度梯度作用下，OH^- 和 Ca^{2+} 不断析出，导致材料孔隙率增大，渗透系数增加，防渗能力下降。

水泥基材料的溶蚀现象，可根据有无渗流作用，分为接触溶蚀和渗透溶蚀。在桥墩、无压隧洞和桩基础中的溶蚀现象为接触溶蚀，固相钙分解所用时间远小于扩散的时间。对于水工挡水建筑物，如混凝土面板、心墙、防渗墙和防渗帷幕等，由于孔隙水的运移作用，固相钙分解所用时间已不满足远小于扩散时间的条件，形成渗透溶蚀。有无渗流作用，是接触溶蚀和渗透溶蚀的本质区别。

关于水泥基材料的溶蚀现象，许多学者进行了试验研究。Kamali 等（2008）对水泥石试件进行了接触溶蚀试验，研究温度、水灰比和溶液类型（如去离子水、矿化水、硝酸铵溶液）对溶蚀进程的影响。结果表明溶液类型是影响溶蚀速率的最重要因素。Le Bellégo 等（2000）研究了砂浆梁在溶蚀作用下的刚度、最大弯曲能力和断裂能的演化规律，结果显示材料的力学性能劣化明显。Heukamp 等（2001）对溶蚀劣化的水泥石试件进行了三轴试验和扫描电镜试验，结果表明溶蚀劣化后的试件力学特性受孔隙水压影响明显，呈现类似土的性质。孔祥芝等（2017）研究了渗漏溶蚀作用下碾压混凝土层面抗剪强度的衰减规律，硝酸铵溶液被用来加速溶蚀进程，结果表明以缝面溶蚀深度为自变量的抗剪强度模型可较好地反映溶蚀作用下碾压混凝土层面的抗剪强度衰减规律。蔡新华等（2012）研究了粉煤灰掺量对水泥抗溶蚀效果的影响，结果表明普通反应性硅酸盐水泥采用Ⅰ级粉煤灰掺量为 50% 时，抗溶蚀效果最好。王立华等（2004）讨论了浆砌石坝中的溶蚀病害评价方法和水泥砂浆溶蚀的防治对策，建议采用活性掺合料和外加剂改性的水泥浆对大坝砌石体进行灌浆防渗补强。水泥基材料的溶蚀研究，关注比较多的是溶蚀深度以及劣化材料的强度，而对其孔隙结构和传递属性的研究相对较少。

关于水泥基材料中的固相钙分解的模拟，采用最为广泛的就是固液平衡方程。Gerard 等（2002）、Nakarai 等（2006）、Wan 等（2013a，2013b）给出了不同形式的固液平衡方程，随后被广泛地应用于水泥基材料的溶蚀模拟分析（Nguyen et al.，2007；Kuhl et al.，2004；Gawin et al.，2003；Phung et al.，2016；Nakarai et al.，2006；Wan et al.，2013；Carde et al.，1996）。Wan 等（2013b）通过试验研究确定了在 6mol/L 的硝酸铵溶液中的固液平衡方程参数，建立了 6mol/L 的硝酸铵溶液中的固液平衡方程。Phung 等（2016）指出 Wan 所建立的硝酸铵溶液中的模型，应考虑扩散过程中硝酸铵溶液浓度的变化，并提出固液平衡方程中的系数与硝酸铵溶液浓度呈线性关系。这些模拟研究针对的是以扩散作用为主导的接触溶蚀进程，不考虑应力场和渗流场对溶蚀进程的影响，并且，扩散系数多采用经验公式或材料成分来计算。Kuhl 等（2004）提出水泥基材料的力学特性和扩散系数与总孔隙率有关，提出了水泥基材料的化学-力学耦合模型。对于水泥基材料的渗透溶蚀，Lambert 等（2010）采用了离散元方法来研究岩石-砂浆接触面的渗透溶蚀特性，发现溶蚀作用是通过随机地移除一定比例的颗粒来实现的。采用离散元方法来模拟溶蚀过程为渗透溶蚀的仿真发展提供了新的思路，但不同种类颗粒的移除速率、颗粒间接触的强度演变等问题仍需进一步研究。渗透溶蚀模拟最常见的仍然是有限元方法。Ulm 等（1999）首先提出了孔隙溶液中 Ca^{2+} 浓度出现突变时的固相钙分解反应速率计算方法的化学-孔隙-塑性理论，该理论以偏离平衡状态的"距离"作为反应快慢的度量。Gawin 等（2008，2013）采用了 Ulm 所提出的反应速率方程并提出了去离子水中的水力-力学-化学溶蚀模型。Yokozeki 等（2004）开展了溶蚀试验并提出了考虑温度效应的渗透溶蚀模型。在该模型中，固相钙的分解采用的是固液平衡方程。在渗透溶蚀仿真中，当渗流不起主导作用，即固相钙分解的时间远少于扩散时间时，分解反应速率可采用固液平衡方程；当渗流起主导作用，即固相钙分解时间不再远少于扩散时间时，分解反应速率应采用 Ulm 提出的化学-孔隙-塑性理论。

现有的渗透溶蚀分析模拟中仍然存在问题（王立成 等，2021；王少伟 等，2020；Kamali et al.，2008；Yokozeki et al.，2004；Gawin et al.，2008；彭鹏 等，2011；霍吉祥 等，2018；Gerard et al.，2002；贾攀 等，2019；Phung et al.，2016；吴福飞 等，2014；甘磊 等，2022）。首先，现有的渗透溶蚀模型多是针对单一试件，局限于材料尺度，并未考虑结构整体渗流场的演变对溶蚀进程的影响。其次，渗透系数的模拟不准确，在有的渗透溶蚀模型中，将渗透系数定义为常数，忽略了溶蚀作用所导致的渗透系数演变，显然是不正确的；部分考虑了渗透系数演变的模型，仍然采用的是经验模型，并未考虑孔隙率、孔隙结构的改变对渗透系数的影响。最后，在现有渗透溶蚀分析中，缺少对材料固相钙含量、渗透系数等参数的影响分析，对渗透溶蚀速率的关键因素还不清楚。

1.9 深厚覆盖层上面板坝安全监控和预警

受侵蚀性介质和冻融循环等外界环境因素的多重影响，覆盖层上面板坝长期运行过程中不可避免地会存在老化现象。大坝的劣化到病态是一个渐变和突变的过程，在内部因素和外荷载共同作用下，一些潜在的因素可能会使得大坝的运行性态发生突变，进而威胁大坝工程安全。由于坝体材料的老化或劣化可以较直观地通过坝体位移或应力等的异常反映出来，因此有必要对大坝运行过程中的变形和应力等指标进行监控，以对大坝运行状态和可能存在的风险进行评估和预判。利用安全监测指标来分析大坝的工作状态是较为直观的方法，因此，拟定何种参数作为大坝安全监控指标成为关键所在。大坝在长期的运行过程中，其承载能力会随时间和材料性能的变化而发生演变，造成监控指标的拟定变得复杂。

在大坝变形安全监控指标的拟定方面，吴中如是我国最早从事该方面研究的学者。早在 20 世纪 80 年代，吴中如等（1988）通过深入分析大坝原始的观测数据，从稳定性和强度以及抗裂纹等方面着手，得到了 4 种拟定安全监控指标的方法，不仅考虑小概率的监测量，同时也考虑安全系数，以及一阶矩和二阶矩极限大小。随后，众多学者围绕大坝安全监控指标开展了深入研究（刘正云 等，2002；李波 等，2002；李民 等，1995；徐洪钟等，2003；Gioda et al.，1987；谢诣，2007；赵宝福 等，1989；张强勇 等，2005；艾斌，1996；高莲士 等，2002）。邢林生等（1992）、陆绍俊等（1992）、顾冲时等（1999）、郑东健等（2000，2001）利用原型观测资料拟定了大坝安全监控指标。在渗流安全监控指标拟定方面，徐颖等（2021）采用置信区间法与典型小概率法拟定了复合土工膜斜墙防渗砂砾石坝渗流安全监控指标；高全等（2016）利用 Geostudio 软件采用有限元方法确定了深圳水库大坝在正常蓄水位、设计洪水位和校核洪水位 3 种工况下对应的坝体渗流监控指标；于满满等（2014）基于 Geostudio 构建了某土石坝稳定渗流和非稳定渗流模型，着重从渗透坡降、渗流量及边坡稳定性系数 3 个指标讨论和分析了水库大坝的渗透安全性。

目前，在面板坝渗流及变形安全监控指标的拟定过程中，通常可将拟定方法分为数理统计和模型分析两类。数理统计方法通常比较简单，且方便操作，在工程中应用较广。但数理统计方法仅从实际监测数据着手，未考虑大坝性态变化的原因及机理，并且没有考虑大坝的等级和类别，物理概念不够明确。模型分析方法是基于有限元建立的数学模型，采用数值计算模拟大坝的渗流及变形情况，结合实测资料对坝体和坝基进行渗流及变形参数反演，将反演得到的参数代入数值模型中来拟定大坝安全监控指标。模型分析方法物理概念明确，可以实现对各种不利工况下大坝渗流及变形的模拟，并且可以实现对大坝全寿命周期内的性态预测，有效解决了大坝监测时间短、实测数据序列不长的问题。模型分析方法是目前拟定大坝安全监测指标的有效方法（白俊光 等，2013）。

尽管国内外专家学者围绕大坝渗流及变形安全监控指标拟定做出了大量的工作，但目前仍存在一些有待解决的问题：①现有大坝安全监控指标的拟定多是针对坝体变形，并且多采用数理统计方法，不能考虑大坝性态变化的原因，并且未考虑不同坝型及大坝等级；②大坝在运行过程中，坝体的渗流和应力相互影响，现有的渗流及变形安全监控指标的拟定多从单个方面考虑，未考虑渗流场和应力场的耦合效应。

大坝安全管理主要是为了确保大坝安全运行，保障人民生命和财产安全，使其发挥正常运行效益。建立大坝安全预警系统是实现大坝安全运行和科学管理的有效手段。大坝安全预警指标是大坝安全预警系统的核心内容。大坝安全预警是在对影响大坝安全的诸因素进行综合分析评价的基础上，对可能出现的大坝险情做出预测和警报。在确认险情后，做出风险分析和评估，并借助决策支持系统制定出切实有效的应急处理预案，以及时化解或降低风险，将可能发生的灾害损失降到最低程度。大坝的预警系统就是利用现有的大坝多手段监测的监测信息，运用相应的数理统计知识、坝工知识、人工智能技术、系统论知识等，对大坝运行过程中不正常状态的时空范围进行预警。

大坝安全预警的方式可采用指标预警法、模型预警法和统计预警法。指标预警法具有简单、实用和快速的特点，是模型预警法和统计预警法的基础。预警研究的核心问题是选择和确定预警指标。大坝安全预警指标的类型很多，从预警指标的内涵来说，主要有警情指标、警源指标和警兆指标。警情指标是预警研究的对象，指大坝已存在或潜伏着的问题；警情产生于警源，又必然要产生警兆；根据警兆指标的变化状况，联系警兆的报警区间，参照警素的警限确定和警度划分，并结合未来情况做适度的修正，便可以预报警素的严重程度，即预报警度；根据警素的警度，联系警源指标，对症下药采取相应的排警措施，才能实现有效的宏观调控。因此，大坝安全预警系统要以警情指标为对象，以警源指标为依据，以警兆指标为主体。

大坝预警系统一般是在实时监控的基础上实现的，它总是与大坝安全监测联系在一起。大坝安全监测是预警系统的基础，预警系统则是安全监测系统的具体提高和应用。由于大坝安全监控指标是识别大坝所处状态的科学判据，监控指标可为实现大坝安全预警提供技术保障，因此从大坝安全监控指标入手研究预警指标是设计大坝安全预警指标的基本思路。

第 2 章

深厚覆盖层坝基勘测技术

我国西南地区的河谷深切和上覆深厚覆盖层现象十分普遍，岷江、大渡河、雅砻江、金沙江、嘉陵江等主要河流覆盖层普遍呈现分布厚度变化大、结构差异显著、组成成分复杂且堆积序列异常等特点。选用合适勘测技术调查和测试覆盖层的物质组成和力学性质具有重要的现实意义。

本章归纳我国河床深厚覆盖层的分布特征与形成原因，阐述坝基深厚覆盖层工程地质勘察、物探测试及水文地质试验等的主要内容、应用范围、选择原则与测试方法。相关研究成果可为深厚覆盖层地区后续水电开发提供技术支撑，提高深厚覆盖层勘察与处理措施技术水平，促进行业技术进步，亦可为在深厚覆盖层上建坝提供基础地质资料。

2.1 深厚覆盖层分布特征及成因类型

2.1.1 分布特征

在小浪底水利枢纽、九甸峡水利枢纽、泸定水电站、瀑布沟水电站、冶勒水电站、下坂地水利枢纽等许多水利水电项目的建设中，均遇到河床深厚覆盖层问题。表 2.1-1 为我国部分深厚覆盖层建坝的水利水电工程统计情况。

表 2.1-1 　　　　　　　　我国部分深厚覆盖层建坝的水利水电工程统计表

工程名称	工程地点	覆盖层厚度/m	覆盖层岩性结构
下坂地水利枢纽	新疆塔什库尔干河	147.95	为古冰川的推进和后退及堰塞湖的形成与溃决等因素形成的第四系冰碛、冰水堆积物。覆盖层自下而上可分为：冰碛层、砂层（透镜体）、冲洪积层、坡积层
泸定水电站	四川大渡河	148.60	自下而上分为冰水堆积漂（块）卵（碎）砾石层，冰缘泥石流及冲积混合堆积，冲、洪积堆积含漂（块）卵（碎）砾石层，现代河流冲积堆积之漂卵砾石层
九甸峡水利枢纽	甘肃洮河	56.00	河床覆盖层自上而下依次为：崩坡积块石碎石土层，冲积块石砂砾卵石层，冲积砂砾卵石层
向家坝水电站	四川金沙江下游	38～48	覆盖层深厚，层次结构复杂，成层连续性差。根据钻孔资料，地层自上而下依次为：砂卵砾石层、粉细～中粗砂夹少量卵石层、含崩（块）石的砂卵砾石层
旁多水利枢纽	西藏拉萨河	80～150	坝基深厚覆盖层为双层结构，自上而下为：强透水的第四系冲积物、中等透水的冰水堆积物
瀑布沟水电站	四川汉源大渡河中游	40～77.9	坝基河床覆盖层具有深度大、颗粒粗、结构复杂的特点，架空现象也较普遍。河床试验场地地层自上而下大致分为：回填黏土层、漂卵石层、卵砾石层、块碎石层

续表

工程名称	工程地点	覆盖层厚度/m	覆盖层岩性结构
金汤河二期工程金元水电站	四川康定大渡河一级支流金汤河	40～70	河床覆盖层自上而下可分为：崩积块碎石夹黏土层，冲积卵、碎砾石夹砂土层，河湖相黏土层，崩、冲积混合堆积物含块碎石、卵砾石夹砂土层，崩、冲积碎石夹黏土层
太平驿水电站	四川阿坝汶川岷江上游干流	78	闸基地层复杂，上部结构紧密，下部含大量孤石，且有架空结构，渗透性上弱下强，地下水呈半承压状态且水位普遍低于河水位
仁宗海水库	四川康定大渡河一级支流田湾河	148	下部为砂砾石层，深度130m，为坝基的主要持力层。上部为湖积灰色淤泥质壤土，仅分布于河床左岸顶部，厚4.2～19.05m
大发电站	四川石棉大渡河一级支流田湾河	122	河床覆盖层自上而下分为：崩坡积块碎石层、冲积漂卵石层、冰川冰水混合堆积漂（块）卵（碎）石层
直孔水电站	西藏拉萨河	70～180	覆盖层自上而下为全新统冲积漂卵石层、上更新统冲积漂卵石层、中更新统冰水堆积卵砾石层
冶勒水电站	四川大渡河支流南桠河	超过420m	右岸覆盖层由第四系中上更新统卵砾石层、粉质壤土层和块碎石土组成，属冰水河湖相沉积，具不同程度的泥钙质胶结和超固结压密作用，故结构密实，力学强度和变形指标较高
福堂水电站	四川阿坝汶川岷江干流上游	34～92.5	按其结构、成因和组成，自上而下可划分：崩坡堆积块碎石土层、漫滩及谷底顶部漂卵石层、河床上部微含粉质壤土及含砂粉质土层、河床中上部漂卵石层、谷底中部粉质砂及粉质土层、河床底部含（漂）碎（卵）石层
小南海水库	重庆黔江阿蓬江右岸支流段溪河	60～82	上部堆积体主要由地震崩塌堆积的页岩及粉砂质页岩块碎石夹孤石组成。上部粒径较大，结构松散，局部有架空结构。下部粒径较细，粉细砂或黏土充填，结构紧密
小浪底水利枢纽	河南洛阳黄河干流	超过80m	河床覆盖层自上而下由表层砂层、上部砂砾石层、底砂层、底部砂砾石层组成
黄壁庄水库	河北鹿泉黄壁庄镇滹沱河干流	平均52.5m	自上而下为：坝体黄褐色壤土、可塑至软塑壤土、间含细砂及壤土透镜体的中粗砂、稍～中密卵石层

根据统计资料基本可勾勒出我国河床深厚覆盖层的分布特征，即大致以云南—四川—河南一线为界，该线以北河床覆盖层深厚现象较为普遍；以南除零星点及长江中下游平原地区外，河床内很少出现深厚覆盖层堆积现象。

受地形地质背景、水文条件等影响，不同地区河床深厚覆盖层的结构也不尽一致。总体上我国河床深厚覆盖层按其形成原因、成分结构、分布地区等因素，可归纳并区划为如下4大类型：

（1）东部缓丘平原区冲积沉积型深厚覆盖层。

（2）中部高原山区冲洪积、崩积混杂型深厚覆盖层。

（3）西南高山峡谷区冲洪积、崩坡积、冰水堆积混杂型深厚覆盖层。

（4）青藏高寒高原区冰（碛）积、冲洪积混杂型深厚覆盖层。

2.1.1.1 东部缓丘平原区冲积沉积型深厚覆盖层

河流的沉积作用，自上游至下游普遍存在。在流水的搬运途中，由于水的流速、流量的变化以及碎屑物本身大小、形状、容重等的差异，沉积顺序有先后之分，一般颗粒大、容重大的物质先沉积，颗粒小、容重小的物质后沉积。因此，在不同的沉积条件下形成砾石、砂、粉砂、黏土等颗粒大小不同的沉积层。在北方的黄河中下游、华北平原，南方的长江干流及部分支流的中下游，四川盆地岷江下游等地区，挟带大量泥沙的水流至此，河流地区地形愈趋平缓，河道水流流速降低，泥沙逐渐沉积，在处于河流中下游的上述地区，常形成宽广平坦的冲积平原或三角洲。长期的冲、洪积沉积，在这些地区逐渐形成深厚的覆盖层，且覆盖层的主要成分以磨圆度较好的细砂、粉砂及粉质黏土等为主，间夹中、粗砂。河道中夹杂的卵砾石层少部分来自干流上游，大部分来自两侧支流的汇入。因此，此类深厚覆盖层实际上主要是河流自然水文沉积的结果。

典型例子如表 2.1-1 中小浪底水利枢纽、黄壁庄水库等。小浪底水利枢纽坝基深厚覆盖层自上而下可大概分为：表层砂层、上部砂砾石层、底砂层、底部砂砾石层共 4 层，其多期冲积沉积特征，也反映了河道多次缓慢升降的特点。另外，其级配、颗粒粒径、渗透系统等也具典型的成层性特征。覆盖层的孔隙主要呈蜂窝状的孔隙特征，除部分粒径较粗的沉积层孔隙率高导致渗透性较大外，覆盖层内少见或不发育大型的集中渗流通道。该类地层总体上颗粒较细、孔隙化程度高，但因其级配较好，孔隙的直径小，渗透性并不一定大，除表层现代冲积层属极强透水带或强透水带外，其余多属强透水带、中等透水带甚至弱透水带。

2.1.1.2 中部高原山区冲洪积、崩积混杂型深厚覆盖层

该类沉积物主要分布在北方的秦岭山区、西南的云贵高原（重庆、豫西、湘西、桂北、川南、云南、贵州）等地区。第四纪以来，这些地区地壳多呈断块式抬升、下降，或呈掀斜式抬升。在水流冲刷和溶蚀等作用下，河床下切，形成高山峡谷及深切河槽。当后期地壳抬升变缓或局部地壳构造性抬升时，深切河道内的冲刷作用减弱或消失，沉积作用加强，且两岸崩塌堆积体也因为河道水流的变缓，挟带能力降低而得以保留。另外，受气候影响，这些地区的降雨量较为丰沛，是我国山洪、泥石流的易发、频发地带，两岸支沟或支流内雨季形成的洪积物来源丰富，部分河段尚有可能主要以洪积沉积为主。正由于以上的复杂成因，从而在河床内形成具冲积、洪积与崩积物混杂堆积特征的复杂深厚覆盖层。

在这些深厚覆盖层中，常以某一成因的沉积物为主，但又夹以其他成因的堆积物，冲积物与崩积、洪积物之间的接触关系可以成层分布，也可以呈透镜状包裹，甚至不分彼此，混杂交错。覆盖层的物理力学特性、水文地质特征等也与其结构、成分密切相关。典型者如甘肃洮河九甸峡水利枢纽坝基覆盖层。贵州索风营水电站、格里桥水电站等河床覆盖层的成因结构也属此类，只是覆盖层不深而已。

2.1.1.3 西南高山峡谷区冲洪积、崩坡积、冰水堆积混杂型深厚覆盖层

川西、藏东一带，处扬子陆块和印度陆块的碰撞结合地区，是我国构造活动最为活跃的地区之一。第四纪以来，该地区强烈的地壳运动，造成地壳多次大幅度抬升或掀升，其幅度之大是国内其他地区无法比拟的。而且在大面积强烈抬升的同时，局部地带又有下降

的异常区。特殊的区域构造背景致使该地区形成地形高陡、岩性岩相复杂、构造发育、地震频繁的复杂地质条件。多条近南北向（或北北西向）区域性大断裂带的走滑或挤压活动，在西至怒江、东至四川盆地边缘的龙门山等地带，形成纵贯南北的雄伟山脉，即著名的（广义上的）横断山区。正是由于构造活动的不均匀性（上升或下降），在四川盆地以西（包括四川盆地的部分）的大横断山区形成一道道隆起"门坎"，相应也发育一系列的相应"凹陷区"，并沉积了巨厚的深厚覆盖层。

该地区特殊的地形地质及气候条件，也决定了该地区各种内、外动力地质作用种类繁多，活动剧烈。冰川（早期）进退、滑坡、地震、崩塌、泥石流、冲洪积、坡积、堰塞湖等各种物理地质现象极为发育。如 2008 年 5 月 12 日四川汶川大地震在该地区岷江流域形成的滑坡、崩塌等物理地质现象非常普遍，并形成了唐家山堰塞湖等地震堆积坝体。故该地区的深厚覆盖层具有成因复杂（部分覆盖层至今未弄清成因）、厚度巨大、组成复杂、结构多变等特征。该类覆盖层也是目前国内水电工程界在西部水电站工程建设中常遇到的主要工程地质问题之一，如瀑布沟水电站、双江口水电站、冶勒水电站、昌波水电站等均遇到该类河床深厚覆盖层问题。

以大渡河泸定水电站坝基深厚覆盖层为例，该电站坝址区河谷覆盖层深厚，层次结构复杂。现代河床及高漫滩主要为冲积漂卵砾石层（Q_4^{al}），Ⅰ级阶地为冲、洪积混合堆积之含漂（块）卵（碎）砾石土层（Q_4^{al+pl}），Ⅱ级阶地为冰缘泥石流、冲积混合堆积之碎（卵）砾石土层（$Q_3^{prgl+al}$），河谷底部为冰水堆积之漂（块）卵（碎）砾石层（Q_3^{fgl}）。据坝址钻孔勘探成果，河床覆盖层最大厚度 148.6m。

2.1.1.4　青藏高寒高原区冰（碛）积、冲洪积混杂型深厚覆盖层

高寒高原区冰（碛）积、冲洪积混杂型深厚覆盖层主要分布在西藏、新疆地区及青海的部分地区。这些地区海拔高，但总体上地形高差较西南横断山区平缓，河流由上游的雪山、冰川融水补给后即汇流于广袤的平缓高原面上，山上水流湍急，山下河道平缓弯曲。大部分河流的中游段（高原台地区）较为平缓，或根本就为内陆湖，或最终消失于茫茫沙漠之中。这些地区深厚覆盖层主要分布于中、下游河段，河床覆盖层主要由冰川进退形成的冰碛、冰水堆积，以及河床冲积、洪积等原因堆积而成。总体特征是下部为冰碛或冰水堆积层，上部为现代冲洪积层。典型例子如下坂地水利枢纽工程和旁多水电站。

2.1.2　成因类型

河床覆盖层的成因类型是指由一种地质作用所形成的，沉积于一定地形环境内并造成一定地形形态的，在岩性、岩相及所含生物残骸等方面具有一定特点的多种堆积物。地质作用具某些共性的几个成因类型的堆积物构成一个成因类型组。覆盖层成因类型见表 2.1-2，其中以冲积、洪积、崩塌堆积、滑坡堆积、冰水堆积、湖泊堆积、泥石流堆积等较为常见。

2.1.2.1　深厚覆盖层的成因类型及形成条件

河床深厚覆盖层的成因类型主要如下：

（1）河谷强烈切割，地震山崩塌陷，形成堰塞湖，造成河谷大量堆积。

表 2.1 - 2 覆盖层成因类型表

成因	成因类型	代号	主 导 地 质 作 用
风化残积	残积	Q^{el}	物理、化学风化作用
重力堆积	坠积		较长期的重力作用
	崩塌堆积	Q^{del}	短促间发生的重力破坏作用
	滑坡堆积	Q^{col}	大型斜坡块体重力破坏作用
	土溜		小型斜坡块体表面的重力破坏作用
大陆流水堆积	坡积	Q^{dl}	斜坡上雨水、雪水间由重力的长期搬运、堆积作用
	洪积	Q^{pl}	短期内大量地表水流搬运、堆积作用
	冲积	Q^{al}	长期的地表水流沿河谷搬运、堆积作用
	三角洲堆积（河、湖）	Q^{mc}	河水、湖水混合堆积作用
	湖泊堆积	Q^{l}	浅水型的静水堆积作用
	沼泽堆积	Q^{f}	潴水型的静水堆积作用
	泥石流堆积	Q^{sef}	短期内大量地表水石流搬运、堆积作用
海水堆积	滨海堆积	Q^{m}	海浪及岸流的堆积作用
	浅海堆积		浅海相动荡及静水的混合堆积作用
	深海堆积		深海相静水的堆积作用
	三角洲堆积（河、海）		河水、海水混合堆积作用
地下水堆积	泉水堆积		化学堆积作用及部分机械堆积作用
	洞穴堆积	Q^{ca}	机械堆积作用及部分化学堆积作用
冰川堆积	冰碛堆积	Q^{gl}	固体状态冰川的搬运、堆积作用
	冰水堆积	Q^{fgl}	冰川中冰下水的搬运、堆积作用
	冰碛湖堆积		冰川地区的静水堆积作用
	冰缘堆积	Q^{prgl}	冰川边缘冻融作用
风力堆积	风积	Q^{eol}	风的搬运堆积作用
	风-水堆积		风的搬运堆积作用后，又经流水的搬运、堆积作用

（2）冰川对河谷剧烈的深切作用。从岷江河谷纵剖面可以看出，基岩谷底纵坡（平均约5%）略缓于现代河床纵坡（平均约7%），谷底覆盖层自盆地边缘山口向上游逐渐加厚，与接近冰川上源强烈刨蚀有关。

（3）河流水量大、坡降大。源于青藏高原的白龙江、岷江、大渡河、雅砻江、金沙江等，由于水量充沛，水流湍急，落差大，流经高原斜坡段后，这些河流谷底大多分布有深厚覆盖层。

（4）近代构造的升降变化。

（5）两条河流交汇。

（6）区域性断裂带、易冲蚀岩层、易溶岩层、强风化破碎岩层等将形成局部深槽、深谷等，在这些部位将会大量堆积，形成深厚覆盖层。

（7）瀑布下的冲刷形成深潭。

（8）支沟泥石流大量堆积，沟口附近及其上游易形成深厚覆盖层。

通过已有的勘测成果发现，要形成深厚覆盖层必须具备两个基本条件：

（1）深切河谷：为形成深厚覆盖层提供沉积空间。

（2）丰富的沉积物来源：为形成深厚覆盖层提供丰富物源。

2.1.2.2　深厚覆盖层成因机制

由于深厚覆盖层成因的复杂性，根据目前的研究，深厚覆盖层成因机制主要包括以下几方面。

1. 气候成因

冰川对河谷的剧烈刨蚀作用产生大量的碎屑物质，这些碎屑被冰水与流水或洪水搬运到河谷中堆积，会形成"气候型"加积层。这种深厚覆盖层的"气候型"加积层在西部高原地区，特别是青藏高原地区表现特别突出。第四纪更新世以来，青藏高原经历多次气候的冷暖交替，约 300ka BP 以来该地区发生过 4 次冰期和 3 次间冰期，对高原地区深厚覆盖层的形成具有非常重要的影响。从气候变化来看，间冰期温度大幅上升，大量冰川融化，海平面上升，河流纵比降减小，流速降低，能量减小，水流的挟沙能力减弱，固体物质开始大量沉积。沉积物的堆积使得回水作用进一步向上游发展，形成可容纳空间，产生溯源堆积。间冰期早期，海平面的上升不仅产生了下切河谷内的海侵，还影响到河流的搬运和沉积作用，即回水作用和溯源堆积作用。第四纪四大冰期与河流堆积特征见表 2.1 - 3，末次冰期（玉木）以来我国西南地区河流演化阶段划分见表 2.1 - 4。

表 2.1 - 3　　　　　　　　　第四纪四大冰期与河流堆积特征表

冰期	形成时代/ka BP	特　征
贡兹	300	历次低海面与冰期时间对应，在 4 次大的冰期期间，全球海平面明显下降（最低海平面出现在玉木冰期），最大下降幅度超过 100m，在此期间河流主要为侵蚀切割。历次高海面与间冰期时间对应，河流主要以堆积为主
民德	200	
里斯	100	
玉木（武木）	20	

表 2.1 - 4　　　　　末次冰期（玉木）以来我国西南地区河流演化阶段划分

阶　段	时代/ka BP	河　流　特　征
末次冰期	25～15	河谷深切成谷
冰后期早期海侵期	15～7.5	河谷堆积开始
最大海侵期	7.5～6	河谷大量堆积形成深厚覆盖层
海面相对稳定期	6 至今	现代河床发展演化

2. 构造成因

由于新构造运动与地质构造影响了河流的侵蚀和堆积特性，从而形成"构造型"加积层。不同的构造单元上由于地层岩性的不同，造成河流下蚀速率的差异，也会对河谷的堆积厚度产生影响。在构造上升区内的河段，河流急剧侵蚀，形成深切峡谷，冲积层明显变薄，对深厚覆盖层的形成起弱化作用。而流经构造下降区的河段则发生加积，谷底急剧堆积，早期形成的冲积层被新的物质覆盖，覆盖层厚度骤增，冲积层也呈现出多层性或周期性。例如金川河段就是这种构造型多层加积类型，比如马奈段，覆盖层就多达9层，且冲积砂砾石与粉砂就多次重复出现，有规律地叠加；金沙江虎跳峡250m的巨厚覆盖层也主要与断陷盆地有关。

3. 崩滑流堆积成因

第四纪以来地壳快速隆升、河谷深切，在地震、暴雨等外在因素的诱发下，高山峡谷中常有大型、巨型滑坡、崩塌、泥石流事件发生，这些大型地质灾害堆积物不仅造成河谷覆盖层加厚，而且有的会形成一定厚度的堰塞湖相沉积，其堰塞湖相沉积厚度一般超过十几米，有的达几十米，这也是形成河床深厚覆盖层的原因之一。例如，岷江以北的扣山滑坡和坝区附近的石门坎滑坡所形成的巨厚堰塞堆积物，大渡河大岗山电站上游库区加郡滑坡形成的巨厚堰塞湖相沉积，岷江叠溪地震形成的滑坡堵江坝和堰塞湖大小海子还完好地保存。宝兴水电站坝址区河床深厚覆盖层就是由于河流急剧的切蚀过程中，两岸边坡岩体发生卸荷松弛，在暴雨等作用下发生崩塌、滑坡、泥石流，因而产生大量的碎屑物质堆积于河谷中，形成深厚覆盖层。刘衡秋等（2010）对云南虎跳峡松散堆积体成因机制进行了深入的研究，认为其成因具有复合性，是一种由滑坡、崩塌和崩坡积多期次形成的复合地质体，为典型的内外动力综合作用的产物。

2.1.3 成因分析实例

2.1.3.1 九龙河溪古水电站

1. 河流发育史

溪古水电站位于四川九龙河上，所在的雅砻江地区经历了多期构造抬升，有夷平面的形成，整体上有三级夷平面，对应高程分别为4000m、3000m、2200m。在夷平面相近的高程上，有小平台形成，不同夷平面之间受河流快速下切作用的影响，陡峭的深切河谷发育，为当地水能资源的开发提供了良好的地形条件。据前人研究资料（见图2.1-1），该区自白垩纪以来一直处于夷平过程，到早第三纪形成了统一的Ⅰ级夷平面（现今对应高程4000～4500m）；中新世末期，川西地区整体抬升，Ⅰ级夷平面被破坏，分解成次一级的阶梯状Ⅱ级夷平面（现今对应高程3000～3300m）；上新世末期，该区继续抬升，形成了

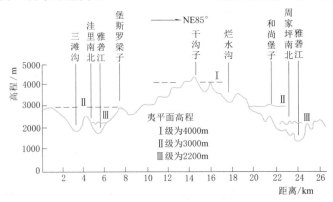

图 2.1-1 九龙及附近地区的夷平面特征

Ⅲ级夷平面（现今对应高程 2200～2400m）。第四系后期以来，地壳急剧抬升，河流下切形成高陡河谷岸坡。

据工程区九龙河谷岸坡下部特征分析，河流下切速率明显大于侧蚀和风化剥蚀速率，河谷以上岸坡岩体抗风化剥蚀能力较强，主要以卸荷变形破裂和周期性崩滑破坏来适应河流快速下切。由于青藏高原差异性隆升和河流快速下切的侵蚀切割，两岸残留的河谷阶地不发育，仅在华邱和溪古—察尔一带见有两级，拔河高度分别为 10m 和 25m，前者为基座阶地，后者为侵蚀阶地。由重力地质灾害形成的地貌主要是崩塌、滑坡和泥石流。

九龙河河道较为狭窄，历史上曾多次发生过滑坡和泥石流堵江事件，沿河两岸均可见堵江后静水环境下形成的纹泥层（拔河高度约 10m，厚度一般为 1.0～1.5m），纹泥分布连续性较好。在河床钻孔中，也发现了相对较新沉积的纹泥层（埋藏于现代河床以下约 20m），纹泥厚度超过 20cm，而在华邱村的高程（拔河高度约 250m 以上）出露的纹泥层厚度超过 1.5m。

2. 覆盖层沉积时代

为了确定溪古水电站覆盖层形成的地质年代，采集细粒土（粉质黏土）进行了地质年代测试。在坝址的 ZK329、ZK330 和 ZK331 三个河床钻孔分别取样进行 ^{14}C 测年法测试。河床覆盖层粉质黏土的 ^{14}C 测年法结果见表 2.1-5。

表 2.1-5　　　　河床覆盖层粉质黏土的 ^{14}C 测年法结果

编号	取 样 位 置	物质类型	测年方法	测年结果/年 （半衰期 5730 年）
1	ZK329 的 15.7～15.9m	土样	^{14}C 测年法	13110±330
2	ZK330 的 8.9～9.1m	土样	^{14}C 测年法	12930±300
3	ZK331 的 12.33～12.55m	土样	^{14}C 测年法	12400±240

^{14}C 测年法结果表明，河床覆盖层粉质黏性土的地质年龄在 12400～13110 年范围内，同一地层各样品测试结果基本一致，说明测试结果具有很好的可靠性。同时测年成果表明河床覆盖层粉质黏土及以下层位的河床堆积物的形成时代为 Q_3 晚期。

为了详细了解现代河床及右岸古河道形成时间，研究中分别在梅铺堆积体 B 区 PD2、九龙河右岸出隆沟下游、出隆沟滑坡前缘、坝址区 ZK330、ZK329 等钻孔进行了取样、采用 ^{14}C 测年法进行了测年试验，其堰塞堆积物测年成果见表 2.1-6。

表 2.1-6　　　　九龙河堰塞堆积物测年成果表

序号	试样名称	取 样 地 点	测年结果/年	测年方法
1	灰黑色碎石土	PD2 30m 深处	21290±600	^{14}C 测年法
2	灰黑色碎石土	PD2 52m 深处	24850±1520	^{14}C 测年法
3	黑色粉质黏土	出隆沟滑坡前缘	15710±440	^{14}C 测年法
4	黑色粉质黏土	出隆沟下游 500m 右岸	14150±410	^{14}C 测年法

由测年成果可以看出，古河道范围内的堆积物形成时间在距今 2.1 万～2.5 万年之间；发育在较高高程的堰塞堆积物形成时间在距今 1.4 万～1.6 万年之间，钻孔揭示的河床多层堰塞堆积物形成时间在距今 1.2 万～1.3 万年之间。这说明工程所在的九龙河段曾遭受过多次堵河事件，所发育的不同高程的堰塞堆积物是多次不同地点堰塞的结果。

2.1.3.2　宝兴河小关子水电站

据宝兴河小关子水电站钻探揭示，闸基覆盖层深厚（最深达 86.73m），结构层次复杂，可分为 10 层（见图 2.1-2）：①、③层为远源河流相冲积漂（块）卵石层；②、④层为近源崩洪积块碎石土；⑤、⑦层为下游关沟泥石流堆积块碎石土；⑥、⑧两层为细粒土，属静水湖泊相堆积物，物理力学特性较差；⑨、⑩层为现代漂卵石层。弄清细粒土的形成过程，有助于更好地研究其埋藏分布特征，评价其工程特性，为闸基处理提供依据。

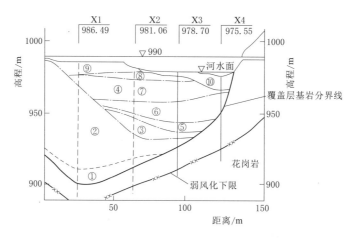

图 2.1-2　闸址横 1—1 剖面示意图

1. 细粒土埋藏特征

据钻孔揭示的⑥、⑧两层细粒土，顶面埋深分别为 0～4.2m、12.35～24.0m，厚度分别为 2.54～11.6m、9.0～15m，横河方向宽分别为 75～150m、80～90m，未铺满整个河谷，左侧被②层块碎石土限制；在纵向上，⑧层向上游延伸达 2km 以上，坡降较缓，上覆厚为 2～3m 的高漫滩漂卵石层，向下游延伸厚度逐渐减薄，乃至尖灭（由中间⑦层块碎石土顶面逐渐抬高引起）。

细粒土为灰色粉质壤土。其中⑧层上部局部为灰、浅黄色粉质黏土，表现出由下至上颗粒逐渐变细、近水平微层理发育。钻孔钻进过程中有明显的缩径现象，浅（竖）井开挖有缩井现象，呈可塑状态，局部软塑，可搓成细条。透水性微弱，层内含较多乌木块、木屑。

2. 矿化成分及微观结构

矿化分析表明，⑥、⑧两层粉质壤土的化学成分含量基本接近。pH＝7.6～7.7，它们具有相同的碱性形成环境，土层中含有大量的氧化物，其中 SiO_2 含量高达 43.29%～52.64%，发生再次固化作用可能性较小，含铁、铝、钙等氧化物较多。烧失量较大，近

10%，个别达 15%；有机质含量较少，为 0.12% 左右。烧失量大是由于含较多碳酸盐、硫酸盐、水分（吸附水、化学水）所致。⑥、⑧两层粉质壤土差热分析表明，其差热曲线均无明显与图谱相对应的吸热放热峰。X 射线衍射分析表明，黏土矿物为伊利石和蒙脱石混存，含少量的蛭石。

3. 成因分析

通过以上分析可以看出，细粒土主要为粉质壤土，少量粉质黏土，水平微层理发育。黏土矿物以蒙脱石和伊利石为主，含少量的蛭石，具有较小的干密度和较大的孔隙比，其承载力、强度和变形模量均低；土体透水性微弱，多呈可塑及软弱状态。因此细粒土应属静水湖泊相堆积物。闸址下游约 1km 的关沟沟口及沟两侧有大量的泥石流残留体分布；钻探表明，关沟下游河段无细粒土分布；结合闸址钻孔揭示的各层结构特征和分布埋藏情况综合分析，细粒土的形成与当时关沟泥石流的堰塞河道有关。

细粒土的形成过程是：大约从 Q_3 早期开始，宝兴河快速下切到达现代河床谷底，形成现今左侧深切河槽（高程 899.76m），在河槽内堆积了远源的①层冲积物；随后，岸坡崩塌、泥石流频发，在左岸堆积了较厚的②层近源崩洪积物，使河流向右侧偏移。至 Q_3 末期，逐渐形成 II 级阶地，现今仍可在②层上发现残留的 II 级阶地堆积物。Q_4 早期抬升再次加速，河流在 II 级阶面上迅速下切，达到高程 930.00m，并留下远源③层冲积物。Q_4 末期，两岸物理地质现象普遍，留下岸坡近源的④层崩洪积物。之后下游关沟发生泥石流，堵塞宝兴河，形成⑤层泥石流堆积物（钻探揭示⑤层块碎石土与关沟泥石流堆积物成分及结构类似，有向下游厚度变大、顶面高程逐渐抬高的特点）。由于宝兴河堵塞形成了堰塞湖，并沉积下⑥层灰色粉质壤土，内有大量的木屑、木块等，在堰塞湖形成后，关沟又再次发生过规模较大的泥石流，其上坡形成闸区⑦层块碎石土。勘探揭示，⑦层有向上游厚度减薄、顶面高程逐渐降低的特点，原始堆积坡度一般为 2°～3°，其块碎石成分主要为灰色灰岩，少量玄武岩、花岗岩等，与下游关沟沟口泥石流堆积物类似，其内发现的木块、木屑是泥石流搬运的结果。⑦层泥石流形成后，沉积了与⑥层相似的⑧层灰色粉质壤土层，往顶部颗粒变细，局部为粉质黏土，其倾向河心的水平微层理发育，⑦层块碎石土向下游逐渐升高，使得⑧层在横 X1～X4 线之间尖灭。之后，堰塞堤开始溃决，关沟下游河道两岸保留有较多堰塞堤决堤物质，其成分与关沟泥石流堆积物相近。堰塞堤溃决后，河流在闸区左岸台地上形成远源冲积物（⑨层）和现今河流冲积物（⑩层）。据④、⑥、⑧三层取 4 组木屑进行 ^{14}C 测年法分析的结果，堰塞及粉质壤土形成时间，距现今 870～990 年。

综上所述，闸基下埋藏的两层细粒土（粉质壤土）是距闸址下游约 1km 处的关沟发生泥石流堵塞宝兴河形成静水湖泊相的堆积物，成因类型属堰塞湖型。据形成过程分析，其埋藏分布具有向下游厚度逐渐减薄至尖灭，向上游厚度增大、延伸较远，横向上受到②、④层限制的特点，闸址就位于粉质壤土逐渐尖灭部位。

粉质壤土形成时代新，仅有约 1000 年的历史，未经较好的压密与固结作用，强度、承载力及变形模量均低，因此物理力学性能较差，工程设计及处理时，应充分考虑这种细粒土的特殊性。

2.2 坝基深厚覆盖层工程地质勘察

2.2.1 环境地质勘察

河谷深厚覆盖层往往具有成因复杂、结构松散、层次不连续的性质，物质组成在水平和垂直两个方向上均有较大变化，物理力学性质呈现出较大的不均匀性。成因类型有河流相的、洪积的、冰积的、堰塞的，造成了组成物质的复杂性，既有粗粒土又有细粒土，特别是细粒土具有承载力和变形模量较低的特点，往往带来复杂软基问题。复杂的不良地基条件，常给水利水电工程建设带来困难。在河谷深厚覆盖层上修建水利水电工程时，主要存在的工程地质问题有承载和变形稳定问题、渗漏和渗透稳定问题、抗滑稳定问题、砂土液化稳定问题。因此，在深厚覆盖层上建高堆石坝时应十分重视覆盖层地质勘察工作。

2.2.1.1 第四系区域地质事件调查

1. 第四系地质事件调查

第四系地质事件调查包括以下内容：

（1）查明地质事件的发生年代。

（2）调查地质事件发生规律。

（3）调查地质事件的强度及其对地球生态环境的影响程度。

2. 地貌调查

地貌形态调查，按照地貌要素和几何形态对单体地貌形态和组合地貌形态进行调查描述，划分形态类型。查明地貌的年代及区域地貌发展史。

地貌成因调查，划分地貌成因类型。查明地貌的区域分布规律，进行地貌分区。有条件时收集地貌的演化过程和动态变化资料。查明地貌形态与岩性、构造、气候的关系。

调查地貌资源和地貌地质灾害。查明气候变化、新构造运动和人类活动与地貌发育、变化的关系。

3. 河床深厚覆盖层的成因调查

不同成因的覆盖层有不同的宏观特征、分布位置和工程特性。对覆盖层进行成因分析，对从宏观上把握覆盖层性质具有重要意义。对覆盖层成因类型、机制和堆积物特点相关内容进行分析，深厚覆盖层的成因机制调查结果见表 2.2-1。

表 2.2-1　　　　　　　　深厚覆盖层的成因机制调查结果表

形成原因	形 成 过 程
构造成因	近代构造的升降变化使得河流跨越不同的构造单元，导致河流在纵剖面上的差异运动，从而影响河流侵蚀和堆积特征，形成"构造型"的加厚层。如大渡河支流南桠河冶勒水电站库坝区河谷厚达 420～500m 的覆盖层主要与安宁河断裂活动形成的第四纪构造断陷盆地有关，金沙江虎跳峡 250m 的巨厚覆盖层也主要与断陷盆地有关
崩滑坡堆积	大型崩塌滑坡堵江事件在堵断江河后，也可能形成局部地段的河流深厚堆积。例如，大渡河大岗山电站上游库区加郡滑坡形成的巨厚堰塞湖相沉积，岷江流域存在数个因滑坡堵江形成的堰塞湖，"5·12"汶川大地震形成多个堰塞湖相沉积等

续表

形成原因	形成过程
气候成因	冰川对高原河谷的剧烈刨蚀作用，产生大量的碎屑物质，被流水搬运到河谷中堆积，会形成"气候型"加积层。如岷江等河流堆积层自下游向上游增厚，有违常规河流沉积特点的原因，正是来源于冰川对上游河谷强烈的刨蚀作用
全球气候变化和海平面升降	第四纪以来，曾出现 4 个大的冰期，造成海平面的大幅度降低和升高，覆盖层的厚度随着发生变化

2.2.1.2　河流侵蚀与堆积韵律调查

（1）调查河流侵蚀与堆积的历史和现状，包括侵蚀崩塌的体积和规模、沉积和堆积的速率和规律等。

（2）调查和研究气候、气象（风向、风速等）特点，水体水文（流速、流量、水位等）特点，地质地貌、地层岩性组成、地质构造与新构造运动特点以及人类经济和工程活动特点。

（3）调查河流的侵蚀与堆积演变历史，总结其发展演化规律，初步预测其发展趋势，并提出相应的防治对策。

2.2.1.3　工程地质条件调查

（1）河漫滩与阶地的调查，主要包括分布、形态特征、堆积物特征，阶地的级数、级差，相对高度、绝对高度，阶地的成因类型，各级阶地的接触关系，形成时代、变形破坏特征或后期叠加与改造情况；并注意区分河流阶地与洪积台地、泥石流台地、滑坡台地、冰川冰水台地等非河流阶地。

（2）基岩面起伏变化调查，主要是查明河床深槽、古河道、埋藏谷的具体范围、深度及形态。

（3）查明覆盖层的层次、厚度、物理力学性质、渗透性勘察研究等。重点查明软土层、粉细砂、湿陷性黄土、架空层、矿洞、漂孤石层等的分布情况和性状。按规范要求，需要查明基岩面起伏变化情况，河床深槽、古河道、埋藏谷具体范围、深度及形态。查明覆盖层厚度和层次最主要的手段是钻探，同时可结合物探、坑探（包括浅井和竖井）等方法相互校验。

2.2.1.4　建立地层序列

重点开展河床深厚覆盖层地层序列建立和岩（土）层单位划分。对于水利水电工程坝址区的河床覆盖层形成序列的建立，应从上下游、左右岸进行研究，需经过"野外→野外与室内→室内"3 个阶段，分别完成"岩（土）地层相对序列→地层地质时代序列→地层地质年代序列"3 个层次的地层划分。

1. 岩（土）地层相对序列

岩（土）地层相对序列的建立即河床深厚覆盖层形成先后序列的建立，主要方法如下：

（1）接触关系确定法：对于空间分布连续的地层，可根据地层之间的接触关系，如侵蚀关系、覆盖关系、掩埋关系、过渡关系，来确定地层新老（或形成先后）顺序。

（2）对于地质体分布不连续的可根据以下方法确定其新老（先后）顺序：

1）地貌学法：根据地貌形成和发展的阶段性来确定组成各地貌单元堆积物形成的先

后顺序。如在构造上升地区（如河谷区），位置愈高时代愈老。

2）比较岩（土）学法：地表不同时期堆积物的物质组成、组合特点、颜色和风化程度是有差别的，可根据堆积物的组合特点确定相对新老关系。一般情况下，时代愈老的堆积物，其风化程度愈高。

3）特殊堆积物夹层对比：河床深厚覆盖层的堆积物，无论是构造运动还是气候环境变化都十分强烈，由构造、气候等自然事件形成的特殊沉积层，可作为岩（土）层对比的基础。岩（土）地层对比常用的特殊沉积夹层有：古土壤层、火山灰层、盐类沉积层、冰川沉积层、风沙沉积层等。地层相对顺序，主要由钻孔揭示、野外资料收集确定。

2. 地层地质时代序列

地层地质时代序列是以地层的地质时代为依据建立的地层序列，可采用以下两种方法确立：

（1）生物地层学法：根据地层中所含化石的动物群组合建立地层的地质时代。

（2）考古学方法：根据地层中人类物质和文化遗存特征的人类发展阶段归属，确定地层的地质时代。

3. 地层地质年代序列

地层地质年代序列为按堆积物的地质年龄建立的地层序列。

在野外相对地层顺序研究和地层地质时代研究的基础上，通过样品的年代学测定，根据其年龄值建立地层序列。地层地质年代序列的研究方法分为4类：

（1）对比测年法：主要方法有古地磁年代法和古土壤年代法等。

（2）物理测年法：常用的方法有热释光测年法、光释光测年法、电子自旋共振法、裂变径迹法和稳定同位素法等。

（3）放射性同位素测年法：常用的方法有^{14}C测年法、铀系年代法、钾-氩年代法等。

（4）年计法：主要有历史记录、纹泥和树木年轮法等。

4. 岩（土）层单位类型

河床深厚覆盖层地层单位可分为以下几种类型：

（1）岩（土）层单位：根据地层的岩土学特征划分。

（2）生物地层单位：根据哺乳动物群组合特征划分。

（3）地貌地层单位：根据地貌形成和发展的阶段特征划分。

（4）年代地层单位：根据地层的测年数据划分。

（5）土壤地层单位：根据地层中埋藏土壤层的结构、发育程度划分。

（6）磁性地层单位：根据地层磁性的极性时和极性亚时划分。

（7）气候地层单位：根据堆积物气候标志的冰期、间冰期和冰阶、间冰阶旋回划分。

（8）成因地层单位：根据堆积物的成因类型划分。

2.2.2 勘察方法

2.2.2.1 宏观地质调查分析

宏观地质调查分析是一切勘探工作的基础。只有通过前期的资料收集与分析、地质测绘、调查工作，才能对工程区的区域地质背景、内外动力地质作用、河床覆盖层的成因等有一个宏观的了解，并初步判断河床覆盖层的深度及成分结构，为后续物探、钻探、试验的勘探工作制定合理的工作计划。宏观地质调查分析主要工作内容如下：

（1）收集水电工程所在地区域地形、地质资料，以及遥感资料、工程地质条件类似的相邻地区相关水电工程资料；通过上述资料的收集与分析，对工程区气候及水文、地形、地层岩性、构造、新构造与地震、可能发育的物理地质现象等进行宏观的认识与了解。

（2）通过踏勘及地质测绘等野外地质调查工作，进一步认识、复核、验证区域资料的可利用性，并对工程区的地形地质条件、物理地质现象等进行深入分析。

（3）宏观地质分析工作应对工程区地形特征、地层及构造背景、新构造运动与地震活动规律、河流水文网的演化、主要物理地质现象的类型及规模等，进行系统的分析，并建立相应的地质模型，初步确定河床深厚覆盖层的成因及可能的分层与厚度。

（4）地质测绘。河床深厚覆盖层坝址区各勘察阶段工程地质测绘，应按规程规范要求开展工作，重点查明下列内容：覆盖层的范围、平面分区，据此进行地貌类型划分、确定填图单元；土体不同成因类型及其产生条件；不同地貌单元上土的分布、分层、厚度、物质组成、结构特征及其差异。

（5）覆盖层的组成与分布。应查明河床深厚覆盖层、河漫滩与阶地的成因与分布范围、覆盖层底部基岩面的起伏变化。

对河床深厚覆盖层的分布范围、覆盖层的成因类型、覆盖层堆积的地形地貌基本特征进行调查；查明覆盖层的层次、厚度、渗透性等，重点查明软土层、粉细砂、湿陷性黄土、架空层、矿洞、漂孤石层等的分布情况和性状。

对河漫滩与阶地的调查。主要包括分布、形态特征、堆积物特征，阶地的级数、级差，相对高度、绝对高度，阶地的成因类型，各级阶地的接触关系，形成时代、变形破坏特征或后期叠加与改造情况；并注意区分河流阶地与洪积台地、泥石流台地、滑坡台地、冰川冰水台地等非河流阶地。

查明基岩面起伏变化情况，河床深槽、古河道、埋藏谷的具体范围、深度及形态。

（6）水文地质。对地下水水位、水头（水压）、水量、水温、水质及其动态变化，地下水基本类型、埋藏条件和运动规律进行调查；分析地下水出逸点与地貌、岩性、构造的关系。对可能导致坝基（肩）强烈漏水和渗透变形破坏的集中渗漏带应予重点勘察。

查明覆盖层水文地质结构，含水层、透水层与相对隔水层的厚度、埋藏深度和分布特征，划分含水层（透水层）与相对隔水层；进行土体渗透性分级；了解地下水的补给、径流、排泄条件。

2.2.2.2　钻探

1. 钻进方法

钻探仍是现今水利水电工程河床深厚覆盖层大坝工程地质勘察的主要手段。其包括大口径钻进技术、金刚石套钻取芯技术、金刚石钻具的砂卵石层钻进技术、液动阀式双作用冲击回转钻进技术、各种类型的砂层和软土层钻进及取样技术等。此外，我国在绳索取芯技术、破碎地层取芯技术、声频振动钻机取芯技术等，已经达到国际先进水平。

钻探是揭露深厚覆盖层厚度及层次最直接的办法，也是最主要的勘探手段。通过钻探取芯，可详细了解覆盖层的厚度、分层及各层次沉积层的成分、颗粒直径、结构特征；通过钻探取样试验，可了解各层次松散体的级配、孔隙率等资料；通过钻孔抽水、注水或测流，可了解不同深度不同层次的渗透参数。因此，钻孔在深厚覆盖层勘探中所起到的作用是重要且综合的。但由于深厚覆盖层具有岩性复杂、结构松散、粒径悬殊、局部架空等特点，影响钻探效果及取芯质量的因素较多，钻进及护壁难度大，成孔困难，取芯不易，对钻探的技术要求较高，且常因取芯率低下而影响深厚覆盖的层次划分与物性判断。因此，采用何种钻探机具、钻进方法，对深厚覆盖层的钻孔、取样、试验极为重要。

覆盖层勘探主要的钻进方法有冲击钻进、回转钻进等。冲击钻进方法包括打（压）入取样钻进、冲击管取样钻进等，主要用于土层、砂层或淤泥层，且要求卵石最大粒径不大于130mm，故在岩性复杂的深厚覆盖层勘探中不适用。回转钻进方法包括泥浆护孔硬质合金钻进、跟管护孔硬质合金干钻、跟管护孔钢粒钻进、SM植物胶冲洗金刚石跟管钻进、跟管扩孔回转钻进，以及绳索取芯钻进等。回转钻进方法是目前覆盖层钻进中最常用的方法。

选用何种钻进方法主要根据钻孔的目的和要求。在覆盖层勘察中，采用的钻探方法可依据地层条件和勘察要求选择（见表2.2-2）。如果仅是调查覆盖层的深度并兼做抽水试验孔，则采取跟管护孔金刚石钻进，或跟管护孔钢粒钻进的方法比较方便、快捷。跟管护孔钻进中，应注意厚壁套管跟进深度以小于30m为宜，套管跟进时应做到勤打管、勤校正、勤拧管和勤上扣。当取芯要求较高时，从取芯质量及钻进速率、成孔质量考虑，可采用SM植物胶冲洗金刚石跟管钻进，取芯质量较好。此外，提高覆盖层岩芯采取率的钻进方法尚有潜孔锤跟管钻进等方法。潜孔锤跟管钻进技术是与潜孔锤钻进相结合的孔底扩孔钻进同步、跟下套管的一种钻进新技术，主要用于松散地层和砂卵石层钻进。国内外大量工程实践证明，潜孔锤钻进是提高砂卵石层和滑坡体松散堆石层钻进效率较理想的钻进工艺，它具有效率高、质量好、成本低、应用范围广等特点，也值得推广。

表2.2-2　　　　　　　　　　　　　不同钻探方法适用范围

钻探方法		钻　进　地　层					勘　察　要　求		
		黏性土	粉土	砂土	碎石土	岩石	直观鉴别采取原状土样	直观鉴别采取扰动样品	不要求直观鉴别不采取原状土样
回转	螺旋钻	○	□	□	—	—	○	○	○
	无岩芯钻	○	○	○	□	○	—	—	○
	岩芯钻	○	○	○	□	○	○	○	○
冲击	冲击钻	—	□	○	○	□	—	—	○
	锤击钻	□	○	○	○	—	○	○	○
冲击回转	风动冲击回转	—	□	○	○	○	○	○	○
	液动冲击回转	—	□	○	○	○	○	○	○
振动钻		○	○	○	□	—	□	○	○

注　○表示适合；□表示部分适合；—表示不适合。

2. 钻探技术

（1）河床深厚覆盖层金刚石钻探技术。

覆盖层历来都被认为是既容易又困难的钻进地层。在过去，因为水利水电钻探既要保证颗粒级配准确又要分层清楚，所以规定钻进时不准使用泥浆。地下水位以上以麻花钻和勺钻等干钻方法为主，台月效率保持在 100m 以下。近年来这一禁区被打破了，钻进工艺、取样工具有了改进，效率成倍增长，质量也显著提高，成本明显降低，与国内外同类型钻探队伍相比，水利水电行业在某些方面已处于领先地位。

河床深厚覆盖层的松散性与不均匀性，给钻探取样带来的最大难题就是无法取出柱状岩芯。新的金刚石钻进技术可以在河床深厚覆盖层中取出柱状岩样。其技术特点是：①钻具直径加大到 110mm，与小口径相比，更有利于提高岩芯采取率，提高颗粒级配地质信息的准确性；②设计了两级单动装置保证金刚石钻具的单动性能，以保证岩芯进入内管基本静止，减少岩芯的相对磨损；③采用半合管，减少了人为扰动，可以清楚地看到岩（土）层地质现象的原貌；④增设了沉砂装置和岩粉沉淀管；⑤选用黏度高、胶结护壁、性能好、减振性能好、挟带岩粉能力强的 SM 植物胶冲洗液，完整地取出了原始结构状态的砂卵石和软弱夹层岩芯。金刚石钻进技术已普遍推广应用。

（2）无固相冲洗液钻探技术。

水文地质孔在含水层中钻进时，若该含水层段地层稳定性差，通常要采用优质泥浆护壁钻进。然而由于泥浆中的黏土颗粒会造成含水层堵塞，抽水前不得不采用各种方法洗井，不仅耗时耗物，而且有时会因洗井效果不理想而影响水文地质资料的准确性。如果用清水钻进，则容易发生孔壁垮塌、埋钻等孔内事故。针对这一问题，江苏省煤田地质勘探第三队在某矿若干个水文地质孔施工中，使用聚丙烯酰胺-水玻璃-腐殖酸钾无固相冲洗液钻进，取得了较好效果，既安全穿过局部不稳定地层，终孔后又不用洗井而直接就可进行抽水试验。

无固相冲洗液的良好性能是通过添加化学处理剂来实现的。高分子聚合物聚丙烯酰胺（PHP）不仅能絮凝钻屑，而且其分子链上的羧基（—COOH）可以加强水解聚丙烯酰胺和孔壁之间的吸附作用，所以有较好的稳定孔壁作用，而水玻璃（$Na_2O \cdot nSiO_2$）则是一种以 Si—O—Si 键连成的低聚合度聚合物，为黏稠状半透明体，pH 值为 $11.5 \sim 12$，水解后生成胶态沉淀，能促成沉渣；另外，水玻璃遇 Ca^{2+}、Mg^{2+}、Fe^{3+} 等会产生沉淀反应：

$$Na_2SiO_3 + Ca^{2+} \longrightarrow CaSiO_3 \downarrow + 2Na^+$$

这不仅有助于沉砂，而且能促进孔壁形成钙化层，使孔壁得到稳定。腐殖酸钾（KH_m）含有 K^+，在足够浓度下，K^+ 对黏土矿物具有封闭作用，能使易水化膨胀的泥质岩层呈现较好的惰性。

1）基本配方与室内实验。

无固相冲洗液的基本配方：PHP 为 $0.03\% \sim 0.06\%$、$Na_2O \cdot nSiO_2$ 为 $6\% \sim 8\%$、KH_m 为 1%。浆液性能：漏斗黏度为 17s，密度为 $1.02g/cm^3$，pH 值为 11，失水量为全失水。

室内浸泡实验目的是观察试样在浸泡时发生的变化（膨胀、变形及发生的时间）。浸泡岩样取自施工现场，与目的层易坍塌的泥质砂岩及泥岩岩性相同，将其粉碎后过 100 目筛，用水搅拌后做成直径 20mm、高 25mm 的圆柱，自然晾干而成。

2）施工工艺。

根据室内试验情况，用泥浆钻穿冲积层，下入 $\phi146$ 护壁套管，继续用泥浆钻进至含水层顶板，换用聚丙烯酰胺-水玻璃-腐殖酸钾无固相冲洗液代替泥浆钻进，直至灰岩顶板，期间穿过两层煤和两个含水层，孔内一切正常，未发生掉块、坍塌等现象，孔内干净，钻具一下到底。进入灰岩后，由于灰岩裂隙发育，冲洗液全漏失，基于降低成本考虑，改用清水钻进终孔（终孔深度 540m 左右），孔内未发生任何异常情况。

2.2.2.3 坑探

水利水电工程覆盖层勘探中常用的坑探有探槽、探坑、浅井、竖井（斜井）、平硐和河底平硐。其中前三种为轻型坑探，后三种为重型坑探。轻型坑探的特点和适用条件列于表 2.2 - 3 中。

表 2.2 - 3　　　　　　　　　　轻型坑探的特点和适用条件

名称	特　点	适　用　条　件
探槽	在地表，深度小于 5m 的长条形槽子	剥除地表覆土，揭露基岩，划分地层岩性，研究断层破碎带；探查残坡积层的厚度和物质、结构
探坑	从地表向下，铅直的、深度小于 5m 的圆形或方形小坑	局部剥除覆土，揭露基岩；做载荷试验、渗水试验，取原状土样
浅井	从地表向下，铅直的、深度 5～15m 的圆形或方形井	确定覆盖层及风化层的岩性及厚度；做载荷试验，取原状土样

1. 探槽

探槽一般用于了解覆盖层表部结构、取样试验等。探槽的掘进深度较浅，一般在 3m 以内，槽的长度根据所要了解的地质条件及需要确定。探槽一般为倒梯形断面，底宽应大于 0.6m，倾斜角应大于 60°，含水量较高的松散土层可适当放小倾斜角到 55°。

探槽一般由人力用锹掘进，遇大块碎石时可以采用爆破的方法。爆破应充分利用地形和现场条件，可采用松动爆破、压缩爆破、无眼爆破及抛掷爆破等方法。在水资源丰富的山区也可利用地形，采用水力冲刷的方法进行掘进。在探槽掘进中禁止采用挖空槽底，使之自然塌落的方法，掘进时应 2 人及以上在同一作业面上同时作业，以便意外发生时有照应。斜坡段探槽作业应自上而下进行，不应自下而上，禁止上下同时作业，防止安全事故发生。长度较大的探槽，为增加探槽的侧壁稳定性，每隔 5.0～10.0m，需要设置厚度为 0.5m 的隔墙，必要时，可以采用支撑木或背板顶紧的临时支护。

2. 探坑和浅井

在覆盖层松散地层中，采用探坑或浅井进行勘探，能直观地揭露地质条件，详细描述岩土性质和分层，同时还可取出接近实际的原状结构的岩土样。探坑或浅井的断面形状可以是圆形、椭圆形、方形、长方形等。一般情况下，圆形探坑和浅井在水平方向上承受侧压力较大，比其他形状要安全些。

通常情况下，探坑的深度不超过 3m，大部分为矩形断面，其尺寸在 1.2m×1.5m 左右。若是圆形断面，其直径一般为 1～1.3m。通常坑开口部分断面要大些，而终坑底部断面要适当收敛。

当深度大于 3m 且小于 10m 时，一般称为浅井，其开挖方法同探坑，通常有人工开挖和钻爆开挖之分，其爆破方法以松动爆破和无眼爆破为主。在浅井施工中，根据土层情况，要考虑适当的支护，支护可以采用间隔支护、吊框支护、插板支护等方法。支护材料可以是木质的，也可以是钢质的，钢质的以钢管为主。

3. 浅井特殊掘进法

在流砂层或松散含水的岩层中掘进浅井，由于涌水量大，井壁容易坍塌，这时必须采取一些特殊的掘进方法，才能达到目的。常用的方法有下述几种。

（1）插板法。

插板法实质是在井筒周围用木板造成封闭井筒，将井筒内外的覆盖层隔离开来，再从工作面内取出岩石。插板法有直插板法（图 2.2 - 1）与斜插板法（图 2.2 - 2）两种。

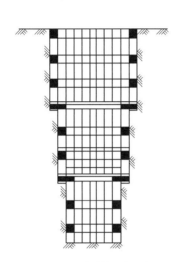
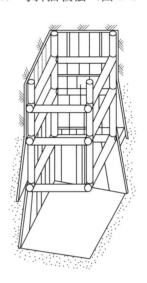

图 2.2 - 1　直插板法示意图　　　　图 2.2 - 2　斜插板法示意图

直插板法一般多在开口段用于穿过薄层或侧压较小的流砂层。斜插板法多在井筒中段遇流砂层时使用，井筒断面不受桩板段数的影响，也不受流砂层厚度的限制。

（2）沉井法。

沉井法一般在极松散和涌水量大的覆盖层浅井掘进中使用。沉井法是利用混凝土、钢筋混凝土或其他材料预制成一定直径的圆筒，挖掘井筒前，先把沉井放上，然后在沉井内向下挖掘靠沉井自重下沉保护井壁。在一个沉井下降到一定深度时再接上一个沉井，如此通过松散流砂层，利用沉井壁保护施工安全。但这种方法存在着沉井下沉时容易歪斜，且沉井节数多了就不易下沉的缺点。

沉井一般常用的有钢筋混凝土沉井和铁沉井两种。钢筋混凝土沉井：沉井为圆筒形，最下层沉井一般带切刃，以上各节沉井为标口连接；沉井是在掌子面开挖的同时，由其自重下沉。铁沉井：沉井是用钢板卷成圆筒焊接而成的，每节高度为 1m 左右，每套由多节组成，直径由大到小，可以逐个套入，上下接口处焊接角钢圈，上下搭接防止松脱（见图 2.2 - 3）。

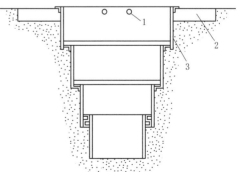

图 2.2 - 3　铁沉井安放示意图
1—井口木固定钩眼；2—井口木；3—铁沉井

2.2.2.4 物探

1. 物探方法及原理

地球物理勘探简称物探，它是用专门的仪器来探测各种地质体物理场的分布情况，对其数据及绘制的曲线进行分析解释，从而划分地层，判定地质构造、各种不良地质现象的一种勘探方法。物探方法应用于深厚覆盖层的勘探是近年来技术进步的成果之一。物探方法快速的作业速率和宏观的调查成果，是其得以运用于深厚覆盖层勘探的优势因素。通过物探方法，能够快速地得到深厚覆盖层的深度、剪切波速、大致分层等地质概况资料。各主要物探方法的基本原理和适用范围见表2.2-4。

表 2.2-4　　　　　　　　各主要物探方法的基本原理和适用范围

方法名称		基本原理	适用范围
电法	自然电场法	以各种岩土层的电学性质差异为前提，来探测地下的地质情况。这些电学性质主要指电性、电化学活动性、介电性等	(1) 探测隐伏断层、破碎带等； (2) 测定地下水流速、流向
	充电法		(1) 探测地下洞穴； (2) 测定地下水流速、流向； (3) 探测地下水或水下隐伏物体； (4) 探测地下管线
	电阻率测探法		(1) 测定基岩埋深，划分松散沉积层序或基岩风化带； (2) 探测隐伏断层、破碎带； (3) 探测地下洞穴； (4) 测定潜水面深度和含水分布层； (5) 探测地下或水下隐伏物体
	电阻率剖面法		(1) 测定基岩埋深； (2) 探测隐伏断层、破碎带； (3) 探测地下洞穴； (4) 探测地下水或水下隐伏物体
	高密度电阻率法		(1) 测定潜水面深度和含水分布层； (2) 探测地下或水下隐伏物体
	激发极化法		(1) 划分松散沉积层序； (2) 探测隐伏断层、破碎带； (3) 探测地下洞穴； (4) 测定潜水面深度和含水层分布； (5) 探测地下或水下隐伏物体
电磁法	甚低频法	根据特殊岩土体的磁场异常或电磁波传播（包括在不同介质分界面上的反射、折射）异常情况进行勘探	(1) 隐伏断层、破碎带； (2) 探测地下或水下隐伏物体； (3) 探测地下管线
	频率探测法		(1) 测定基岩埋深，划分松散沉积层序和基岩风化带； (2) 探测隐伏断层、破碎带； (3) 探测地下洞穴； (4) 测定河床水深和沉积泥沙厚度； (5) 探测地下或水下隐伏物体； (6) 探测地下管线

方法名称		基本原理	适　用　范　围
磁法	电磁感应法	根据特殊岩土体的磁场异常或电磁波传播（包括在不同介质分界面上的反射、折射）异常情况进行勘探	（1）测定基岩埋深； （2）探测隐伏断层、破碎带； （3）探测地下洞穴； （4）探测地下或水下隐伏物体； （5）探测地下管线
	地质雷达法		（1）测定基岩埋深，划分松散沉积层序和基岩风化带； （2）探测隐伏断层、破碎带； （3）探测地下洞穴； （4）测定潜水面深度和含水分布层； （5）测定河床水深和沉积泥沙厚度； （6）探测地下或水下隐伏物体； （7）测定地下管线
	地下地磁波法		（1）探测隐伏断层、破碎带； （2）探测地下洞穴； （3）探测地下或水下隐伏物体； （4）探测地下管线
地震波法	折射波法	根据弹性波在不同介质中的传播速率的差异，以及弹性波在具有不同声阻抗介质交界面处的反射、折射特征进行勘探	（1）测定基岩埋深，划分松散沉积层序和基岩风化带； （2）测定潜水面深度和含水层分布； （3）测定河床水深和沉积泥沙厚度
	反射波法		（1）测定基岩埋深，划分松散沉积层序和基岩风化带； （2）探测隐伏断层、破碎带； （3）探测地下洞穴； （4）测定潜水面深度和含水层分布； （5）测定河床水深和沉积泥沙厚度； （6）探测地下或水下隐伏物体； （7）探测地下管线
	直达波法（单孔法或跨孔法）		（1）划分松散沉积层序和基岩风化带； （2）探测隐伏断层、破碎带
	瑞雷波法		（1）测定基岩埋深，划分松散沉积层序和基岩风化带； （2）探测隐伏断层、破碎带； （3）探测含水层； （4）探测地下洞穴和地下或水下隐伏物体； （5）探测地下管线
	声波法		（1）测定基岩埋深，划分松散沉积层序和基岩风化带； （2）探测隐伏断层、破碎带； （3）探测含水层； （4）探测地下洞穴和地下或水下隐伏物体； （5）探测地下管线； （6）探测滑坡体的滑动面
	声呐浅层剖面法		（1）测定河床水深和沉积泥沙厚度； （2）探测地下或水下隐伏物体
地球物理测井		在探井中直接对被探测层进行地球物理测量，从而了解其各种物理性质差异	（1）探测地下洞穴； （2）测定潜水面分布和含水层分布； （3）划分松散沉积层序和基岩风化带； （4）探测地下或水下隐伏物体

2. 深厚覆盖层物探方法

目前应用较多的河床覆盖层物探方法是地震波法。该方法依据地震波在不同介质中的传播速率不同，能较准确地区分、探测出河床覆盖层的底界，以及基岩的起伏变化特征。地震波法包括折射波法和反射波法。两种方法都适用于层状岩层勘探，并可测定覆盖层厚度，划分岩层，且两种方法可互为补充。不同覆盖层介质波速可参见表2.2-5。

表 2.2-5   不同覆盖层介质波速表   单位：m/s

覆 盖 层	纵 波 速 率	横 波 速 率
干砂/干土层	200～300	80～130
湿砂/致密土层	300～500	130～230
由砂、土、块石、砾石组成的松散堆积层	450～600	200～280
由砂、土、块石、砾石组成的含水松散堆积层	600～900	280～420
致密的砂卵砾石层	900～1500	420～700
胶结较好的砂卵砾石层	1500～1800	700～850
胶结好的砂卵砾石层	1800～2200	850～1100
饱水的砂卵砾石层	2100～2400	

对河床深厚覆盖层来说，由于其一般情况下结构松散，地下水较浅或直接处于水下，采用浅层横波反射波法效果较好，但地震勘探的精度受地形、地层、地下水等因素影响较大。该方法主要适用于地形宽阔且起伏较小、无障碍物、地下水位较浅、地表介质具有良好的激发与接收条件的覆盖层地区。同时，被追踪的地层层次不能太多，各分层宜具有一定的厚度（一般要大于有效波长的1/4），介质均匀，界面起伏不大且较为平缓，波速稳定，相邻层之间存在波阻抗（地层波速与密度的乘积）差。该方法对环境条件的严格要求是提高其测试精度的基础，但实际情况是以冲积沉积为主的东部地区深厚覆盖层主要以细颗粒为主，各层之间波阻抗差不太大；而中部地区以冲积、洪积和崩塌堆积为主的混杂堆积型以及西南高崇山峻岭峡谷区的冲积、崩坡积、冰水堆积混杂型的深厚覆盖层中，各分层之间存在透镜体、混杂体等，各层之间界面起伏较大，甚至相互交错、包裹，界线不明显。因此，上述三种地区采用地震波勘探方法，能得到的覆盖层参数主要是覆盖层的总体深度（精度较高），以及下伏基岩面的起伏情况，而不能进行详细的分层调查。青藏高原区冰积、冲积型深厚覆盖层的结构总体上较为简单，上部以冲洪积砂卵砾石为主，结构相对松散，孔隙率较高；下部以冰碛、冰水堆积层为主，结构相对密实。因此，基于该类型深厚覆盖层的地形地质条件、水文条件等，可采用地震波勘探方法进行深厚覆盖层的厚度调查及分层测试。

对深厚覆盖层进行孔内分层测试可采用电测井、放射性测井等物探方法。由于深厚覆盖层勘探一般需下套管或PVC管等进行护孔，故电测井和声波测井一般不适用于深厚覆盖层的分层勘探。目前，主要采用密度测井和自然伽马测井，二者皆属于放射性测井，且对有无套管和井液的种类均无特殊要求。该方法除可对覆盖层进行详细分层外，还可测定各沉积层的密度和孔隙率。需强调的应用条件是，密度测井选用的源强应使计数率能压制自然伽马的干扰，在主要目的层段源强应大于自然伽马平均幅值的 20 倍。

另外一种常用的深厚覆盖层的钻孔勘探方法是孔内 CT 穿透。该方法通过波速测试，对两钻孔之间的覆盖层介质进行宏观分层或异常区的划分。当覆盖层的物性参数差别不大时，该方法对覆盖层的分层基本不适用。但通过该方法测试的覆盖层的空间纵波波速值，可作为帷幕灌浆前后灌浆效果的对比研究基础资料，通过灌浆前后的声波（综合）变化情况，可在一定程度上判断灌浆的效果。

应注意的是，无论采用何种物探方法，获得的均是间接的勘探资料。由于物探方法受自身条件及环境条件所限，影响因素较多，具多解性，不能期望它给出理想或非常精确的结果，需与钻探等方法联合使用，方显其有效性。

依据《水电工程物探规范》（NB/T 10227—2019）选择覆盖层探测方法。在一个测区，可以根据覆盖层探测任务、目的、要求和探测对象的埋深、规模及与周围介质的物性差异，结合地形、地质和地球物理条件，合理选用一种或多种物探方法进行全面探测。不同探测方法的适用条件可参考表 2.2-6。

表 2.2-6 不同探测方法的适用条件一览表

探测内容	探测方法	适用条件
覆盖层厚度探测	折射波法、反射波法、高密度电阻率法、电测深法、地震波法、地质雷达法	覆盖层厚度小于 50m
	反射法、折射法、可控电源电测探测法、地震瑞雷波法	覆盖层厚度 50~200m
	地震瑞雷波法、可控电源电测探测法	覆盖层厚度大于 200m
	瞬变电磁法	地表干燥、布极条件较差
覆盖层分层	综合测井法、钻孔间 CT 法	在钻孔中进行测试
	电法、地震反射波法、地震折射法	接地条件好、地面起伏小、场地开阔
	探地雷达法	25m 以内覆盖分层
	地震波法	30m 以内覆盖分层
物性参数测试	综合测井法、钻孔间 CT 法	在钻孔中进行测试
	钻孔地震纵横波测试法	钻孔中进行测试，跨孔测试时孔间距 5m 左右
	地震波法	场地平坦，测试深度小于 30m
地下水探测	电测深法、电阻率剖面法	深度小于 100m
	瞬变电磁法、音频大地电磁法	深度大于 100m

2.2.3 勘察试验布置原则

勘察试验就是根据地面地质调查、测绘和勘探成果，查明土体分布范围、成因类型及其厚度、层次结构；结合现场和室内试验成果，查明土体物理力学性质、水理性质、水文地质条件等。覆盖层地基的勘察试验布置原则及方法见表 2.2-7。

表 2.2－7　　　　　　　　　　　　覆盖层地基的勘察试验布置原则及方法

方法	布置原则				
	规划阶段	预可行性研究阶段	可行性研究阶段	招标设计阶段	施工详图设计阶段
测绘	大型工程峡谷区：1：10000～1：5000；丘陵、平原区：1：25000～1：10000；中、小型工程峡谷区：1：5000～1：2000；丘陵、平原区：1：10000～1：5000	大型工程坝址区：1：10000～1：2000；厂址区：1：5000～1：1000；溢洪道：1：5000～1：2000；中、小型工程坝（闸）址、溢洪道、地下洞室：1：5000～1：1000；地面厂房：1：2000～1：1000	大型工程土石坝：1：5000～1：1000；地面厂址：1：2000～1：1000；溢洪道：1：1000；中、小型工程坝（闸）址、溢洪道、地面厂房：1：1000～1：500	1：1000～1：200	1：1000～1：200；素描编录比例尺 1：200～1：50
钻探	勘察初期阶段，勘探剖面线和勘探点的布置一般以控制性为主；勘探剖面上宜布置 2～3 个钻孔	勘探剖面和勘探点应结合水工建筑物布置。主要勘探剖面线上的钻孔间距宜控制在 50～100m	随着勘察阶段的深入，勘探线、点应根据具体地质情况结合水工建筑物布置，并逐步有针对性地加密，做到点、面结合，以查明坝址区及其建筑物的工程地质条件和主要工程地质问题；钻孔间距宜控制在 50～100m	专门性的勘探工程布置及其间距、深度应根据具体需要确定	专门性的勘探工程布置及其间距、深度应根据具体需要确定
坑探	可结合了解地质现象及试验需要少量布置	可结合建筑物位置和地质条件适量布置，以直观了解土体结构，充分利用坑、井进行各项物理力学性质试验	可结合地形地质条件和建筑物位置以及试验需要等重点布置	视需要布置	视需要布置
物探	应采用地面物探方法，横河剖面不应少于 3 条，近期开发工程和控制性工程坝址的物探剖面宜为 4～5 条	物探方法应根据地形地质条件等确定；物探剖面线结合勘探剖面布置，并充分利用钻孔进行综合测井	可采用综合测井探测覆盖层层次，测定土层密度。物探方法应根据地形地质条件等确定；物探剖面线结合勘探剖面布置，并充分利用钻孔进行综合测井	视需要布置	视需要布置
试验	根据需要确定	每一主要土层的室内试验累计组数不应少于 6 组。应根据土的类型进行标准贯入试验、动力触探、静力触探和十字板剪切试验等钻孔原位测试	每一主要土层的室内试验累计组数不应少于 11 组。土层抗剪强度宜采用三轴试验，土层应连续取原状土样进行触探试验，粉细砂应进行标准贯入试验，软土层应进行十字板抗剪试验，粗粒土层应进行动力触探试验。根据需要进行可能液化土的室内动三轴试验、现场渗透变形试验和载荷试验、深孔旁压试验等专门性试验	视需要布置	视需要布置

2.3　坝基深厚覆盖层物探测试

物探是水利水电工程河床深厚覆盖层地质勘察的重要手段之一，它具有快速轻便、信息量大的特点，且有多种方法。物探是通过大地的自然物理场及人工物理场对岩土体的表面或内部的电阻率、波速、振幅、频率等物理特性的变化进行分析、评价，从而得到岩土结构、构造、密度、力学特性等特征的一种方法。对于覆盖层的研究，可选用的方法也较多。如电法、电磁法、地震法等方法可以对覆盖层的厚度、岩性分层及基岩埋深及形状形态等进行勘探；采用声波测井（主要是横波），则可以通过测定覆盖层波速特性，求取相应的力学性质；采用智能化地下水动态参数测量仪、自振法抽水试验等方法，则可以对覆盖层的渗透特性进行研究。

利用物探方法较准确地研究和分析深覆盖层特性，应采用有深有浅、深浅结合的勘探手段。既要有较深的勘探钻孔用于物探手段的实施，也要有较浅的竖井用于各种试验和测试工作；利用浅探井所获得的相应工程参数与物探数据进行对比分析，以取得深部地层的分析对比资料。如在浅层获得密实度资料后，利用物探在深部、浅部地层中获得的相关参数与其进行对比，可以对深层的地层密实度等有所了解。

2.3.1　物探测试内容和适用条件

2.3.1.1　物探测试内容

物探测试内容包括：①覆盖层分层及其厚度；②基岩顶板形态；③覆盖层岩（土）体物性参数。

2.3.1.2　应用范围

物探测试主要应用于以下方面：

（1）河床、古河道、库区、坝址两岸覆盖层厚度探测。可使用物探测井方法测定钻孔中覆盖层的密度、电阻率、波速等物理学参数，确定各层厚度及深度，配合地面物探了解物性层与地质层的对应关系，提供地面物探定性及定量解释所需的有关资料。

（2）砂土液化判定、场地土类型测定、地基加固效果评价等。需要通过弹性波测试技术获取覆盖层的波速等力学参数，为覆盖层分层探测提供物性参数资料。

（3）当地形、地质及地球物理条件复杂时，若没有已知钻孔等资料，单一物探方法容易出现不确定性或多解性，宜在主要测线或地质条件复杂的地段采用多种物探方法综合探测。

2.3.1.3　探测条件

采用物探方法时应满足：被探测对象与周围介质之间有明显的物理性质差异；被探测对象具有一定的埋藏深度和规模（厚度）；探测场地能够满足探测方法的测线布置需要；探测场地无重大的干扰源，以便能够区分有用信号和干扰信号。

2.3.2　物探方法选择的基本原则

物探方法多种多样，每种方法都有各自的特点、一定的使用条件和应用范围，因此必须根据场地地质条件、岩土工程的技术要求和物探方法的特点与适用条件，选择相应的物探方法，以充分发挥综合物探技术的作用。目前可以基于地球物理勘探的经验选择合理综合物探方法的基本原则（表2.3-1）。

表 2.3-1　　　　　　　　　　　选择合理综合物探方法的基本原则

序号	基本原则	说　　明
1	选择适当信息的物探方法	一般情况下，综合方法应包括能给出相应种类信息的地球物理方法，即这些方法能测量不同物理场的要素或同一场的不同物理量
2	工作顺序的确定	严格遵循以提高研究精度为特征的工作顺序，尽可能地降低工程费用，增加信息密度
3	基本方法与详查方法的合理组合	利用一种（或数种）基本方法，按均匀的测网调查全区，其余的方法作为辅助方法，以较高的详细程度在个别测线上或有限范围、或远景区，已由基本方法资料确定的地段上进行。基本方法尽可能简便、费用低、效率高
4	应用条件的考虑	选择综合方法时，除考虑地质——地球物理条件外，应考虑到地形、地貌、干扰和其他因素，如山区地形条件下，地震勘探、电法勘探可能受到限制
5	地质、物探、钻探进行配合	在进行物探调查之后，对查明的异常地段用工程地质方法做详细研究。在钻孔及竖井、坑槽中，除测井外还进行地下水观测。在所取得资料的基础上，对现场物探结果重新解释，加密测网并利用前期未采用的方法完成补充物探工作，然后在远景区布置新的钻孔和测井进行更详细的研究
6	工程的经济效益原则	选择合理的综合物探方法，既要考虑工程效果，又要考虑经济效益，即以工程的经济效益为基础。这样可获得有关各个方法及各种不同方法相配合的效益资料，并且考虑到方法的信息度和成本

2.3.3　物探方法的基本原理及布置原则

2.3.3.1　物探方法的基本原理

1. 浅层地震勘探

浅层地震勘探是目前在水利水电工程中应用广泛、效果良好的一种物探方法。其基本原理是通过人工激发产生的地震波在岩石中传播遇到弹性性质不同的分界面时，弹性波在界面上产生反射和折射，用地震测试仪器记录下反射波、折射波、面波等的信息，分析波的运动学与动力学特征，进而研究岩石的性质，推断地下地质结构。

2. 电法勘探

根据地壳中各类岩石或矿体的电磁学性质（如导电性、导磁性、介电性）和电化学特性的差异，通过对人工或天然电场、电磁场或电化学场的空间分布规律和时间特性的观测和研究，寻找不同类型有用矿床和查明地质构造及解决地质问题的地球物理勘探方法。

3. 电磁法勘探

自然界的岩石和矿石具有不同磁性，可以产生各不相同的磁场，它使地球磁场在局部地区发生变化，出现地磁异常。利用仪器发现和研究这些地磁异常，进而寻找磁性矿体和研究地质构造的方法称为电磁法勘探。

4. 水声勘探

水声勘探属于浅地层剖面探测。其利用声波的反射原理，反射探头向水底反射声脉冲，接收探头接收来自水底和地层分界面的反射波，随着测船的航行，可获得直观而连续的地层剖面记录。可用于探测河道水底地形地貌和水下覆盖层厚度分布状况以及坝址区覆盖层水下地层剖面。

5. 综合测井

综合地球物理测井，简称综合测井，是应用地球物理方法解决某些地下地质问题的一门技术。它是在钻井完成以后，借助于电缆及其他专门的仪器设备把探测器下到井内而进行一系列测量的物探方法，所以又称为井中物探或地下物探。合理运用综合测井方法可以弥补钻探取芯率不足问题，还可以提供更完善、更充足的地质资料。

在工程勘察和检测中，为了进一步研究钻井剖面中岩性的变化情况、破碎带分布、含水层的性质以及其他一系列问题，综合测井得到了广泛应用。

6. 弹性波测试

人工建立的弹性波在介质中传播的动态特征集中反映在两个方面：一方面是波的传播时间和空间的关系，称之为运动学特征；另一方面是波传播中的振幅、频率和相位的变化规律，称之为动力学特征。弹性波测试方法利用相关的仪器设备观测这两种特性，研究波场特征，从而解决实际工程问题，是一种在工程物探中最为常见且重要的测试方法。

7. 层析成像

层析成像是借鉴医学CT技术，根据射线扫描，对所得到的信息进行反演计算，重建被测范围内岩体弹性波和电磁波参数分布规律的图像，从而达到圈定地质异常体的一种物探反演解释方法。根据所使用的地球物理场的不同，层析成像又分为弹性波层析成像和电磁波层析成像。

8. 放射性探测

放射性探测是探测核辐射场的一种方法，探测的基本辐射场有三种：①随核素迁移而扩展的直接辐射场；②对放射性核素有特殊作用的非放射性矿产改变了直接辐射场，形成二次分布的异常场；③人工激发辐射场。工程物探及工程检测中放射性测量包括 γ 测量、α 测量、$\gamma-\gamma$ 测量等，测量方式有地面测量、地面浅孔测量、钻孔测量、环境空气测量等。

2.3.3.2　物探方法的特点与选取原则

1. 覆盖层探测物探方法选取的总体原则

覆盖层探测常用的物探方法见表2.3-2。

表 2.3-2　　　　　　　　　　　　覆盖层探测常用的物探方法

方法类别	具 体 方 法
浅层地震勘探	折射波法、反射波法、瞬态瑞雷波法
电法勘探	电测深法、电剖面法、高密度电法
电磁法勘探	探地雷达法、瞬变电磁法、可控源音频大地电磁测深法
水声勘探	水声勘探
综合测井	电测井、声波测井、地震测井、自然 γ 测井、$\gamma-\gamma$ 测井、钻孔电视录像、超声成像测井、温度测井、电磁波测井、磁化率测井、井中流体测量
弹性波测试	声波法、地震波法
层析成像	弹性波层析成像、电磁波层析成像
放射性测量	α 测量、γ 测量

在一个测区，应根据覆盖层探测任务目的与要求和探测对象的埋深、规模及其与周围介质的物性差异，结合地形、地质及地球物理条件，合理选用一种或多种物探方法进行全面探测。

（1）条件开阔度允许、探测覆盖层厚度或基岩埋线较深时，选用折射波法可达到良好探测效果。

（2）对覆盖层进行分层可选用探地雷达法、反射波法、瞬态瑞雷波法、电法、综合测井等方法。探地雷达法适用于深度一般不大于 20m 的覆盖层分层；瞬态瑞雷波法适用于地表为土层覆盖，埋深小于 70m 的覆盖层分层；电法适用于接地条件好，地面起伏小，场地开阔的覆盖层分层；综合测井适用于有钻孔时的覆盖层分层。

（3）在沙漠、草原、戈壁、裸露岩石、冻土等布极条件较差时，可选用瞬变电磁法。

（4）地下水面探测可选用折射波法、瞬变电磁法和电法类方法。

（5）探测深厚覆盖层时，可选用可控源音频大地电磁测深法。

（6）水声勘探是专门探测水底地形和水下覆盖层厚度分布状况的方法。

（7）对薄层、中厚层、厚层、深层覆盖层采用地震波法较理想，探测覆盖层总厚度采用折射波法较理想，进行物性分层采用地震瑞雷波法较理想。

（8）对于深厚层、超深厚、巨厚层覆盖层采用可控源音频大地电磁测深法较为理想，但必须采取电极接地、水域电磁分离测量技术。其对覆盖层的物性分层较宏观。

（9）利用河床覆盖层的勘探钻孔，当钻孔采取了套管隔离时，采用密度测井、声波跨孔、声波 CT 测试较理想。

（10）在覆盖层的加固施工处理过程中，采用密度测井、声波跨孔、声波 CT、钻孔变形模量测试，能快速检测出加固体的密度、波速、变形模量等参数。

按覆盖层厚度分级的物探方法选择见表 2.3-3；按覆盖层结构分级的物探方法选择见表 2.3-4。

表 2.3-3　　　　　　　　按覆盖层厚度分级的物探方法选择

分级	分级名称	厚度范围/m	探 测 方 法 选 择
I	薄层覆盖层	<10	地震瑞雷波法、折射波法、反射波法。有钻孔时采用综合测井法、声波测井法、声波或地震波 CT 法
II	中厚覆盖层	10～20	地震瑞雷波法、折射波法、反射波法。有钻孔时采用综合测井法、声波测井法、声波或地震波 CT 法
III	厚层覆盖层	20～40	地震瑞雷波法、折射波法、反射波法。有钻孔时采用综合测井法、声波测井法、声波或地震波 CT 法
IV	深厚覆盖层	40～100	可控电源电磁探测法、地震瑞雷波法和折射法。有钻孔时采用综合测井法、声波测井法、声波或地震波 CT 法
V	超深覆盖层	100～200	可控电源电磁探测法、地震瑞雷波法。有钻孔时采用综合测井法、声波测井法、声波或地震波 CT 法
VI	巨厚覆盖层	≥200	可控电源电磁探测法、地震瑞雷波法。有钻孔时采用综合测井法、声波测井法、声波或地震波 CT 法

表 2.3-4　　　　　　　　　　　按覆盖层结构分级的物探方法选择

分级	分级名称	厚度范围/m	探测方法选择
一	冲积结构	<20	地震瑞雷波法、折射波法、反射波法。有钻孔时采用综合测井法、声波测井法、声波或地震波 CT 法
二	多重二元韵律结构	20~50	地震瑞雷波法、可控电源电磁探测法。有钻孔时采用综合测井法、声波测井法、声波或地震波 CT 法
三	厚层漂卵石层结构	50~100	可控电源电磁探测法、地震瑞雷波法和折射波法。有钻孔时采用综合测井法、声波测井法、声波或地震波 CT 法
四	囊状混杂结构	100~200	可控电源电磁探测法、地震瑞雷波法。有钻孔时采用综合测井法、声波测井法、声波或地震波 CT 法
五	巨厚复合加积结构	≥200	可控电源电磁探测法、地震瑞雷波法。有钻孔时采用综合测井法、声波测井法、声波或地震波 CT 法

2. 浅层地震法勘探

浅层地震法勘探方法有折射波法、反射波法、瞬态瑞雷波法等，其适用条件为：①层状或似层状覆盖层的探测；②测线方向地形起伏较小，无障碍物；③地表岩土体具有良好的激发与接收条件；④下伏岩层与上覆覆盖层有较明显的波速或波阻抗差异；⑤被追踪地层的层次不多，各层介质均匀、波速稳定且具有一定的规模；⑥被追踪地层界面与地面的夹角较小；⑦无雷电、交流电及各种震动干扰。

以下分别介绍浅层地震法各种勘探方法的特点。

（1）折射波法。

1）一般适用于埋深不大于 100m 的覆盖层厚度探测，可较高精度地找出基岩与覆盖层的分界面，特别适用于河床覆盖层勘探。

2）被追踪地层的波速应大于上覆各层的波速，且各层之间存在较明显的波速差异。

3）被追踪地层应具有一定的厚度，中间层厚度宜大于其上覆层厚度。

4）受折射波盲区及旁侧影响的限制，要求勘探场地较开阔。一般情况下，勘探深度越大，要求场地越开阔、测线长度越长。

5）划分地层一般以不大于 3 层为宜。

6）受速率逆转限制，不能探测到高速层下部的地层。

（2）反射波法。

1）勘探深度与折射波相近，但不受地层波速倒转影响，区分层位多，要求被探测各层之间有明显的波阻抗差异。

2）要求被探测各层具有一定厚度，一般应大于有效波波长的 1/4。

3）偏移距小，对场地要求较小，但工作效率较折射波低。

4）方法自身往往不能有效确定地层深度，常需与折射波法或地震测井配合。

（3）瞬态瑞雷波法。

1）区分层位多，可区分薄层，对波速差异小的覆盖层有一定的区分能力。

2）不受地层波速倒转影响，但各相邻层间的瑞雷波波速或横波波速差异应较明显。

3）一般采用单个排列进行观测，对勘探场地开阔度要求较小。

4）对震源要求低，一般用较小爆炸药量或人工锤击激发即可满足能量需求。

5）当勘探深度较深时，要求地表介质松软，能激发出频率较低的瑞雷波，以表层为土层最适宜。

6）瞬态瑞雷波资料经反演可得到各层岩土体的剪切波速率。

3. 电法勘探

覆盖层与基岩之间或覆盖层之间存在电性差异时可使用电法勘探。电法勘探的方法有电测深法、电剖面法、高密度电法等，其适用条件为：①地下电性层次不多，且具有一定的宽度、厚度、埋深及延伸规模，被探测地层倾角不宜大于20°。电性界面与地质界面相关。②分层的电阻率值有明显差异，在水平方向、被探测目的层或目标体上方没有极高电阻或极低电性屏蔽层，能够有效测量和追踪到需探测岩（土）体的电性特征。③测区内地形起伏不大。在电法勘探测线方向，与供电电极极距及测量电极极距相比，地形近似水平。④能够排除工业离散电流、大地电流或电磁干扰。

以下分别介绍电法勘探各种勘探方法的特点。

（1）电测深法。

1）电测深法可在地表较开阔、地形相对平坦的覆盖层探测中使用。

2）电测深法的测线方向点距可均匀分布、也可不均匀展布，跑极方向可以与测线平行、垂直或斜交，但应尽可能均匀、规律布置以利于分析和作图。

（2）电剖面法。

1）对于地面较为平整开阔、厚度变化不大的覆盖层探测，可选用电剖面法。

2）应在正式探测生产之前进行适量的试验工作，以合理选择适合的电剖面法和装置。

（3）高密度电法。高密度电法是电测深与电剖面的组合，具有电测深法和电剖面法的双重特点，探测密度高、信息量大、工作效率高，是覆盖层探测的可选方法。

4. 电磁法勘探

电磁法勘探包括探地雷达法、瞬变电磁法、可控源音频大地电磁测深法等，其特点如下：

（1）探地雷达法。

1）当覆盖层较浅（＜20m）、电阻率较高、与下伏岩体存在较明显的介电常数差异时，可采用探地雷达法进行探测。

2）尽可能选用100MHz以下的低频天线探测，并注意与其他物探方法或已知钻孔、探槽资料结合解释，以达到较好的探测精度和分辨率。

（2）瞬变电磁法。

1）瞬变电磁法主要特点是不用电极，对场地开阔度要求低，易于在地表地形较为复杂的情形下开展覆盖层探测，其不足之处是有一定的不确定性。

2）在同一个测区开展瞬变电磁法探测覆盖层时，应尽可能选用一致的装置和仪器设置参数。

（3）可控源音频大地电磁测深法。可控源音频大地电磁测深法是利用人工和天然电磁场源组合探测地下介质分布情况的一种方法。人工电磁场源频率高，主要用于探测地层浅部；天然电磁场源频率低，主要用于探测深部。和其他电法相比，其具有探测深度大、不受高阻屏蔽、对低阻分辨率高、对勘测场地范围要求低等优点。它的缺点是对高阻分辨率偏低、对地层分界面分辨误差较大、定量程度低。

5. 水声勘探

使用水声勘探应满足下列要求：

（1）被探测地层与相邻地层之间具有可产生水声反射的波阻抗差异。

（2）进行水下覆盖层分层时，被探测地层不多于 3 层，且有一定的厚度，介质均匀，波速稳定。

（3）水下没有卵砾石或卵砾石呈零星分布的松散地层。

（4）水流不宜太急，波浪不宜太大，水深宜大于 2m。

6. 综合测井

有钻孔、竖井可利用时，宜选用综合测井、孔旁测深等方法，测试基岩和覆盖层的物性参数，建立地层与物性参数的对应关系，或直接提供其他物探方法所需参数。

7. 弹性波测试

弹性波测试有声波法、地震波法等。

（1）声波法。

1）单孔声波可用于测试岩体或混凝土纵波、横波速率和相关力学参数，探测不良地质结构、岩体风化带和卸荷带，测试洞室围岩松弛圈厚度，检测建基岩体质量及灌浆效果等。

2）穿透声波可用于测试具有成对钻孔或其他二度体空间的岩土体或混凝土波速，探测不良地质体、岩体风化和卸荷带，测试洞室围岩松弛圈厚度，评价混凝土强度，检测建基岩体质量及灌浆效果等。

3）表面声波可用于大体积混凝土、基岩露头、探槽、竖井及洞室的声波测试，评价混凝土强度和岩体质量。

4）声波反射可用于检测隧洞混凝土衬砌质量及回填密实度，检测大体积混凝土及其他弹性体浅部缺陷。

5）脉冲回波可用于检测地下洞室明衬钢管与混凝土接触状况，也可用于检测混凝土衬砌厚度和内部缺陷。

6）全波列声波测井可获得纵波速率（V_P）、横波速率（V_S）、声波衰减系数（α）、声波频率特性、泊松比及动弹性模量等参数及其他系列资料，根据取得的资料划分岩体结构。

（2）地震波法。

1）地震波法用于在孔中或地面采用地震法对岩（土）体进行波速测试，对地层进行波速分段。在松散地层中以测定横波速率为主；在基岩中测定纵波、横波速率，并进一步求得有关物理力学参数，确定裂隙和破碎带的位置及固结灌浆效果的检测。

2）地震测井可用于测试地层波速，确定裂隙和破碎带位置。

3）跨孔地震波速测试可用于测试岩（土）体纵波、横波速率，也可圈定大的构造破碎带、喀斯特等速率异常带，检测建基岩体质量和灌浆效果等。

4）连续地震波测试可用于洞室、基岩露头、探槽、竖井等岩体纵波、横波速率测试，也可检测建基岩体质量，探测风化带和卸荷带。

8. 层析成像（CT）

层析成像分为弹性波CT、电磁波CT等。

（1）弹性波CT。弹性波CT有地震波CT与声波CT两种方式。

地震波CT是现代地震数字观测技术与计算机技术相结合的产物，因其分辨率高的特点，主要用于地下精细结构和目标体的探测，如工程线路、场地、隧道、边坡等项目的工程地质勘察和病害整治，解决复杂的地质问题。

声波CT主要用于防渗帷幕及堤防隐患探测、建基岩体质量检测、喀斯特探测、岩体风化和卸荷带探测、灌浆效果检测、防渗墙质量检测等方面。

运用弹性波CT时应考虑以下几个方面问题：

1）被探测目标体与周边介质存在波速差异。

2）成像区域周边至少两侧应具备钻孔、探洞及临空面等探测条件。

3）被探测目的体位于相对扫描断面的中部，其规模大小与扫描范围具有可比性。

4）异常体轮廓可由成像单元组合构成。

（2）电磁波CT。电磁波CT的应用范围如下：

1）适用于岩土体电磁波吸收系数或速率成像，圈定构造破碎带、风化带、喀斯特等具有一定电性或电磁波速率差异的目的体。

2）电磁波CT的探测距离取决于使用的电磁波频率和所穿透介质对电磁波的吸收能力。一般而言，频率越高或介质的电磁波吸收系数越高，穿透距离越短，反之，穿透距离越长。对于碳酸盐岩、火成岩以及混凝土等高阻介质，最大探测距离可达80m，但此种情况下使用的电磁波频率较低，会影响到对较小地质异常体的分辨能力；而对于覆盖层、大量含泥质或饱水的溶蚀破碎带等低阻介质，其探测距离仅为几米。

电磁波CT的应用条件主要有以下几个方面：

1）电磁波吸收CT要求被探测目的体与周边介质存在电性差异，电磁波走时CT要求被探测目的体与周边介质存在电磁波速率差异。

2）成像区域周边至少两侧应具备钻孔、探洞及临空面等探测条件。

3）被探测目的体相对于扫描断面的中部，其规模大小与扫描范围具有可比性。

4）异常体轮廓可由成像单元组合构成。

5）外界电磁波噪声干扰较小，不足以影响观测质量。

9. 放射性测量

放射性测量的应用范围主要如下：

（1）γ测量可通过测量地表γ场的分布来寻找隐伏断层破碎带、地下储水构造、辅助地质填图和环境放射性检测等。

（2）α测量可通过测量覆盖层中空气或土样的氡浓度来查明水文工程地质问题，可以解决的工程地质问题与γ测量相同。

（3）α测量也可用于研究岩体塌陷或滑坡等现象。

运用放射性测量时应考虑的应用条件有以下几个方面：

（1）放射性测量适用于各种地形、地貌和气候条件，但在测量中应保持测量几何条件一致。寻找隐伏断层破碎带和地下储水构造时，具备下列条件，有较好的探测效果。

（2）被探测对象和周围地层有明显的放射性差异。

（3）构造破碎带和地下储水构造埋深较浅。第四纪覆盖层无潜水层等"屏蔽"层形成。

（4）岩浆岩地区。

（5）地形平坦或变化缓慢、表层均匀，无大范围人工填土。

2.3.3.3　物探方法布置原则

1. 浅层地震勘探

（1）折射波法。测网布置应根据工作任务要求、探测目的体的规模与埋深等因素综合确定。测网和工作比例尺的选择应能反映探测目的体，并可在平面图上清楚地标识出其位置和形态。测线布置应符合下列要求：

1）测线力求为直线，尽量垂直地层或构造的走向，便于控制构造形态以利于资料的整理与分析。

2）测线宜布置在地形起伏较小和表层介质相对均匀的地段并应避开干扰源，以减少地形起伏和表层介质不均匀的影响以及外界干扰。

3）测线宜与地质勘探线和其他物探测线一致，以便资料的对比与综合分析。

4）当地层倾角较大时，应注意改变测线方向，避免盲区过大或接收不到折射波。

5）在山区布置测线时，宜沿等高线或顺山坡布置。若地形起伏不大，可沿坡度相近的山坡布置长测线；若地形起伏较大，尤其是在山脊或山谷两侧，应分段布置短测线以防止产生穿透现象，并保证各段测线资料能独立解释。

6）在坡脚和峡谷布置测线应考虑旁侧影响。

7）河谷区测线宜垂直河流或顺河流布置。但当河谷狭窄垂直河流布置测线使折射波相遇段较短或无相遇段时，可斜交河流布置测线以加长相遇段。

（2）反射波法。反射波法测网和测线设计及布置原则与折射波法相同。

（3）瞬态瑞雷波法。

1）瑞雷波测网和测线设计及布置原则与折射波法基本相同。

2）在具有钻探资料的场地，优先考虑布置测线通过钻孔，以便取得对比资料。

3）对于条带状地质体勘察，如地下构造破碎带、古河床调查等，测线布置垂直于调查对象的走向，便于在正常背景下凸显异常。

4）对于滑坡体、泥石流等的勘察，以沿主滑方向布置测线为主，适当布置横向联络测线。

5）对于岩溶、土洞、采空区等的勘察，测线一般采用纵横网格布置，以利于提高勘察精度。

2. 电法勘探

（1）一般要求。

1）测线网布置主要根据任务要求、探测方法、被探测对象规模、埋深等因素综合确定。测网和工作比例尺由探测对象的性质和工程任务要求决定，以能观测被探测目的体，并可在平面图上清楚反映探测对象的规模、走向为原则，同时兼顾施工方便、资料完整和技术经济等因素。

2）在地形条件比较复杂的情况下，测线可选择地形影响比较一致的山脊、山谷，沿等高线较平缓的山坡布设。进行大面积探测时，应布置测线网。

3）测区范围应大于勘探对象的分布范围，布置测网时必须考虑不少于整体工作量5%的参数测量工作量和试验工作量。

4）测线方向一般垂直于地层、构造和主要探测对象的走向，且沿地形起伏较小和表层介质较为均匀的地段布置测线，测线尽可能与地质勘探线和其他物探方法测线一致，避开干扰源。

5）当测区边界附近发现重要异常时，将测线适当延长至测区外，以追踪异常。

6）在地质构造复杂地区，应适当加密测线和测点。

7）测线端点、转折点、测深点、较大的地面坡度转折点、观测基点应进行测量。

8）点距一般选择 5～50m，线距为点距的 1～5 倍。

（2）电测深法。

1）应尽量在地质勘探线上布置电测深测线和孔旁电测深点。

2）相邻电测深点的间距一般不小于主要探测对象埋深的一半，或所设计的最大测量电极距的一半。如果需要同时勘查测区不同埋藏深度的标志层时，可在较疏的大极距电测网中用小极距测深点加密。

3）在进行面积性电测深工作或追踪探测对象（如探测地质体或断层）时，在平面图上至少有两个相邻电测深点上能有清楚反映；测线长度应至少在异常体两侧各有 3 个电测深点。

4）在复杂条件下，例如大面积建筑区、茂密的林区等，可以在单个测点上测深，不必连成统一的测网，测深点应选择在地形较平坦处。

5）测点间距和测线间距应根据地质条件和工作比例确定。点距一般选择 5～50m，在工作比例尺图上点距为 1～3cm，线距等于 2～3 倍点距。

6）为了解探测区电性的各向异性分布情况，以及对电测深曲线的影响，一般需要在测区范围内均匀布置控制性的十字形或环形电测深，其数量尽可能不少于总电测深点数的3%。当采用三极装置测深时，其数量一般不少于总电测深点数的 5%，进行双向三极测深。

（3）电剖面法。

1）应该沿垂直地层、构造和主要探测对象的走向方向布置多条平行测线，以追踪其走向。

2）通过局部异常地段的测线不少于 2 条，且每条测线上反应异常体的异常点不少于3 个。

3）根据任务要求、被探测对象规模和埋深 H 确定线距和点距，点距一般选择$H/3～H$，线距则为点距的 2～5 倍。

4）若观测结果以平面等值线图形式来表明目的体各向异性时，点距和线距一般保持一致。

（4）高密度电法。高密度电法应根据装置型式、电极排列数量、探测深度、探测精度等确定点距和测线长度，点距一般选择 1～10m。

3．电磁法勘探

（1）探地雷达法。该法探测工作进行之前必须首先建立测区坐标系统，以便确定测线的平面位置。

1）根据横向分辨率要求确定测线或测网的密度。测线的距离一般要求是 0.5～1 倍最小探测目的体的尺寸。

2）测线应垂直目的体的长轴。

3）基岩面等二维目标体调查时，测线应垂直二维体的走向，线路取决于目的体沿走向方向的变化程度。

4）精细了解地下地质构造时，可以采用三维探测方式获得地下三维图像，并可以分析介质的属性。

5）尽量避开或移除各种不利的干扰因素，否则应做详细记录。

6）工程质量检测的测线和测网一般可按横向分辨率要求布置。

（2）瞬变电磁法。

1）探测目标物的规模、埋深及与围岩的电性差异，应保证所得到的异常完整性及周围有一定范围的正常背景场。

2）测区范围应尽可能包括已知区，不同年度的测区相衔接。

3）大定源回线装置不同，发送回线的测区范围相衔接时，必须有一定的重叠面积。

4）剖面法装置、测网的选择，以能发现有意义的最小异常、能在平面图上清楚地反映出探测对象的位置和形态为原则。考虑到野外施工的方便，对于中心回线装置、重叠回线装置的情况下，线距一般为回线边长 L 或 $2L$，点距为 L 或 $L/2$、$L/4$，工作比例尺由地质工作任务确定。对于大定源回线装置，点距一般为 10～20m，对于偶极装置偶极距一般为点距的 2～4 倍，点距一般为 20～40m。

5）测深法装置在较大面积上应用时，常用比例尺和测点密度参照表 2.3-5。

表 2.3-5　　　　　　　　　　测深法装置常用比例尺和测点密度

比例尺	测线间距/m	沿测线点距/m	测点密度/(个/km²)
1：10000	100～500	100～250	100～18
1：5000	50～250	50～100	400～40
1：2000	20～100	20～50	2500～200

（3）可控源音频大地电磁测深法。

1）可根据探测要求、场地条件、仪器功能，选择人工场、天然场或人工与天然场相结合的场源作为激励场。人工场可选择电偶极子场源或磁偶极子场源。

2）收发距 d（偶极子中心点与观测点距离）和被探测目标最大埋深 H_{max} 应满足 $5H_{max} \geqslant d \geqslant 3H_{max}$；电偶极子长度宜等于 H_{max}。

3）电偶极子应平行于测线，方向误差小于 5°。

4）电偶极子供电电极点宜选择在土壤潮湿处，使接地电阻小于30Ω。

5）磁偶极子应选在地势平坦、相对干燥处，轴线方向应垂直大地，误差小于5°。

4．水声勘探

测线布置应符合下列要求：

（1）河道及水库的测线应垂直于水下地形的走向，并宜采用横河剖面布置，线距宜为50m，或按任务提出单位设计的断面和要求布置。

（2）当水下地形较平坦时，测线可按顺流方向布置。

（3）进行河道整治工程根石（抛石）探测时，测线应垂直于坝岸沿线布设。

5．综合测井

布设位置多根据任务需要选择已有钻孔进行测试。

6．弹性波测试

（1）声波法。以发现测试任务要求的最小目的体，并在成果图上清楚反映出探查对象的位置和形态为原则，选择合适的测网和工作比例尺。同时，应根据地质情况、分辨率、激发能量等进行孔距的确定与调整。

（2）地震波法。地震波法测试任务和布设原则与声波法一致。

7．层析成像

（1）弹性波CT。

1）弹性波CT剖面应垂直于地层或地质构造的走向；扫描断面的钻孔、探洞等应相对规则且共面。

2）孔、洞间距应根据任务要求、物性条件、仪器设备性能和方法特点合理布置。弹性波CT可根据激发方式和能量大小适当选择；成像的孔、洞深度应大于其孔、洞间距；地质条件较为复杂、探测精度要求较高的部位，孔距或洞距应相应减小。

3）弹性波CT的钻孔应进行测斜和声波测井测定；弹性波CT的探洞应进行地震波或声波速率测试。

4）点距应根据探测精度和方法特点确定，弹性波CT宜小于3m。

5）声波CT法按工作方式，可分为孔—孔、孔—地、面—面等多种方式；孔—孔方式是在一个钻孔中发射声波，在另一个钻孔中接收，了解两个钻孔构成的剖面内目标地质体分布；孔—地方式是在一个钻孔中发射（或接收）声波，在地表沿测线接收（或发射）声波，一般情况下通过敷设不同方向的测线，可以了解钻孔中倒圆锥体范围内目标地质体的分布状况；面—面方式是指在两个临空面之间进行声波CT。声波CT常以走时、幅度、相位三个要素进行CT成像，目前主要为速率分布CT为主。

（2）电磁波CT。

1）为了避免射线在断面外绕射而导致对高吸收系数异常区的分辨率降低，剖面宜垂直于地层或地质构造的走向。

2）为了保证解释结果不失真实，扫描断面的钻孔、探洞等应相对规则且共面。

3）孔、洞间距应根据任务要求、物性条件、仪器设备性能和方法特点合理布置，一般不宜大于60m，成像的孔、洞段深度宜大于其孔、洞间距。地质条件较为复杂、探测精度要求较高的部位，孔距或洞距应相应减小。

4）为了获得高质量的图像，最好进行完整观测，即发射点距和接收点距相同。但有时为了节省工作量，缩短现场观测时间，做定点测量时，在不影响图像质量前提下，也可适当加大发射点距进行优化测量，通常发射点距为接收点距的 5～10 倍。观测完毕后互换发射与接收孔，重复观测一次。

5）接收点距通常选用为 0.5m、1m、2m。过密的采样点只会增加观测量，对图像质量的提高和异常的划分作用并不明显。因此在需探测的异常规模区较大时，可适当加大收发点点距。但点距过大也会导致漏查较小的异常体。

8. 放射性测量

(1) 测网密度可通过试验确定，在已知的地段上开展不同精度的测量，把获得的资料与已知的地质情况比较，确定最佳的测网密度；无已知条件时，参考电法、地震勘探等测网密度布置。

(2) 测线方向应垂直主要探测对象，或根据野外实际情况，将测线布置成直线或折线；山区测量时，可按等高线布置。

(3) 测线间距在工作比例尺平面图上应为 2～4cm，并有不少于 3 条测线通过主要探测对象；测点间距在工作比例尺平面图上应为 0.5～2cm，实测点距一般为 5～10m。

2.3.4　物探测试资料分析及解释方法

覆盖层探测时多使用地震勘探、电法、电磁法勘探、综合测井等方式。

2.3.4.1　基本要求

(1) 了解覆盖层探测的目的和要求，全面收集与相应工程物探工作有关的各种资料，熟悉测区地形、地质及地球物理特征。

(2) 掌握各种覆盖层探测资料解释方法的适用前提，选择最合理的物探资料解释方法。遵循从已知到未知、先易后难、从点到面、点面结合的解释原则。

(3) 应分析计算整理物性测试资料，计算出基岩和覆盖层的电阻率、波速等参数，得出覆盖层与基岩的物性参数在垂直方向上的变化规律和物性层与地质层的对应关系。对在不同地段进行的试验，应对比分析测区基岩和覆盖层的物性参数在水平方向的变化情况。

(4) 在窄河谷、基岩出露的山坡旁、深厚覆盖层的探测工作中，应注意旁侧基岩对靠近岸边的电测深和地震测线的旁侧影响。当覆盖层下探测界面存在局部深槽时，也会出现旁侧影响。所以，对于特殊地表地形或可能的深切河槽，必要时可进行适当的补充探测。

(5) 覆盖层和基岩的波速、电阻率等物性参数对资料解释的正确性有直接影响，应力求准确；当物性参数在水平方向变化时，宜分段解释和计算。

(6) 可合理利用钻孔、露头物性资料和孔旁电测深、地震剖面资料分析物性层与地质层的关系；当物性层与地质层不一致时，应在成果报告中加以说明。

(7) 采用综合方法探测的地段，应对各方法的解释成果进行对比和综合分析。

(8) 物探资料解释的覆盖层深度、厚度是测点至探测界面的法线深度和厚度，当地面、界面倾斜时，应换算成铅直深度和厚度。向用户提供覆盖层厚度资料，应是铅直深度和厚度。

（9）必要时，应说明覆盖层解释厚度是否包含了基岩强风化层。

（10）覆盖层探测成果资料的准确与否，可用一定数量的钻孔或已知点进行对比验证。

（11）资料解释时，应及时提出覆盖层探测过程中存在的问题。若因外业工作布置不合理，导致资料解释结果达不到探测要求，应建议开展补充勘探。若采用的物探方法难以达到勘探目的，建议使用综合物探方法或其他方法进行探测。

2.3.4.2 地震勘探

（1）浅层地震折射资料解释得出各层厚度和分层的界面速率，当介质均匀时，其界面速率可视为层速率。

（2）对于覆盖层可分为多层的反射波法资料解释应结合适当的滤波处理，反复多次进行速率分析，或参考其他资料，提出较为合理的有效速率进行解释。

2.3.4.3 电法、电磁法勘探

电测深法、高密度电法、瞬变电磁法、可控源音频大地电磁测深法资料解释应依据覆盖层与下伏基岩间的电性差异，对比孔旁电性剖面等相关资料，进行电性分层和层厚度解释。

2.3.4.4 综合测井

综合测井应依据覆盖层与下伏基岩在波速、电阻率、密度上的差异，对实测资料进行分层解释，计算层厚度、基岩埋深、各层物性参数。

2.3.5 覆盖层物探测试方法应用实例

2.3.5.1 电测深法——乌素图变电站站址覆盖层分层

测区为乌素图 220kV 变电站站址（200m×240m），地貌为大青山前洪积平原上部，测线布置、剖面位置及地质分区见图 2.3-1；地层以砂卵石、砾石和冲积形成的黄土状粉土为主。

资料解释根据曲线类型，将场地划分为两个区。Ⅰ区以 H 型曲线为主，见图 2.3-2，根据电阻率及现有资料可知：第一、第三电性层为砾砂、砾石反映，第二电性层为黄土状粉土反映。

Ⅱ区以 K 型曲线为主，曲线形态及解释结果见图 2.3-3，第一、第三电性层为黄土状粉土反映，第二电性层为高阻的砂砾石层反映。与钻孔资料对比，砂砾石层均有厚度增大、埋深增加的特点，此为砂砾石层高阻屏蔽所致。

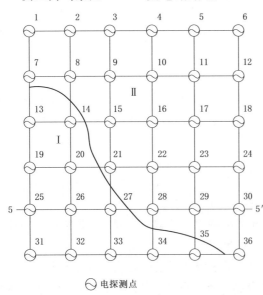

图 2.3-1　乌素图变电站工作布置及地质分区图

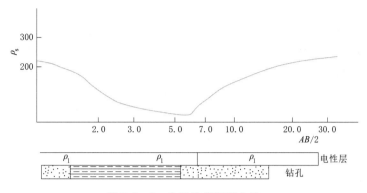

图 2.3 - 2　Ⅰ区孔旁测深曲线

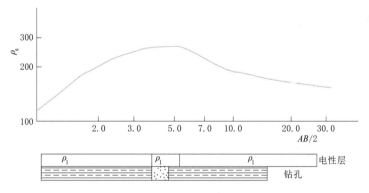

图 2.3 - 3　Ⅱ区孔旁测深曲线

由图 2.3 - 4 看出：25~28 号点间为一独立地质体，从地貌形态上看，该场地北方对应一沟口，由此判断独立地质体为前期冲沟，经后期冲填而成。所以，Ⅰ区、Ⅱ区间地质层位非同期形成，连层时应分别连接。

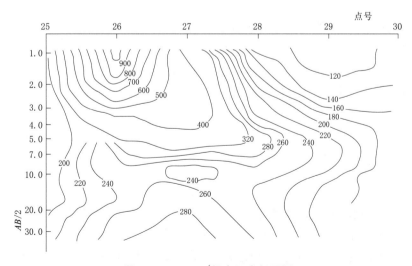

图 2.3 - 4　5—5′视电阻率剖面图

为解决黄土的湿陷性问题，Ⅰ区建筑物地段采用钻孔桩基，Ⅱ区建筑物地段采用换土基础。Ⅱ区开挖后在 5m 内未见较厚砂砾石层，在勘探钻孔中仅 3～8m 地段见少数几层薄层。Ⅰ区在勘探时发现 4.5～10.0m 段为黄土，上下均为无规则的厚度不等的砾石夹黄土薄层；施工钻孔时发现上部 4.5～5.0m 内为砂砾石夹粉土层，其下 9.5～10.0m 以上地段为黄土层，下部为卵石层。由此可见，使用电法勘探技术较好地解决了该场地岩土层结构、构造方面的问题。

2.3.5.2 瞬变电磁法——黄河西霞院坝址覆盖层探测

1. 地质概况及地球物理特征

西霞院坝址位于黄河小浪底枢纽下游约 20km 处，地质情况较简单，均为第四系地层覆盖，区内无基岩出露；覆盖层为黄土层、砂砾石层或粉砂黏土层；基岩一般为第三系砂岩、砂质黏土岩或黏土质粉砂岩，岩性质地较软，胶结程度较差。由于测区范围较广，地面高程相差较大，最大高差 150m。

根据以往的电法及勘探资料，测区地层基本上可分为三个电性层：第一层为黄土、湿粉细砂层、砂质黏土层，为低阻层；第二层为砂砾石层；第三层为砂岩、砂质黏土岩、黏土质粉砂岩层，该层为低阻层。根据以往的电法资料及电阻率曲线反演结果，该区地层视电阻率参数见表 2.3-6。

表 2.3-6 地层视电阻率参数表

地层名称	视电阻率范围/(Ω•m)
黄土、湿粉细砂层、砂质黏土层	25～80
砂砾石层	150～500
砂岩、砂质黏土岩、黏土质粉砂岩层	10～25

由于砂砾石层与地表层及基岩层有明显的电性差异，这就决定了在该区开展瞬变电磁测深（TEM）的可能性。

2. 解释方法及分层原理

TEM 探测法定量解释的主要依据为 $S_\tau(H_\tau)$ 拟断面图。

由于层状大地中的感应涡流环随时间向下、向外扩散衰变，因此对于某个时间 t_i 有相应的勘探深度 H_i，在该深度范围内岩层的总纵向电导为 S_i，那么对于这样的断面，可以用位于深度为 $H_{\tau i}$ 并且纵向电导值为 $S_{\tau i}$ 的电导薄层加以等效。二者均为时间 t 的函数，重叠回线装置下的表达式为

$$S_\tau = \frac{16\pi^{1/3}}{(3M_T q)^{1/3} U_0^{4/3}} \frac{[V(t)]^{5/3}}{[V(t)]^{4/3}} \tag{2.3-1}$$

$$H_\tau = \left[\frac{3M_T q}{16\pi V(t) S_\tau}\right]^{1/4} - \frac{t}{U_0 S_\tau} \tag{2.3-2}$$

式中：$V(t)$ 为多层断面上 t 时刻观测到的感应电压值；M_T 为发送磁矩；q 为接收线圈的有效面积；S_τ 为视纵向电导；H_τ 为视探测深度。

$S_\tau(H_\tau)$ 测深的目的在于较细致地划分垂向断面，利用经过不均匀性校正的曲线，确定出断面各个层位的深度、厚度，并通过对比连接相应的界面绘出断面图。利用 $S_\tau(H_\tau)$

曲线上的拐点划分层位的原则为：①拐点上、下层数一致；②拐点集中于某个时间值附近；③H_τ 无大的差异，S_τ 相接近；④拐点上、下层的纵向电导比值接近。如果不能满足所有的条件，则在相邻的测点有可能存在断层或局部不均匀体，或某一层位已尖灭，或观测的曲线受外来噪声干扰等。图 2.3-5、图 2.3-6 为部分孔旁实测 S_τ—H_τ 拟断面图与钻孔地质剖面图。

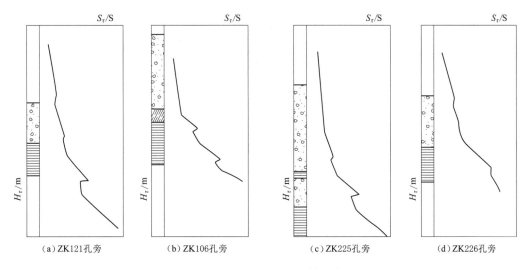

(a) ZK121孔旁　　　(b) ZK106孔旁　　　(c) ZK225孔旁　　　(d) ZK226孔旁

图 2.3-5　孔旁实测拟断面图与钻孔地质剖面图

3. 探测结论

对西霞院坝址地层结构进行划分，钻孔地质分层与 TEM 法分层对照见表 2.3-7，平均相对误差小于 5%。

表 2.3-7　　　　　　　　　钻孔地质分层与 TEM 法分层对照表

钻孔号	地层名称	层底埋深/m	TEM 法分层埋深/m	相对误差/%
ZK121	黄土	29.7	30	1.0
	砂砾石	45.0	43	4.4
ZK106	黄土	3.0	—	—
	砂砾石	32.0	34	6.25
ZK225	黄土	23.6	25	5.9
	砂砾石	72.1	73	1.2
ZK226	黄土	25.3	28	9.8
	砂砾石	47.3	45	4.9

利用高频段，50m×50m 重叠回线装置，发送电流为 5A 的情况下，最大勘探深度可超过 80m，由于该方法存在早期电导的畸变问题，所以表层、黄土层的厚度测不出来。

S_τ 值在背景上的普遍下降与新导电层的存在相对应，甚至 S_τ、H_τ 都不用校正就能正确地确定断面类型及 H_τ、S_τ；利用 S_τ 下降和上升的转折点来追索地电断面的方法，成为西霞院坝址划分断面的基本解释方法，并与钻孔结果比较，证实了其正确性。

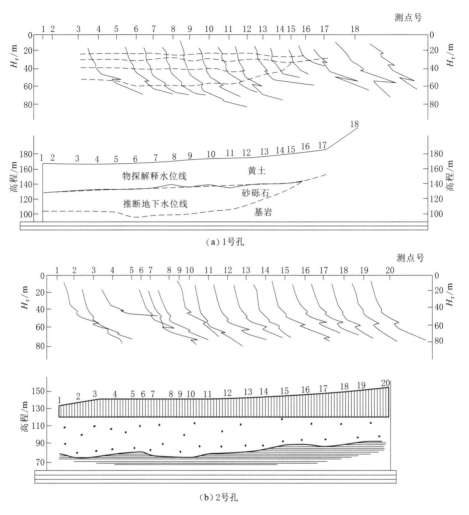

图 2.3-6 典型 S_{τ}—H_{τ} 拟断面图与推断地质剖面图

2.3.5.3 探地雷达法——沙地水库基岩面探测

为了解地质雷达探测基岩面的效果，在沙地水库沿线沿地震勘探剖面布置了一条地质雷达剖面，地震折射成果探明该剖面的覆盖层厚 1～3m。地质雷达选用 250MHz 天线，该天线装置为玻璃钢滑行轮，为全屏蔽天线，像个小船，后部有个测轮，用于剖面长度测量，探测时用手拖动，可连续高速测量。

图 2.3-7 为该剖面的地质雷达探测成果，图中的基岩面的起伏形状清晰；覆盖层为腐殖土，因风化彻底，粒度均一，颗粒细，故反射波为低幅高频细密波，同相轴连续；基岩的电磁波波速约比覆盖层大 1 倍，电性差异大，且基岩中节理裂隙较发育，故反射波为高幅低频波。此例表明，250MHz 天线探测分辨率较高，但探测深度有限，一般在 10m 以内。

2.3.5.4 多道瞬态瑞雷波勘探技术在察汗乌苏水电站工程深厚覆盖层中的应用

1. 工作面布置

察汗乌苏水电站工程坝基深厚覆盖层现场勘察的工作区域为坝址区左岸高漫滩覆盖

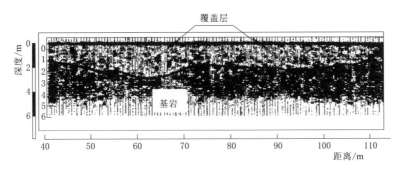

图 2.3 - 7　基岩面地质雷达探测成果图

层。为了能较全面地了解坝址区深厚覆盖层地基的情况，根据研究目的并结合已有的地质、钻探资料，在测区内顺水流方向由岸边到山脚布置了 3 个剖面，XJ - 23 剖面通过 ZK38 钻孔，XJ - 18 剖面通过 ZK37 钻孔，XJ - 22 剖面通过 ZK36 钻孔。这 3 个剖面平行于图 2.3 - 8 所示的河流纵剖面。

2. 观测系统参数、激发与接收

测点用多道排列（24 道）固定偏移距的观测系统。采集道数 24 道，全通滤波方式，采样间隔为 1ms，采样点数为 1024 个。道间距 3m，偏移距 10m。测线一侧用炸药震源激振（每孔药量 150g），4Hz 检波器接收。

3. 单点瞬态瑞雷波资料的分析处理

对原始资料进行整理，使用瞬态瑞雷波数据处理软件 CCSWS 对各测点瞬态瑞雷波记录进行频散曲线计算，然后对频散曲线进行正、反演拟合，得出各层的厚度及剪切波速率。

图 2.3 - 9 给出了剖面 XJ - 18 测点 1 对应的地层分层情况及各层剪切波速 V_s 沿深度 Z 的分层分布情况（图中深蓝色点为频散点；浅蓝色点为拟合点；蓝色折线为地层结构分层及各层剪切波速）。

由剖面 XJ - 18 上各个测点的地基分层图可以看出：该剖面各测点下地基基本上可以分成上、中、下三个部分。上部又细化为多个小层，各小层的剪切波速 V_s 由上至下呈增势。中部为一相对软弱层，其剪切波速较上下相邻层小，数值为 $200 \sim 300 \text{m/s}$。

图 2.3 - 10 给出了剖面 XJ - 22 上测点 1 对应地层的分层情况及各层剪切波速 V_s 沿深度的分层分布情况。

由剖面 XJ - 22 上各个测点的地基分层图可以看出：该剖面地基土层分层情况与剖面 XJ - 18 地基土层的分层相对应，规律基本一致。

对于剖面 XJ - 23 共布置了 12 个测点，图 2.3 - 11 给出了剖面 XJ - 23 上测点 1 对应地层分层情况及各层剪切波速 V_s 沿深度的分层分布情况，它们可以基本说明该剖面对应地基土层的分层规律。

4. 瞬态瑞雷波勘探结果准确性的验证

为了检验实测瞬态瑞雷波勘探结果的可信度，将面波分析结果与钻孔资料进行了对比。钻孔 ZK36、ZK37 的钻探及波速资料见表 2.3 - 8，瞬态瑞雷波勘探资料见表 2.3 - 9，

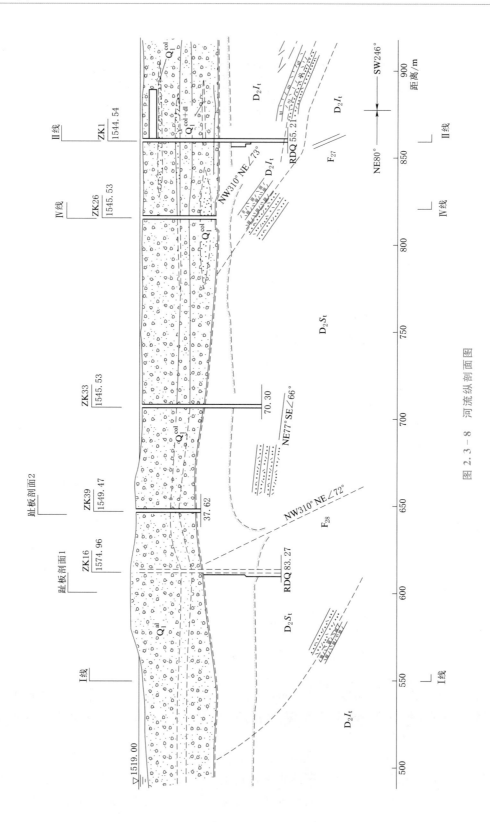

图 2.3-8 河流纵剖面图

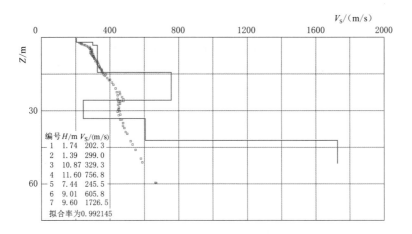

图 2.3-9　剖面 XJ-18 测点 1（钻孔 ZK37 处）地基分层图

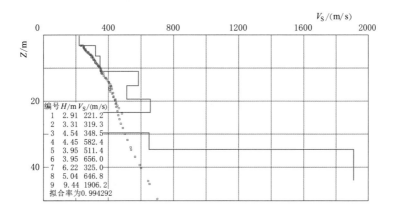

图 2.3-10　剖面 XJ-22 测点 1（钻孔 ZK36 处）地基分层图

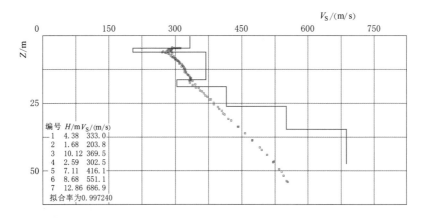

图 2.3-11　剖面 XJ-23 测点 1（钻孔 ZK38 处）地基分层图

是在现场相应位置通过面波测试所得到的地基分层的结果。图 2.3-12、图 2.3-13 给出了相应两钻孔位置的地基分层与钻孔柱状图的对比情况。可以看出：ZK36、ZK37 位置的瞬态瑞雷波勘探资料与钻孔资料吻合较好，但瞬态瑞雷波资料提供的信息更为丰富，在上部漂石砂卵砾石层中面波解释结果将其进行了细分；面波资料所提供的剪切波速信息与设计单位提供的单孔、跨孔剪切波速的信息也出入不大。

表 2.3-8　　钻探及波速资料

测试方法	孔号	上部漂石砂卵砾石层			中部含砾中粗砂层			下部漂石砂卵砾石层		
		钻孔勘测厚度/m	测试深度/m	剪切波速/(m/s)	钻孔勘测厚度/m	测试深度/m	剪切波速/(m/s)	钻孔勘测厚度/m	测试深度/m	剪切波速/(m/s)
单孔法	ZK36	26.22	11～26	560	7.88	26～34	190	2.9	34～36	510
	ZK37	24.96	10～25	550	8.74	25～34	210	10.0	34～42	610
跨孔法	ZK36	26.22	8.3～25	560～580	7.88	27.3～33	330～440	2.9	34.2～36	620
	ZK37	24.96			8.74			10.0		

表 2.3-9　　瞬态瑞雷波法勘探资料

测试方法	孔号		上部漂石砂卵砾石层						加权平均	中部含砾中粗砂层	下部漂石砂卵砾石层
面波法	ZK36	厚度/m	2.91	3.31	4.54	4.45	3.95	3.95		6.22	5.04
		深度/m	2.91	6.22	10.76	15.21	19.16	23.11		29.33	34.37
		剪切波速/(m/s)	221.2	319.3	348.5	582.4	511.4	656.0	453.7	325.0	646.8
	ZK37	厚度/m	1.74	1.39	10.87	11.60				7.44	9.01
		深度/m	1.74	3.13	14.0	25.6				33.04	42.05
		剪切波速/(m/s)	202.3	299.0	329.3	756.8			512.7	245.5	605.8

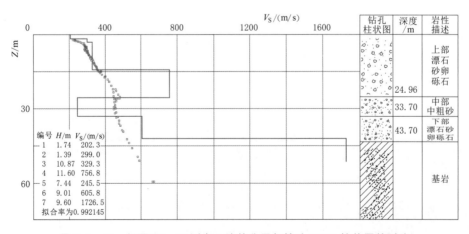

图 2.3-12　剖面 XJ-18 测点 1 地基分层与钻孔 ZK37 柱状图的对比

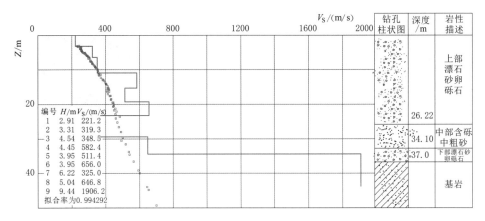

图 2.3-13　剖面 XJ-22 测点 1 地基分层与钻孔 ZK36 柱状图的对比

5. 瞬态瑞雷波法等速率剖面图

使用瞬态瑞雷波法等速率剖面分析软件 CCMAP，利用各剖面上诸点的频散曲线资料，通过编辑处理，结合拟合后的分层资料，参照地层速率参数，在彩色剖面图上进行取值、分层，并利用高程校正形成地形文件，可绘制出地层等速率地质剖面图。

软件 CCMAP 可以给出两种型式的等速率剖面：一种是直接由测点频散曲线 $V_r(Z)$ 线形成的映象（如图 2.3-14 中的蓝色线条所示）；另一种是由测点拟速率（拟速率是将频散数据中的波速 V_r 按周期作了一种提高峰度的计算得到的速率值）曲线 $V_x(Z)$ 线形成的映象（如图 2.3-14 中红色线条所示）。常见地层面波频散数据的实验表明：这种拟速率映象 $V_x(Z)$ 的总体轮廓，相当接近于频散数据一维反演得到的波速分层 $V_S(Z)$，同时还突出了地层分层在频散数据中引起的"扭曲"特征。

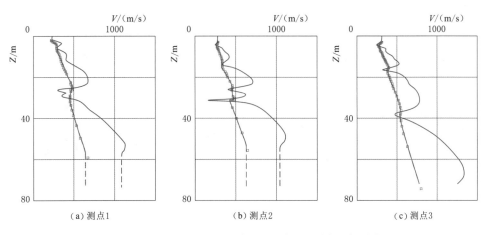

图 2.3-14　剖面 XJ-18 测点 1、测点 2、测点 3 频散曲线

（1）剖面 XJ-18：图 2.3-14 给出了剖面 XJ-18 上各个测点的频散曲线及拟速率曲线。图 2.3-15 给出了剖面 XJ-18 瞬态瑞雷波法等速率图。

（2）剖面 XJ-22：图 2.3-16 给出了剖面 XJ-22 上各个测点的频散曲线。图 2.3-17 给出了剖面 XJ-22 的瞬态瑞雷波法等速率图。

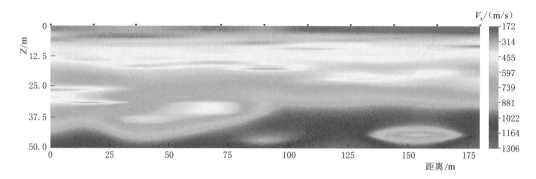

图 2.3-15　剖面 XJ-18 瞬态瑞雷波法等速率图

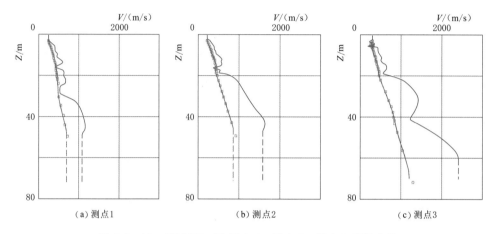

图 2.3-16　剖面 XJ-22 测点 1、测点 2、测点 3 频散曲线

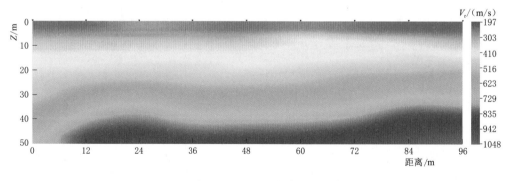

图 2.3-17　剖面 XJ-22 瞬态瑞雷波法等速率图

（3）剖面 XJ-23：图 2.3-18 给出了剖面 XJ-23 上各个测点的频散曲线。图 2.3-19 给出了剖面 XJ-23 瞬态瑞雷波法等速率图。

（4）面波资料所生成的等速率剖面与钻探剖面的对比。图 2.3-20、图 2.3-21 给出了由所选 3 个剖面上钻孔位置附近的 3 个测点的瞬态瑞雷波勘探资料生成的等速率剖面图，图 2.3-22 为相应位置的钻探剖面。

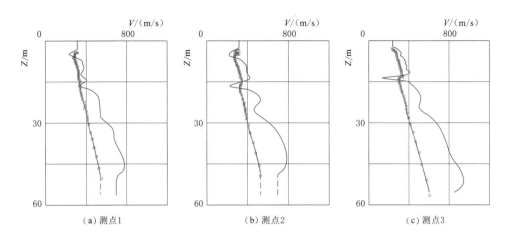

图 2.3－18　剖面 XJ－23 测点 1、测点 2、测点 3 频散曲线

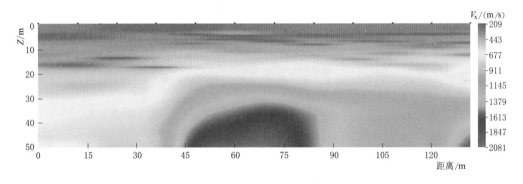

图 2.3－19　剖面 XJ－23 瞬态瑞雷波法等速率图

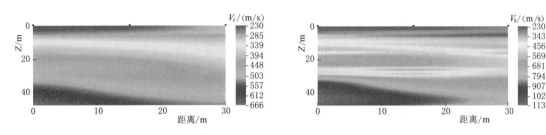

图 2.3－20　剖面 ZK36、ZK37、ZK38 瞬态
瑞雷波法等速率图

图 2.3－21　剖面 ZK36、ZK37、ZK38 瞬态
瑞雷波法等速率图

图 2.3－20 和图 2.3－21 是沿钻探地质剖面根据面波生成的等速率剖面图，从图中可见地层沿这一剖面的分布，在图 2.3－21 中可见测深 25m 左右出现很明显的夹层，与图 2.3－22 钻探地质剖面所反映的情况完全吻合，结合其他勘探资料的分析，可以认为该层即为中粗砂夹层，其上、下为漂石砂卵砾石层，地表为碎石及砂。

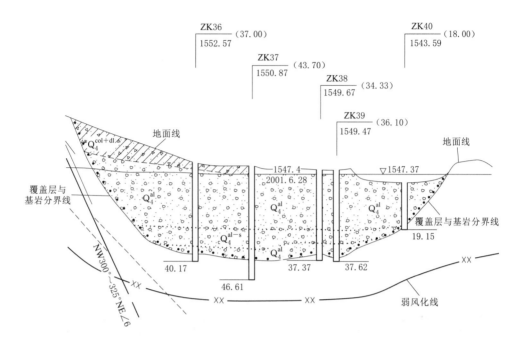

图 2.3 – 22　钻探剖面（单位：m）

Q_4^{col+dl}—第四系块碎石层；Q_4^{al-s}—中粗砂夹层；Q_4^{al}—漂石砂卵砾石

2.4　坝基深厚覆盖层水文地质试验

2.4.1　水文地质试验的主要内容与勘察方法

2.4.1.1　主要内容

水利水电工程河床深厚覆盖层水文地质参数测试的主要内容如下：

（1）地下水水位、水头（水压）、水量、水温、水质及其动态变化，地下水基本类型、埋藏条件和运动规律；分析地下水出逸点与地貌、岩性、构造的关系。对可能导致坝基（肩）强烈漏水和渗透变形破坏的集中渗漏带应予以重点勘察。

（2）水文地质结构，含水层、透水层与相对隔水层的厚度、埋藏深度和分布特征，划分含水层（透水层）与相对隔水层。

（3）地下水的补给、径流、排泄条件。

（4）土体的渗透性，进行渗透性分级。

（5）地下水、地表水的物理性质和化学成分。

2.4.1.2　勘察方法

水利水电工程河床深厚覆盖层水文地质参数主要勘察方法如下：

（1）水文地质、地表地质测绘、调查。

（2）现场钻孔抽水试验。

（3）现场试坑原位渗透试验。

（4）室内渗透试验。

（5）水质分析。

（6）地下水长期观测，包括钻孔的地下水位，泉水的水质、水温、流量等。

2.4.2　水文地质试验基本原理

2.4.2.1　现场抽水试验

抽水试验是确定含水层参数，了解水文地质条件的主要方法。其采用主孔抽水、带有多个观测孔的群孔抽水试验（见图 2.4 - 1 和图 2.4 - 2），包括非稳定流和稳定流抽水试验，要求观测抽水期间和水位恢复期间的水位、流量、水温、气温等内容。

抽水试验是对含水层产生一个人工激发，含水层作出一个响应（渗流场的流线发生变形），并形成一个井流场的过程。井流场的影响深度受取水构筑物型式的限制，影响范围小于或等于含水层渗流场。抽水试验的效果受到边界条件、水流特征及岩性均质性等影响。

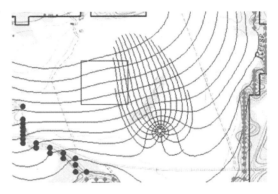

图 2.4 - 1　抽水试验原理示意图

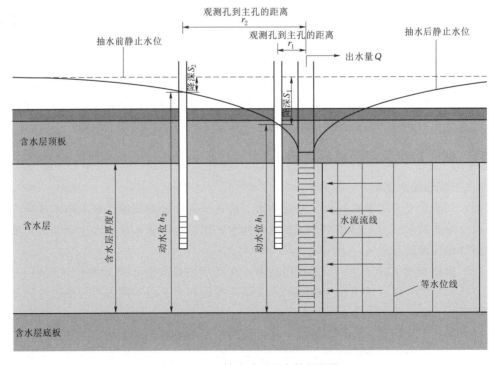

图 2.4 - 2　抽水试验示意性剖面图

2.4.2.2 钻孔注水试验

钻孔注水试验是用人工抬高水头，向钻孔内注入清水，测定岩土体渗透性的一种原位试验。其适用于水平分布宽度较大、均一或较均一的岩土层，试段长度不宜大于 5m，可采用栓塞或套管脚黏土等止水方法。对于不能进行抽水试验和压水试验，而且取原状样进行室内试验又比较困难的松散岩土体尤为适用。

2.4.2.3 渗透系数同位素原位测试

放射性同位素测试技术是 20 世纪 70 年代初发展起来的。大约在 20 世纪 70 年代后期从实验室逐渐走向生产实践。由于放射性同位素测井技术测定含水层水文地质参数的方法与传统抽水试验相比具有许多优点，可以解决传统抽水试验无法解决的实际问题，因此该方法目前已被国内外广泛应用。

根据同位素测井技术测定含水层水文地质参数的测井情况以及测试目的，该方法可以分为多种类型。同位素测井技术测定含水层水文地质参数的方法分类见表 2.4-1。

表 2.4-1　　　　同位素测井技术测定含水层水文地质参数的方法分类表

方法分类		可 测 参 数
Ⅰ级分类	Ⅱ级分类	
单孔技术	单孔稀释法	渗透系数、渗透流速
	单孔吸附示踪法	地下水流向
	单孔示踪法	孔内垂向流速、垂向流量
多孔技术	多孔示踪法	平均孔隙流速、有效孔隙度、弥散系数

应用不同的放射性同位素测试方法可以测试不同的水文地质参数。其中，单孔稀释法投入示踪剂和观测其浓度的变化均在同一孔中进行，可以测定含水层的水平渗透流速和渗透系数，既可以在松散层中的孔内进行，也可以在基岩孔中进行。该方法的基本原理是对井孔滤水管中的地下水用少量示踪剂[131]I 标记，标记后的水柱示踪剂浓度不断被通过滤水管的含水层渗透水流稀释而降低，其稀释的速率与地下水渗流速率有关，根据这种关系可以求出地下水的渗流速率，然后根据达西定律可以获得含水层的渗透系数。

2.4.3 覆盖层水文地质试验方法

2.4.3.1 现场抽水试验

抽水试验主要分为单孔抽水、多孔抽水、群孔干扰抽水和试验性开采抽水试验。

（1）单孔抽水试验：仅在一个试验孔中抽水，用以确定涌水量与水位降深的关系，概略取得含水层渗透系数。

（2）多孔抽水试验：在一个主孔内抽水，在其周围设置若干个观测孔观测地下水位。通过多孔抽水试验可以求得较为确切的水文地质参数和含水层不同方向的渗透性能及边界条件等。

（3）群孔干扰抽水试验：在影响半径范围内，两个或两个以上钻孔中同时进行的抽水试验；通过干扰抽水试验确定水位下降与总涌水量的关系，从而预测一定降深下的开采量或一定开采额下的水位降深值，同时为确定合理的布井方案提供依据。

（4）试验性开采抽水试验：是模拟未来开采方案而进行的抽水试验。一般在地下水天然补给量不很充沛或补给量不易查清，或者勘察工作量有限而又缺乏地下水长期观测资料的水源地，为充分暴露水文地质问题，宜进行试验性开采抽水试验，并用钻孔实际出水量作为评价地下水可开采的依据。

单孔抽水试验采用稳定流抽水试验方法，多孔抽水、群孔干扰抽水和试验性开采抽水试验一般采用非稳定流抽水试验方法。在特殊条件下也可采用变流量（阶梯流量或连续降低抽水流量）抽水试验方法。抽水试验孔宜采用完整井（巨厚含水层可采用非完整井）。观测孔深应尽量与抽水孔一致。

2.4.3.2　钻孔注水试验

根据试验方法和适用岩土层条件不同，钻孔注水试验分为常水头注水试验和降水头注水试验两种方法。

（1）常水头注水试验：连续往钻孔内注水，并使水头（H）抬高保持一定，测得稳定时的注水流量（Q）。注水延续时间一般在 2h 以上，根据最后一次稳定注水流量按不同条件下相应的计算公式求解渗透系数值。

（2）降水头注水试验：抬高钻孔水头至一定高度（初始水头 H_0），停止向孔内注水，记录孔内水头（H_t）随时间（t）的下降变化。延续时间一般不小于 1h，根据水头下降与延续时间的关系按相应的计算公式求解渗透系数值。

2.4.3.3　渗透系数同位素原位测试

在测试时首先根据含水层埋深确定井孔结构，正确选择过滤器位置，选取施测段；然后用投源器将人工同位素放射性[131]I 投入测试段，进行适当搅拌使其均匀；接着用测试探头对标记段水柱的放射性同位素浓度值进行测量。

2.4.4　覆盖层水文地质试验设计

2.4.4.1　现场抽水试验

设计前的准备工作：①获取井孔的结构情况，明确试验的目的与技术要求；②进行 1～2km 范围的水文地质勘测，避免周边水体及井孔影响；③推测单井涌水量，进行提水设备（水泵、压风机等）及落程安排；④提出观测时间，观测方法及观测误差的技术要求。

抽水试验的观测依据相关规范进行。非稳定流观测孔布置前，应进行抽水试验性能分析，保证观测井数据有效性。重大抽水试验，应编制单井抽水试验设计书。

单孔试验与多孔试验的选择应根据工程区地质与水文地质条件的复杂程度及其对工程的影响大小进行，并应符合下列要求：

（1）地质与水文地质条件比较简单的工程区，为初步查明河床砂卵石层及其他松散含水层的渗透性及其分布规律时，宜选择单孔抽水试验。

（2）地质与水文地质条件复杂的工程区，为查明河床砂卵石层及其他松散含水层的渗透性和渗透各向异性，宜在区内典型地段或含水层渗透性及渗透各向异性对建筑物渗流控制设计有重大影响的地段布置多孔抽水试验。

（3）以基岩水文地质问题为主体的工程区，为查明层状、裂隙、岩溶等含水岩体的渗透性、渗透各向异性，各含水层、带间的水力联系，以及地下水与地表水的水力联系时，宜选择多孔抽水试验。

2.4.4.2　钻孔注水试验

1. 常水头注水试验

（1）用带水表的注水管或流量箱连续向套管内注入清水，使管中水位高于地下水位一定高度或至管口并保持固定，测出高出地下水位的固定水头 H_c，并记录时间和水表（或流量箱）读数，正式开始试验。

（2）试验时必须保持固定水头高度 H_c 不变，其波动幅度不应大于 1.0cm。

（3）先按 1min 间隔观测 5min，再按 5min 间隔观测到 30min，以后每隔 30min 观测 1 次，直到最后 2h 平均流量之差不大于 10% 时，视为流量稳定，终止试验。

（4）试验过程应及时绘制流量 Q 与时间 t 的关系曲线。

2. 降水头注水试验

（1）向套管内注入清水，使管中水位高出地下水位一定高度或至套管顶面。试验正式开始，记录注水时间和水头高度。

（2）管中水头下降值的观测时间，按 30s 间隔测 5min，1min 间隔测 10min，然后按水头下降速率决定，一般可按 5～10min 间隔进行。总观测时间不应少于 1h，对于较强的透水土层，观测时间间隔和总观测时间可适当缩短。

（3）试验过程中，应及时在半对数纸上绘制水头比 H/H_0 与时间 t 的关系图。当观测点在图上有明显的线性关系时，说明试验正确；如不呈线性关系，说明试验有误，应重新注水并进行观测。

（4）当试验土层为弱透水层且观测点有 10 个以上皆在直线上时，可采用将该直线外延至 $H/H_0=0.37$ 横线相交的办法来确定滞后时间，即可终止试验。

2.4.4.3　渗透系数同位素原位测试

在测试时首先根据含水层埋深确定井孔结构，正确选择过滤器位置，选取施测段；然后用投源器将人工同位素放射性 ^{131}I 投入测试段，进行适当搅拌使其均匀；接着用测试探头对标记段水柱的放射性同位素浓度值进行测量。人工放射性同位素 ^{131}I 为医药上使用的口服液，该同位素放射强度小、衰变周期短，因此，使用人工放射性同位素 ^{131}I 进行水文地质参数测试不会对环境产生危害。

根据河床深厚覆盖层的结构复杂性和多层性状，为了保证放射源能在每一个测段内搅拌均匀，每个测段长度一般取 2m，每个测段一般设置 5 个测点，每个测点的观测次数一般为 5 次。若稀释浓度与时间的关系曲线呈良好的线性关系，则说明测试试验是成功的，这时可以结束该点的测试工作。

2.4.5　覆盖层水文地质试验数据处理

2.4.5.1　现场抽水试验

渗透系数计算和相关水文地质条件分析，应在对试验区地质和水文地质条件基本查明的基础上，通过合理地选择计算公式和绘制相关的平面图、剖面图进行。具体的渗透系数计算方法与公式参考《水利水电工程钻孔抽水试验规程》（SL 320—2005）或《水电工程钻孔抽水试验规程》（NB/T 35103—2017）的相关规定进行。

1. 现场整理

（1）绘制水位降深（S）、流量（Q）与时间（T）的过程曲线。此曲线应在抽水观测过程中绘制，以便及时发现抽水过程中的异常，及时处理。同时可根据 Q—t、S—t 曲线变化趋势，合理判定稳定延续时间的起点和确定稳定延续时间。

（2）绘制涌水量与水位降深关系曲线 $Q=f(S)$。其目的在于了解含水层的水力特征、钻孔出水能力，推算钻孔的最大涌水量与单位涌水量，并检验抽水试验成果是否正确。

（3）绘制单位涌水量与水位降深关系曲线 $q=f(S)$。

（4）绘制水位恢复曲线。

2. 室内整理

抽水试验结束后应将野外所得原始数据、草图进行详细检查与校对，然后进行室内系统整理，其内容如下：

（1）绘制抽水试验综合成果图。包括 Q—t、S—t 过程曲线，$Q=f(S)$、$q=f(S)$ 关系曲线，抽水试验成果表，水质分析成果表，钻孔平面位置图，钻孔结构及地层柱状图等。

（2）计算水文地质参数，包括影响半径（R）、渗透系数（k）。

（3）撰写抽水试验工作总结报告。其内容主要包括试验目的与要求、试验方法及过程、试验所得的主要成果、试验中的异常现象及处理、质量评价及结论等。

2.4.5.2　钻孔注水试验

1. 常水头注水试验

（1）绘制稳定流量 q 与时间 t 的关系曲线。

（2）根据稳定流量 q，按式（2.4-1）计算渗透系数：

$$k=\frac{q}{F_c H_c} \tag{2.4-1}$$

式中：k 为渗透系数，cm/min；q 为稳定流量，cm^3/min；H_c 为固定水头高度，自地下水位起算，cm；F_c 为试验段注水管的形状系数，cm。

2. 降水头注水试验

（1）绘制水头比 H/H_0 与时间 t 的关系图。水头比用对数坐标表示，当水头比与时间关系呈直线时，试验结果正确。

（2）确定滞后时间。滞后时间 T 是指孔中注满水后，出现初始水头 H_0 并以初始流量 q_0 进行渗透，随时间水头 H 逐渐消散，当水头 H 消散为 0 时所需的时间。

滞后时间的确定，可用 $H/H_0=0.37$ 时所对应的时间，也可用图解法和计算法确定。

（3）按照式（2.4-2）计算渗透系数：

$$k=\frac{A}{F_c T} \tag{2.4-2}$$

式中：A 为注水管内径截面积，cm^2；T 为滞后时间，min；其他符号意义同前。

2.4.5.3　渗透系数与同位素原位测试

1. 公式法计算含水层渗透系数

公式法计算含水层渗透系数主要是根据放射性同位素初始浓度（$t=0$ 时）计数率和

某时刻放射性同位素浓度计数率的变化来确定地下水渗流流速，然后再用达西定律求出含水层渗透系数。

根据示踪剂的浓度变化可以获得地下水的渗流流速，示踪剂的浓度变化与地下水的渗流流速的关系服从式（2.4-3）：

$$V_f = \left(\frac{\pi r_1}{2\alpha t}\right) \ln\left(\frac{N_0}{N}\right) \qquad (2.4-3)$$

式中：V_f 为地下水渗流速率，cm/s；r_1 为滤水管的内半径，cm；N_0 为同位素初始浓度（$t=0$ 时）计数率；N 为 t 时刻同位素浓度计数率；α 为流场畸变校正系数；t 为同位素浓度从 N_0 变化到 N 的观测时间，s。

根据式（2.4-3）可以获得不同深度含水层中地下水的渗流速率，然后根据达西定律式（2.4-4）可以计算确定含水层的渗透系数：

$$V_f = K_d J \qquad (2.4-4)$$

式中：K_d 为含水层渗透系数，cm/s；J 为水力坡降。

由式（2.4-3）和式（2.4-4）可以获得含水层的渗透系数为

$$K_d = \frac{\left(\frac{\pi r_1}{2\alpha t}\right) \ln\left(\frac{N_0}{N}\right)}{J} \qquad (2.4-5)$$

因此，应用式（2.4-5）可以直接计算获得含水层的渗透系数 K_d。式（2.4-5）确定含水层的渗透系数 K_d 实际上是利用两次同位素浓度计数率的变化计算的。

2. 斜率法确定含水层渗透系数

根据试验测试资料绘制 $t-\ln N$ 曲线，通过绘制 $t-\ln N$ 曲线一方面可以分析野外测试是否成功，另一方面可以确定 $t-\ln N$ 曲线斜率，以便为含水层渗透系数计算提供必要参数。然后应用下列计算公式计算含水层渗透系数，斜率法计算含水层渗透系数的计算公式可以通过前面的理论公式推导获得。

根据式（2.4-3）可得

$$t = \frac{\pi r_1}{2\alpha V_f} \ln N_0 - \frac{\pi r_1}{2\alpha V_f} \ln N \qquad (2.4-6)$$

式中：$(\pi r_1 / 2\alpha V_f) \ln N_0$ 可以看成常数，那么 $t-\ln N$ 曲线的斜率为 $-\pi r_1 / 2\alpha V_f$。

设曲线的斜率为 m，则

$$m = \frac{-3.14 r_1}{2\alpha V_f}$$

故

$$V_f = \frac{-3.14 r_1}{2\alpha m} \qquad (2.4-7)$$

从 $t-\ln N$ 数曲线上获得 m 后，即可求得含水层地下水渗流流速。

若在渗流速率测试时，同时测得试验孔处的水力坡降，则进一步根据达西定律可求取含水层的渗透系数。因此，可用式（2.4-8）确定含水层渗透系数：

$$K_d = \frac{-3.14 r_1}{2\alpha m J} \qquad (2.4-8)$$

3. 计算参数确定

放射性同位素法测试地下水参数受多种因素影响，例如钻孔直径、滤管直径、滤管透水率、滤管周围填砾厚度、填砾粒径等因素对放射性同位素法测试含水层渗透系数都有一定影响，进行试验参数处理时应考虑这些影响因素，使试验结果更可靠、更合理、更能反映实际情况。为了消除多种因素对放射性同位素法测试含水层渗透系数的影响，通过多年实践总结提出了放射性同位素法测试含水层渗透系数的流场畸变校正系数 α。该参数考虑了多种因素对放射性同位素法测试含水层渗透系数的影响，引入该参数可以使放射性同位素法测试的含水层渗透系数更能反映实际情况。为了在确定含水层地下水流流速的基础上计算含水层渗透系数，还应通过现场测试确定与测试实验同步的测试孔附近的地下水水力坡降。因此，放射性同位素法测试含水层渗透系数的计算中主要涉及流场畸变校正系数和水力坡降两个参数。

（1）流场畸变校正系数 α 的确定。流场畸变校正系数 α 是由于含水层中钻孔的存在引起的滤水管附近地下水流场产生畸变而引入的一个参变量。其物理意义是地下水进入或流出滤水管的两条边界流线，在距离滤水管足够远处两者平行时的间距与滤水管直径之比。

流场畸变校正系数 α 受多种因素的影响，主要受测试井的尺寸与结构影响。一般情况下流场畸变校正系数 α 的计算分下列两种情况：

1）在均匀流场且井孔不下滤水管、不填砾的基岩裸孔中，取 $\alpha=2$。有滤水管的情况下流场畸变校正系数 α 一般由式（2.4-9）计算获得

$$\alpha=4/\{1+(r_1/r_2)^2+K_3/K_1[1-(r_1/r_2)^2]\} \tag{2.4-9}$$

式中：K_1 为滤水管的渗透系数，cm/s；K_3 为含水层的渗透系数，cm/s；r_1 为滤水管的内半径，cm；r_2 为滤水管的外半径，cm。

式（2.4-9）是 Ogilvi 于 1958 年给出的计算流场畸变校正系数的公式。

2）对于既下滤水管又有填砾的情况下，流场畸变校正系数 α 与滤管内半径、外半径、滤管渗透系数、填砾厚度及填砾渗透系数等多因素有关。流场畸变校正系数 α 可用式（2.4-10）进行计算：

$$a=8/(1+K_3/K_2)\{1+(r_1/r_2)^2+K_2/K_1[1-(r_1/r_2)^2]\}+$$
$$(1-K_3/K_2)\times\{(r_1/r_3)^2+(r_2/r_3)^2+[(r_1/r_3)^2-(r_2/r_3)^2]\}$$

$$\tag{2.4-10}$$

式中：r_3 为钻孔半径，cm；K_2 为填砾的渗透系数，cm/s；其余符号意义同前。

3）K_1、K_2 和 K_3 的确定方法。

a. 滤水管渗透系数 K_1 的确定。滤水管的渗透系数 K_1 的确定涉及测试井滤网的水力性质，可根据过滤管结构类型通过试验确定，或通过水力试验测得，或类比已有结构类型基本相同的过滤管来确定。粗略的估计是 $K_1=0.1f$，f 为滤网的穿孔系数（孔隙率）。

b. 填砾渗透系数 K_2 的确定。填砾的渗透系数 K_2 可由式（2.4-11）确定：

$$K_2=C_2d_{50}^2 \tag{2.4-11}$$

式中：C_2 为颗粒形状系数，当 d_{50} 较小时可取 $C_2 = 0.45$；d_{50} 为砾料筛下的颗粒质量占全质量 50% 时可通过网眼的最大颗粒直径，mm，通常取粒度范围的平均值。

c. 含水层渗透系数 K_3 的估算。如果在建造钻井时，$K_1 > 10K_2 > 10K_3$，且 $r_3 > 3r_1$，则 α 与 K_3 没有依从关系。但实际上很难实现 $K_1 > 10K_2$，而且只有滤水管的口径很小时才能达到 $r_3 > 3r_1$。虽然 α 依赖含水层渗透系数 K_3，但若分别对式（2.4-8）的条件为 $K_3 \leqslant K_1$ 和对式（2.4-9）的条件为 $K_3 \leqslant K_2$ 时，则 K_3 对 α 的影响很小，可以忽略不计，也可参照已有抽水试验资料或由估值法确定，也可由公式估算。

（2）地下水水力坡降 J 的确定。地下水水力坡降是表征地下水运动特征的主要参数，它一方面可以通过试验的方法确定，另一方面可以通过钻孔中地下水水位的变化来确定。应用放射性同位素法测试含水层渗透系数时，应该测定与同位素测试试验同步的地下水水力坡降以便计算测试含水层的渗透系数。

2.4.6 覆盖层水文地质试验应用实例

2.4.6.1 覆盖层现场注水试验

在金沙江巴塘水电站坝址区覆盖层中进行了 6 组现场注水试验，渗透系数 K 为 $(5.71 \sim 32.4) \times 10^{-3}$ cm/s，属中等透水～强透水，覆盖层注水试验成果见表 2.4-2。

表 2.4-2　　　　　　　　　　覆盖层注水试验成果表

试验编号	试验位置	渗透系数/(cm/s)	渗透性
ZS1	导流洞进口明挖段	8.82×10^{-3}	中透水
ZS2	坝轴线左岸趾板线	5.71×10^{-3}	中透水
ZS3	坝轴线左岸堆积体	2.73×10^{-2}	中透水
ZS4	趾板线右岸堆积体	3.24×10^{-2}	中透水
ZS5	坝轴线右岸简易公路以上 15m 处	2.28×10^{-2}	中透水
ZS6	坝轴线右岸	3.07×10^{-2}	中透水

2.4.6.2 室内渗透试验

为了解巴塘河床覆盖层的渗透特性，对覆盖层粗粒土试样进行了相关的室内渗透试验，试验成果见表 2.4-3～表 2.4-6。

表 2.4-3　　　　　　　　　河床覆盖层 I 岩组室内渗透试验成果表

试样编号	取样深度/m	渗透系数/(cm/s)	临界坡降
ZK302-2	48.15～49.00	4.57×10^{-6}	—
ZK302-3	52.70～55.45	9.36×10^{-6}	—
ZK304-2	40.55～44.30	2.05×10^{-7}	—
ZK316-2	38.75～40.00	5.78×10^{-5}	—
最大值		5.78×10^{-5}	—
最小值		2.05×10^{-7}	—
平均值		1.80×10^{-5}	—

表 2.4－4　　　　　　　　河床覆盖层Ⅱ岩组室内渗透试验成果表

试样编号	取样深度/m	渗透系数/(cm/s)	临界坡降
ZK302－5	30.70～49.00	2.25×10^{-3}	0.42
ZK303－3	25.87～30.00	2.23×10^{-4}	0.81
ZK304－4	34.60～40.50	4.52×10^{-3}	0.56
ZK308－3	38.70～49.70	1.23×10^{-5}	0.80
ZK320－4	32.20～46.50	2.80×10^{-2}	0.42
最大值		2.80×10^{-2}	0.81
最小值		1.23×10^{-5}	0.42
平均值		7.00×10^{-3}	0.60

表 2.4－5　　　　　　　　河床覆盖层Ⅲ岩组室内渗透试验成果表

试样编号	取样深度/m	渗透系数/(cm/s)	临界坡降
ZK301－1	12.56～15.20	1.18×10^{-5}	—
ZK302－1	21.90～30.70	2.71×10^{-6}	—
ZK303－1	21.20～25.80	3.61×10^{-6}	—
ZK304－1	27.10～30.90	1.64×10^{-6}	—
ZK308－1	29.30～33.60	1.52×10^{-6}	—
ZK311－1	9.00～13.20	2.62×10^{-5}	—
ZK316－1	20.85～22.65	1.37×10^{-5}	—
ZK320－1	2.60～3.70	2.30×10^{-4}	—
ZK320－2	30.90～32.20	1.61×10^{-5}	—
最大值		2.30×10^{-4}	—
最小值		1.52×10^{-6}	—
平均值		3.41×10^{-5}	—

表 2.4－6　　　　　　　　河床覆盖层Ⅳ岩组室内渗透试验成果表

试样编号	取样深度/m	渗透系数/(cm/s)	临界坡降
ZK301－2	1.00～8.50	5.85×10^{-3}	0.43
ZK301－3	15.20～19.20	3.96×10^{-2}	0.38
ZK302－4	5.80～21.90	6.65×10^{-3}	0.57
ZK303－2	14.30～21.00	2.81×10^{-2}	0.30
ZK304－3	0.20～24.00	9.49×10^{-3}	0.58
ZK308－2	2.70～17.20	3.28×10^{-3}	0.57
ZK320－3	4.00～30.00	8.12×10^{-3}	0.46
最大值		3.96×10^{-2}	0.58
最小值		3.28×10^{-3}	0.30
平均值		1.44×10^{-2}	0.47

续表

试样编号		取样深度/m	渗透系数/(cm/s)	临界坡降
地表探槽	TC9	0.25~2.10	1.04×10^{-1}	0.27
	TC10	0.45~2.00	7.64×10^{-2}	0.40
	TC11	0.40~1.80	1.66×10^{-3}	0.46
	TC12	0.30~2.00	5.22×10^{-3}	0.53
	ZH3	0.35~1.80	4.49×10^{-3}	0.41
最大值			1.04×10^{-1}	0.53
最小值			1.66×10^{-3}	0.27
平均值			3.83×10^{-3}	0.40

由表2.4-3~表2.4-6可见，金沙江巴塘水电站坝址区Ⅱ岩组和Ⅳ岩组的渗透性较强，其中：Ⅰ岩组试样的渗透系数为$2.05 \times 10^{-7} \sim 5.78 \times 10^{-5}$cm/s，平均值为$1.80 \times 10^{-5}$cm/s。Ⅱ岩组的渗透系数为$1.23 \times 10^{-5} \sim 2.80 \times 10^{-2}$cm/s、平均值为$7.00 \times 10^{-3}$cm/s，临界坡降为0.42~0.81、平均值为0.60。Ⅲ岩组试样的渗透系数为$1.52 \times 10^{-6} \sim 2.30 \times 10^{-4}$cm/s、平均值为$3.41 \times 10^{-5}$cm/s。Ⅳ岩组的深部钻孔样渗透系数为$3.28 \times 10^{-3} \sim 3.96 \times 10^{-2}$cm/s、平均值为$1.44 \times 10^{-2}$cm/s，临界坡降为0.30~0.58、平均0.47，地表浅表部岸坡覆盖层试样渗透系数为$1.66 \times 10^{-3} \sim 1.04 \times 10^{-1}$cm/s、平均值为$3.83 \times 10^{-3}$cm/s、临界坡降为0.27~0.53、平均值为0.40。

2.4.6.3 渗透系数同位素原位测试

九龙河溪古水电站坝址区河床覆盖层一般厚度30~40m，最厚达45.5m。河床覆盖层成因类型有三种：以河床冲积成因为主的漂石、砂卵砾石等；下游堵江或半堵江的堰塞湖相深灰色粉砂质黏土层；雨季洪水期九龙河与各支流（沟）冲洪积或泥石流加积层，为漂块石、碎石土混杂堆积。从层位分布和物质组成特征上，溪古水电站河床覆盖层可分为三大岩组，即上部的Ⅰ岩组为河流冲积和洪水泥石流堆积的含块碎石砂卵砾石层，中部的Ⅱ岩组为堰塞湖相的粉质黏土层，下部的Ⅲ岩组为河流冲积形成的含碎石泥质砂砾石层。

采用同位素示踪法对典型的ZK331河床钻孔覆盖层进行渗透系数测试。ZK331钻孔覆盖层不仅厚度变化大，而且同一钻孔垂向上的物质组成特征差异大。ZK331河床覆盖层物质组成特征见表2.4-7。

表2.4-7 ZK331河床覆盖层物质组成特征

孔深/m	覆盖层名称	物质组成
0~5.6	含块碎石砂卵砾石层	块石为变质砂岩占10%。砂砾石中1~3cm的砾石10%，5~7cm的砾石占2%，其余为中粗砂
5.6~20.5	粉质黏土层	呈青灰色及灰白色，中密状态，部分岩芯呈柱状，含有0.3~1cm的少量砾石
20.5~24.6	含碎石泥质砂砾石层	青灰色，碎石占30%~35%，未见砾石

同位素示踪法测试含水层渗透系数的分析计算一般包括两方面：一方面分析测试实验的可靠性；另一方面计算测试实验结果。按照测试实验要求，每个测试实验点有5次读

数，根据公式法每个测点可以计算 4 个渗透系数值，根据测试实验的 t—$\ln N$ 半对数曲线应用斜率法可以获得一个渗透系数值。

1. 计算参数的确定

放射性同位素法测试水文地质参数的计算涉及参数较多，渗透系数测试成果计算参数主要包括地下水流场畸变校正系数 α 和水力坡降 J 两个参数，这两个参数可以通过现场测试与计算确定。

根据渗透系数测试实验孔的结构特征、覆盖层物质特征等条件，通过计算分析，覆盖层渗透系数测试实验孔的流场畸变校正系数 α 为 2.41。根据测试实验时同期河水面水位测量结果，测试实验孔附近的同期河水面水力坡降 J 为 6.92‰。

2. ZK331 渗透系数测试成果分析

ZK331 揭露的覆盖层厚度为 24.6m，根据物质组成特征，覆盖层分为 3 层。

0~5.6m 段测试可靠性分析：ZK331 孔深 0~5.6m 段为含块碎石砂卵砾石层，该层厚度 5.6m。在该段测试了 3.5m 长度段的覆盖层渗透系数，完成了 5 个测试实验点。该段 4.0m 处测试实验的 t—$\ln N$ 拟合曲线如图 2.4-3 所示。该测试段的 t—$\ln N$ 曲线具有良好的线性关系，说明该段测试实验是成功的、可靠的。

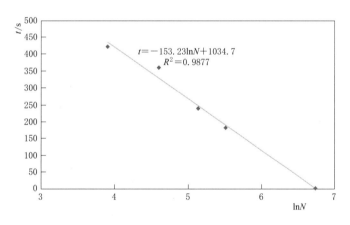

图 2.4-3　ZK331 孔深 4.0m 处 t—$\ln N$ 拟合曲线

ZK331 孔深 0~5.6m 段覆盖层渗透系数测试成果见表 2.4-8。该段的含块碎石砂卵砾石层的渗透系数为 3.441×10^{-2} ~ 1.691×10^{-1} cm/s，两种计算方法得到的测试结果比较接近。从物质组成特征来看，该段测试的渗透系数是合理的。

表 2.4-8　　　　　ZK331 孔深 0~5.6m 段覆盖层渗透系数测试成果表

测点位置/m	公式法平均 K_d/(cm/s)	拟合曲线斜率	斜率法平均 K_d/(cm/s)
2.00	1.504×10^{-1}	-31.174	1.691×10^{-1}
3.00	1.381×10^{-1}	-40.652	1.297×10^{-1}
4.00	3.475×10^{-2}	-153.23	3.441×10^{-2}
4.50	9.026×10^{-2}	-59.578	8.849×10^{-2}
5.20	8.057×10^{-2}	-60.839	8.665×10^{-2}

5.6～20.5m 段覆盖层渗透系数测试成果：ZK331 孔深 5.6～20.5m 为粉质黏土层，该层黏粒含量大于 30%，微透水性。因此，很难用放射性同位素法测试该段的渗透系数，根据该层的物质组成特征将其归为微透水。

20.5～24.6m 段覆盖层渗透系数测试成果：ZK331 孔深 20.5～24.6m 为含碎石泥质砂砾石层，该段完成了 4 个测试实验点。孔深 23m 处测试的 t—$\ln N$ 拟合曲线如图 2.4-4 所示。该段测试的 t—$\ln N$ 曲线具有较好的线性关系，说明该段的渗透系数测试是成功的、可靠的。

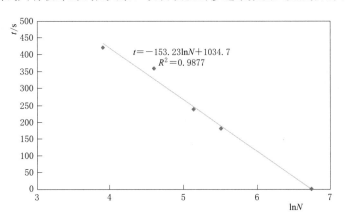

$$t = -153.23\ln N + 1034.7$$
$$R^2 = 0.9877$$

图 2.4-4　ZK331 孔深 23m 的 t—$\ln N$ 拟合曲线

ZK331 孔深 20.5～24.6m 段覆盖层渗透系数测试成果见表 2.4-9。孔深 20.5～24.6m 的渗透系数为 7.790×10^{-4}～1.220×10^{-3}cm/s。孔深 20.5～24.6m 段的渗透系数属于 $10^{-4} \leqslant K < 10^{-2}$cm/s 的范围。从物质组成特征来看，该段同位素法测试的渗透系数结果是合理的。

表 2.4-9　　　　　ZK331 孔深 20.5～24.6m 段覆盖层渗透系数测试成果表

孔深/m	公式法平均 K_d/(cm/s)	拟合曲线斜率	斜率法平均 K_d/(cm/s)
21.0	1.160×10^{-3}	4320.4	1.220×10^{-3}
22.0	7.464×10^{-3}	-6614.4	7.970×10^{-4}
23.0	0.950×10^{-3}	-5249.6	1.004×10^{-3}
24.0	0.997×10^{-3}	-4822.0	1.093×10^{-3}

3. 渗透系数测试成果综合分析

通过对 ZK331 河床覆盖层各段渗透系数分析汇总，渗透系数测试成果综合汇总见表 2.4-10。

表 2.4-10　　　　　　ZK331 河床覆盖层渗透系数测试综合成果表

层位编号	覆盖层名称	孔深/m	公式法平均 K_d/(cm/s)	斜率法平均 K_d/(cm/s)
1	含块碎石砂卵砾石层	0.0～5.6	9.882×10^{-2}	10.16×10^{-2}
2	粉质黏土层	5.6～20.5	$<1 \times 10^{-5}$	$<1 \times 10^{-5}$
3	含碎石泥质砂砾石层	20.5～24.6	9.634×10^{-4}	1.029×10^{-3}

根据《岩土工程试验监测手册》（林宗元，1994）中不同试验状态下土体的渗透系数经验数值，分析对比测试成果的可靠性。不同颗粒组成物的渗透系数经验数值见表 2.4 - 11；各类典型室内试验土渗透系数一般范围见表 2.4 - 12。

表 2.4 - 11　　　　　　　　　　不同颗粒组成物的渗透系数经验数值表

岩　性	土　层　颗　粒		渗透系数 /(m/d)
	粒径/mm	所占比例/%	
粉砂	0.05～0.1	<70	1～5
细砂	0.1～0.25	>70	5～10
中砂	0.25～0.5	>50	10～25
粗砂	0.5～1.0	>50	25～50
极粗砂	1.0～2.0	>50	50～100
砾石夹砂			75～150
带粗砂的砾石			100～200
砾石			>200

注　此表数据为实验室中理想条件下获得的，当含水层夹泥量多或颗粒不均匀系数大于 2 时，取小值。

表 2.4 - 12　　　　　　　　　　各类典型室内试验土渗透系数一般范围

土名	渗透系数 K_d/(cm/s)	土名	渗透系数 K_d/(cm/s)
黏土	$<1.2 \times 10^{-6}$	细砂	$1.2 \times 10^{-3} \sim 6.0 \times 10^{-2}$
粉质黏土	$1.2 \times 10^{-6} \sim 6.0 \times 10^{-5}$	中砂	$2.4 \times 10^{-2} \sim 2.4 \times 10^{-2}$
粉土	$6.0 \times 10^{-5} \sim 6.0 \times 10^{-4}$	粗砂	$2.4 \times 10^{-2} \sim 6.0 \times 10^{-2}$
黄土	$3.0 \times 10^{-4} \sim 6.0 \times 10^{-4}$	砾石	$6.0 \times 10^{-2} \sim 1.8 \times 10^{-1}$
粉砂	$6.0 \times 10^{-4} \sim 1.2 \times 10^{-3}$		

从表 2.4 - 12 可以看出，覆盖层渗透系数具有以下主要特征：

（1）覆盖层物质组成特征差异大，不同深度、不同层位的渗透系数差异大。该钻孔覆盖层渗透系数大的是含块碎石砂卵砾石层，孔深 0～5.6m 的含块碎石砂卵砾石层的渗透系数为 1.016×10^{-1} cm/s（斜率法平均值）；覆盖层渗透系数小的是粉质黏土层，孔深 5.6～20.5m 的粉质黏土层的渗透系数小于 1×10^{-5} cm/s。

（2）从不同计算方法获得的覆盖层渗透系数结果分析，一些测试点的公式法和斜率法获得的覆盖层渗透系数差异较大。造成这种现象的原因是多方面的，主要是测试孔结构没有严格按要求施工。总体认为，公式法和斜率法获得的覆盖层渗透系数基本上一致，说明采用同位素示踪法测试手段是合理可靠的，资料处理的理论与方法都是合理可靠的，测试实验是成功的。

4. 覆盖层渗透系数建议值

根据溪古水电站坝址河床覆盖层物质组成特征，将该坝址覆盖层分为粗粒土河床覆盖层和细粒土河床覆盖层两大类，结合覆盖层的层位特征可以分为粗粒土、细粒土、粗粒土三层。根据渗透系数测试结果可以确定各类覆盖层渗透系数的范围值。三大层覆盖层的渗透系数统计结果见表 2.4 - 13。

表 2.4 - 13　　　　　　　　三大层覆盖层的渗透系数统计结果表

覆盖层分类	渗透系数 K_d 最大值/(cm/s)	渗透系数 K_d 最小值/(cm/s)	渗透系数 K_d 值范围 /(cm/s)	K_d 平均值 /(cm/s)
粗粒土（含块碎石砂卵砾石层）	1.691×10^{-1}	3.441×10^{-2}	$3.441 \times 10^{-2} \sim 1.691 \times 10^{-1}$	4.250×10^{-2}
细粒土（粉质黏土层）	$<1 \times 10^{-5}$	$<1 \times 10^{-5}$	$<1 \times 10^{-5}$	$<1 \times 10^{-5}$
粗粒土（含碎石泥质砂砾石层）	1.220×10^{-3}	7.970×10^{-4}	$7.970 \times 10^{-4} \sim 1.220 \times 10^{-3}$	1.029×10^{-3}

注　渗透系数 K_d 为斜率法计算值。

表 2.4 - 13 的统计结果没有考虑各类覆盖层中的薄夹层，主要统计了能代表各类覆盖层物质特征的渗透系数测试实验结果。可以看出，由于覆盖层的物质组成特征，特别是组成物质的粒度特征差异大，致使各类覆盖层的渗透系数差异大。

从测试实验结果看，覆盖层最上部的含块碎石砂卵砾石层的渗透系数最大，渗透系数为 $2.177 \times 10^{-2} \sim 1.691 \times 10^{-1}$ cm/s，该层渗透性好；中部的细粒土渗透系数最小，渗透系数小于 10^{-5} cm/s，该层渗透性差；最下部的粗粒土渗透系数介于两者之间，渗透系数为 $3.900 \times 10^{-4} \sim 3.605 \times 10^{-3}$ cm/s，渗透性为中等。

从各类覆盖层的物质组成特征来看，最上部的含块碎石砂卵砾石层的物质颗粒粒径最大，细粒土的覆盖层的物质颗粒粒径最小，最下部的粗粒土物质颗粒粒径介于两者之间。

从物质组成特征与覆盖层渗透系数测试结果看，两者之间具有很好的相关性，即组成覆盖层的物质颗粒越大则其渗透系数越大，反之，物质颗粒越小则其渗透系数越小。

2.5　本章小结

（1）本章阐述了我国河床深厚覆盖层的分布特征，指出了我国河床深厚覆盖层的四大类型〔东部缓丘平原区冲积沉积型，中部高原区冲洪积、崩积混杂型，西南高山峡谷区冲洪积、崩坡积、冰水堆积混杂型和青藏高寒高原区冰（碛）积、冲洪积混杂型〕，总结了河床覆盖层的主要地质成因类型，分析了不同成因类型对应的主导地质作用和三大主要成因（气候、构造和崩滑流堆积成因）；分析了九龙河溪古水电站河床覆盖层及宝兴河小关子水电站闸基覆盖层具体成因。

（2）本章介绍了深厚覆盖层第四系区域地质事件调查、地貌调查、成因调查、河流侵蚀与堆积调查、工程地质条件调查的主要内容；分析了覆盖层成因类型、形成机制等；阐述了河床深厚覆盖层地层序列划分层次；归纳了深厚覆盖层宏观地质调查分析主要内容、钻探技术的适用范围、坑探工程的特点和适用条件；利用覆盖层介质的电性、磁性和弹性波差异，结合覆盖层物质成分、松散程度、层厚及含水程度等特性，采用不同的工程物探方法，实现了覆盖层地质构造判定、地质缺陷探测和地层划分，系统性地阐述了各物探方法的原理和适用范围。

（3）本章详尽归纳了坝基深厚覆盖层物探测试主要内容、应用范围、测试方法的选择原则，总结了浅层地震勘探、电法勘探、电磁法勘探、水声勘探、综合测井、弹性波测试、层析成像和放射性测量方法的基本原理、布置原则、资料分析及解释方法，在覆盖层厚度分级、结构分类的基础上，提出并确立了不同物探方法的适宜性和适用范围；结合乌素图 220kV 变电站站址、黄河西霞院坝址、沙地水库和察汗乌苏水电站坝址区左岸高漫滩覆盖层应用实例，详细分析电测深法、瞬变电磁法、探地雷达法和多道瞬态瑞雷波法测试过程和应用效果。

（4）本章总结了坝基深厚覆盖层水文地质试验内容、勘察方法，归纳了覆盖层现场抽水试验、钻孔注水试验和渗透系数同位素原位测试方法的基本原理、分类及适用条件、试验实施过程、试验数据整理流程等，结合巴塘水电站坝址区覆盖层现场注水试验、巴塘水电站河床覆盖层粗粒土试样室内渗透试验和溪古水电站坝址区河床覆盖层渗透系数同位素原位测试进行应用实例分析。

第 3 章

坝基深厚覆盖层工程地质特性

我国西南地区的主要河流可开发的水能资源十分丰富，但河床覆盖层均较深厚，一般都在 50m 以上。覆盖层厚度超过 300m 的，有冶勒水电站和多布水电站，其分布规律性差，结构和级配变化大，有些还含有粒径 20～30cm 的漂卵石或间有 1m 以上的大孤石，伴随架空现象，透水性强，粉细砂及淤泥呈分层或透镜分布，组成极不均一。因此，开展深厚覆盖层坝基工程地质特性研究具有重要的工程价值。本章首先根据覆盖层成因、物质结构、物理力学性质及其他工程地质特性等对深厚覆盖层进行岩组划分；另外，依据覆盖层室内试验、原位测试等，研究各岩（层）组的物理、强度、压缩、动力和渗透特性，类比工程经验，提出坝址深厚覆盖层力学参数取值建议；最后，结合深厚覆盖层上几座高面板坝实例，开展覆盖层力学性质与坝体高度之间的定量关系研究。

3.1 覆盖层组成

3.1.1 厚度特征

3.1.1.1 正常厚度

在河段地壳稳定前提下，河床覆盖层有一定厚度范围。尽管各条河流或同条河流上不同河段冲积物厚度不尽相同，但它总不同于构造下沉或气候变迁所引起的堆积。因此，把地壳稳定状态下覆盖层厚度称正常厚度。正常厚度相当于洪水位与深水区河床底部的高差，一般为 10～30m。造成这种厚度以及在这个厚度内岩相差异的原因，是河床侧蚀移动和周期性洪水共同作用的结果，而不是构造运动。

3.1.1.2 厚度变化

不同地区河床覆盖层厚度是不同的，造成厚度变化的原因有构造升降、气候变化、崩滑流作用等。我国东部丘陵、平原地区属新构造活动稳定或下降区，河床覆盖层厚度较为稳定。而新构造持续上升强烈的西南高原、高山峡谷区河床覆盖层厚度变化较大。例如，在大渡河流域，大岗山河段覆盖层最薄，仅 20.9m，最厚的地段为冶勒水电站，覆盖层厚度超过了 420m，两个河段的覆盖层厚度相差约 20 倍。这个特点在西部其他河流内也比较突出，岷江流域漩口河段覆盖层厚度为 33m，中坝河段覆盖层厚度为 104m；金沙江新庄街河段覆盖层厚度为 37.7m，虎跳峡宽谷河段覆盖层厚度为 250m。

3.1.2 物质组成

物质成分随着搬运介质、距离以及堆积方式不同，差异很大。一般地说，短距离搬运的近源堆积，物质成分与侵蚀点原岩一致，堆积物成分单一，颗粒粗大，棱角鲜明，颜色单调；而远距离搬运的远源堆积，物质成分复杂，颗粒坚硬，粒径较小，磨圆度好，颜色混杂。

覆盖层颗粒组成主要有：颗粒粗大、磨圆度较好的漂石、卵砾石类；块、碎石类；颗粒细小的中粗～中细砂类；粉土、壤土、淤泥类等。各种颗粒组成界线往往不明显，漂石、卵砾石类中常夹有砂类；块石、碎石与壤土类相互充填等。

3.1.3　结构特征

由于覆盖层物质成分的复杂性、沉积作用的多期次性、不连续性，覆盖层显示出岩相复杂、分选磨圆变化大、具架空现象等结构特征。

（1）岩相复杂。靠近河床部位主要为河流冲积相，层次较平缓，砂层呈夹层或透镜状分布。两岸覆盖层层次起伏变化大，多有交互沉积、尖灭等现象，可能出现崩坡积、泥石流堆积、滑坡堆积、残积等多种成因的堆积。

（2）分选磨圆变化大。覆盖层的层、层面和层理是表征结构的主要内容。层是在沉积环境基本稳定的条件下形成的一个沉积单位，同一个层中沉积物都属于同一个相，不同的层既可以是不同岩相条件的产物，也可以是同一岩相条件下动力条件变化下的产物。沉积作用动力条件好的，覆盖层分选、磨圆差，如重力作用为主形成的崩坡积，组成物质大小混杂，粗颗粒呈棱角、次棱角状；而动力条件差的，分选、磨圆好，如在静水环境形成的堰塞湖相沉积基本上为均一的粉黏粒。

（3）具架空现象。由于沉积时间短，特别是全新世沉积的表层冲积层、崩积层等，结构疏松，常有架空现象。架空结构的特征是组成物质以漂卵石、砾石为主，缺失砂粒等细颗粒，卵砾石间有孔隙，级配曲线不连续。架空结构依其产状有层状架空层、散管状架空层和星点状架空层。架空层在山区河流和山前河流的冲积砂砾石层中几乎普遍存在。架空层是强烈的透水层，渗透系数达 $500\sim1000\mathrm{m/d}$ 甚至以上，常给地基处理与基坑排水造成很大困难。

此外，山区河流冲积砂砾石有独特的排列方式，即扁平砾石的叠瓦状排列，系砂砾石在流水作用下形成的一种稳定堆积状态，越是三轴大小悬殊的颗粒，定向排列越显著。扁平面倾向上游，倾角一般在 25° 以下。

3.1.4　构造特征

一个层与上、下相邻层的界面称层面，层面是一种不连续面。层面是由于相或动力条件的变化，使沉积作用间断、停息或沉积物质突变造成的。层理是单层间的界面。它是同一沉积环境下，由于搬运物质的脉动变化造成的，单层厚度为以毫米（mm）或厘米（cm）计的最小沉积单位。层理的形态很多，在冲积砂砾石与河漫滩内，分别以斜层理和水平层理为主。

沉积作用间断是指在同一岩相条件下，动力作用发生短暂间隔，形成沉积物的不同层位，例如河床周期性洪水，即可以形成不同层的冲积物。

沉积作用停息是指某沉积环境的停止，经过相当长时间才出现新的沉积，在此期间原已堆积的沉积物被风化、侵蚀并与新沉积物间保存着一个明显的侵蚀面。

沉积物质突变是在沉积作用连续的情况下，由搬运介质能量变化导致的。

3.1.5　工程岩组划分

工程岩组是一个工程地质特性相近的覆盖层单元。研究覆盖层物质组成结构的目的是进行工程岩组划分，以便对覆盖层进行利用和处理。工程岩组划分需考虑覆盖层的厚度、成因类型、结构特征、构造特征、工程特性等。

3.2　覆盖层物理特性

3.2.1　覆盖层物理、水理分析

覆盖层物理性质是其重要的工程地质性质，它影响着覆盖层的力学性质，主要包括颗粒组成、物理状态和水理状态。

3.2.1.1　颗粒级配分析

覆盖层通常由固体颗粒、液体水和气体三个部分组成。固体颗粒构成覆盖层土体的骨架，其大小和形状、矿物成分及其组成情况是决定土的工程性质的重要因素。

不同类型的覆盖层土体的颗粒组成，采用不同的分析方法测定。对于粒径大于等于0.075mm的粗粒土采用筛分法测定，粒径小于0.075mm的细粒土采用比重计法或移液管法测定。

根据测定的颗粒组成可以得到颗粒级配曲线。土的颗粒组成曲线是反映土体基本特性的一种主要方式，也是判别渗透变形型式的主要依据。常用累积曲线和分布曲线来表达土的颗粒组成。图3.2-1为不同类型土体的典型颗粒级配曲线。

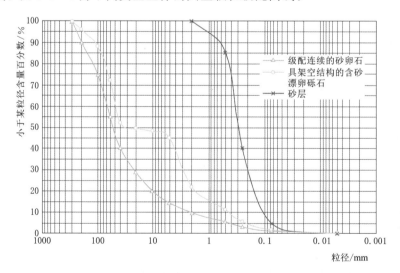

图 3.2-1　不同类型土体的典型颗粒级配曲线

累积曲线法是一种比较全面和通用的图解法。颗粒级配累积曲线是分析土的颗粒级配特征或粒度成分的重要曲线，其特点是可简单获得定量指标，特别适用于几种土级配好坏的相对比较。根据颗粒级配累积曲线可以对土的颗粒组成进行以下两方面的分析：一方

面，根据颗粒级配累积曲线可以大致判断土粒的均匀程度或级配是否良好；另一方面，根据颗粒级配累积曲线可以简单地确定土粒级配的一些定量指标。

土粒级配的主要定量指标一般包括 d_{10}（有效粒径）、d_{30}（中值粒径）和 d_{60}（限制粒径），通过 d_{10}、d_{30} 和 d_{60} 可以获得土粒级配的两个重要的定量指标，即不均匀系数 C_u 和曲率系数 C_c。不均匀系数 C_u 和曲率系数 C_c 的计算公式如下：

$$C_u = \frac{d_{60}}{d_{30}} \tag{3.2-1}$$

$$C_c = \frac{d_{30}^2}{d_{10}d_{60}} \tag{3.2-2}$$

不均匀系数 C_u 反映不同粒组的分布情况，即粒度的均匀程度，不均匀系数 C_u 越大表示粒度的分布范围越大，土粒越不均匀，级配越良好。曲率系数 C_c 描述颗粒级配累积曲线的整体形态，表示某粒组是否缺失，反映了限制粒径 d_{60} 与有效粒径 d_{10} 之间各粒组含量的分布情况。

一般情况下，工程上将 $C_u < 5$ 的土看作是均粒土，属级配不良；$C_u > 10$ 的土，属级配良好。对于级配连续的土，采用单一指标 C_u，即可达到比较满意的判别结果。但缺乏中间粒径（d_{60} 与 d_{10} 之间的某粒组）的土，即级配不连续，累积曲线呈台阶状，此时，采用单一指标 C_u 难以有效判定土的级配好坏。当砾类土或砂类土同时满足 $C_u > 5$ 和 $C_c = 1 \sim 3$ 两个条件时，则为良好级配砾或良好级配砂；如不能同时满足，则为级配不良。

3.2.1.2　物理性质指标

1. 基本物理性质指标

土体密度（ρ）、比重（G）、含水率（w）这三个物理性质基本指标可直接通过土工试验测定，亦称直接测定指标。

土体密度可用试坑注水法、试坑注砂法、环刀法等测定。天然状态下土的密度变化范围较大，其参考值为：一般黏性土 $\rho = 1.8 \sim 2.0\text{g/cm}^3$；砂土 $\rho = 1.6 \sim 2.0\text{g/cm}^3$；腐殖土 $\rho = 1.5 \sim 1.7\text{g/cm}^3$。

土体比重常用比重瓶法或虹吸筒法测定。由于土体比重值范围较小，故可按经验数值选用：细粒土（黏性土）一般为 $2.72 \sim 2.76$；砂类土一般为 $2.65 \sim 2.69$；粉性土一般为 $2.70 \sim 2.71$。

土体含水率通常用烘干法测定，亦可以近似采用酒精燃烧法等方法测定。含水率是标识土的湿度的重要物理指标。天然土层含水率变化范围较大，与土体种类、埋藏条件及其所处自然地理环境等有关，砂土类变化幅度可从 0（干砂）到 40% 左右（饱和砂），黏土类变化幅度可从 30% 以下（坚硬状黏性土）到 100% 以上（泥炭土）。对于同一类土，含水率越高说明土越湿，一般来说也就越软，强度越低。

2. 计算物理性质指标

计算物理性质指标根据土体密度、比重、含水率三个基本指标计算得到，主要有土体孔隙比（e）、孔隙率（n）、饱和度、不同状态下的密度与重度等。

孔隙比和孔隙率均表示土体中孔隙的含量。孔隙率亦可用来表示同一种土的疏密程度，其值随土形成过程中所受的压力、粒径级配和颗粒排列的状况而变化。一般粗粒土的孔隙率小，细粒土的孔隙率大。例如，砂类土的孔隙率一般为 28%～35%；黏性土的孔隙率有时可高达 60%～70%。

饱和度可描述土体中孔隙被水充满的程度。显然，干土饱和度 $S_r=0$，当土处于完全饱和状态时 $S_r=100\%$。砂土根据饱和度可划分为三种湿润状态：$S_r\leqslant50\%$，稍湿；$50\%<S_r\leqslant80\%$，很湿；$80\%<S_r\leqslant100\%$，饱和。

土的密度除了用天然密度（ρ）表示以外，工程计算上还常用另外两种密度，即饱和密度（ρ_{sat}）、干密度（ρ_d）。饱和密度为土体中孔隙完全被水充满时单位体积的质量。干密度为单位体积中固体颗粒的质量。工程上常用重度来表示各种含水状态下单位体积的重力，与之对应，饱和重度 $\gamma_{sat}=\rho_{sat}g$，干重度 $\gamma_d=\rho_d g$。除此之外，对于浮力作用的土体，粒间传递的力应是土粒重力扣除浮力后的数值，故另引入有效重度 γ'（又称浮重度）表示扣除浮力后的饱和土体的单位体积的重力。

3.2.1.3 物理、水理状态

影响砂、卵石等无黏性土工程性质的主要因素是密实度，影响黏性土工程性质的主要因素是软硬程度（即稠度）。在《建筑地基基础设计规范》（GB 50007—2011）和《公路桥涵地基及基础设计规范》（JTG D63—2007）中对其规定如下。

1. 密实度

密实度指土的紧密和填充程度。以细颗粒为主的砂层、粉土密实度由孔隙比 e、相对密度 D_r 和标准贯入锤击数 N 进行评价，以粗颗粒为主的漂卵砾石层、砂卵砾石层的密实度由孔隙比 e、相对密度 D_r 或圆锥动力触探试验评价。

（1）室内试验如下：

1）用相对密度 D_r 判定砂土的密实度的标准，见表 3.2-1。

2）用标准贯入试验锤击数 N 判定砂土密实度的标准，见表 3.2-2。

3）用孔隙比 e 判定粉土的密实度的标准，见表 3.2-3。

表 3.2-1   相对密度 D_r 判定砂土密实度的标准

D_r	$0\leqslant D_r\leqslant1/3$	$1/3<D_r\leqslant2/3$	$2/3<D_r\leqslant1$
密实度	松散	中密	密实

表 3.2-2   按锤击数 N 判定砂土密实度的标准

D_r	$N\leqslant10$	$10<N\leqslant15$	$15<N\leqslant30$	$N>30$
密实度	松散	稍密	中密	密实

表 3.2-3   孔隙比 e 判定粉土密实度的标准

e	$e<0.75$	$0.75\leqslant e\leqslant0.90$	$e>0.90$
密实度	密实	中密	稍密

（2）原位测试法分析密实度如下：

1）用重型动力触探的锤击数 $N_{63.5}$ 评定天然碎石土密实度（见表 3.2-4）。根据《建筑地基基础设计规范》（GB 50007—2011），应用重型动力触探击数确定粗粒土、碎石土的孔隙比和密实度的标准见表 3.2-5 和表 3.2-6。

表 3.2 - 4　　　　　　　　　　按 $N_{63.5}$ 评定的砂土和碎石土密实度

密实度	松散	稍密	中密	密实
$N_{63.5}$	$N_{63.5} \leqslant 5$	$5 < N_{63.5} \leqslant 10$	$10 < N_{63.5} \leqslant 20$	$N_{63.5} > 20$

注　本表适用于平均粒径大于 50mm 或最大粒径大于 100mm 的碎石土。

表 3.2 - 5　　　　　　　　　　触探击数 $N_{63.5}$ 与孔隙比 e 的关系

$N_{63.5}$		3	4	5	6	7	8	9	10	12	15
孔隙比 e	中砂	1.14	0.97	0.88	0.81	0.76	0.73				
	粗砂	1.05	0.90	0.80	0.73	0.68	0.64	0.62			
	砾砂	0.90	0.75	0.65	0.58	0.53	0.50	0.47	0.45		
	圆砾	0.73	0.62	0.55	0.50	0.46	0.43	0.41	0.39	0.36	
	卵石	0.66	0.56	0.50	0.45	0.41	0.39	0.36	0.35	0.32	0.29

注　表中触探击数为校正后的击数。

表 3.2 - 6　　　　　　　　　　触探击数 $N_{63.5}$ 与砂土密实度的关系

土 的 分 类	$N_{63.5}$	砂 土 密 度	孔隙比 e
砾砂	<5	松散	>0.65
	5~8	稍密	0.65~0.50
	8~10	中密	0.50~0.45
	>10	密实	<0.45
粗砂	<5	松散	>0.80
	5~6.5	稍密	0.80~0.70
	6.5~9.5	中密	0.70~0.60
	>9.5	密实	<0.60
中砂	<5	松散	>0.90
	5~6	稍密	0.90~0.80
	6~9	中密	0.80~0.70
	>9	密实	<0.70

2）用超重型圆锥动力触探的锤击数 N_{120} 评定天然碎石土密实度。

3）用超重型圆锥动力触探的锤击数 N_{120} 确定砂卵砾石层的密实度（四川大渡河、岷江地区）。砂卵砾石密实度超重型动力触探分类见表 3.2 - 7。

表 3.2 - 7　　　　　　　　　　砂卵砾石密实度超重型动力触探分类

I_L	$N_{120} \leqslant 4$	$4 < N_{120} \leqslant 8$	$8 < N_{120} \leqslant 12$	$12 < N_{120} \leqslant 16$	$N_{120} > 16$
密实度	松散	稍密	中密	很密	密实

2. 稠度

黏性土在含水率发生变化时，稠度也相应变化，有坚硬、硬塑、可塑、软塑和流塑等状态。从一种状态转变为另一种状态，可用某一界限含水率来区分，常用的有液限（w_L）、塑限（w_P）。

液限常用液限仪测定，塑限则采用搓条法测定。目前，也常用液限、塑限联合测定法测定液限和塑限。

塑性指数 I_P 是指液限与塑限的差值，表示土处于可塑状态的含水率变化的范围，是衡量土体可塑性大小的重要指标。液性指数 I_L 是指黏性土的天然含水率与塑限含水率的差值与塑性指数之比值，表征天然含水率与界限含水率之间的对应关系。

工程上按液性指数 I_L 的大小，把黏性土分成五种软硬状态，见表 3.2 - 8。

表 3.2 - 8　　　　　　　　　　黏性土软硬程度的划分

I_L	$I_L \leqslant 0$	$0 < I_L \leqslant 0.25$	$0.25 < I_L \leqslant 0.75$	$0.75 < I_L \leqslant 1$	$I_L > 1$
状态	坚硬	硬塑	可塑	软塑	流塑

3.2.2　覆盖层强度特性

覆盖层强度特性即抗剪强度特性，简称抗剪性。覆盖层的抗剪强度由内摩擦力 $\sigma\tan\varphi$ 和黏聚力 c 两部分组成。

无黏性土的抗剪强度决定于与法向压力成正比的内摩擦力 $\sigma\tan\varphi$，由土粒之间的表面摩擦阻力和土粒的咬合力形成，故土的内摩擦系数主要取决于土粒表面的粗糙程度和交错排列的咬合情况。土粒表面越粗糙、棱角越多和密实度越大，则土的内摩擦系数大。显然密砂土比松砂土的内摩擦角要大。稍湿的砂土，由于毛细联结的作用，具有微弱的黏聚力，但一般忽略不计。

黏性土的抗剪强度由内摩擦力和黏聚力组成。土的黏聚力主要来自土粒间结合水形成的水胶联结，有时来自土的胶结联结或毛细水联结。由于土粒周围结合水膜的影响，黏性土的内摩擦力较小。随着水量的增多，土粒的抗剪强度降低。

测定土的抗剪强度的设备与方法很多。室内试验常用的有直接剪切试验、三轴剪切试验，野外常用的有十字板剪切试验或者直接剪切试验。

直接剪切试验是最简单的抗剪强度测定方法，可分为原位剪切和室内剪切两种，包括适用于粗粒土的大剪、中剪和适用于细粒土的小剪。直接剪切试验所用仪器按加荷方式不同，分为应变控制式和应力控制式两种。直接剪切试验按固结及剪切速率，分为快剪（Q）、固结快剪（CQ）、慢剪（S）和反复剪（r）四种情况。

三轴剪切试验按固结和排水条件分为不固结不排水（UU）试验、固结不排水（CU）试验和固结排水（CD）试验。

十字板剪切试验是目前国内广泛应用的抗剪强度原位测试方法，适用于饱和软黏土，特别适用于难于取样或土样在自重作用下不能保持原有形状的软黏土。其优点是构造简单，操作方便，试验时对土的结构扰动较小。

3.2.3　覆盖层压缩特性

土的压缩特性是指土在压力作用下体积被压缩变小的性能。土的压缩，实际上是指土中孔隙体积的减少。研究土的压缩特性，就是研究土的压缩变形量和压缩过程，亦即研究土体受荷固结时稳定孔隙比和压力的关系、孔隙比和时间的关系。

土体的压缩性与它的孔隙、结构和先期固结压力有关。无黏性土的压缩性取决于粒度成分和松密程度，颗粒越细，密度越小，则压缩性越强。黏性土的压缩性则主要取决于土的联结和密度，联结越弱孔隙越多，则土的压缩量越大。先期固结压力越小，其压缩量越大。

各种土在不同条件下的压缩特性有很大差别，必须借助室内压缩试验和现场原位测试这两类不同的试验方法进行研究。室内压缩试验有固结试验和三轴压缩试验等。现场原位测试有载荷试验、旁压试验、静力触探试验、圆锥动力触探、标准贯入试验等。

固结试验用于测定压缩系数 α 和压缩模量 E_s 两个指标。压缩系数 α 是指单位压力作用下土的孔隙比的变化值。它是反映土压缩性的一个重要指标，在某压力变化范围内，α 越大，说明土的压缩性越强。地基变形计算多用 E_s，一般来讲，E_s 值越大土质越硬，变形性能越小。

现场载荷试验可用于测定承压板下应力主要影响范围内土体的承载力和变形特性，是常用的现场测定地基土压缩性指标和承载力的方法。载荷试验包括浅层平板载荷试验、深层平板载荷试验和螺旋板载荷试验。

旁压试验直接在覆盖层钻孔内进行，具有测试深度大的特点，可以克服现场载荷试验只能在浅表进行的缺点。它是利用可膨胀的圆柱形旁压器在钻孔内对孔壁施加压力，使孔壁产生变形，通过控制装置测出压力和相应的变形，从而得到土体变形和压力的关系曲线，即旁压曲线，根据旁压曲线计算各土层的旁压模量值及极限压力。

圆锥动力触探是覆盖层勘察中常用的原位测试方法之一，它是利用一定质量的落锤，以一定高度的自由落距将标准规格的圆锥形探头打入土层中，根据探头贯入的难易程度判定覆盖层的承载力。由于河床覆盖层层次较多，现场载荷试验、室内压缩试验往往只能在浅表层进行，而动力触探在钻孔内进行，在孔深 20m 内效果良好，如果孔深超过 20m 须进行杆长修正。

3.2.4 覆盖层动力特性

覆盖层动力特性是指覆盖层在冲击荷载、波动荷载、振动荷载和不规则荷载等这些动荷载作用下表现出的力学特性，包括动力变形特性和动力强度特性。

覆盖层的动力性质试验包括室内试验和现场波速测试。室内试验是将覆盖层试样按照要求的湿度、密度、结构和应力状态置于一定的试样容器中，然后施加不同形式和不同强度的动荷载，测出在动荷载作用下试样的应力和应变等参数，确定覆盖层的动模量、动阻尼比、动强度等动力性质指标。室内试验主要有动三轴试验、共振柱试验、动单剪试验、动扭剪试验、振动台试验等五种，每种试验方法在动应变大小上都有相应的适用范围，在水利水电工程应用上常用的是动三轴试验、振动台试验。

动三轴试验采用饱和固结不排水剪，适用于砂类土和细粒类土。它是从静三轴试验发展而来的，利用与静三轴试验相似的轴向应力条件，通过对试样施加模拟的动主应力，同时测得试样在承受施加的动荷载作用下所表现的动态反应。这种反应是多方面的，最基本和最主要的是动应力（或动主应力比）与相应的动应变的关系、动应力与相应的孔隙压力的变化关系。根据这几方面指标的相对关系，推求出岩土的各项动弹性参数及黏弹性参数，以及试样在模拟某种实际振动的动应力作用下表现的性状。

振动台试验适用于饱和砂类土和细粒类土，它是专用于土的液化性状研究的室内大型动力试验。它具有下述优点：①可以制备模拟现场 K_0 状态饱和砂的大型均匀试样；②在低频和平面应变的条件下，整个土样中将产生均匀的加速度，相当于现场剪切波的传播；③可以量出液化时大体积饱和土中实际孔隙水压力的分布；④在振动时能用肉眼观察试样。但制备大型试样费用很高，不同的制备方法对试验结果的影响很大。

现场波速测试应用广泛，可确定与波速有关的岩土参数，进行场地类别划分，为场地地震反应分析和动力机器基础动力分析提供地基土动力参数、检验地基处理效果等。现场波速测试主要有单孔法、跨孔法和表面波法三种，在水利水电工程应用上常用的是跨孔法。跨孔法是在两个以上垂直钻孔内，自上而下（或自下而上），按地层划分，在同一地层的水平方向上由一钻孔激发另一钻孔接收，检测地层的直达波。

3.2.5 覆盖层渗透特性

覆盖层土体是固体颗粒的集合体，是一种碎散的多孔介质，其孔隙在空间互相连通。当饱和土体中的两点存在水头差时，水就在土的孔隙中从能量高的点向能量低的点流动。

土的渗透特性研究主要解决三方面问题：①渗流量问题；②渗透破坏问题；③渗流控制问题。因此，土的渗透特性重点研究土的渗透性和渗透变形。

3.2.5.1 渗透性

水在覆盖层土体孔隙中流动的现象称为渗流。土具有被水等液体透过的性质称为土的渗透性。渗透性大小用渗透系数表示。渗透系数用于土坝坝身、坝基及渠道的渗漏水量的估算，基坑开挖时的渗水量及排水量计算，以及水井的供水量计算等。

渗透系数可以通过现场试验和室内试验测定。

现场试验有钻孔抽水试验、钻孔注水试验和试坑注水试验等。钻孔抽水试验适用于地下水位以下的均质粗粒土层。钻孔注水试验原理与抽水试验类似，可以测定地下水位以上土层的渗透性。

室内试验有常水头试验和变水头试验两种。常水头试验适用于无黏性土，变水头试验适用于黏性土。一般应取 3～4 个试样进行平均试验，以平均值作为试样在该孔隙比下的渗透系数。

3.2.5.2 渗透变形

流经覆盖层土体的水流会对土颗粒和土体施加作用力，称之为渗透力。当渗透力过大时就会引起土颗粒或土体的移动，从而造成地基产生渗透变形，如地面隆起、颗粒被水带走等渗透变形现象。渗透变形可分为管涌、流土、接触冲刷、接触流失四种类型。

覆盖层渗透变形特性可用渗透变形试验测定，其目的是测定粗粒土在垂直和水平方向渗流作用下，发生渗透变形的临界坡降和破坏坡降。渗透变形试验可分为现场试验和室内试验两种，根据渗流作用的方向又可分为垂直渗透变形试验和水平渗透变形试验。根据渗透变形试验可以计算层流状态下试样的渗透系数。

3.2.5.3 覆盖层的抗冲刷特性

覆盖层由于自身土体结构、重量等因素抵抗水流冲刷作用的能力称为抗冲刷特性，一般用抗冲刷流速表示。

抗冲刷流速可以根据水力学模型试验取得，也可根据工程经验确定。表 3.2-9 给出了土质渠道抗冲刷流速经验取值。

表 3.2-9　　　　　　　　　　　　土质渠道抗冲刷流速经验取值

渠道土质	抗冲刷流速/(m/s)		渠道土质	抗冲刷流速/(m/s)	
	一般水深渠道	宽浅渠道		一般水深渠道	宽浅渠道
砂土	0.35~0.75	0.30~0.60	黏质粉土	0.70~1.00	0.60~0.90
砂质粉土	0.40~0.70	0.35~0.60	黏土	0.65~1.05	0.60~0.95
细砂质粉土	0.55~0.80	0.45~0.70	砾石	0.75~1.30	0.60~1.00
粉土	0.65~0.90	0.55~0.80	卵石	1.20~2.20	1.00~1.90

3.3　覆盖层力学参数取值

3.3.1　力学参数取值原则

覆盖层各岩组的力学参数取值原则如下：

（1）力学参数尽量综合各种试验结果进行合理取值，从而使取值结果更具代表性与全面性。若试验结果差异很大，应根据实际地质条件客观地进行试验成果论证后选取力学参数。

（2）根据取样环境、试验方法与条件，选取能代表覆盖层原始状态的力学指标试验结果。如室内试验中，以三轴试验为参考、以直剪试验成果为依据进行取值；由于室内试验采集的试样不能代表天然状态下的原状样，不是原有结构遭到破坏，就是含水量大幅度改变，以致试验成果反映的覆盖层特性存在偏差，力学参数取值中，以原位测试成果为主，进行综合取值。

（3）参考西南地区其他工程的覆盖层资料及相关经验，采用类比法进行取值，以便选取能反映工程覆盖层特征的力学指标。

（4）选取力学参数应根据新规范与手册，使选取的力学参数能和新规范与手册的要求一致。

（5）力学参数取值尽量做到依据可靠、获得参数取值准确，便于工程应用。

3.3.2　力学参数取值

表征覆盖层力学性质的参数很多，主要包括压缩系数、压缩模量、变形模量、黏聚力、内摩擦角、临界坡降、渗透系数、承载力等。从作用机理与力学特性上可分为以下几个方面：

（1）河床覆盖层的水力特征参数。土的水力特征参数包括临界坡降、渗透系数。

（2）河床覆盖层的变形指标参数，主要包括压缩系数 $a_{v(0.1~0.2)}$、压缩模量 E_s、变形模量 E_0。

（3）河床覆盖层的抗剪强度参数。土的抗剪强度参数（指标）包括黏聚力 c、内摩擦角 φ。

（4）河床覆盖层的非线性应力应变参数，包括 E-B 模型的应力应变参数。

（5）河床覆盖层的地基土承载力，包括地基极限承载力和地基容许承载力，一般提供地基容许承载力。

在参数取值时，首先根据工程场地内的土体结构、水文地质特征等具体工程地质条件的差别进行分区，把工程地质条件相近似的地段或小区，划为一个单元或区段。其次根据划分的工程地质单元或区段进行选点、试验和整理土的试验标准值，要求能真实地反映试验值的代表性，消除离散性。在此基础上进行工程类比并考虑工程经验提出地质建议值。

一般讲，覆盖层具有复杂的成因类型，如冲积、洪积、湖积、冰积、冰水积、崩坡积等，它们直接影响到土体的力学性质，因此选用地质建议值时应考虑已有的土工试验成果并结合土体的成因类型、土体结构等进行综合分析确定。规划与预可行性研究阶段，试验组数较少时，可根据表 3.3-1 选用土体建议力学参数值。

表 3.3-1　　　　　　　　　　　各类土体建议力学参数值

土体类别		容许承载力/MPa	压缩模量/MPa	变形模量/MPa	抗剪强度	渗透系数/(cm/s)	允许渗透坡降
室内土工定名	野外地质定名						
细粒类土	高液限黏土 / 黏土	0.08～0.12	4～7	3～5	0.20～0.45	$<10^{-5}$	0.35～0.90
	低液限黏土						
	高液限粉土 / 粉土	0.12～0.18	7～12	5～10	0.25～0.40	$10^{-5}～10^{-4}$	0.25～0.35
	低液限粉土						
粗粒类土 砂类土	细粒土质砂 / 砂	0.18～0.25	12～18	10～15	0.40～0.50	$10^{-4}～10^{-3}$	0.22～0.35
	含细粒土砂						
	砂						
砾类土	细粒土质砾 / 砾石	0.25～0.40	18～35	15～30	0.50～0.55	$10^{-3}～10^{-2}$	0.17～0.30
	含细粒土砾						
	砾						
巨粒类土	巨粒混合土 / 漂石、块石、卵石、碎石	0.40～0.70	35～65	30～60	0.55～0.65	$>10^{-2}$	0.1～0.25
	混合巨粒土						
	巨粒土						

注　当渗流出口处设设滤层时，表列允许渗透比降数值可加大 30%。

部分百米级水利水电工程，如西北院设计的察汗乌苏、苗家坝、金川、滚哈布奇勒等工程，其他设计单位设计的那兰、九甸峡、阿尔塔什等工程，其覆盖层地层参数建议值见表 3.3-2～表 3.3-8。

已建、在建的几座典型面板坝坝高范围为 40.0～136.5m，覆盖层厚度范围 20～100m，其覆盖层持力层干密度一般为 2.0～2.24g/cm³，与上覆堆石体设计干密度接近或略低，承载力为 0.30～0.80MPa，变形模量为 30～65MPa。监测资料分析及数值分析表明，在变形模量较高的覆盖层上建设百米级面板坝，蓄水后坝基不会发生过大的压缩变形而导致防渗体系应力超标、趾板（连接板）与防渗墙的接缝变形均在止水结构变形允许范围内，

表 3.3-2　　　　　　　　　　　察汗乌苏坝基覆盖层参数建议值

覆盖层类型	干密度/(g/cm³)	相对密度	容许承载力/MPa	变形模量/MPa	抗剪强度 φ/(°)	抗剪强度 c/MPa	渗透系数/(cm/s)	压缩性 压缩系数/MPa⁻¹	压缩性 压缩模量/MPa	剪切波速/(cm/s)	临界坡降	允许渗透坡降
漂石砂卵砾石	2.14	0.85	0.50~0.60	45~55	34	55	0.067	0.03	40~50	583~615	0.23~1.13	0.10~0.15
中粗砂	1.86	0.92	0.30~0.35	30~35	28	25	0.043	0.04	25~30	440	0.40~0.50	0.20~0.25

表 3.3-3　　　　　　　　　　　苗家坝坝基覆盖层参数建议值

岩性	物理参数 天然密度/(g/cm³)	物理参数 干密度/(g/cm³)	物理参数 渗透系数/(m/d)	物理参数 允许渗透坡降	力学参数 抗剪强度 f	力学参数 抗剪强度 c/MPa	力学参数 变形模量/MPa	力学参数 容许承载力/MPa
冲积含块碎石砂卵砾石层（底部）	2.15~2.20	2.10~2.15	40~60	0.10~0.20	0.50~0.55	0	50~60	0.40~0.50
冲积砂卵砾石层（中部）	2.20~2.25	2.15~2.20	40~50	0.20~0.40	0.55~0.60	0	60~65	0.55~0.60
冲积含碎块石砂卵砾石层（上部）	2.20~2.25	2.15~2.20	40~50	0.20~0.40	0.55~0.60	0	60~65	0.55~0.60
崩坡积块碎石土层	1.90~2.05	1.85~1.90	50~100	0.10~0.15	0.45~0.50		20~30	0.25~0.35

表 3.3-4　　　　　　　　　　　金川坝基覆盖层参数建议值

岩组	名称	天然密度/(g/cm³)	干密度/(g/cm³)	容许承载力/MPa	压缩系数/MPa⁻¹	压缩模量/MPa	变形模量/MPa	抗剪强度 φ/(°)	抗剪强度 c/MPa	渗透系数/(cm/s)	允许渗透坡降
Ⅲ、Ⅰ岩组	含漂砂卵砾石层	2.21~2.37	2.17~2.32	0.55~0.60	0.01~0.02	35~40	40~45	32~35	0	5.26×10⁻²	0.10~0.15
Ⅱ岩组	砂卵砾石层	2.10~2.20	2.00~2.10	0.50~0.55	0.015~0.025	30~35	35~40	30~32	0	4.98×10⁻²	0.15~0.20
砂层透镜体（粉土质砂）		1.7~1.9	1.6~1.8	0.18~0.20	0.20~0.25	10~12	15~20	20~24	0	5.0×10⁻⁴	0.25~0.30

表 3.3-5　　　　　　　　　　　滚哈布奇勒坝基覆盖层参数建议值

覆盖层类型	天然密度/(g/cm³)	干密度/(g/cm³)	容许承载力/MPa	变形模量/MPa	抗剪强度 φ/(°)	抗剪强度 c/kPa	压缩性 压缩系数/MPa⁻¹	压缩性 压缩模量/MPa
漂石砂卵砾石Ⅰ岩组	2.15	2.10	0.45~0.50	40~50	31	15	0.05	30~40
漂石砂卵砾石Ⅱ岩组	2.20	2.14	0.50~0.60	50~55	33	55	0.03	40~50
透镜状含砾中粗砂	2.08	1.85	0.30~0.35	25~30	28	15	0.05	20~30

表 3.3－6　　　　　　　　　　　　那兰坝基覆盖层参数建议值

岩　性	物 理 参 数				力 学 参 数				
	天然密度/(g/cm³)	干密度/(g/cm³)	渗透系数/(10⁻²cm/s)	临界坡降	抗剪强度		变形模量/MPa	容许承载力/MPa
					φ/(°)	c/MPa		
河床冲积卵砾石层（夹中细砂，无连续和稍厚的夹泥）		2.15	1.4	2.44～2.86	39		33～45	0.50～0.60

表 3.3－7　　　　　　　　　　　　九甸峡坝基覆盖层参数建议值表

地层岩性	天然干密度/(g/cm³)	剪切波速/(m/s)	剪切模量/MPa	承载力/MPa	泊松比	孔隙比	变形模量/MPa
块石砂砾卵石层	1.95～2.05	430～460	330～440	0.3～0.4	0.33～0.37		30～35
冲积砂砾卵石层	2.05～2.12	410～480	350～480	0.5～0.6	0.38～0.39	0.26～0.32	40～60

表 3.3－8　　　　　　　　　　　　阿尔塔什坝基覆盖层参数建议值表

岩组	地层岩性	天然干密度/(g/cm³)	相对密度	容许承载力/MPa	变形模量/MPa	内摩擦角/(°)	允许渗透坡降	渗透系数/(cm/s)
Ⅰ岩组	含漂石砂卵砾石层	2.22～2.23	0.80～0.85	0.60～0.70	40～50	37.0～38.0	0.10～0.15	2.9×10⁻¹
Ⅱ岩组	砂卵砾石	2.18～2.20	0.83～0.85	0.65～0.80	45～55	37.5～38.5	0.12～0.15	5.0×10⁰

防渗体系结构安全性总体上是有保障的。且上述工程坝基覆盖层物理力学指标数据也说明，坝基覆盖层物理力学指标至少具备覆盖层干密度大于 2.0g/cm³、承载力不小于 0.50MPa、变形模量不小于 40MPa 的基本条件，才能满足百米级以上面板坝的建坝要求。

3.4　覆盖层模量系数和坝高关系研究

经过对深厚覆盖层上 200m 级高混凝土面板堆石坝适应性研究，分析在深厚覆盖层上建设 150～200m 级高面板坝的可行性，并结合国内已建、在建深厚覆盖层上高面板堆石坝的实际监测成果，根据国内众多覆盖层上面板堆石坝研究的成果和工程经验，以及《土石坝安全监测技术规范》（SL 551—2012）、《碾压式土石坝设计规范》（SL 274—2020）、《水库大坝安全评价导则》（SL 258—2017）、《混凝土面板堆石坝设计规范》（SL 228—2013）等规范中对土石坝变形和受力情况的控制要求，提出深厚覆盖层上混凝土面板堆石坝应力变形控制标准，具体如下：

（1）坝体沉降率（坝体沉降量/坝高）不大于 1%。

（2）覆盖层沉降率（覆盖层表部沉降量/覆盖层厚度）不大于 2%。

（3）防渗墙挠度（蓄水引起的下游向位移）不大于 30cm。

（4）接缝变形不大于 50mm。

（5）同时，防渗系统混凝土结构应满足强度要求，即拉、压应力应在允许范围内。

在以上的控制标准中，覆盖层的沉降率是根据多座覆盖层上面板坝的监测成果总结提出的，接缝变形也是众多水利水电工程从业者经过实际工程经验以及科学研究提出的，其他的标准均为规范的要求。

数值模拟分析应力计算结果的精度相对较低，特别是拉应力，通常发生在结构的边界附近，而边界附近常常由于单元形态不好、边界效应等影响，致使少量单元应力异常，所以采用拉应力极值作为强度判断依据不太合适。压应力可大致作为判断依据，拉应力作为判断依据则需剔除异常值。

覆盖层模量系数和高面板堆石坝坝高关系研究，同样应按照以上标准进行控制，在满足以上标准的前提下确定覆盖层的建坝条件。以下依托滚哈布奇勒和察汗乌苏两座高面板堆石坝研究分析覆盖层模量系数和高面板堆石坝坝高的关系。

3.4.1　滚哈布奇勒面板堆石坝

滚哈布奇勒面板堆石坝最大坝高 158.0m，坝址区覆盖层最大厚度 57m，覆盖层采用垂直混凝土墙作为渗控措施，趾板建在覆盖层上，趾板、连接板厚度为 1m，趾板长度为4m，防渗墙与趾板之间设置两块各 3m 长的连接板。

3.4.1.1　覆盖层模量系数与坝高的关系

覆盖层参数影响主要考虑模量系数的变化。基于滚哈布奇勒面板堆石坝坝址河谷形状和覆盖层分布情况，运用平面有限元法针对 150m、180m、200m 三种坝高（覆盖层厚度57m），分别计算覆盖层模量系数 K 为 1100、950、800、600、500、400 等 6 种情况下的应力变形。坝体和防渗体系应力变形极值计算结果分别见表 3.4 - 1 和表 3.4 - 2。

表 3.4 - 1　　　　　　　　　　坝体应力变形极值计算结果

工况		竣 工 期						蓄 水 期					
坝高/m	模量系数	上游位移/cm	下游位移/cm	覆盖层沉降/cm	覆盖层沉降率/%	坝体沉降/cm	坝体沉降率/%	上游位移/cm	下游位移/cm	覆盖层沉降/cm	覆盖层沉降率/%	坝体沉降/cm	坝体沉降率/%
150	800	26.5	22.5	86.0	1.50	107.9	0.52	8.4	28.5	92.7	1.63	116.3	0.56
	600	32.3	29.6	100.1	1.76	117.0	0.57	12.0	42.4	107.9	1.89	126.7	0.61
	500	36.9	35.4	112.5	1.97	124.9	0.60	15.3	51.8	125.2	2.20	135.0	0.65
	400	45.1	43.6	130.1	2.29	137.2	0.66	14.7	63.9	140.8	2.47	147.3	0.71
180	950	32.3	30.7	86.7	1.52	139.4	0.59	10.1	38.1	101.5	1.78	153.0	0.65
	800	35.6	34.6	99.6	1.75	144.2	0.61	12.0	42.4	107.9	1.89	158.6	0.67
	600	41.3	43.2	115.8	2.03	153.2	0.65	15.3	51.8	125.2	2.20	166.6	0.70
	500	46.8	51.8	128.8	2.26	162.0	0.68	17.3	59.9	139.0	2.44	175.6	0.74
	400	55.5	64.2	148.0	2.60	175.0	0.74	19.9	74.8	159.6	2.80	189.2	0.80
200	1100	33.3	34.2	95.7	1.68	159.6	0.62	10.6	40.3	102.3	1.79	169.7	0.66
	950	36.6	37.5	98.6	1.73	161.6	0.63	11.2	42.7	107.2	1.88	177.3	0.69
	800	40.4	41.7	104.0	1.82	167.6	0.65	12.4	46.0	117.7	2.06	181.4	0.71
	600	47.0	51.7	127.7	2.24	179.1	0.70	18.0	61.1	136.1	2.39	195.6	0.76
	500	53.2	60.8	141.8	2.49	188.4	0.73	20.5	70.8	150.7	2.64	204.5	0.80
	400	63.3	74.8	162.6	2.85	203.2	0.79	24.1	86.9	172.6	3.03	219.4	0.85

表 3.4-2   防渗体系应力变形极值计算结果

工况		防 渗 墙				面 板		接 缝 变 形			
坝高/m	模量系数	竣工期位移/cm	蓄水期位移/cm	最大小主应力/MPa	最大大主应力/MPa	蓄水期挠度/cm	应力/MPa	连接板与防渗墙沉陷/mm	连接板与连接板沉陷/mm	连接板与趾板沉陷/mm	面板与趾板沉陷/mm
150	800	−11.9	11.9	−0.09	17.82	47.6	19.46	45.5	4.8	1.2	6.2
	600	−17.2	12.3	−0.11	18.76	51.7	21.70	47.7	5.1	1.2	8.0
	500	−21.2	12.6	−0.15	19.29	55.0	23.09	50.2	5.3	1.2	8.8
	400	−26.8	12.9	−0.23	19.91	59.8	25.53	52.7	5.6	1.3	9.8
180	950	−10.4	13.2	−0.12	19.31	60.0	22.12	45.2	5.4	1.3	6.6
	800	−14.6	13.8	−0.13	20.38	65.8	24.67	47.6	6.0	1.3	7.4
	600	−20.9	14.2	−0.15	21.46	70.8	25.64	49.7	6.3	1.3	9.2
	500	−25.6	14.6	−0.18	22.40	74.8	26.25	52.1	6.6	1.4	9.8
	400	−32.4	15.4	−0.26	23.52	80.7	27.73	54.8	7.0	1.4	10.3
200	1100	−8.3	12.3	−0.12	21.06	52.9	25.94	44.5	9.4	1.2	6.2
	950	−11.9	13.5	−0.15	21.77	68.8	27.06	47.1	10.0	1.3	7.1
	800	−16.8	15.4	−0.17	22.43	76.2	28.20	49.4	10.6	1.3	8.4
	600	−23.8	16.0	−0.20	23.11	83.2	29.25	51.8	10.8	1.4	10.0
	500	−29.1	16.7	−0.23	24.05	89.7	30.11	54.6	11.4	1.4	11.1
	400	−36.7	17.6	−0.30	25.23	96.7	31.41	57.2	11.9	1.4	12.4

计算结果如下：

（1）当覆盖层参数 K 为 400，坝高 150m、180m、200m 时：蓄水期坝体沉降值分别为 147.3cm、189.2cm、219.4cm，坝体沉降率分别为 0.71%、0.80%、0.85%；覆盖层沉降值分别为 140.8cm、159.6cm、172.6cm，覆盖层沉降率分别为 2.47%、2.80%、3.03%；蓄水引起的防渗墙位移分别为 39.7cm、47.8cm、54.3cm；连接板与防渗墙之间的接缝沉陷分别为 52.7mm、54.8mm、57.2mm。

（2）当覆盖层参数 K 为 500，坝高 150m、180m、200m 时：蓄水期坝体沉降值分别为 135.0cm、175.6cm、204.5cm，坝体沉降率分别为 0.65%、0.74%、0.80%；覆盖层沉降值分别为 125.2cm、139.0cm、150.7cm，覆盖层沉降率分别为 2.20%、2.44%、2.64%；蓄水引起的防渗墙位移分别为 33.8cm、40.2cm、45.8cm；连接板与防渗墙之间的接缝沉陷分别为 50.2mm、52.1mm、54.6mm。

（3）当覆盖层参数 K 为 600，坝高 150m、180m、200m 时：蓄水期坝体沉降值分别为 126.7cm、166.6cm、195.6cm，坝体沉降率分别为 0.61%、0.70%、0.76%；覆盖层沉降值分别为 107.9cm、125.2cm、136.1cm，覆盖层沉降率分别为 1.89%、2.20%、2.39%；蓄水引起的防渗墙位移分别为 29.5cm、35.1cm、39.8cm；连接板与防渗墙之间的接缝沉陷分别为 47.7mm、49.7mm、51.8mm。

（4）当覆盖层参数 K 为 800，坝高 150m、180m、200m 时：蓄水期坝体沉降值分别为116.3cm、158.6cm、181.4cm，坝体沉降率分别为0.56％、0.67％、0.71％；覆盖层沉降值分别为92.7cm、107.9cm、117.7cm，覆盖层沉降率分别为1.63％、1.89％、2.06％；蓄水引起的防渗墙位移分别为23.8cm、28.4cm、32.2cm；连接板与防渗墙之间的接缝沉陷分别为45.5mm、47.6mm、49.4mm。

（5）当覆盖层参数K为950，坝高180m、200m时：蓄水期坝体沉降值分别为153.0cm、177.3cm，坝体沉降率分别为0.65％、0.69％；覆盖层沉降值分别为101.5cm、107.2cm，覆盖层沉降率分别为1.78％、1.88％；蓄水引起的防渗墙位移分别为23.6cm、25.4cm；连接板与防渗墙之间的接缝沉陷分别为45.2mm、47.1mm。

（6）当覆盖层参数K为1100、坝高200m时：蓄水期坝体沉降值为167.9cm，坝体沉降率为0.66％；覆盖层沉降值为102.3cm，覆盖层沉降率为1.79％；蓄水引起的防渗墙位移为20.6cm；连接板与防渗墙之间的接缝沉陷为44.5mm。

根据以上计算分析，针对滚哈布奇勒工程的57m覆盖层，不同覆盖层模量系数适应的坝高如下：

（1）对150m坝高面板坝：模量系数K取值400时坝体沉降率超过1％、防渗墙挠度超过35cm，K值取500时接缝变形超过50mm，所以坝高150m，覆盖层模量系数K应不小于600。

（2）对180m坝高面板坝：模量系数K值取400时坝体沉降率超过1％，K值取500时接缝变形超过50mm，K值取600时防渗墙挠度超过30cm，所以坝高180m，覆盖层模量系数K应不小于800。

（3）对200m坝高面板坝：模量系数K取值500时坝体沉降率超过1％，K值取600时接缝变形超过50mm，K值取800时防渗墙挠度超过30cm，所以坝高200m，覆盖层模量系数K应不小于950。

3.4.1.2 覆盖层厚度变化的影响分析

为了分析覆盖层厚度变化对坝体、防渗体系变形与应力的影响，按照坝高150m（$K=600$）覆盖层厚度取40m、50m、60m、80m、100m，坝高180m（$K=800$）覆盖层厚度取40m、50m、60m、80m、100m，坝高200m（$K=950$）覆盖层厚度取40m、50m、60m、80m进行分析。

坝体和防渗体系的变形极值随覆盖层厚度变化的计算结果分别见表3.4-3和表3.4-4。

表3.4-3 不同坝高和覆盖层模量系数组合工况下坝体变形极值计算结果

工　　况		竣　工　期						蓄　水　期					
		上游位移/cm	下游位移/cm	覆盖层沉降/cm	覆盖层沉降率/％	坝体沉降/cm	坝体沉降率/％	上游位移/cm	下游位移/cm	覆盖层沉降/cm	覆盖层沉降率/％	坝体沉降/cm	坝体沉降率/％
150m（$K=600$）	覆盖层厚40m	27.7	22.4	66.9	1.67	95.2	0.46	10.3	27.7	73.3	1.83	103.3	0.50
	覆盖层厚50m	29.5	26.4	86.2	1.72	108.0	0.52	11.0	35.3	92.9	1.86	118.3	0.57
	覆盖层厚60m	32.5	29.8	102.1	1.70	117.0	0.57	12.0	42.4	111.5	1.86	126.5	0.61
	覆盖层厚80m	37.1	33.6	136.5	1.71	142.8	0.69	13.2	43.5	147.6	1.85	154.4	0.75
	覆盖层厚100m	41.5	35.5	169.8	1.70	176.2	0.85	14.0	45.8	181.2	1.81	186.4	0.90

续表

工况		竣 工 期						蓄 水 期					
		上游位移/cm	下游位移/cm	覆盖层沉降/cm	覆盖层沉降率/%	坝体沉降/cm	坝体沉降率/%	上游位移/cm	下游位移/cm	覆盖层沉降/cm	覆盖层沉降率/%	坝体沉降/cm	坝体沉降率/%
180m (K=800)	覆盖层厚40m	32.0	29.2	62.8	1.57	121.8	0.51	11.0	34.8	70.7	1.77	133.3	0.56
	覆盖层厚50m	33.8	31.6	83.4	1.68	132.5	0.56	12.1	38.5	90.2	1.80	145.6	0.61
	覆盖层厚60m	34.7	34.6	99.6	1.67	144.2	0.61	12.9	42.4	107.9	1.80	158.6	0.67
	覆盖层厚80m	36.4	37.9	135.8	1.70	164.7	0.69	13.8	46.9	148.2	1.85	180.4	0.76
	覆盖层厚100m	39.3	40.2	173.2	1.73	190.4	0.80	14.3	49.5	182.8	1.82	201.5	0.85
200m (K=950)	覆盖层厚40m	36.0	32.9	62.5	1.56	143.0	0.56	13.5	39.8	70.6	1.77	156.1	0.61
	覆盖层厚50m	36.8	35.6	84.6	1.69	152.4	0.59	14.7	43.3	91.3	1.83	164.4	0.64
	覆盖层厚60m	37.2	37.5	104.0	1.73	167.6	0.65	15.5	46.0	110.7	1.84	181.4	0.71
	覆盖层厚80m	37.9	38.7	140.1	1.75	184.9	0.72	16.3	48.7	149.6	1.87	197.9	0.78

表 3.4－4　不同坝高和覆盖层模量系数组合工况下防渗体系平面计算应力变形极值计算结果

工况		防 渗 墙				面 板		接缝变形（沉陷）			
		竣工期位移/cm	蓄水期位移/cm	最大小主应力/MPa	最大大主应力/MPa	蓄水期挠度/cm	应力/MPa	连接板与防渗墙间/mm	连接板与连接板间/mm	连接板与趾板间/mm	面板与趾板间/mm
150m (K=600)	覆盖层40m	−9.1	10.8	−0.07	16.78	40.1	19.60	45.2	4.9	1.2	6.5
	覆盖层50m	−12.8	11.1	−0.09	17.55	47.2	20.26	46.6	5.0	1.2	7.3
	覆盖层60m	−15.2	12.3	−0.11	18.76	51.7	21.70	47.7	5.1	1.2	8.0
	覆盖层80m	−20.1	17.8	−0.16	22.79	65.1	23.47	50.1	5.6	1.3	8.9
	覆盖层100m	−24.4	20.5	−0.24	24.56	80.2	25.83	53.4	6.4	1.3	9.6
180m (K=800)	覆盖层40m	−8.5	10.5	−0.08	15.07	53.7	18.38	42.2	5.2	1.2	5.4
	覆盖层50m	−11.1	11.4	−0.10	18.18	60.1	21.45	45.8	5.8	1.3	6.3
	覆盖层60m	−14.6	13.8	−0.13	20.38	69.8	24.67	47.6	6.0	1.3	7.4
	覆盖层80m	−19.9	18.1	−0.16	23.35	79.5	26.88	50.2	6.6	1.4	8.0
	覆盖层100m	−21.2	20.4	−0.20	25.41	88.1	29.03	52.9	7.0	1.4	8.7
200m (K=950)	覆盖层40m	−8.5	10.5	−0.10	16.36	61.3	19.73	44.6	7.4	1.2	5.0
	覆盖层50m	−9.8	11.7	−0.13	19.22	64.2	24.05	46.3	8.0	1.3	6.2
	覆盖层60m	−11.9	13.5	−0.15	21.77	72.5	27.06	47.1	8.6	1.3	6.9
	覆盖层80m	−18.4	19.6	−0.20	23.56	88.5	31.26	52.8	9.4	1.4	7.6

计算结果如下：

（1）从坝体与覆盖层变形角度，坝高 150m 覆盖层厚度由 40m 增加到 60m、80m 和 100m，蓄水期坝体沉降从 103.3cm 增加到 126.5cm、154.4cm 和 186.4cm，沉降率从 0.50% 变化到 0.61%、0.75% 和 0.90%；覆盖层沉降由 73.3cm 分别增加到 111.5cm、147.6cm 和 181.2cm，覆盖层沉降率从 1.83% 变化到 1.86%、1.85% 和 1.81%。

坝高 180m 覆盖层厚度由 40m 增加到 60m、80m 和 100m，蓄水期坝体沉降从 133.3cm 增加到 158.6cm、180.4cm 和 201.5cm，沉降率从 0.56% 变化到 0.67%、0.76%、0.85%；覆盖层沉降由 70.7cm 分别增加到 107.9cm、148.2cm 和 182.8cm，覆盖层沉降率从 1.77% 变化到 1.80%、1.85% 和 1.82%。

坝高 200m 覆盖层厚度由 40m 增加到 60m、80m，蓄水期坝体沉降从 156.1cm 增加到 181.4cm、197.9cm，沉降率从 0.61% 变化到 0.71%、0.78%；覆盖层沉降由 70.6cm 分别增加到 110.7cm、149.6cm，覆盖层沉降率从 1.77% 变化到 1.84% 和 1.87%。

（2）从防渗墙应力变形角度，坝高 150m 覆盖层厚度由 40m 增加到 60m、80m 和 100m，蓄水期引起的防渗墙位移分别为 19.9cm、27.5cm、37.9cm 和 44.9cm。

坝高 180m 覆盖层厚度由 40m 增加到 60m、80m 和 100m，蓄水期引起的防渗墙位移分别为 19.0cm、28.4cm、38.0cm 和 41.6cm。

坝高 200m 覆盖层厚度由 40m 增加到 60m、80m，蓄水期引起的防渗墙位移分别为 19.0cm、25.4cm、38.0cm。防渗墙应力随覆盖层厚度变化不明显。

（3）从面板应力变形角度，坝高 150m 覆盖层厚度由 40m 增加到 60m、80m 和 100m，面板挠度从 40.1cm 增加到 51.7cm、65.1cm 和 80.2cm；坝高 180m 覆盖层厚度由 40m 增加到 60m、80m 和 100m，面板挠度从 53.7cm 增加到 69.8cm、79.5cm 和 88.1cm；坝高 200m 覆盖层厚度由 40m 增加到 60m、80m，面板挠度从 61.3cm 增加到 72.5cm 和 88.5cm。面板应力随覆盖层厚度变化不明显。

（4）从接缝变形角度，以连接板与防渗墙间的沉降量受覆盖层厚度变化的影响最为明显，坝高 150m 覆盖层厚度由 40m 增加到 60m、80m 和 100m，蓄水期该沉降量分别增加到 47.7mm、50.1mm 和 53.4mm，坝高 180m 覆盖层厚度由 40m 增加到 60m、80m 和 100m，蓄水期该沉降量增加到 47.6mm、50.2mm 和 52.9mm，坝高 200m 覆盖层厚度由 40m 增加到 60m、80m，蓄水期该沉降量增加到 47.1mm 和 52.8mm。

连接板之间的沉降量，连接板与趾板之间的沉陷值以及面板周边缝沉陷值变化不大。

综上分析，针对于滚哈布奇勒：

（1）对 150m 坝高面板坝，覆盖层模量系数 K 值取 600、覆盖层厚 100m 时坝体沉降率超过 1%，覆盖层厚度 80m 时防渗墙挠度超过 30cm、接缝变形超过 50mm，所以坝高 150m，覆盖层模量系数 $K=600$，覆盖层厚度最好不大于 60m。

（2）对 180m 坝高面板坝，覆盖层模量系数 K 值取 800、覆盖层厚 100m 时坝体沉降率超过 1%，覆盖层厚度 80m 时防渗墙挠度超过 30cm、接缝变形超过 50mm，所以坝高 180m，覆盖层模量系数 $K=800$，覆盖层厚度最好不大于 60m。

（3）对 200m 坝高面板坝，覆盖层模量系数 K 值取 950、覆盖层厚 80m 时坝体沉降率超过 1%，覆盖层厚度 80m 时防渗墙挠度超过 30cm、接缝变形超过 50mm，所以坝高 200m，覆盖层模量系数 $K=950$，覆盖层厚度最好不大于 60m。

3.4.2 察汗乌苏面板堆石坝

察汗乌苏面板堆石坝坝高 110m，覆盖层厚 46.7m，采用混凝土防渗墙处理，墙厚 1.2m，防渗墙底进行帷幕灌浆，最大墙深 46.8m，墙底嵌入基岩 1.0m。防渗墙与趾板采用两块连接板连接，连接板厚度为 1m，两块连接板各长 3m。

3.4.2.1 覆盖层模量系数与坝高关系

基于察汗乌苏面板堆石坝坝址河谷形状和覆盖层分布情况，分别考虑坝高 150m、180m、200m 的计算结果。为了分析覆盖层参数变化对坝体、防渗体系变形与应力的影响，对覆盖层参数，即覆盖层中粗砂和砂砾石的模量系数 K 进行敏感性分析，将计算所用参数中粗砂模量系数 $K=620$、砂砾石的模量系数 $K=1050$ 向下浮动，中粗砂层按 5.7m、砂砾石层按 41m 计算，共进行 4 组参数影响分析：①中粗砂模量系数 $K=620$，砂砾石的模量系数 $K=1050$，加权平均模量 $K\approx1000$；②中粗砂模量系数 $K=500$，砂砾石的模量系数 $K=850$，加权平均模量 $K\approx800$；③中粗砂模量系数 $K=400$，砂砾石的模量系数 $K=650$，加权平均模量 $K\approx600$；④中粗砂模量系数 $K=400$，砂砾石的模量系数 $K=450$，加权平均模量 $K\approx400$。

坝体和防渗体系随覆盖层厚度变化的应力变形极值计算结果分别见表 3.4-5 和表 3.4-6。

表 3.4-5　察汗乌苏面板堆石坝覆盖层参数变化的坝体应力变形极值计算结果

工况		竣 工 期						蓄 水 期					
		上游位移/cm	下游位移/cm	覆盖层沉降/cm	覆盖层沉降率/%	坝体沉降/cm	坝体沉降率/%	上游位移/cm	下游位移/cm	覆盖层沉降/cm	覆盖层沉降率/%	坝体沉降/cm	坝体沉降率/%
150m	①	18.9	27.0	43.1	0.93	87.8	0.45	10.2	30.3	46.5	1.00	95.8	0.49
	②	23.5	31.1	51.9	1.11	96.8	0.49	10.5	36.0	55.4	1.19	104.2	0.53
	③	28.1	34.1	61.6	1.32	103.5	0.53	12.2	40.3	65.5	1.40	111.1	0.56
	④	37.5	39.0	77.3	1.66	114.2	0.58	15.9	47.5	81.8	1.75	122.0	0.62
180m	①	23.8	45.9	49.8	1.07	120.5	0.57	16.2	47.3	53.2	1.14	129.6	0.57
	②	28.8	49.2	60.8	1.30	132.3	0.58	20.5	51.0	65.0	1.40	133.4	0.59
	③	34.2	54.5	71.9	1.54	138.2	0.61	23.4	54.9	77.1	1.65	145.1	0.64
	④	45.9	59.3	89.7	1.92	147.7	0.65	27.9	62.0	95.8	2.05	154.7	0.68
200m	①	29.0	59.1	56.1	1.21	136.5	0.55	18.8	63.4	60.7	1.30	150.9	0.61
	②	33.9	61.6	66.6	1.43	147.9	0.60	19.3	70.4	70.5	1.51	161.4	0.65
	③	40.0	65.8	78.3	1.68	156.4	0.63	20.9	76.5	84.0	1.80	170.1	0.69
	④	50.3	72.3	97.2	2.08	169.7	0.69	23.3	86.2	103.7	2.22	182.7	0.74

表 3.4-6　察汗乌苏面板堆石坝覆盖层参数变化的防渗体系平面计算应力变形极值计算结果

工况		防 渗 墙				面 板		接缝变形（沉陷）			
		竣工期位移/cm	蓄水期位移/cm	最大小主应力/MPa	最大大主应力/MPa	蓄水期挠度/cm	蓄水期应力/MPa	连接板与防渗墙间/mm	连接板与连接板间/mm	连接板与趾板间/mm	面板与趾板间/mm
150m	①	−11.9	5.6	−0.04	11.37	30.2	14.56	46.2	0.2	0.7	5.8
	②	−13.3	6.3	−0.05	11.93	33.3	15.08	47.8	0.2	0.7	6.0
	③	−17.5	8.1	−0.08	12.60	37.1	17.56	49.8	0.2	0.8	6.3
	④	−24.3	9.7	−0.13	13.18	41.0	21.97	52.5	0.2	0.9	6.6

续表

工　况		防　渗　墙				面　板		接缝变形（沉陷）			
		竣工期位移/cm	蓄水期位移/cm	最大小主应力/MPa	最大大主应力/MPa	蓄水期挠度/cm	蓄水期应力/MPa	连接板与防渗墙间/mm	连接板与连接板间/mm	连接板与趾板间/mm	面板与趾板间/mm
180m	①	−13.8	6.8	−0.07	13.29	38.9	18.15	48.0	0.2	1.0	6.4
	②	−17.3	8.9	−0.08	13.45	42.0	18.40	49.4	0.2	1.1	6.7
	③	−22.5	12.8	−0.11	13.93	41.9	19.35	52.8	0.2	1.3	7.1
	④	−28.3	16.4	−0.16	14.62	44.4	23.12	55.1	0.3	1.4	7.4
200m	①	−14.6	8.0	−0.12	15.10	46.5	21.99	49.3	0.3	1.2	7.1
	②	−19.5	9.8	−0.15	15.55	50.1	22.40	52.6	0.3	1.4	7.5
	③	−24.7	11.5	−0.19	15.97	53.9	23.47	55.2	0.3	1.5	7.8
	④	−32.1	13.8	−0.24	16.52	59.3	24.88	58.5	0.4	1.5	8.2

计算结果如下：

（1）从坝体与覆盖层变形角度，当覆盖层参数降低到④，蓄水期150m坝、180m坝、200m坝坝体沉降值分别为122.0cm、154.7cm、182.7cm，坝体沉降率分别为0.62%、0.68%、0.74%；坝高150m、180m、200m覆盖层沉降值分别为81.8cm、95.8cm、103.7cm，覆盖层沉降率分别为1.75%、2.05%、2.22%。

（2）从防渗墙应力变形角度，防渗墙变形量随覆盖层参数的变化明显，特别是竣工期侧向变形，覆盖层参数由①变化到④时，150m坝竣工期位移由−11.9cm增加到−24.3cm，180m坝由−13.8cm增加到−28.3cm，200m坝由−14.6cm增加到−32.1cm；覆盖层参数由①变化到④，150m坝蓄水引起的防渗墙变形由17.5cm增加到34.0cm，180m坝由20.6cm增加到44.7cm，200m坝由22.6cm增加到45.9cm。

防渗墙上游拉压应力，覆盖层参数由①变化到④时，150m坝最大拉应力由0.04MPa增加到0.13MPa，180m坝由0.07MPa增加到0.16MPa，200m坝由0.12MPa增加到0.24MPa；150m坝最大压应力由11.37MPa增加到11.38MPa，180m坝由13.29MPa增加到14.62MPa，200m坝由15.10MPa增加到16.52MPa。

（3）从面板应力变形角度，面板挠度受覆盖层参数的变化不明显，覆盖层参数由①变化到④，150m坝蓄水期挠度由30.2cm增加到41.0cm，180m坝由38.9cm增加到44.4cm，200m坝由46.5cm增加到59.3cm。

面板最大压应力随覆盖层参数变化不明显，覆盖层参数由①变化到④，150m坝最大压应力由14.56MPa增加到21.97MPa，180m坝由18.15MPa增加到23.12MPa，200m坝由21.99MPa增加到24.88MPa。

（4）从接缝变形角度，连接板与防渗墙之间沉陷值随覆盖层参数降低而增加。覆盖层参数由①变化到④，150m坝沉陷量由46.2mm增加到52.5mm，180m坝由48.0mm增加到55.1mm，200m坝由49.3mm增加到58.5mm。

根据以上计算分析，针对察汗乌苏工程的50m覆盖层，不同覆盖层模量系数适应的坝高如下：

（1）针对 150m 坝高面板坝，覆盖层加权模量系数 K 取值 400 时，防渗墙挠度超过 30cm，接缝变形超过 50mm，所以坝高 150m，覆盖层加权模量系数 K 应不小于 600。

（2）针对 180m 坝高面板坝，覆盖层加权模量系数 K 取值 600 时，防渗墙挠度超过 30cm，接缝变形超过 50mm，所以坝高 180m，覆盖层加权模量系数 K 应不小于 800。

（3）针对 200m 坝高面板坝，覆盖层加权模量系数 K 取值 800 时，接缝变形超过 50mm，所以坝高 180m，覆盖层加权模量系数 K 应不小于 800。

3.4.2.2 覆盖层厚度变化的影响分析

为了分析覆盖层厚度变化对坝体、防渗体系变形与应力的影响，按照坝高 150m（加权模量 $K=600$），覆盖层厚度取 40m、50m、60m、80m、100m，坝高 180m（加权模量 $K=800$），覆盖层厚度取 40m、50m、60m、80m、100m，坝高 200m（加权模量 $K=1000$）几种情况进行分析。

坝体和防渗体系随覆盖层厚度变化的应力变形极值计算结果见表 3.4－7、表 3.4－8。

计算结果表明：

（1）从坝体与覆盖层变形角度，坝高 150m 覆盖层厚度由 40m 增加到 60m、80m 和 100m，蓄水期坝体沉降从 97.0cm 增加到 118.8cm、145.0cm 和 175.1cm，沉降率从 0.51% 变化到 0.57%、0.63%、0.70%；覆盖层沉降由 51.7cm 分别增加到 78.6cm、104.0cm 和 127.7cm，覆盖层沉降率从 1.29% 变化到 1.31%、1.30% 和 1.28%。

表 3.4－7　　察汗乌苏面板堆石坝坝体随覆盖层厚度变化的应力变形极值计算结果

工况		竣工期						蓄水期					
		上游位移/cm	下游位移/cm	覆盖层沉降/cm	覆盖层沉降率/%	坝体沉降/cm	坝体沉降率/%	上游位移/cm	下游位移/cm	覆盖层沉降/cm	覆盖层沉降率/%	坝体沉降/cm	坝体沉降率/%
150m（K=600）	覆盖层厚40m	26.3	28.9	47.8	1.19	91.2	0.48	11.4	31.6	51.7	1.29	97.0	0.51
	覆盖层厚50m	28.1	34.1	61.6	1.23	103.5	0.52	12.2	40.3	65.5	1.31	111.1	0.56
	覆盖层厚60m	31.0	38.5	73.0	1.22	112.1	0.53	13.3	46.4	78.6	1.31	118.8	0.57
	覆盖层厚80m	35.4	42.4	97.6	1.22	136.8	0.59	14.6	47.6	104.0	1.30	145.0	0.63
	覆盖层厚100m	39.6	47.8	121.4	1.21	168.8	0.68	15.5	49.8	127.7	1.28	175.1	0.70
180m（K=800）	覆盖层厚40m	27.3	45.5	46.8	1.20	121.5	0.55	18.6	46.1	47.8	1.20	127.6	0.58
	覆盖层厚50m	28.8	49.2	60.8	1.22	131.1	0.57	20.5	51.0	61.0	1.22	138.4	0.60
	覆盖层厚60m	29.6	53.9	72.6	1.21	144.5	0.60	21.9	56.2	73.1	1.22	151.3	0.63
	覆盖层厚80m	31.1	59.0	98.9	1.24	164.8	0.63	23.4	62.2	99.4	1.24	171.7	0.66
	覆盖层厚100m	33.6	62.6	126.1	1.26	184.9	0.66	24.3	65.6	127.2	1.27	193.2	0.69
200m（K=1000）	覆盖层厚40m	27.8	54.6	47.8	1.19	128.1	0.53	17.3	58.3	50.0	1.20	136.9	0.57
	覆盖层厚50m	28.6	59.1	60.8	1.22	140.5	0.56	18.8	63.4	62.7	1.24	149.8	0.60
	覆盖层厚60m	29.2	64.0	74.7	1.24	153.1	0.59	19.8	67.4	76.5	1.27	166.0	0.64
	覆盖层厚80m	29.8	66.0	100.8	1.26	170.6	0.61	20.8	71.4	103.4	1.29	185.9	0.66

表 3.4 - 8　察汗乌苏面板堆石坝防渗体系随覆盖层厚度变化的应力变形极值计算结果

工　况		防　渗　墙				面　板		接缝变形（沉陷）			
		竣工期位移/cm	蓄水期位移/cm	最大小主应力/MPa	最大大主应力/MPa	蓄水期挠度/cm	应力/MPa	连接板与防渗墙间/mm	连接板与连接板间/mm	连接板与趾板间/mm	面板与趾板间/mm
150m (K=600)	覆盖层 40m	-13.2	7.8	-0.06	10.23	31.5	16.99	44.4	0.2	0.6	5.8
	覆盖层 50m	-17.5	8.1	-0.08	11.94	37.1	17.56	46.7	0.2	0.8	6.3
	覆盖层 60m	-20.8	8.4	-0.13	12.76	40.6	18.85	48.8	0.2	0.9	6.8
	覆盖层 80m	-25.5	8.8	-0.16	13.64	51.1	20.18	50.6	0.3	1.1	7.3
	覆盖层 100m	-30.4	9.3	-0.19	14.48	63.0	21.60	53.3	0.3	1.2	7.9
180m (K=800)	覆盖层 40m	-12.8	8.2	-0.06	11.15	37.5	15.78	46.5	0.2	1.0	5.6
	覆盖层 50m	-16.3	8.9	-0.08	13.45	42.0	18.40	48.4	0.2	1.0	6.7
	覆盖层 60m	-19.6	10.3	-0.10	15.08	48.8	21.50	49.7	0.3	1.2	7.8
	覆盖层 80m	-27.5	11.4	-0.12	17.28	55.6	24.58	51.6	0.3	1.3	8.2
	覆盖层 100m	-30.4	13.8	-0.15	18.80	63.4	26.85	54.8	0.3	1.5	9.0
200m (K=1000)	覆盖层 40m	-12.6	7.1	-0.10	12.85	46.4	19.73	47.9	0.3	1.1	6.0
	覆盖层 50m	-15.6	8.0	-0.12	15.10	48.6	21.99	49.7	0.3	1.3	7.1
	覆盖层 60m	-18.7	9.2	-0.14	17.10	54.8	24.75	51.8	0.4	1.5	7.9
	覆盖层 80m	-23.3	13.3	-0.15	18.51	66.8	28.59	53.9	0.4	1.6	8.6

坝高 180m 覆盖层厚度由 40m 增加到 60m、80m 和 100m，蓄水期坝体沉降从 127.6cm 增加到 151.3cm、171.7cm 和 193.2cm，沉降率从 0.58% 变化到 0.63%、0.66%、0.69%；覆盖层沉降由 47.8cm 分别增加到 73.1cm、99.4cm 和 127.2cm，覆盖层沉降率从 1.20% 变化到 1.22%、1.24% 和 1.27%。

坝高 200m 覆盖层厚度由 40m 增加到 60m、80m，蓄水期坝体沉降从 136.9cm 增加到 166.0cm、185.9cm，沉降率从 0.57% 变化到 0.64%、0.66%；覆盖层沉降由 50.0cm 分别增加到 76.5cm、103.4cm，覆盖层沉降率从 1.20% 变化到 1.27% 和 1.29%。

（2）从防渗墙应力变形角度，坝高 150m 覆盖层厚度由 40m 增加到 60m、80m 和 100m，蓄水期引起的防渗墙位移分别为 21.0cm、29.2cm、34.3cm 和 39.7cm。

坝高 180m 覆盖层厚度由 40m 增加到 60m、80m 和 100m，蓄水期引起的防渗墙位移分别为 21.6cm、29.3cm、38.9cm 和 44.2cm。

坝高 200m 覆盖层厚度由 40m 增加到 60m、80m，蓄水期引起的防渗墙位移分别为 19.7cm、26.9cm、36.6cm，防渗墙应力随覆盖层厚度变化不明显。

（3）从面板应力变形角度，坝高 150m 覆盖层厚度由 40m 增加到 60m、80m 和 100m，面板挠度从 31.5cm 增加到 40.6cm、51.1cm 和 63.0cm；坝高 180m 覆盖层厚度由 40m 增加到 60m、80m 和 100m，面板挠度从 37.5cm 增加到 48.8cm、55.6cm 和 63.4cm；坝高 200m 覆盖层厚度由 40m 增加到 60m、80m，面板挠度从 46.4cm 增加到 54.8cm 和 66.8cm。面板应力随覆盖层厚度变化不明显。

（4）从接缝变形角度，以连接板与防渗墙间的沉降量受覆盖层厚度变化的影响最为明显，坝高 150m 覆盖层厚度由 40m 增加到 60m、80m 和 100m，蓄水期该沉降量分别增加到 48.8mm、50.6mm 和 53.3mm，坝高 180m 覆盖层厚度由 40m 增加到 60m、80m 和 100m，蓄水期该沉降量增加到 49.7mm、51.6mm 和 54.8mm，坝高 200m 覆盖层厚度由 40m 增加到 60m、80m，蓄水期该沉降量增加到 51.8mm 和 53.9mm。

连接板之间的沉降量，连接板与趾板之间的沉陷值以及面板周边缝沉陷值变化不大。

综上，依托察汗乌苏面板堆石坝的研究，覆盖层模量与其上面板堆石坝坝高的安全控制标准如下：

（1）对 150m 坝高面板坝，覆盖层加权模量系数 K 值取 600、覆盖层厚度 80m 时，防渗墙挠度超过 30cm、接缝变形超过 50mm，所以坝高 150m，覆盖层加权模量系数 $K=$ 600，覆盖层厚度最好不大于 60m。

（2）对 180m 坝高面板坝，覆盖层加权模量系数 K 值取 800、覆盖层厚度 80m 时，防渗墙挠度超过 30cm、接缝变形超过 50mm，所以坝高 180m，覆盖层模量系数 $K=800$，覆盖层厚度最好不大于 60m。

（3）对 200m 坝高面板坝，覆盖层加权模量系数 K 值取 1000、覆盖层厚 60m 时，接缝变形超过 50mm，所以坝高 200m，覆盖层加权模量系数 $K=1000$，覆盖层厚度最好不大于 50m。

3.4.3 覆盖层特性与高坝的适应性

基于滚哈布奇勒坝址条件和察汗乌苏坝址条件开展的覆盖层厚度、覆盖层参数、覆盖层上面板坝应力变形特性相互影响的研究成果较为接近，由此可以推广到其他的深厚覆盖层：

（1）在覆盖层厚度和参数适宜的情况下，深覆盖层上能够修建 150～200m 高的面板坝。100m 级深覆盖层上面板坝的设计方法仍然可用。

（2）覆盖层厚小于 60m、模量系数超过 600 的条件下，可以修建 150m 高的面板堆石坝。

（3）覆盖层厚小于 60m、模量系数超过 800 的条件下，可以修建 180m 高的面板堆石坝。

（4）覆盖层厚小于 55m、模量系数超过 950 的条件下，可以修建 200m 高的面板堆石坝。

3.5 本章小结

（1）本章详细介绍了覆盖层厚度特征、物质组成、结构特征、构造特征和工程岩组划分依据。

（2）阐述了覆盖层颗粒组成、物理状态和水理状态分析方法和评价指标，归纳了无黏性土和黏性土的抗剪强度特性测定方法、固结试验、现场载荷试验、旁压试验和动力触探等压缩特性测定方法、现场波速测试、动三轴试验和振动台试验等动力特性测试方法、渗透系数、渗透变形和抗冲刷试验等覆盖层渗透特性测定方法。

（3）提出了覆盖层力学参数取值原则，综合工程经验给出各类土体力学参数建议值表，详细列出各类土体对应的允许承载力、压缩模量、变形模量、抗剪强度、渗透系数和允许渗透坡降取值范围。

（4）结合已建、在建和拟建的百米级工程坝基覆盖层物理力学参数建议指标，坝基覆盖层物理力学指标至少具备覆盖层干密度大于 $2.0\mathrm{g/cm^3}$、承载力不小于 $0.50\mathrm{MPa}$、变形模量不小于 $40\mathrm{MPa}$ 的基本条件，才能满足百米级以上面板坝的建坝要求。

（5）对滚哈布奇勒面板堆石坝、察汗乌苏面板堆石坝现有覆盖层上坝高 150m、180m、200m 进行了平面有限元计算，探讨了 150～200m 高面板堆石坝的可行性，结果如下：

1）对于滚哈布奇勒面板堆石坝，坝高提升对坝体沉降量、防渗墙上游侧向变形、面板挠度的影响最明显。

2）对于察汗乌苏水电面板堆石坝，坝高提升，以防渗墙侧向变形，面板挠度、轴向拉应力随坝高变化最为显著。

（6）结合滚哈布奇勒面板坝和察汗乌苏面板坝研究成果，从覆盖层厚度、覆盖层参数、覆盖层上面板坝应力变形特性相互影响的研究成果来看，在覆盖层厚度一定条件下，按以下的设计指标控制：

1）坝体沉降率（坝体沉降量/坝高）不大于 1%。

2）覆盖层沉降率（覆盖层表部沉降量/覆盖层厚度）不大于 2%。

3）防渗墙挠度（蓄水引起的下游向位移）不大于 30cm。

4）接缝变形不大于 50mm。

此时，面板坝坝高与覆盖层深度、模量系数相关关系为：覆盖层厚小于 60m、模量系数超过 600 的条件下，可以修建 150m 高的面板堆石坝；覆盖层厚小于 60m、模量系数超过 800 的条件下，可以修建 180m 高的面板堆石坝；覆盖层厚小于 55m、模量系数超过 950 的条件下，可以修建 200m 高的面板堆石坝。

第 4 章

深厚覆盖层上土石坝坝基渗流控制

坝基渗透稳定和渗漏损失是深厚覆盖层上土石坝渗流控制效果评价中需要重点关注的两个方面。不合理的防渗体系设计，可能导致防渗墙无法发挥阻渗作用。例如，1974 年建成蓄水的北京西斋堂黏土斜墙砂砾石坝，位于 48m 深的覆盖层地基上，坝高 58m，采用混凝土防渗墙防渗。在 1978 年汛前，在大坝上游坝坡发现两处塌坑，且黏土斜墙底部的反滤过渡层在防渗墙附近发生渗流破坏；此外，防渗墙分段接头处部分夹泥已被渗流冲刷流失，接缝漏水严重。这种将土石坝的混凝土防渗墙设于斜墙短铺盖上游端底部的结构极易导致防渗墙顶部黏土放射状贯穿裂缝的产生，进而造成裂缝渗漏。因此，在土石坝设计过程中应选择合理可靠的防渗体系，防止坝基渗透坡降过大导致渗透变形和渗透破坏。本章首先介绍深厚覆盖层坝基渗流控制常用的几种防渗处理方案；其次，开发了一种任意断面插值网格法的渗流量计算新方法，并结合工程实例进行分析论证；再次，考虑覆盖层深度、地层渗透特性和坝高等因素，提出了全封闭式、半封闭式和悬挂式防渗型式下的覆盖层坝基渗流控制标准；最后，研究不同防渗施工工序对防渗墙工作性态的影响。

4.1　深厚覆盖层坝基防渗处理方案

目前，水利水电工程坝基覆盖层的防渗处理措施主要有五种，分别是混凝土防渗墙处理方案、灌浆帷幕处理方案、高压喷射灌浆处理方案、混凝土沉井处理方案和墙幕联合防渗方案。

4.1.1　混凝土防渗墙处理方案

国内外趾板建在覆盖层上的混凝土面板堆石坝，坝基覆盖层防渗基本都采用混凝土防渗墙，如察汗乌苏、那兰、九甸峡、苗家坝、多诺、斜卡、河口村、老渡口、汉坪嘴等面板堆石坝工程。其他沥青混凝土心墙坝、砾石土心墙坝等也普遍采用混凝土防渗墙进行坝基覆盖层防渗，如西藏旁多沥青混凝土心墙砂砾石坝、泸定黏土心墙坝、长河坝砾石土心墙堆石坝、加拿大 Manic-Ⅲ黏土心墙堆石坝、瀑布沟砾石土心墙堆石坝、碧口壤土心墙坝、黄金坪沥青心墙坝和大河沿沥青心墙坝等，其中大河沿覆盖层最大厚度 185.0m，坝基混凝土防渗墙厚 1.0m，最大墙深 186.15m，突破了世界最深防渗墙纪录。混凝土防渗墙具有渗透稳定性可靠、渗漏量控制效果明显、墙体槽孔连接稳固、检验技术相对成熟、对地层颗粒组成要求低、成墙深度较大等优点，故在深厚覆盖层坝基的渗流控制中广泛应用。据不完全统计，国内采用混凝土防渗墙的水利水电工程见表 4.1-1。国内外深厚覆盖层上的部分墙深超过 80m 的混凝土防渗墙工程见表 4.1-2。根据 2010 年以来的工程应用和实践，采用混凝土防渗墙造孔技术、清孔工艺、混凝土浇筑方法和接头管起拔技术，修建100m甚至更深的防渗墙是可行的，质量是有保证的。深度大于120m的防渗墙也有几座已经建成。

表 4.1-1 国内采用混凝土防渗墙的水利水电工程（不完全统计）

工程名称	坝高/m	墙厚/m	最大墙深/m
月子口	24.58	0.4	20.0
密云	63.50	0.8	44.0
崇各庄	16.00	0.8	22.0
毛家村	77.00	0.80～0.95	44.0
猫跳河窄巷口	26.50	1.0	30.0
金川峡	37.00	0.8	32.0
南谷洞	78.50	0.8	53.3
十三陵	29.00	0.8	60.0
映秀湾	21.40	0.8	32.0
碧口一期	90.00	1.3	41.0
碧口二期	90.00	0.8	68.5
黄洋河	52.00	0.8	64.4
澄碧河	70.40	0.8	55.0
察尔森	39.70	0.6	28.0
柘林	63.50	0.8	61.2
小浪底	154.00	1.2	81.9
下坂地	78.00	1.0	85.0
瀑布沟	186.00	两道，各1.4	75.0
冶勒	125.50	1.0～1.2	100.0
狮子坪	136.00	1.3	104.0
水牛家	108.00	1.2	32.0
满拉	76.30	0.8	33.0
徐村	65.00	0.8	17.0
尼尔基	44.50	0.8	38.5
西斋堂	58.50	0.7	56.0

表 4.1-2 国内外深厚覆盖层上的部分墙深超过80m的混凝土防渗墙工程

序号	工程名称	国别	坝　型	最大坝高/m	最大覆盖层深/m	最大防渗墙深度/m	建成年份
1	莫雷洛斯	墨西哥	心墙土坝	60.00	80	91.4	1966
2	凯班	土耳其	心墙土石坝	212.00	40	100.6	1974
3	沃尔夫克里克	美国	均质土坝	79.00	54.7	84.7	1979
4	小浪底	中国	斜心墙堆石坝	154.00	＞70	80	2000

续表

序号	工程名称	国别	坝　型	最大坝高/m	最大覆盖层深/m	最大防渗墙深度/m	建成年份
5	仁宗海	中国	土工膜斜墙堆石坝	56.00	>150	80.5	2008
6	狮子坪	中国	土心墙堆石坝	136.00	110	90	2010
7	旁多	中国	沥青混凝土心墙砂砾石坝	72.30	150	158	2011
8	黄金坪	中国	沥青混凝土心墙堆石坝	95.50	130	101	2016
9	巴底	中国	沥青混凝土心墙堆石坝	97.00	120	105	2023 在建
10	安宁	中国	沥青混凝土心墙堆石坝	66.00	约 100	87	2023 在建
11	大河沿	中国	沥青混凝土心墙砂砾石坝	75.00	185	186.15	2021

4.1.2　灌浆帷幕处理方案

国外最早采用灌浆帷幕进行冲积砂砾石地层坝基防渗处理的工程为法国的谢尔邦松坝，坝高 125m，基础为 115m 深的夹有大砾石及细砂的砂砾石冲积层，布置 12 排灌浆孔，最大灌浆孔深 100m，帷幕灌浆面积 4200m^2，帷幕厚度 15～35m，灌入地层最大深度 115m，灌后帷幕体渗透系数由原来的 5×10^{-2}cm/s 降至 2×10^{-5}cm/s，有效解决了 115m 深夹杂大砾石、细砂的深厚覆盖层上坝基的渗漏控制难题。埃及的阿斯旺坝有 15 排灌浆孔，最大孔深 250m 且穿透冲积层，坝基经处理后渗透系数降至原来的 1/1000 左右。瑞士的马特马克坝有 10 排灌浆孔，最大灌浆孔深 100m 等。

国内土石坝坝基覆盖层采用水泥或水泥黏土灌浆帷幕防渗的有密云水库、岳城水库等，建成年代基本在 20 世纪 60 年代。20 世纪 80 年代以后，覆盖层帷幕灌浆主要应用在围堰基础防渗中，该技术适用地层较广，但材料消耗大、施工速率慢，单价较高。国内外部分采用灌浆帷幕的工程见表 4.1-3。

表 4.1-3　　　　　　　　国内外部分采用灌浆帷幕的工程

工程名称	坝　型	水头/m	帷幕深度/m	备　注
密云	斜墙土石坝	66	44	3 排
岳城	混合坝	45.5	20	两岸阶地
下马岭	混凝土重力溢流坝	33	40	3 排
狮泉河	黏土心墙土石坝	23	13～73	左坝肩覆盖层
阿斯旺	黏土心墙坝	110	250	15 排
霍尔卡约			150	6 排
谢尔邦松		100	115	19 排
马特马克	厚斜墙土坝	110	110	10 排
斯特拉门梯佐		60	100	4 排

4.1.3 高压喷射帷幕灌浆处理方案

高压喷射灌浆技术是源于日本的一种全新的施工方法，是一种用高速射流束冲击、切削破坏地层，以水泥基质浆液在喷射范围内扩散、充填和置换，并与原地层掺混搅和后形成凝结体，从而改变原地层的结构和组成，提高地层或填筑体防渗性能和承载力的施工技术。20 世纪 80 年代以来，高压喷射灌浆技术在国内外得到迅速发展，尤其是在水利水电工程防渗方面。国内高压喷射帷幕灌浆常用于坝高 70m 以下的水利水电工程或临时工程（围堰等）的覆盖层防渗设施，该技术具有单价低、施工速率快等优点，但墙段之间的连接不可靠，遇到粒径较大的漂卵砾石地层时，施工难度明显增大。据不完全统计，国内采用高压喷射帷幕灌浆的部分工程见表 4.1-4。

表 4.1-4   国内采用高压喷射帷幕灌浆的部分工程

工 程 名 称	高喷型式	水头/m	帷幕厚度/m	设计坡降
长江三峡鹰子嘴围堰	摆喷板墙	—	0.3	—
弓上水库坝基防渗	旋喷柱墙	32.0	0.4	80
白浪河水库坝基	定喷板墙	19.27	0.3	67
银峰水库大坝齿槽	定喷板墙	22.5	0.75	30
新立城水库坝基	定喷板墙	16.0	0.16	100
赤金峡扩建坝基	摆喷板墙	34.4	0.8～1.0	38
大梁水库主坝	旋喷柱墙	41.0	0.3	160
二滩围堰防渗	旋喷柱墙	97.0	2.6	37.3
小浪底围堰防渗	旋喷柱墙	52.0	0.66	78.8
小浪底主坝左岸覆盖层防渗	旋喷柱墙	110.0	2.46	44.7
岭澳水库坝基	摆喷板墙	54.8	1.2	45.7
察汗乌苏上游围堰	旋喷柱墙	28.0	0.8	35

4.1.4 混凝土沉井处理方案

沉井是修建深基础和地下深构筑物的主要基础处理类型之一，广泛地应用于工程实践，如桥梁、水闸、港口、大坝等工程，近年来也成为软土地下建筑物的主要基础类型。按材料分，沉井基础可分为混凝土沉井、钢筋混凝土沉井、薄壁钢丝网水泥沉井、竹筋混凝土沉井、钢沉井、砖沉井和木沉井等。混凝土沉井因为混凝土的抗压强度高、抗拉强度低，一般多做成圆形，使混凝土主要承受压应力。当井壁较厚、下沉不深时，也有做成矩形的。但无筋混凝土沉井一般只适用于下沉深度不大的松软土层中。钢筋混凝土沉井是最常用的沉井，可以做成重型的或薄壁的现场预制下沉的沉井，也可以做成薄壁浮运沉井及钢丝网水泥沉井等。

混凝土沉井用于水利水电工程不同于一般建筑基础所使用的沉井，它除了承受竖向荷载外，还受到相当大的水平荷载作用。国内采用混凝土沉井作为坝基覆盖层防渗的工程有映秀湾、宝珠寺和洪石岩等工程。水利水电工程中一般采用桩支承式沉井，先在覆盖层处打桩，使其穿过覆盖层达到基岩内，再在桩上面沉井，使上部结构将重量传给沉井，沉井将重量分摊到每根桩上再传到基岩内部。桩支承式沉井可有效地解决在软土地基中易产生的超沉、偏倾等施工难题。云南省洪石岩水库拦河坝坝基主要为深厚的有机质和泥质含量较高的壤土和沙壤土，地基承载力较低，同时靠近左岸区域由壤土层直接过渡到弱风化基岩面，基岩面坡度较陡，沉井下沉控制有一定难度。经过多方案比选，洪石岩水库大坝坝基处理采用高度为 13.5m 的桩支承式混凝土沉井方案，当沉井下沉到设计高程后，首先在井孔内回填封底混凝土和土料，然后接着开挖接缝并回填混凝土，最后在沉井顶部浇筑封顶混凝土，即形成一道连锁沉井防渗墙，发挥截水防渗的功能。当沉井下沉到设计高程时，清理基底后即可进行沉井封底，浇筑封底混凝土层。待水下封底混凝土达到所需强度后，即可分层回填防渗土料。当沉井及接缝回填土和混凝土达到始沉高度以下 1m 时，即可浇筑钢筋混凝土顶盖以及其他连接构造。处理后的坝基承载力、稳定性能及防渗均满足设计要求，且节约了部分工程造价，实践效果良好。

4.1.5 墙幕联合防渗方案

对于百米及以上巨厚覆盖层而言，单一防渗墙防渗在施工技术、建造成本和工期上容易受到制约，而帷幕灌浆也常因上部漏浆问题难以形成连续防渗体，墙幕联合防渗方案对巨厚覆盖层上土石坝坝基渗流控制效果显著。

采用墙幕联合防渗方案的典型工程有深厚覆盖层上的冶勒水电站，其坝基左岸采用墙幕联合防渗，河床坝段采用封闭式混凝土防渗墙，右坝肩在 2 层共 140m 深的混凝土防渗墙下再设置 60m 深的灌浆帷幕，墙幕搭接处长 25m，总防渗深度约为 200m，创造性地采用双层接力措施保证了防渗墙的施工质量。泸定水电站坝基覆盖层厚 148m，地层为砂卵石层，粒径较大，含有大的孤石、漂石以及胶结地层，主河床段采用"110m 深悬挂式防渗墙＋墙下 2 排帷幕灌浆"的基础防渗措施，且下游设有反滤层以确保大坝的运行安全，其防渗墙施工过程采用了接头孔技术、黏土泥浆结合 NMH 正电胶泥浆的固壁技术、排渣管技术等诸多新技术和工艺。新疆下坂地沥青混凝土心墙堆石坝坝基覆盖层厚度达 148m，透水性强，极易坍塌和漏浆且块石坚硬，防渗处理难度大；该工程采用了大深度混凝土防渗墙下接帷幕灌浆的墙幕结合防渗型式，即在大坝心墙下设置深 85m 的混凝土防渗墙，墙底部再接 4 排 66m 深的灌浆帷幕直达基岩彻底截断覆盖层，墙幕搭接长度为 10m。坝基覆盖层厚超过 80m 的小浪底工程，坝基采用 80m 混凝土防渗墙联合水库淤沙形成的天然水平铺盖，构成水平防渗与垂直防渗相结合的联合防渗体系，防渗墙与岩体接触的部位及倒悬的陡壁处均进行了高压旋喷灌浆连接。瀑布沟砾石土心墙堆石坝坐落在深厚覆盖层上，覆盖层深近 80m，孤石量超过 70%，架空现象明显，防渗处理采用 2 道间隔 12m 的高强度、低弹性模量防渗墙，下接帷幕灌浆，心墙与坝基混凝土防渗墙采用"单墙廊道式＋单墙插入式"连接，并采用定向聚能爆破，用钻头重砸法处理孤、漂石。尼山水库大坝采用刚性、塑性混凝土防渗墙与水泥灌浆帷幕联合方案处理强透水层砾质粗砂和岩溶型灰岩，解决了坝基渗透变形、坝前阶地塌坑和坝后沼泽化等难题。小湾水电站的上游围堰工程，选用了混凝土防渗墙和 5 排帷幕灌浆的组合型式进行防渗。斜卡面板坝坝基覆盖层厚度达 45～100m，河床覆盖层防渗墙厚 1.2m，深入到 T_3x 强卸荷区，防渗墙底部采用双排帷幕灌浆防渗，厚 3.2m，帷幕与 T_3x 新鲜基岩相接。滚哈布奇勒面板坝坝基覆盖层厚 50m 左右，混凝土防渗墙厚 1.4m，嵌入基岩 1.0m，防渗墙底部防渗帷幕深入 3Lu 线以下 5m。阿尔塔什面板坝覆盖层深约 100m，坝基混凝土防渗墙最大墙深 96m，墙厚 1.2m，嵌入基岩 1.0m，防渗墙底部防渗帷幕深入 3Lu 线以下 5m。

4.2　渗流量计算方法

4.2.1　概述

渗流分析的重要内容之一就是预测渗流量，其准确性和精度对于渗流问题的分析和评价往往是至关重要的，特别是对大坝防渗系统的布置、防渗效果的评价、坝后排水设施的布置以及排水井的排水效果等具有重要的参考价值（沈振中 等，2011）。例如，在土石坝的病险诊断中，需要根据渗流量、渗透水透明度和水质观测资料及巡查结果，结合渗透比降，判别有无管涌、流土、接触冲刷、接触流失等渗透变形现象；又如，在基坑排水渗流计算中，环状布置的排水井的渗流量需要较为精确地计算，以便合理地布置排水设施（速宝玉 等，1996；彭华 等，2002；吴梦喜 等，1999；张家发，1997；丁家平，1987；Lacy et al.，1987；郭洪兴 等，1999；沈振中 等，1994；赵坚 等，1999；张乾飞 等，2005；纪伟 等，2005）。

渗流量计算的常规方法包括中断面法和等效结点流量法。中断面法是在求得渗流场水头函数数值解后，选择单元的中断面作为计算渗流量的过流断面。对于三维问题八结点六面体等参数单元，选择其一对面之间 4 条棱的中点构成的截面（中断面）作为过流断面；对于二维问题四结点四边形等参数单元，选择其一对边之间的中线作为过流断面。该方法计算原理简单且容易通过程序实现，但采用单元的中断面作为过流断面势必要对单元做出一定的限制。当计算区域材料分区和地质条件复杂时，单元的形状往往很不规则，其中断面也是极不规则的扭曲面，此时，计算得到的渗流量精度将大大降低，有时并不能代表真正的渗流量。同时，规定渗流量计算断面为单元中断面也大大限制了有限元网格剖分的自由性。等效结点流量法将任一过流断面上的渗流量表示成相关单元的传导系数与相应结点水头的乘积的代数和。它避免了对水头离散解的进一步求导运算，所求得的渗流量计算精度与水头解的计算精度同阶。但是，相关单元传导系数的准确性难以确定，所得到的断面渗流量为代数和，难以准确表达通过任一断面法向的渗流量。此外，以单元为基础计算渗流量，没有摆脱单元形状和大小对精度和断面任意性的影响。

中断面法和等效结点流量法都有各自的优点和缺点，但是当需要计算井的渗流量时，在建立有限元模型过程中对于任意剖分的有限元网格，如果不采用以井为中心的圆柱形网格，则中断面法和等效结点流量法都无法计算汇集到井内的渗流量（通过井周围圆柱曲面的）。因此有必要从渗流量的基本概念出发，在渗流有限元数值计算的基础上，通过渗流场水头值推导求解渗流量，提出一种计算任意断面、柱面的渗流量计算方法——任意断面插值网格法，并编制相关计算程序。

4.2.2　中断面法

通过某断面 S 的渗流量可按式（4.2-1）计算：

$$q = -\iint_S k_n \frac{\partial h}{\partial \boldsymbol{n}} \mathrm{d}S \qquad (4.2-1)$$

式中：S 为过流断面；$\boldsymbol{n}$ 为断面正法线单位向量；k_n 为 n 方向的渗透系数；h 为渗流场水头。

对于任意八结点六面体等参数单元，计算示意图如图 4.2-1 所示，选择中断面 $abcda$ 作为过流断面 S，并将 S 投影到平面 YOZ、ZOX、XOY 上，分别记为 S_x、S_y、S_z，则通过单元中断面的渗流量为

$$q = -k_x \frac{\partial h}{\partial x} S_x - k_y \frac{\partial h}{\partial y} S_y - k_z \frac{\partial h}{\partial z} S_z \qquad (4.2-2)$$

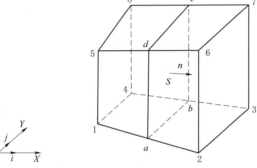

图 4.2-1　八结点六面体单元渗流量计算示意图

如果需要计算通过某一断面的渗流量，则取该断面上的一排单元，使得各单元的某一中断面组成该计算流量断面。累加这些单元相应中断面的渗流量即可得所求该计算断面的渗流量。

4.2.3　任意断面插值网格法

4.2.3.1　计算原理

根据达西定律，渗流量可由式（4.2-3）计算：

$$Q = k_n A J \qquad (4.2-3)$$

式中：Q 为渗流量，$\mathrm{m^3/s}$；k_n 为法向渗透系数，$\mathrm{m/s}$；A 为截面积，$\mathrm{m^2}$；J 为渗透坡降。

如图 4.2-2 所示，在三维渗流场中，取相互靠近的两个平面 S_1 和 S_2，其截面积近似为 A，作用水头以两个截面形心处的水头 h_1 和 h_2 表示，两个截面之间的距离为 L，则由式（4.2-3）可得通过截面的渗流量为

$$Q = A k_n \frac{h_1 - h_2}{L} \qquad (4.2-4)$$

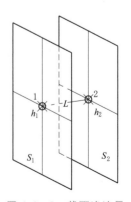

图 4.2-2　截面渗流量
计算示意图

式中：h_1、h_2 为两个断面的总水头，由位置水头和压力水头两部分所组成。如果两个截面之间的距离相对于截面积足够小，即 L 趋于 0，则可以把计算得到的渗流量近似地看作通过截面 S_1（或 S_2）的渗流量。

考虑任意断面为四边形和圆柱面的情况。一般情况下，所需考虑的任意断面都较大，需要根据计算所需的精度要求，将该断面离散成足够细密的网格单元。该平面网格单元可采用自动剖分程序生成，单元的边长视渗流场的复杂程度和渗透坡降的大小选取，比如取所给断面边长的 $1/1000 \sim 1/10$。假设断面被剖分后第 i 网格单元为 S_{1i}，与其相对应的网格单元为 S_{2i}，其面积均为 A_i（因两截面的距离足够近，设为相等），网格单元形心处的水头分别为 h_{1i} 和 h_{2i}，两形心之间的距离为 L_i，则通过该任意断面的渗流量可用式（4.2-5）计算：

$$Q = \sum_{i=1}^{n} A_i k_{ni} \frac{h_{1i} - h_{2i}}{L_i} \qquad (4.2-5)$$

式中：n 为剖分后的网格单元数；k_{ni} 为单元 i 的法向渗透系数。

事实上，用于计算渗透坡降的两个平面之间的距离为 L，即各对单元之间的形心距离均为 L，因此，式（4.2-5）可简化为

$$Q = \frac{1}{L} \sum_{i=1}^{n} A_i k_{ni} \Delta h_i \qquad (4.2-6)$$

由式（4.2-6）可知，要计算通过该任意断面的渗流量，只要算出任一网格单元形心点的水头值 h_{1i} 和 h_{2i}，就可通过简单的算术运算得到断面渗流量。于是，该问题就转化为如何求解三维渗流场中指定平面上任意一点的水头值的问题。

假定采用空间八结点六面体等参数单元。设某点 A 在单元中，如图 4.2-3 所示，则在求得渗流场后，即已知晓各单元结点的水头值，点 A 的水头可用式（4.2-7）来计算：

$$h_A = \sum_{i=1}^{8} h_i N_i(\xi, \eta, \zeta) \quad (i = 1, 2, 3, \cdots, 8) \qquad (4.2-7)$$

式中：h_i 为八结点六面体的水头值；$N_i(\xi, \eta, \zeta)$ 为用局部坐标表示的单元形函数。

由于 h_i 已经求得，因此，剩下的关键是：①如何找到任意指定点（即计算流量断面上剖分网格单元形心点）所在渗流场的单元；②计算单元形函数 N_i，即求取该点的单元局部坐标。

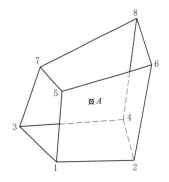

图 4.2-3　八结点六面体等参数单元示意图

空间某一点相对于空间某一单元，其几何位置可能存在以下三种情况：①点位于单元内；②点位于单元外；③点位于单元表面。其中情况③可以认为是情况①的一个特例。

为了判断空间一点相对于单元的位置，一种行之有效的方法就是进行等参数变换。在等参数单元中，任一点的坐标可以表示为

$$\begin{Bmatrix} x \\ y \\ z \end{Bmatrix} = \begin{bmatrix} \boldsymbol{N} & 0 & 0 \\ 0 & \boldsymbol{N} & 0 \\ 0 & 0 & \boldsymbol{N} \end{bmatrix} \begin{Bmatrix} X \\ Y \\ Z \end{Bmatrix} \qquad (4.2-8)$$

式中：N 为三维等参数单元形函数矩阵，对于 n 结点的等参数单元，$N=\{N_1,N_2,\cdots,N_n\}$。

X、Y、Z 为单元结点坐标向量，对 n 结点的等参数单元，其形式如下：

$$X=\begin{Bmatrix} x_1 \\ x_2 \\ \vdots \\ x_n \end{Bmatrix},Y=\begin{Bmatrix} y_1 \\ y_2 \\ \vdots \\ y_n \end{Bmatrix},Z=\begin{Bmatrix} z_1 \\ z_2 \\ \vdots \\ z_n \end{Bmatrix} \qquad (4.2-9)$$

对式（4.2-9）微分可得

$$\begin{Bmatrix} \mathrm{d}\xi \\ \mathrm{d}\eta \\ \mathrm{d}\zeta \end{Bmatrix}=[J]^{-1}\begin{Bmatrix} \mathrm{d}x \\ \mathrm{d}y \\ \mathrm{d}z \end{Bmatrix} \qquad (4.2-10)$$

式中：$[J]$ 为 Jacobi 矩阵。对整体坐标中的点 $P(x,y,z)$，其局部坐标 (ξ,η,ζ) 应符合式（4.2-11）：

$$\begin{Bmatrix} x \\ y \\ z \end{Bmatrix}-\begin{bmatrix} N & 0 & 0 \\ 0 & N & 0 \\ 0 & 0 & N \end{bmatrix}\begin{Bmatrix} X \\ Y \\ Z \end{Bmatrix}=\begin{Bmatrix} 0 \\ 0 \\ 0 \end{Bmatrix} \qquad (4.2-11)$$

可用牛顿迭代法求解式（4.2-11），其迭代公式为

$$\begin{Bmatrix} \xi \\ \eta \\ \zeta \end{Bmatrix}^{n+1}=\begin{Bmatrix} \xi \\ \eta \\ \zeta \end{Bmatrix}^{n}+\begin{Bmatrix} 0 \\ 0 \\ 0 \end{Bmatrix} \qquad (4.2-12)$$

$$\begin{Bmatrix} \Delta\xi \\ \Delta\eta \\ \Delta\zeta \end{Bmatrix}^{n+1}=[J^n]^{-1}\begin{Bmatrix} x \\ y \\ z \end{Bmatrix}-\begin{bmatrix} N^n & 0 & 0 \\ 0 & N^n & 0 \\ 0 & 0 & N^n \end{bmatrix}\begin{Bmatrix} X \\ Y \\ Z \end{Bmatrix} \qquad (4.2-13)$$

式中：$[J^n]=[J(\xi^n,\eta^n,\zeta^n)]$；$N^n=N(\xi^n,\eta^n,\zeta^n)$。

通常的做法是：将需要转换的点的整体坐标代入迭代公式，并对所有空间单元循环，直到找到同时满足 $0\leqslant|\xi|\leqslant1$、$0\leqslant|\eta|\leqslant1$、$0\leqslant|\zeta|\leqslant1$ 的单元为止，即该点所处的单元，同时输出该点在这一单元中的局部坐标。然后，对下一点进行同样的循环。

该方法对任意一点都需要在全部空间单元内进行查找和求解。由于空间单元数量庞大，且迭代法求解效率较低，因此需要消耗很多计算时间。同时，牛顿迭代法仅在单根附近具有二阶收敛，需要选取较好的初始近似结果才能保证迭代收敛。当给定的点位于单元外较远处时，如果局部坐标的初始值还取 $(0,0,0)$，可能导致计算不收敛。另外，如果所有单元的迭代计算都要求达到指定的最大迭代步数，那么迭代计算将极为浪费时间。基于此，应首先判断给定点可能所在的单元，即如果给定点的三个坐标值 (x,y,z) 在某单元结点坐标的最大值和最小值之间，则该单元是该点可能所在的单元。在找到给定点可能所在的单元后，再进行迭代法求解，获得给定点的局部坐标。

对于空间单元的各个面都平行于直角坐标轴的非常规的长方体或正方体单元，如果在求解非线性方程组的 Jacobi 矩阵时设定局部坐标的初始值为 $(0,0,0)$，那么 Jacobi 矩阵会出现某行全部为 0 的情况，导致迭代计算无法进行。因此，需将初始值设置为区

间（－1，1）中的随机数，或简单地加上一个偏量，如设为（－0.1，0.2，0.05），便可大大提高计算速率。

4.2.3.2　计算流程

在已经求得渗流场有限元数值解（各单元结点水头值）后，计算通过任意断面渗流量的步骤简述如下：

（1）输入渗流场计算成果，包括单元信息、材料信息、结点水头等。

（2）给定需要计算渗流量的断面，取四边形，可以有多个。

（3）根据渗流场的实际情况，设定用于计算渗透坡降的断面间的距离 L。在保证数值有效性的条件下，该值越小越好。

（4）给定剖分规则，将该断面及其偏移断面分别离散成网格单元，并计算出各单元的形心坐标。

（5）根据式（4.2-12）和式（4.2-13），迭代求解单元形心的局部坐标，并由式（4.2-7）计算其水头值。

（6）对每个网格单元，计算其面积、形心渗透坡降、法向渗透系数和渗流量。

（7）累加各网格单元的渗流量，得到断面的渗流量。

根据以上数学分析和计算公式，运用 Fortran 语言编写了基于三维有限元法的任意断面渗流量计算程序，主程序流程如图 4.2-4 所示。

在这个主程序中，找出指定单元形心点所在的单元是最重要的一个环节。该环节由两个子程序完成，其流程如图 4.2-5 所示。

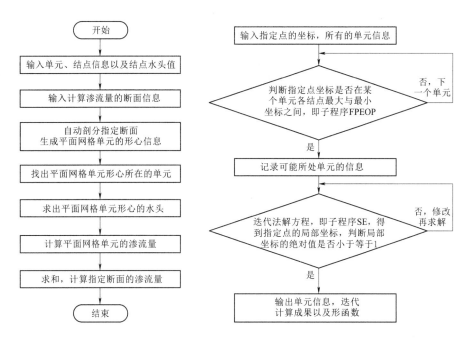

图 4.2-4　任意断面渗流量主程序流程图　　图 4.2-5　找出单元形心的程序流程图

根据上述过程，用 Fortran 语言编制计算机程序，并完成调试和验证。

4.2.3.3 算例验证

取如图 4.2-6（a）所示的均质各向同性矩形坝，宽×长×高（$x \times y \times z$）为

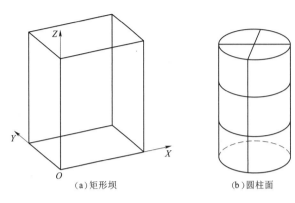

8.00m×6.00m×10.00m。上游面 $x=0.0$m，水位为 8.00m，下游面 $x=8.0$m，水位为 5.00m。坝体的渗透系数为 1.0×10^{-5}m/s。离散后，三维有限元网格结点数为 4641，单元数为 3840。采用截止负压法固定网格迭代，得到坝体三维渗流场。

图 4.2-6 均质各向同性矩形坝和圆柱面剖分单元

在该稳定渗流场中，选取一封闭圆柱体表面作为计算剖面，该圆柱体底面圆心坐标为（3.0，3.0，1.0），半径为 1.0m，高度为 3.0m。将上述圆柱体表面沿周长方向等分成 4 份，沿高度方向剖分成 3 等份，即侧面等分成 12 个面积相等的单元面，如图 4.2-6（b）所示。

取偏移断面与该封闭圆柱面的距离 $L=0.01$m，该表面形心点的坐标见表 4.2-1，其中点 13 和点 14 分别为圆柱顶和底面的圆心坐标。通过计算，得到的通过各网格单元的渗流量见表 4.2-2。其中，渗流量计算公式中的面积 A 为圆柱体侧面积的 1/12，即 $A=(2\pi \times 1.0 \times 3.0)/12$。当两形心点间的水头差已知时，只需要乘以 $\dfrac{kA}{L}$ 即可得到渗流量。对于点 1～点 12，$\dfrac{kA}{L}$ 为相同的值（约为 0.0000157）；对于点 13 和点 14，$\dfrac{kA}{L}$ 的值约为 0.0000314。

表 4.2-1 表 面 形 心 点 的 坐 标

点号	给定断面单元形心坐标/m			偏移断面单元形心坐标/m		
	x	y	z	x	y	z
1	3.707	3.707	1.500	3.700	3.700	1.507
2	3.707	2.293	1.500	3.700	2.300	1.507
3	2.293	2.293	1.500	2.300	2.300	1.507
4	2.293	3.707	1.500	2.300	3.700	1.507
5	3.707	3.707	2.500	3.700	3.700	2.500
6	3.707	2.293	2.500	3.700	2.300	2.500
7	2.293	2.293	2.500	2.300	2.300	2.500
8	2.293	3.707	2.500	2.300	3.700	2.500
9	3.707	3.707	3.500	3.700	3.700	3.493
10	3.707	2.293	3.500	3.700	2.300	3.493

点号	给定断面单元形心坐标/m			偏移断面单元形心坐标/m		
	x	y	z	x	y	z
11	2.293	2.293	3.500	2.300	2.300	3.493
12	2.293	3.707	3.500	2.300	3.700	3.493
13	3.000	3.000	4.000	3.000	3.000	3.990
14	3.000	3.000	1.000	3.000	3.000	1.010

表 4.2-2　　　　　　　　　　　　各网格单元的渗流量

点号	给定断面单元形心水头 /m	偏移断面单元形心水头 /m	单元渗流量 /(10^{-6} m^3/s)	总渗流量 /(m^3/s)
1	5.19	5.186	6.28	
2	5.19	5.186	6.28	
3	5.7	5.691	14.13	
4	5.7	5.691	14.13	
5	4.212	4.214	−3.14	
6	4.212	4.214	−3.14	
7	4.715	4.713	3.14	
8	4.715	4.713	3.14	0.0
9	3.247	3.256	−14.13	
10	3.247	3.256	−14.13	
11	3.738	3.743	−7.85	
12	3.738	3.743	−7.85	
13	3.016	3.026	−31.40	
14	5.942	5.931	34.54	

根据质量守恒定律，任一时刻流入和流出该封闭曲面的水量相等，即通过该封闭曲面的流量为 0。由表 4.2-2 可见，通过该封闭圆柱面的总渗流量为 0，可见提出的计算方法是正确的，计算精度满足要求。

4.2.4　应用实例

4.2.4.1　巴贡（Bakun）水电站

巴贡（Bakun）水电站位于马来西亚沙捞越州中部的 Rajang 江支流 Bului 河上，混凝土面板堆石坝坝高 205m，距下游 Belaga 镇约 37km，距港口城市 Bintulu 约 180km。工程区多年平均气温 25℃，多年平均年降水量 4500mm，Bului 河多年平均流量 1314m^3/s。该电站总装机容量 2400MW（8×300MW），水库总库容约 440 亿 m^3。巴贡水电站平面布置如图 4.2-7 所示。大坝标准断面如图 4.2-8 所示。

有限元计算模型超单元网格如图 4.2-9 所示。防渗帷幕和面板的有限元超单元网格如图 4.2-10 所示。

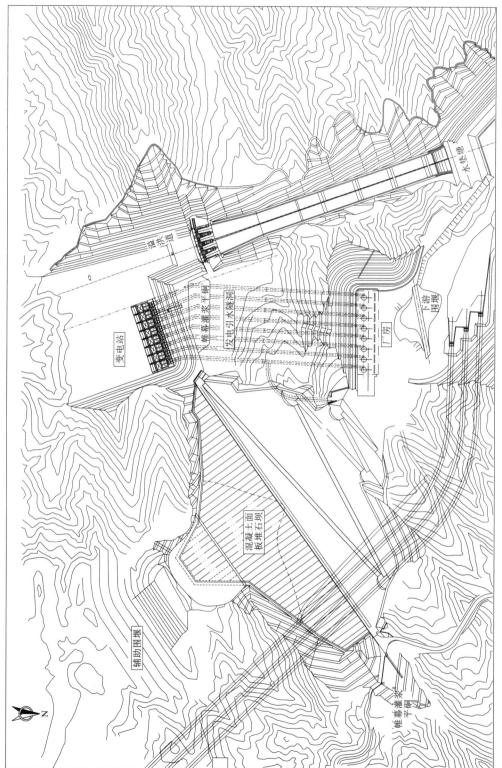

图 4.2-7 巴贡水电站平面布置图

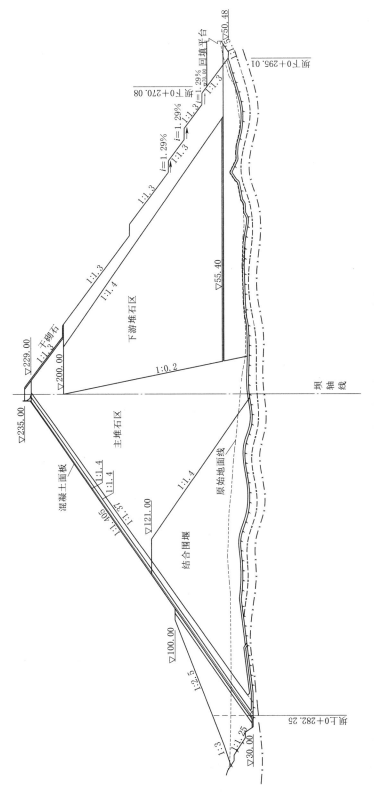

图 4.2-8　巴贡水电站大坝标准断面图（单位：m）

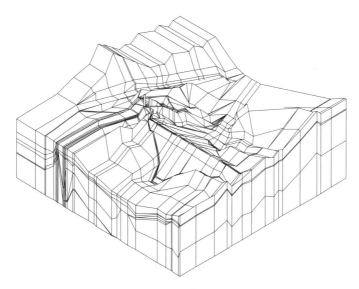

图 4.2 - 9　有限元计算模型超单元网格

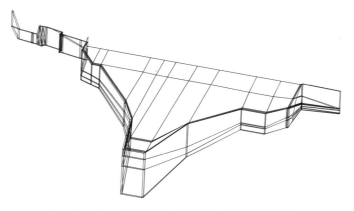

图 4.2 - 10　防渗帷幕和面板的有限元超单元网格

　　计算厂房上游边坡内设与不设排水洞时通过坝体防渗系统（分坝体、左岸坝基、右岸坝基、左岸岩体、右岸岩体）的渗流量及其变化，计算渗流量的分区示意如图 4.2 - 11 所示。工况 1（GK1）的厂房上游边坡内不设排水洞；工况 2（GK2）厂房上游边坡内设排水洞，两种工况水位条件相同，均为上游正常蓄水位 228.00m，相应下游水位 53.20m。

　　通过计算分析，取河床坝体、左右坝肩、引水管道和坝轴线进行分析，工况 GK1 坝址区地下水位等值线如图 4.2 - 12 所示，坝体剖面、左右坝肩岸坡剖面、沿坝轴线剖面、不设排水洞时引水管道剖面的位势分布如图 4.2 - 13～图 4.2 - 17 所示；工况 GK2 的地下水位等值线如图 4.2 - 18 所示，坝体剖面、左右坝肩岸坡剖面、沿坝轴线剖面、设排水洞时引水管道剖面的位势分布如图 4.2 - 19～图 4.2 - 23 所示。

　　由于岩体分层较多、断层切割、坝体材料分区众多以及防渗帷幕和地下洞室等建筑物的影响，该坝址区的渗流有限元模型极为复杂，单元形态也复杂多变。因此，当采用中断

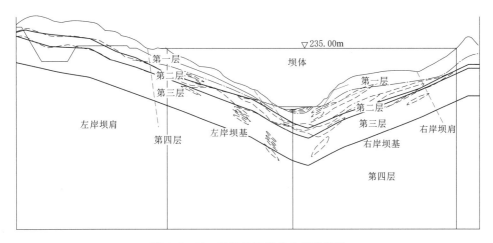

图 4.2-11　计算渗流量的分区示意图

面法来计算渗流量时，需要对指定断面的单元网格进行特殊处理，使得这些单元的中断面"正好"是指定断面，否则，所计算的每一个单元的中断面的渗流量之和并不是真正通过某一指定断面的渗流量，导致计算结果与实际情况不符合。而对这些单元进行处理，使得它们的中断面恰好构成指定断面，这无疑会大大增加生成有限元网格的工作量和难度。

采用提出的渗流量计算新方法可准确计算任一指定断面的渗流量。该指定断面可以是计算区域的全剖面，也可以是给定的长方形区域。经计算，得到运行期各工况渗流场渗流量见表 4.2-3。

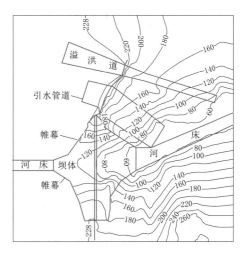

图 4.2-12　GK1 坝址区地下水位
等值线图（单位：m）

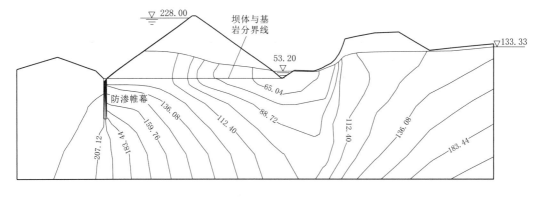

图 4.2-13　GK1 坝体剖面位势分布图（单位：m）

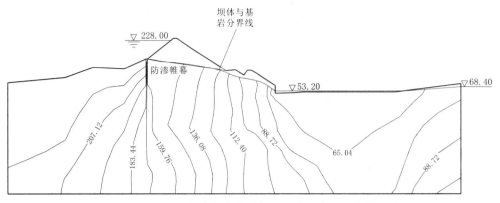

图 4.2-14　GK1 左岸坝肩岸坡剖面位势分布图（单位：m）

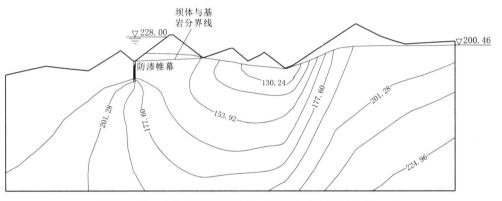

图 4.2-15　GK1 右岸坝肩岸坡剖面位势分布图（单位：m）

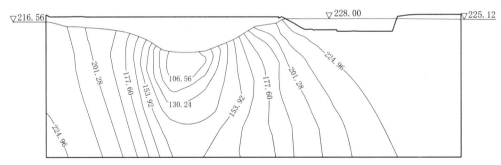

图 4.2-16　GK1 沿坝轴线剖面位势分布图（单位：m）

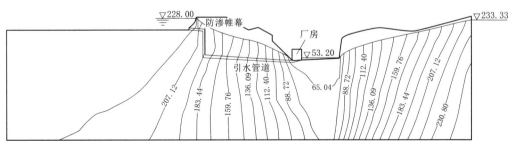

图 4.2-17　GK1 不设排水洞时引水管道剖面位势分布图（单位：m）

由表 4.2 - 3 可知，左岸坝基及坝肩的渗流量明显大于右岸。其原因包括两方面：一方面，首先左岸计算断面的范围远大于右岸；其次是左岸岩体中分布有 F_8 导水断层，其透水能力较强，导致左岸坝肩的渗流量增加。另一方面，右岸地下水位高于左岸地下水位，其"顶托作用"较为明显，同时，左岸岩体内设置了排水洞，其汇水和排水作用显著。

另外，两种工况下，全断面的总渗流量分别为 15925.0 m^3/d（不设排水洞）和 16493.6 m^3/d（设排水洞），即分别为 184.3L/s 和 190.9L/s，不超过 250L/s，说明现有的防渗排水系统满足渗流量的控制要求。

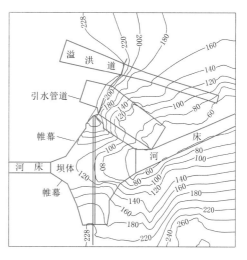

图 4.2 - 18　GK2 坝址区地下水位
等值线图（单位：m）

4.2.4.2　其他工程实例

对深厚覆盖层上的金川、察汗乌苏、苗家坝等面板坝渗流计算成果进行类比分析。三座面板坝基本参数对比见表 4.2 - 4，其渗流量对比见表 4.2 - 5。

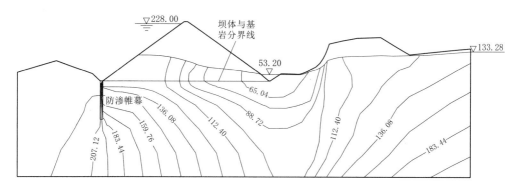

图 4.2 - 19　GK2 坝体剖面位势分布图（单位：m）

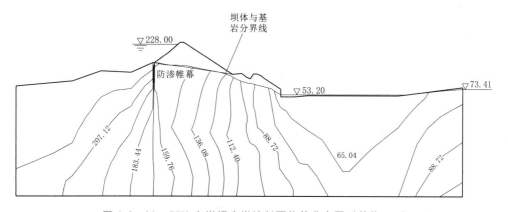

图 4.2 - 20　GK2 左岸坝肩岸坡剖面位势分布图（单位：m）

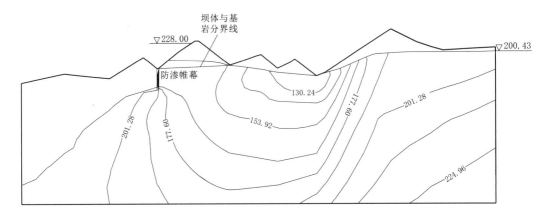

图 4.2 - 21　GK2 右岸坝肩岸坡剖面位势分布图（单位：m）

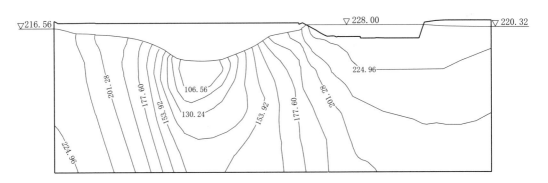

图 4.2 - 22　GK2 沿坝轴线剖面位势分布图（单位：m）

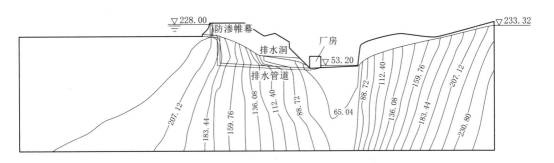

图 4.2 - 23　GK2 设排水洞时引水管道剖面位势分布图（单位：m）

表 4.2 - 3　　　　　　　　运行期各工况渗流场渗流量

工　况	渗　流　量/(m³/d)					
	坝体	左岸坝基	右岸坝基	左岸坝肩	右岸坝肩	合计
不设排水洞（GK1）	429.8	7834.9	2271.0	4912.5	476.8	15925.0
设排水洞（GK2）	430.3	8029.7	2336.6	5208.1	488.9	16493.6

表 4.2-4　　　　　　　　　　　三座面板坝基本参数对比

工程名称	大坝					覆盖层最大深度/m	水位/m		最大水位差/m
	坝型	最大坝高/m	上游坝坡	下游综合坝坡	坝顶长度/m		正常蓄水位	下游水位	
金川	混凝土面板堆石坝	111	1:1.4	1:1.64	284.5	65	2253.00	2156.42	96.58
察汗乌苏	混凝土面板砂砾石坝	110	1:1.5	1:1.80	337.6	46	1649.00	1540.60	108.40
苗家坝	混凝土面板堆石坝	111	1:1.4	1:1.54	379.0	48	800.00	703.78	96.22

表 4.2-5　　　　　　　　　　　三座面板坝渗流量对比

工程名称	渗流量/（m³/d）					总计
	左岸帷幕	大坝	防渗墙	河床帷幕	右岸帷幕	
金川	2147	702	1320	14873	3766	22808
察汗乌苏	3320	395	31230		2490	37435
苗家坝	3433	429	2302		2884	9048

从金川、苗家坝与察汗乌苏面板坝渗流量计算成果看：大坝基本为同一量级的，金川坝体渗流量为 702m³/d、苗家坝坝体渗流量为 429m³/d、察汗乌苏坝体渗流量为 395m³/d；左岸坝基、右岸坝基防渗范围渗流量基本上相当；而河床坝基帷幕防渗范围差异较大。苗家坝防渗体总渗流量为 9048m³/d（折合 104.7L/s），金川坝体及坝基防渗系统渗流量 22808m³/d（折合 264.0L/s）；察汗乌苏防渗系统渗流量 37435m³/d（折合 433.3L/s）；金川介于察汗乌苏与苗家坝之间，主要是与渗透系数取值有关。即在坝高和水头相当的面板坝，混凝土面板及坝基防渗墙和帷幕防渗系统的渗透系数越大，渗流量就越大；反之，渗透系数越小，渗流量就越小。金川坝址多年平均流量为 521m³/s，渗流量占多年平均流量的 0.5‰，渗流量计算成果基本上在工程可接受范围之内。察汗乌苏混凝土面板砂砾石坝、苗家坝混凝土面板堆石坝与金川混凝土面板堆石坝均为深厚覆盖层上的面板坝，其防渗措施均为大坝的防渗混凝土面板、趾板、连接板及坝基混凝土防渗墙、坝基帷幕灌浆等防渗体系，渗流计算成果符合常规，大坝渗流特性满足工程要求。

4.3　深厚覆盖层坝基渗流控制标准

4.3.1　覆盖层坝基渗流控制标准

国内外建于覆盖层上的水工建筑物，多数溃坝事故是由坝基渗透破坏导致的。深厚覆盖层坝基渗流控制是工程设计的重要内容。覆盖层上面板坝防渗结构一般由防渗墙、连接板、趾板、混凝土面板以及接缝止水结构组成。河床覆盖层由防渗墙截渗，防渗墙的渗透安全是其中的关键，防渗墙与连接板、连接板与趾板、趾板与面板之间接缝止水结构的变位也是渗流安全控制的重要内容。覆盖层上心墙坝防渗结构一般由心墙、混凝土基座、防渗墙、防渗帷幕及高塑性黏土等组成，坝基防渗墙与心墙的协调变形也会影响到坝体渗流安全。

覆盖层上坝基的总体防渗要求包括保证覆盖层地基渗透稳定性，控制过大渗漏量和下游过高的渗透压力，具体就是控制渗流，降低渗透坡降，避免管涌等有害渗透变形，控制渗流量。防渗效果一般通过浸润线、消减水头占比、渗透坡降、渗流量等具体量值来反映。但是各工程无法采用完全统一的固定指标进行覆盖层坝基渗流控制。目前，深厚覆盖层多采用垂直防渗，这是一种较为稳妥的防渗方式，能较好地进行覆盖层的渗流控制。对于深厚覆盖层的垂直防渗型式可归结为三类：①全封闭式防渗墙；②半封闭式防渗墙；③悬挂式防渗墙。

4.3.1.1　全封闭式防渗墙

一般情况下，当覆盖层以下基岩弱透水层埋深较浅，深度在目前混凝土防渗墙施工可及范围内时，采用全封闭式防渗墙。全封闭式防渗墙防渗效果较好，但是需要保证防渗墙底部不发生破坏。一般防渗墙底部均伸入基岩，或者墙底部衔接的帷幕伸入基岩。《碾压式土石坝设计规范》（NB/T 10872—2021）规定，以渗透坡降为主控因素，对高土石坝控制标准为 3～5Lu，坝高 200m 以上特高土石坝坝基防渗控制标准从严要求，一般为 1～3Lu。如滚哈布奇勒面板坝坝基混凝土防渗墙嵌入基岩 1.0m，防渗墙底部防渗帷幕深入 3Lu 线以下 5m。阿尔塔什面板坝坝基混凝土防渗墙嵌入基岩 1.0m，防渗墙底部防渗帷幕深入 3Lu 线以下 5m。糯扎渡心墙坝坝基防渗控制按照 1Lu 进行。当覆盖层底部基岩渗透系数较大时，可在嵌入基岩的防渗墙底部进行基岩帷幕灌浆加强基岩防渗，基岩灌浆深度依据《碾压式土石坝设计规范》（NB/T 10872—2021）的规定，亦应达到防渗控制标准。金川面板堆石坝河床坝基覆盖层采用混凝土垂直防渗墙底嵌入基岩 1.0m，在河床基岩布置 1 排帷幕灌浆孔，通过防渗墙上的预留管进行灌浆，最大深度 59m，深入相对不透水层（$q<5Lu$）以下 5m。对于全封闭式防渗墙，可根据《碾压式土石坝设计规范》（NB/T 10872—2021）规定的防渗标准控制。

4.3.1.2　半封闭式防渗墙

当覆盖层多元地基中存在厚度大、渗透性低的防渗依托层时，可考虑坝基自身的地质构造，将弱透水层作为渗流依托层，做成半封闭式防渗墙，能有效降低防渗墙深度。一般将坝基防渗墙深入该地层顶面一定深度形成半封闭式防渗体系，且防渗墙深入的地层防渗性能较好，相对于其他地层渗透系数较小，和其他地层相比形成相对不透水层，此地层下部可能还是渗透系数相对较大的透水地层，防渗墙深入此地层截断通过该层上部的强透水层的水平渗流。防渗墙除了需要满足材料透水性、强度和变形的要求外，墙体设计参数还应包括墙体厚度 d、墙体伸入弱透水层深度 l 等。覆盖层上土石坝坝基混凝土防渗墙厚度一般为 0.6～1.4m。可以根据墙体抵抗渗透破坏的能力，依据防渗墙允许渗透坡降反算得到墙体厚度 d。深厚覆盖层上土石坝工程防渗墙墙体深入弱透水层深度 l，控制墙底部相对不透水层的渗透坡降小于允许渗透坡降，不发生渗透破坏即可。但由于防渗墙为坝基仅有的最重要的防渗设施，其安全运行关系到整个枢纽工程的安全运行，为确保防渗体系的安全性，墙体伸入相对不透水层一般情况下不小于 5m。

多布水电站河床坝段坝体和坝基分别采用土工膜和防渗墙防渗，在坝基埋深 29～31m 处存在一弱透水层（Q_3^{al}-Ⅱ层，渗透系数为 $5.89×10^{-5}$ cm/s），计算得到防渗墙墙体深入弱透水层（Q_3^{al}-Ⅱ层）5m 时正常蓄水位工况下的坝体和坝基渗流场，其河床最大坝高剖面水位等值线及流网分布如图 4.3-1 所示。由图 4.3-1 可知，土工膜和防渗墙联合消减水头 18.97m，占总水头的 94.33%，联合阻渗作用显著。防渗墙、砂砾石及覆盖层（不含 Q_3^{al}-Ⅱ层）的最大渗透坡降分别为 19.0、0.018 和 0.086，均小于各材料分区允许渗透坡降。坝体和坝基单宽流量分别为 1.19m²/d 和 2.06m²/d。防渗墙深度在此基础上再加深对坝体渗流场性态影响不显著。在实际工程中，将防渗墙深入弱透水层 5m，形成了土工膜-防渗墙-弱透水层三位一体的半封闭式防渗体系。目前该工程运行良好，坝基防渗系统运行安全。

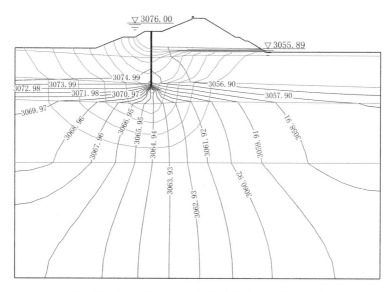

图 4.3-1　河床最大坝高剖面水位等值线和流网分布（单位：m）

4.3.1.3　悬挂式防渗墙

当覆盖层深厚且不存在可以依托的弱透水地层，需采用悬挂式防渗墙时，在保证渗透稳定能够满足要求的前提下，还应该考虑工程对坝基不均匀的适用性和渗漏控制要求。例如，老虎嘴、冶勒、下坂地等大坝的渗漏量按河道多年平均流量的 1% 进行渗流量控制；除此之外，还应保证坝体和坝基静力和动力稳定，坝基不产生过大有害变形和明显沉降，竣工后坝体和坝基总沉降量一般不宜大于坝高的 1%。采用悬挂式防渗墙的典型土石坝工程特性见表 4.3-1。一般混凝土防渗墙允许渗透坡降为 80，为保证坝基不发生渗透破坏，允许坡降安全系数一般取 1.5～2.0，故防渗墙渗透坡降一般对应为 40.0～53.3。通过大量的实际工程调研后发现，采用悬挂式混凝土防渗墙时，防渗墙渗透坡降一般为 20～40，小于其允许渗透坡降，可以满足渗流控制的要求。

对于悬挂式防渗墙的墙体深度 $h_{墙}$，从覆盖层平均渗透坡降 $J_{平均}$ 定义出发，推导防渗墙深度 $h_{墙}$ 与水库水头 h 之间的定量关系。混凝土防渗墙一般厚度 d 为 0.6～1.2m，其相对于防渗墙深度来说较小。调研总结目前应用防渗墙的实际工程可发现，坝体防渗体与坝基防渗墙联合防渗作用一般消减水头占水库总水头约 90%，坝基防渗墙一般消减 40%～60% 的总水头，此时即有

表 4.3-1　　　　　　　　　采用悬挂式防渗墙的典型土石坝工程特性表　　　　　　　单位：m

工程名称	最大坝高	最大覆盖层深度	防渗墙深度 $h_墙$	水头 h
冶勒	124.5	400.0	140.0	117.0
泸定	84.0	148.6	110.0	74.0
旁多	72.4	150.0	80.0	66.52
老虎嘴	84.0	206.5	80.0	60.40
扎雪	—	200.0	80.0	57.0
仁宗海	56.0	148.0	78.0	50.0

$$J_{平均} = (40\% \sim 60\%)\frac{h}{2h_墙+d} \approx (0.2 \sim 0.3)\frac{h}{h_墙} \leqslant J_{平均允许} \qquad (4.3-1)$$

$$h_墙 \geqslant \frac{(0.2 \sim 0.3)h}{J_{平均允许}} \qquad (4.3-2)$$

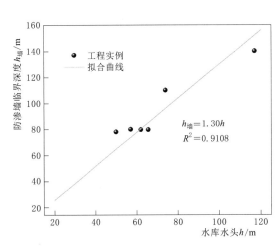

图 4.3-2　防渗墙临界深度与水库水头拟合关系图

由式（4.3-2）可知，防渗墙临界深度 $h_墙$ 与水库水头 h 可按照线性关系进行拟合，如图 4.3-2 所示，其拟合公式为

$$h_墙 = 1.30h \qquad (4.3-3)$$

选用老虎嘴工程和冲久工程进一步论证提出的悬挂式防渗墙深度计算公式（4.3-2）和拟合公式（4.3-3）的合理性。

老虎嘴工程正常蓄水位是 3297.00m，正常尾水位是 3236.60m。左岸地基垂直防渗采用悬挂式防渗墙，其正常蓄水位工况下剖面 1（坝左 0+55.00）水位等值线分布如图 4.3-3 所示。由图 4.3-3 可知，坝基防渗墙消减水头为 24.90m，占比总水头 41.22%，Ⅱ组岩组允许渗透坡降为 0.18。

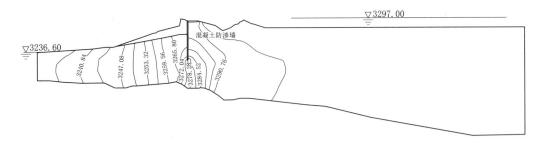

图 4.3-3　老虎嘴工程正常蓄水位工况下剖面 1（坝左 0+55.00）水位等值线分布（单位：m）

按照式（4.3-2）计算得到 $h_墙 \geqslant (0.2 \sim 0.3)h/0.18 = (1.111 \sim 1.667)h$，取中间值为 83.89m。按照式（4.3-3）计算得到 $h_墙 \geqslant 1.3h = 1.3 \times 60.4 = 78.52(m)$，而老虎嘴工程防渗墙设计深度为 80m。计算公式、拟合公式与设计值之间的误差分别为 4.86% 和 1.85%，说明提出的计算公式和拟合公式精度均较高。

冲久工程位于巴松湖出口处，距下游雪卡水电站约 20km，是巴河梯级规划中的第一个梯级工程，主要承担巴河水量年内调节和枯水期向下游雪卡水电站供水的任务。冲久水库总库容 3.5 亿 m^3，属 Ⅱ 等大（2）型工程，为年调节水库，其枢纽主要建筑物为 3 级建筑物，次要建筑物为 4 级建筑物。冲久工程正常蓄水位 3471.00m，设计洪水位 3473.26m，校核洪水位 3473.68m。为防止库水沿砂卵石层渗漏，沿涵管边壁产生渗透破坏，施工期进行了方案修改，于涵 0-020 布置一道混凝土防渗墙，左岸深入岸坡湖相层 3m，底部深入湖相层 5m 左右，右岸与混凝土齿墙相接。顶部接复合土工布（两布一膜）。该混凝土防渗墙为悬挂式防渗墙，正常蓄水位对应的上、下游水头差为 13.5m，地层取 Ⅰ 岩组，平均允许渗透坡降 0.15，正常蓄水位工况下沿涵管中心线剖面水位等值线分布如图 4.3-4 所示。

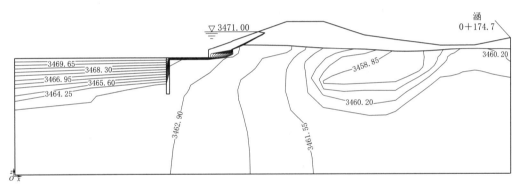

图 4.3-4 冲久工程正常蓄水位工况下沿涵管中心线剖面水位等值线分布（单位：m）

按照式（4.3-2）计算得到 $h_墙 \geqslant (0.2 \sim 0.3)h/0.15 = (1.333 \sim 2.000)h = 18.00 \sim 27.00(m)$。按照式（4.3-3）计算得到 $h_墙 \geqslant 1.3h = 17.55(m)$。而冲久工程于涵 0-020 布置的混凝土防渗墙深度为 18.00m，满足上文提出的防渗墙深度计算公式和拟合公式。

坝基渗流受覆盖层深度、地层渗透性和坝高等诸多因数影响。防渗型式可分为全封闭式、半封闭式和悬挂式三类。不同坝基防渗型式对应的防渗控制标准有所区别，根据前述论证，有针对性地提出深厚覆盖层坝基渗流控制标准，见表 4.3-2。

表 4.3-2 深厚覆盖层坝基渗流控制标准

序号	防渗型式	控 制 标 准
1	全封闭式	以渗透坡降为主控因素，地层渗透坡降和出逸坡降均小于允许渗透坡降值，防渗墙深入不小于基岩 1.0m，帷幕灌浆布置还需考虑坝高，对于高土石坝控制标准为 3～5Lu，对于特高土石坝，其坝基防渗控制标准可按 1～3Lu 控制
2	半封闭式	一般将防渗墙穿过相对不透水层顶面以下至少 5m，同时保证防渗墙底部渗透坡降超限区域不具备发生渗透破坏的条件

序号	防渗型式	控 制 标 准
3	悬挂式	优先选用防渗墙；保证坝基不发生渗透破坏，允许坡降安全系数一般取 1.5～2.0，防渗墙深度可按 $h_{墙} \geqslant (0.2～0.3)h/J_{平均允许}$ 或 $h_{墙} \geqslant 1.30h$ 进行控制，且渗流量一般不超过河道多年平均流量的 1%；同时还应保证坝体和坝基静力和动力稳定，坝基不产生过大有害变形和明显沉降，竣工后坝体和坝基总沉降量一般不宜大于坝高的 1%

4.3.2 全封闭式防渗型式应用工程实例

4.3.2.1 概述

金川水电站位于四川省阿坝藏族羌族自治州金川县境内，是大渡河干流规划 22 级方案的第 6 个梯级电站，上游与双江口水电站相衔接，下游经金川县城接巴底水电站。河床覆盖层最大厚度 65m，平均厚度 45m，从下至上（由老至新）总体可分三个岩组，即含漂砂卵砾石层 I 岩组（Q_4^{al}-I），厚度为 6.4～34.1m；砂卵砾石层 II 岩组（Q_4^{al}-II），厚度为 7.27～53.48m；含漂砂卵砾石层 III 岩组（Q_4^{al}-III），厚度为 2.00～30.9m。

金川面板堆石坝采用"混凝土面板+趾板+连接板+混凝土防渗墙+两岸帷幕灌浆"的全封闭式防渗型式。

1. 坝体防渗

混凝土面板堆石坝防渗型式为：坝体采用混凝土面板防渗，混凝土面板厚度渐变，顶端厚度为 0.3m，底部最大厚度为 0.62m。面板按 12m、6m 宽分垂直缝，面板之间的垂直缝及面板与趾板间的周边缝均设止水。坝顶设混凝土防浪墙，防浪墙顶高于坝顶高程 1.2m，防浪墙与混凝土面板间设有止水；河床部位趾板坐落在覆盖层上，覆盖层采用防渗墙垂直防渗；防渗墙与趾板之间采用混凝土连接板连接，连接板宽度 4m+4m+4m，趾板厚 0.8m，防渗墙与连接板、趾板与连接板、趾板与混凝土面板间均设止水；两岸基岩上的趾板与面板间的周边缝均设止水，以便形成坝体防渗系统。

2. 坝基及两岸防渗

河床坝基覆盖层采用混凝土防渗墙垂直防渗，以拦截覆盖层的渗流通道，混凝土防渗墙轴线平行于坝轴线布置，墙顶长 143.33m，墙厚 1.2m，最大深度 53.8m，墙底嵌入基岩 1.0m。河床基岩布置一排帷幕灌浆孔，通过防渗墙上的预留管进行灌浆，最大深度 59m，深入相对不透水层（$q < 5Lu$）以下 5m。

两岸坝肩基岩防渗采用在趾板位置进行帷幕灌浆，趾板上设置主、副两排帷幕，主帷幕深入相对不透水层（$q < 5Lu$）5m，左岸最大深度 157m，右岸最大深度 138m，副帷幕深度为主帷幕的 1/2。坝肩设置灌浆洞，内设一排帷幕，其中左岸向地下厂房厂前延伸，向坝肩延伸 290m，帷幕灌浆深度以厂前帷幕深控制；右岸沿溢洪道闸室底板并向坝肩延伸 100m，帷幕灌浆深度按相对不透水层范围线（$q < 5Lu$）控制。帷幕灌浆孔间距 1.5～2.0m，排距 1.5m。

4.3.2.2 计算模型

建立天然渗流场三维有限元模型，模型的空间范围为 1270m×1160m×522m，坐标原点在模型上游边界的右角点处。模型主要包括河床和两岸山体，单元总数为 26049 个，结点总数为 27913 个。主要模拟的地层及地质结构有灰色～浅灰黄色含漂砂卵砾石层（覆盖层 $Q_4^{al-sgr}-I$）、灰色砂卵砾石层（覆盖层 $Q_4^{al-sgr}-II$）、灰色含漂砂卵砾石层（覆盖层 $Q_4^{al-sgr}-III$）、新鲜基岩（$q<3Lu$）、微风化基岩（$q=3\sim5Lu$）、弱风化基岩（$q=5\sim10Lu$）、风化基岩（$q\geqslant10Lu$）、断层（如 F_{31} 和 F_{28}）等。枢纽区天然渗流场有限元模型如图 4.3-5 所示。

对面板堆石坝坝体、坝基和左右两岸防渗体系及右岸泄洪洞、左岸厂房防渗排水系统、主要控制断层、各主要地层渗透单元和河床覆盖层等进行了较为全面的模拟，建立枢纽区三维渗流模型。三维渗流整体有限元网格如图 4.3-6 所示。

图 4.3-5　枢纽区天然渗流场有限元模型　　　图 4.3-6　三维渗流整体有限元网格图

4.3.2.3　计算参数和工况

综合坝料渗透系数试验值和坝址区岩石分层压水试验、工程类比等选择渗流计算参数，见表 4.3-3；考虑不同防渗帷幕效果，计算工况见表 4.3-4。

表 4.3-3　　　　　　　　　　　渗 流 计 算 参 数 表

材料编号	材　料　类　型	渗透系数/(cm/s)
1	混凝土面板	5.00×10^{-8}
2	垫层 2A	7.84×10^{-4}
3	过渡层 3A	3.13×10^{-1}
4	帷幕	3.00×10^{-5}
5	混凝土防渗墙	5.00×10^{-7}
6	混凝土趾板	1.00×10^{-7}
7	垫层小区 2B	8.78×10^{-5}
8	上游堆石区 3B	6.00×10^{-1}
9	下游堆石区 3C	5.00×10^{-2}
10	反滤层 3E	2.65×10^{-1}

材料编号	材 料 类 型	渗透系数/(cm/s)
11	上游压重，开挖任意料 1B	1.00×10^{-2}
12	防渗铺盖，粉细砂及开挖细料 1A	1.00×10^{-5}
13	下游压重，开挖任意料	1.00×10^{-2}
14	断层 F_{31}	2.00×10^{-2}
15	断层 F_{14}	2.00×10^{-2}
16	覆盖层 Q_4^{al-sgr}-Ⅲ	5.25×10^{-2}
17	覆盖层 Q_4^{al-sgr}-Ⅱ	4.98×10^{-2}
18	覆盖层 Q_4^{al-sgr}-Ⅰ	5.25×10^{-2}
19	岩层（≥10Lu）	9.99×10^{-4}
20	岩层（5～10Lu）	7.50×10^{-5}
21	岩层（3～5Lu）	4.50×10^{-5}
22	岩层（<3Lu）	3.00×10^{-5}
23	排水孔	1.00
24	厂房、主变室及调压室	1.00
25	泄洪洞	1.00
26	F_{28}	2.00×10^{-2}

表 4.3-4　计算工况（上游水位 2253.00m，下游水位 2156.42m，泄洪洞关闭）

工况	防渗帷幕深度	防 渗 帷 幕 效 果
1-1	防渗帷幕深入相对不透水层（5Lu）以下 5m	幕体①，灌浆效果良好，渗透系数 3×10^{-5} cm/s
1-2		幕体②，灌浆效果较差，渗透系数 5×10^{-4} cm/s
1-3	防渗帷幕深入相对不透水层（3Lu）以下 5m	幕体①，灌浆效果良好，渗透系数 3×10^{-5} cm/s
1-4		幕体②，灌浆效果较差，渗透系数 5×10^{-4} cm/s

4.3.2.4　成果分析

正常蓄水位计算工况 1-1（帷幕深入 5Lu 以下 5m，帷幕渗透系数 $k=3 \times 10^{-5}$ cm/s），坝体河床最大剖面的渗透坡降和等水头线分别如图 4.3-7 和图 4.3-8 所示。

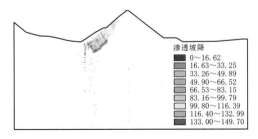

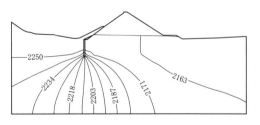

图 4.3-7　工况 1-1 最大剖面渗透坡降图　图 4.3-8　工况 1-1 最大剖面等水头线图（单位：m）

正常蓄水位各计算工况下河床最大剖面各分区的最大渗透坡降值成果见表 4.3-5。工况 1-3 与工况 1-1 各坝料渗透坡降基本相同；工况 1-2、工况 1-4 和工况 1-1 相比，面板最大渗透坡降略有降低，分别为 137.00、136.84，降幅不大；垫层最大渗透坡降有所升高，分别为 1.045、1.126。四种工况坝料及坝基覆盖层最大渗透坡降均满足材料允许渗透坡降，表明正常蓄水条件下坝体渗透稳定满足要求。

表 4.3-5　正常蓄水位各计算工况下河床最大剖面各分区的最大渗透坡降值成果表

坝 料 分 区	最大渗透坡降				允许坡降
	工况 1-1	工况 1-2	工况 1-3	工况 1-4	
面板	149.53	137.00	149.53	136.84	200
垫层	0.875	1.045	0.896	1.126	40.75
过渡层	0.118	0.129	0.102	0.114	5.9
上游堆石区	0.043	1.038	0.044	1.040	3.83
下游堆石区	—	0.49	—	0.49	12.73
反滤层	0.069	0.130	0.069	0.131	6.35
下游压重	0.070	0.472	0.07	0.475	
防渗墙	73.43	65.28	73.43	65.28	80
帷幕	28.96	17.86	28.96	17.85	
覆盖层（Ⅲ）	0.077	0.130	0.077	0.140	0.15
覆盖层（Ⅱ）	0.062	0.120	0.062	0.130	0.15
覆盖层（Ⅰ）	0.081	0.150	0.083	0.150	0.15
主堆石内浸润线最高点高程	2165.45m	2177.12m	2165.45m	2177.29m	
坝下游坡溢出点高程	2156.63m	2164.00m	2156.63m	2164.00m	

工况 1-3 与工况 1-1 相比，最大渗透坡降基本相同，渗流自由面在主堆石区内最高点位的高程也很接近；工况 1-4 与工况 1-2 计算结果也很相近。说明严格控制防渗帷幕施工质量对渗流稳定及工程安全意义重大，而帷幕深度深入 5Lu 以下 5m 与深入 3Lu 以下 5m 比较分析，对渗流场的影响不甚明显。

工况 1-1 下，左岸坝肩剖面渗透坡降和等水头线分别如图 4.3-9 和图 4.3-10 所示。左岸坝肩剖面最大渗透坡降为 5.80，位于帷幕上部第一个排水廊道处，尾调控制室底部最大渗透坡降为 1.93，基岩中渗透坡降一般小于 1.00。

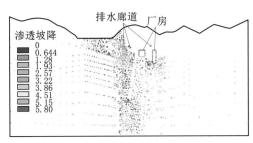

图 4.3-9　工况 1-1 左岸坝肩剖面渗透坡降

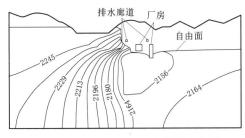

图 4.3-10　工况 1-1 左岸坝肩剖面
等水头线（单位：m）

各计算工况左岸坝肩基岩中渗流场自由面的趋势和规律基本一致，即上游基岩中渗流自由面接近水平状态，进入帷幕后迅速降低，在帷幕、排水廊道及排水孔的综合作用下，自由面在厂区低于主变室并在尾水闸室底部有溢出，下游基岩处呈近水平状态。

工况 1-1 右岸坝肩剖面渗透坡降和等水头线分别如图 4.3-11 和图 4.3-12 所示。渗透坡降在泄洪洞上游周边处较大，最大为 1.70，其他部位均较小。正常蓄水各工况右岸坝肩渗流自由面的形态大致相同。上游基岩中自由面缓慢下降，在帷幕处迅速下降，至下游基岩后趋于平缓。

图 4.3-11　工况 1-1 右岸坝肩剖面渗透坡降

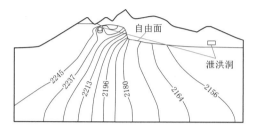

图 4.3-12　工况 1-1 右岸坝肩剖面
等水头线（单位：m）

金川混凝土面板堆石坝河床坝基覆盖层采用混凝土防渗墙垂直防渗，混凝土防渗墙底嵌入基岩 1.0m，河床基岩再布置一排帷幕灌浆孔，通过防渗墙上的预留管进行灌浆，深入相对不透水层（$q<5Lu$）以下 5m。计算表明，该面板坝采用全封闭式防渗型式时，正常蓄水位工况下水头主要由面板、趾板、防渗墙及帷幕防渗系统消减，防渗效果良好。正常蓄水位工况下各部位最大渗透坡降均无明显的变化，坝体面板及垫层、过渡层、主堆石、次堆石的渗透坡降满足水体梯度的过渡要求，且最大渗透坡降均小于允许坡降值。该面板坝防渗和排水系统设计合理，达到设计防渗效果要求。说明本章提出的全封闭式防渗型式防渗控制原则是适用的。

4.3.3　半封闭式防渗型式应用工程实例

4.3.3.1　概述

某水电站枢纽从右至左依次布置有拦河坝、泄洪闸、发电厂房、左岸副坝等建筑物。拦河坝采用土工膜防渗砂砾石坝，与上游围堰结合，最大坝高 28.00m。左岸台地覆盖层厚 180～360m；河床覆盖层左深右浅，一般厚 60～180m，左岸最厚 200m 左右。坝址区覆盖层主要以中等透水为主，表部第 2 层（$Q_4^{al-sgr_2}$）含漂石砂卵砾石层为强透水土体，中下部的第 8 层（$Q_3^{al}-Ⅱ$）、第 12 层（$Q_2^{fgl}-Ⅲ$）及以下土体为弱透水土体。砂砾石坝采用土工膜防渗，坝基采用混凝土防渗墙与弱透水地层联合防渗型式，左岸防渗墙延伸 130m，右岸防渗帷幕延伸长度 175m。其防渗方案示意图如图 4.3-13 所示。

4.3.3.2　计算模型

根据该水电站工程实际情况，建立河床最大坝高剖面有限元模型（见图 4.3-14），对防渗墙材料渗透系数和布置深度进行敏感性分析。有限元模型截取范围如下：上游从坝

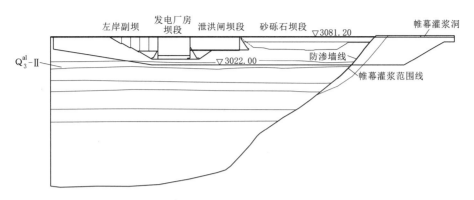

图 4.3 - 13　某水电站防渗方案示意图（单位：m）

轴线往上游截取 150m（$X=-150$m）；下游从坝轴线往下游截取 150m（$X=150$m）；模型底高程截至弱风化线。

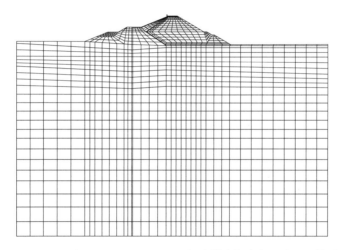

图 4.3 - 14　剖面 1（$X=-150$m）河床最大坝高剖面有限元模型

4.3.3.3　计算参数和方案

敏感性分析方案见表 4.3 - 6，计算工况取工况 DB - 2，上游水位为正常蓄水位 3076.00m，下游水位为多年平均流量对应水位 3055.89m。

表 4.3 - 6　　　　　　　　　　敏感性分析方案

方　　案	防渗墙方案	
	深度变化	渗透系数/(cm/s)
DB - 2	无	2.00×10^{-6}
DB - FSQ - 4	加深 10m	2.00×10^{-6}
DB - FSQ - 5	加深 20m	2.00×10^{-6}
DB - FSQ - 6	至覆盖层 Q_3^{al} - Ⅱ 顶面	2.00×10^{-6}

4.3.3.4 成果分析

研究防渗墙深度对坝体渗流场的影响规律，选取河床最大坝高剖面进行防渗墙深度敏感性分析，取 4 组（原值、加深 10m、加深 20m、缩短 37.3m）深度进行分析，并考虑极端情况，假定覆盖层 Q_3^{al}-Ⅱ层的渗透系数增大至中等透水，对防渗墙深度进行敏感性分析。水力条件同工况 DB-2，各方案河床最大坝高剖面位势分布分别如图 4.3-15～图 4.3-17 所示。

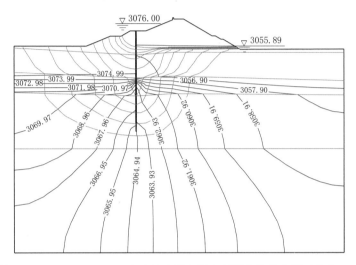

图 4.3-15 DB-FSQ-4 方案河床最大坝高剖面位势分布图（单位：m）

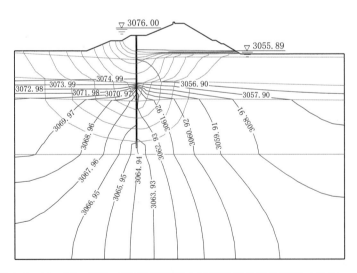

图 4.3-16 DB-FSQ-5 方案河床最大坝高剖面位势分布图（单位：m）

河床最大坝高剖面防渗系统后浸润面的最高位置见表 4.3-7。坝体内浸润面较为平缓，浸润面在防渗体系前后形成了突降。在设计方案 DB-2 下，土工膜和混凝土防渗墙的阻渗作用共削减水头 19.11m，占总水头的 95.03%；在防渗墙深度增加 10m，增加 20m 和缩短 37.3m 至覆盖层 Q_3^{al}-Ⅱ层顶面方案下，防渗系统削减水头及百分比分别为

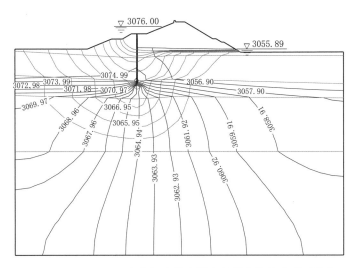

图 4.3-17 DB-FSQ-6方案河床最大坝高剖面位势分布图（单位：m）

19.12m、95.08%，19.17m、95.32%和18.97m、94.33%，可见土工膜和防渗墙联合阻渗作用显著。

表 4.3-7 河床最大坝高剖面防渗系统后浸润面的最高位置

方 案	浸润面最高位置/m	削减水头百分比/%
DB-2	3056.89	95.03
DB-FSQ-4	3056.88	95.08
DB-FSQ-5	3056.83	95.32
DB-FSQ-6	3057.03	94.33

注 表中削减水头百分比 $=\dfrac{H_{上}-H_{后}}{H_{上}-H_{下}}\times 100\%$。

防渗墙深度在设计深度、加深10m、加深20m和缩短37.3m四种方案下，坝体浸润面变化幅度很小。与设计方案相比，加深10m和20m方案防渗系统后浸润面的最高位置分别下降了0.01m和0.06m，缩短37.3m方案的上升了0.14m，最大变幅仅占总水头的0.7%。因此，防渗墙深度对坝体浸润面的影响不显著。其主要原因是覆盖层 Q_3^{al}-Ⅱ层渗透系数较小，它与防渗墙组合形成了封闭的坝基防渗体系，因而防渗墙与该层连接后，其深度变化的影响不大。

各料区的最大渗透坡降见表4.3-8。各料区渗透坡降均小于材料允许的渗透坡降。随着防渗墙深度的加深，防渗墙的最大平均渗透坡降小幅增加，由设计方案的18.97增加至19.17；地基（不包含 Q_3^{al}-Ⅱ地层）的最大渗透坡降均小于材料允许的渗透坡降。由此可见，在覆盖层 Q_3^{al}-Ⅱ层顶面以下，防渗墙深度变化对防渗墙和砂砾石的渗透坡降影响不显著。

坝体和坝基的单宽渗流量见表4.3-9。随着防渗墙深度的加深，坝体的渗流量有小幅的增加，坝基的渗流量有小幅的减少，坝体的单宽渗流量由 $1.19\text{m}^3/(\text{d}\cdot\text{m})$ 增至 $1.21\text{m}^3/(\text{d}\cdot\text{m})$，坝基的单宽渗流量由 $2.06\text{m}^3/(\text{d}\cdot\text{m})$ 降至 $1.97\text{m}^3/(\text{d}\cdot\text{m})$。由此可见，在覆盖层 Q_3^{al}-Ⅱ层顶面以下，防渗墙深度对坝体和坝基渗流量影响不大。

表 4.3-8 各料区的最大渗透坡降

方案	防渗墙		砂砾石		覆盖层 (不包含 Q_3^{al}-Ⅱ地层)	
	最大平均渗透坡降	位置	最大渗透坡降	位置	最大渗透坡降	位置
DB-2	19.11	中央防渗墙顶部	0.016	靠近下游出逸点的砂砾石区浸润面附近	0.100	防渗墙底部地层附近
DB-FSQ-4	19.12		0.016		0.110	
DB-FSQ-5	19.17		0.016		0.148	
DB-FSQ-6	18.97		0.018		0.086	

表 4.3-9 坝体和坝基的单宽渗流量

方案	单宽渗流量/[m^3/(d·m)]	
	坝体	坝基
DB-2	1.20	2.04
DB-FSQ-4	1.20	1.99
DB-FSQ-5	1.21	1.97
DB-FSQ-6	1.19	2.06

防渗墙深度对坝体位势分布的影响不大,随着防渗墙深度的增加,坝体浸润面出现很小的上升。与设计方案相比,加深10m和20m方案防渗系统后浸润面的最高位置分别下降了0.01m和0.06m,缩短37.3m方案的上升了0.14m,变幅均在总水头的1‰以内。

覆盖层 Q_3^{al}-Ⅱ为冲积中～细砂层,为弱透水层,渗透系数为 5.89×10^{-5} cm/s,与其相接的上下两地层均为中等透水层,渗透系数分别为 8.49×10^{-3} cm/s 和 1.14×10^{-3} cm/s。从上述防渗墙深度变化方案计算成果可知,防渗墙深度变化对坝体和坝基渗流场的影响不大。主要是上述方案的防渗墙均已深入了覆盖层 Q_3^{al}-Ⅱ层,且该地层渗透系数较小,它与防渗墙组合形成了封闭的坝基防渗体系,其阻渗作用显著。

考虑到工程地质条件的复杂性,该层可能存在不连续的情况。假定该地层的渗透系数增大至中等透水,即与上、下地层渗透系数一致,为安全考虑,对防渗墙深度变化进行敏感性分析。

水力条件同工况DB-2,上游水位为正常蓄水位3076.00m,下游水位为多年平均流量对应水位3055.89m,该地层渗透系数取与其相接的上下两地层渗透系数的均值。选取河床最大坝高剖面防渗系统后浸润面的最高位置进行对比分析。河床最大坝高剖面防渗系统后浸润面的最高位置见表4.3-10。可以看出,在高程2990.00m处曲线出现转折:防渗墙底高程在2990.00m及以下时,防渗系统后浸润面最高位置变化很平缓;在高程2990.00m以上,防渗系统后浸润面最高位置出现了明显的上扬。

该水电站采用混凝土防渗墙与弱透水地层联合防渗,各工况坝址区渗流场的分布规律较为明确,混凝土防渗墙的渗透坡降较大,坝体其他料区的渗透坡降均较小。防渗墙与弱透水地层形成的联合地基防渗体系防渗效果显著。当防渗墙在覆盖层弱透水地层 Q_3^{al}-Ⅱ层顶面以下时,随着防渗墙深度加深,防渗墙最大平均渗透坡降小幅增加,砂砾石最大渗透坡降小幅减少，防渗墙深度变化对坝体渗流场性态影响不显著。按照本章提出的防渗控制原则进行设计，该水电站坝基防渗效果较好。

表 4.3-10　　　　　　　河床最大坝高剖面防渗系统后浸润面的最高位置

防渗墙底高程/m	浸润面最高位置/m	削减水头百分比/%
2964.17	3057.03	94.33
2972.77	3057.16	93.68
2981.37	3057.10	93.98
2990.00（设计方案）	3057.07	94.13
2997.77	3057.39	92.54
3011.26	3057.74	90.80
3021.96	3058.28	88.12
3032.04	3058.95	84.78
3041.51	3060.00	79.56
3044.75	3060.80	75.58

4.3.4　悬挂式防渗型式应用工程实例

4.3.4.1　概述

老虎嘴水电站工程位于西藏自治区东南部的林芝市工布江达县巴河干流上，是巴河巴松湖以下河段梯级开发规划的第七个梯级水电站，距巴河出口处 4～6km。

水库正常蓄水位为 3297.00m，死水位为 3295.00m，总库容为 9350 万 m³，调节库容 350 万 m³，为日调节水库，最大坝高 84m，电站装机容量 102MW，年利用小时数 4866h，多年平均发电量 49636 万 kW·h。

左岸副坝、防渗墙、围堰和厂房基础均坐落在覆盖层之上，覆盖层存在不均匀沉降和渗透稳定问题，左岸地基垂直防渗采用悬挂式防渗墙，辅以水平防渗。

4.3.4.2　计算模型

采用控制断面超单元自动剖分技术，即对计算区域切取控制剖面，并据此形成超单元。加密细分后形成有限单元网格，生成的有限元结点总数为 51653 个，单元总数为 46363 个。左岸坝基坝肩有限元计算网格如图 4.3-18 所示。

4.3.4.3　计算参数和工况

根据提供的工程地质和水文地质资料，左岸坝基坝肩计算模型中各种透水材料的渗透系数和允许水力坡降取值见表 4.3-11；左岸坝基三维渗流场计算工况见表 4.3-12。

表 4.3-11　　　　　左岸坝基坝肩各种透水材料的渗透系数和允许水力坡降

材　料　区	渗透系数/(cm/s)	允许水力坡降
混凝土防渗墙	1.0×10^{-7}	80
灌浆帷幕	$(5 \sim 8) \times 10^{-5}$	3～4
Ⅰ岩组块碎石土	$2.22 \times 10^{-4} \sim 7.55 \times 10^{-3}$	0.2
Ⅱ岩组含漂块石砂卵砾石	$1.56 \times 10^{-4} \sim 4.2 \times 10^{-2}$	0.2
Ⅲ岩组含粉土中细砂	$(5.32 \sim 5.72) \times 10^{-4}$	0.2

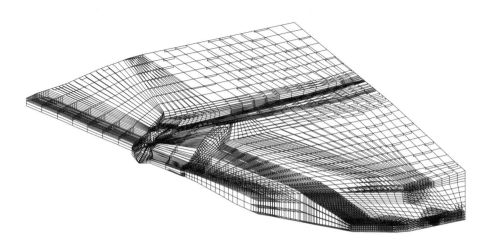

图 4.3 - 18 左岸坝基坝肩有限元计算网格图

表 4.3 - 12　　　　　　　　　左岸坝基三维渗流场计算工况

工况	工 况 说 明			
	防渗墙深度 /m	渗透系数 /(10^{-7}cm/s)	防渗墙长度 /m	计算水位
F0 - 0	—	—	—	正常蓄水位
F6 - 1	60	1.0	250	正常蓄水位
F6 - 2	60	1.0	300	正常蓄水位
F6 - 3	60	1.0	350	正常蓄水位
F8 - 1	80	1.0	250	正常蓄水位
F8 - 2	80	1.0	300	正常蓄水位
F8 - 3	80	1.0	350	正常蓄水位

4.3.4.4　成果分析

各工况下地下水位等值线图和位势分布分别如图 4.3 - 19～图 4.3 - 26 所示。设置防渗墙后，防渗墙后的地下水位明显降低，防渗效果显著。需要说明的是防渗墙和灌浆帷幕是根据渗透等效原则处理的，混凝土防渗墙按等效厚度计算，其计算结果与未等效的情况基本相同。

各工况下不同位置渗透坡降见表 4.3 - 13，防渗墙长度变化对下游渗透坡降的影响不明显，且明显弱于防渗墙深度变化的影响。因防渗墙未能截断砂砾石覆盖层，且砂砾石的渗透系数较大，坝肩绕防渗墙渗透明显，故防渗墙对下游最大渗透坡降影响不显著。设置防渗墙后，下游覆盖层内较大的渗透坡降均出现在沿河谷岸坡内，其他区域的渗透坡降均小于 0.1。当防渗墙长 300m、深 80m 时（工况 F8 - 2），下游覆盖层内的最大渗透坡降约为 0.167，出现在下游冲沟以下的局部区域内。从地下水位和渗透坡降的变化趋势来看，该工况能满足要求。

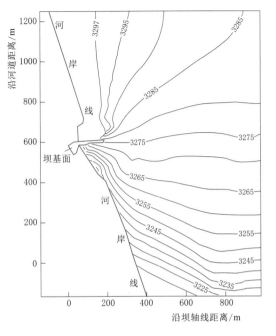

图 4.3-19　地下水位等值线图（无防渗墙）

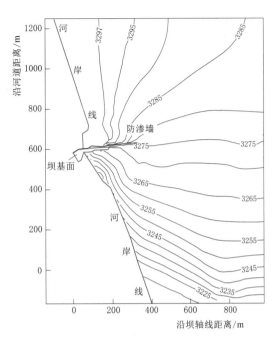

图 4.3-20　地下水位等值线图（有防渗墙）

表 4.3-13　　　　　　　　　各工况下不同位置渗透坡降

工况	防渗墙内最大渗透坡降	覆盖层 I 最大渗透坡降	覆盖层 II 最大渗透坡降
F0-0	—		0.230
F6-1	24.0		0.186
F6-2	24.0		0.182
F6-3	24.0	均小于 0.05	0.180
F8-1	28.0		0.169
F8-2	28.0		0.167
F8-3	28.0		0.166

各工况下的渗流量见表 4.3-14，当防渗墙长 300m、深 80m 时（工况 F8-2），随着覆盖层 II 渗透系数的减小，总渗透流量明显减小。覆盖层 II 渗透系数的改变对渗流量影响显著，但是，它对渗流场最大渗透坡降的影响很小，基本可以忽略。

表 4.3-14　　　　　　　　　各工况下的渗流量

工况	渗流量 /(m³/s)	折合渗流量 /(万 m³/d)	工况	渗流量 /(m³/s)	折合渗流量 /(万 m³/d)
F0-0	3.128	27.03	F8-1	2.547	22.01
F6-1	2.761	23.86	F8-2	2.515	21.73
F6-2	2.748	23.74	F8-3	2.480	21.43
F6-3	2.730	23.59			

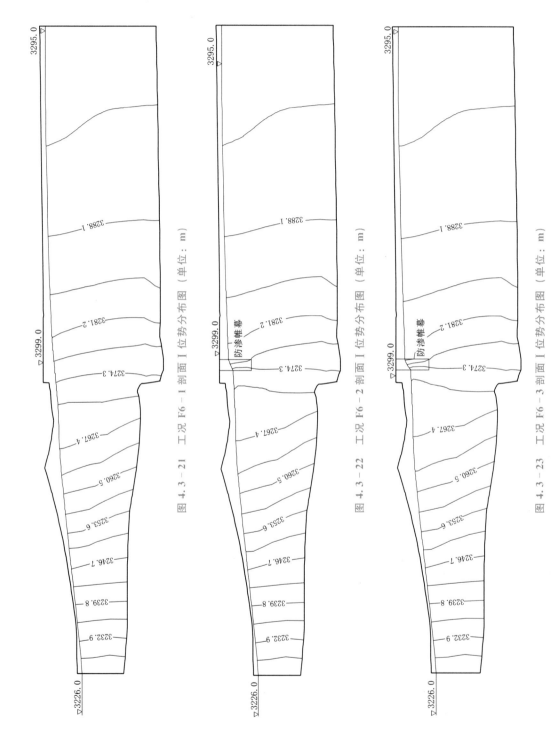

图 4.3-21 工况 F6-1 剖面 I 位势分布图（单位：m）

图 4.3-22 工况 F6-2 剖面 I 位势分布图（单位：m）

图 4.3-23 工况 F6-3 剖面 I 位势分布图（单位：m）

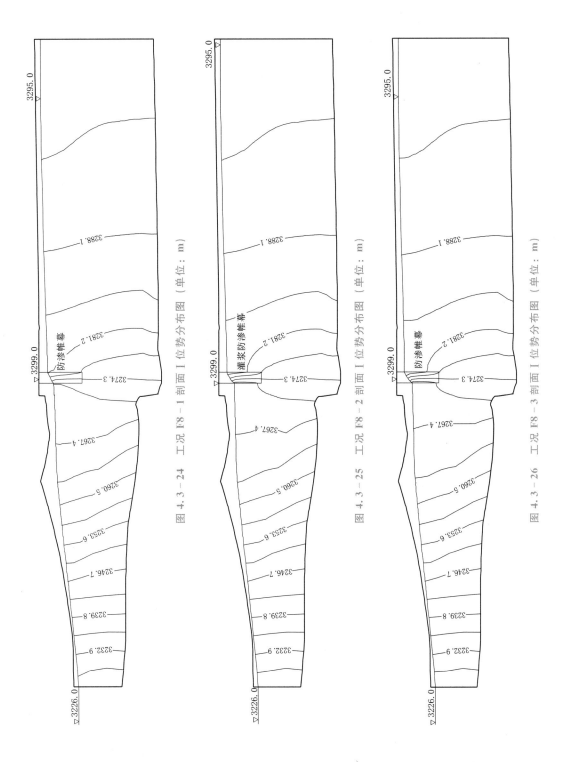

图 4.3 - 24 工况 F8 - 1 剖面 I 位势分布图（单位：m）

图 4.3 - 25 工况 F8 - 2 剖面 I 位势分布图（单位：m）

图 4.3 - 26 工况 F8 - 3 剖面 I 位势分布图（单位：m）

老虎嘴水电站采用悬挂式防渗墙进行防渗，设置防渗墙后，防渗墙后的地下水位明显降低，防渗墙防渗效果显著。防渗墙长度变化对下游渗透坡降的影响不明显，且明显弱于防渗墙深度变化的影响。设置防渗墙后，下游附近区域压力水头随防渗墙深度的变化明显，而受防渗墙长度变化的影响较小。设置防渗墙后，下游覆盖层内较大的渗透坡降均出现在沿河谷岸坡内，其他区域的渗透坡降均小于0.1。说明本章提出的悬挂式防渗墙防渗型式的渗流控制原则是适用的，可有效降低该坝左岸坝基地下水位、渗透坡降和渗透流量。

4.4 覆盖层防渗系统施工工序

防渗墙的可靠性是覆盖层上面板坝防渗系统的安全屏障。防渗墙浇筑后，在坝体施工填筑阶段，防渗墙因覆盖层受上覆坝体填筑荷载挤压作用而向上游位移；在水库蓄水期，防渗墙在上游水荷载作用下向下游位移。防渗墙上游、下游水平位移过大，可能会导致墙体内拉应力过大，超过混凝土允许拉应力，甚至导致防渗墙折断。除了防渗墙与面板之间的距离影响防渗墙的应力变形外，防渗墙的应力变形性状与坝体的施工工序也密切相关，合理安排坝体施工工序和防渗墙浇筑时机，可以改变防渗墙应力变形特性。

从理论上说，防渗墙施工工序可细分为先浇筑防渗墙后填筑坝体（先墙后坝）、先填筑坝体后浇筑防渗墙（先坝后墙）和边填筑坝体边浇筑防渗墙（墙坝相间）三种情况。在实际工程施工中，由于受到施工工期、河床基础开挖、场地安排等诸多因素的影响，寻求理想的防渗墙浇筑时机存在较大的困难。大多数情况下，先墙后坝可能是一种比较现实的施工安排，而实际施工安排时防渗墙造孔和成墙有一个时间过程，受槽孔塌孔、遭遇大孤石等不利影响施工时间可能会拖得很长，故有一部分防渗墙会在坝体填筑过程中浇筑。为了分析研究施工工序的影响，一些工程在设计中已经进行了防渗墙不同施工时机的计算对比分析。

4.4.1 察汗乌苏面板坝

察汗乌苏水电站覆盖层地基防渗墙，如先墙后坝，则施工期坝体自重对坝基的作用将完全影响防渗墙的应力变形；如墙坝相间，则可改善施工期防渗墙不利的应力变形状态。方案一为先建防渗墙，方案二为坝体填筑至高程1595.00m后再建造混凝土防渗墙。两方案防渗墙变形比较列于表4.4-1，防渗墙大主应力σ_1和小主应力σ_3比较列于表4.4-2。

表4.4-1　　　　　　　　　不同施工工序防渗墙变形比较

连接板长度	6m			
计算工况	竣 工 期		运 行 期	
	方案一	方案二	方案一	方案二
水平位移最大值/cm	3.86 （高程1530.00m）	4.06 （高程1527.00m）	12.38 （高程1544.80m）	12.84 （高程1544.80m）
垂直位移最大值/cm	0.20 （高程1530.00m）	1.12 （高程1527.00m）	1.02 （高程1544.80m）	1.63 （高程1544.80m）

表 4.4 - 2　　　　　　　　防渗墙大主应力 σ_1 和小主应力 σ_3 比较

连接板长度	6m			
计算工况	竣　工　期		运　行　期	
防渗墙施工方案	方案一	方案二	方案一	方案二
上游面大主应力 σ_1/MPa	3.06	1.39	7.53	7.02
下游面大主应力 σ_1/MPa	3.23	1.44	7.76	6.55
上游面小主应力 σ_3/MPa	−0.67	−0.19	−0.32	−0.26
下游面小主应力 σ_3/MPa	−0.20	−0.16	−0.22	−0.17

注　正值为压应力，负值为拉应力。

两方案坝体、坝基及面板的变形和应力分布基本相同，周边缝变形也相近，两方案的主要差异是混凝土防渗墙的变形和应力。从表 4.4 - 1 可知，竣工期两方案防渗墙最大变形出现在高程 1530.00～1527.00m 附近，运行期仍然是防渗墙顶部位移最大，方案二的防渗墙变形比方案一稍微大一些，但两方案防渗墙的水平摆幅基本相同。方案二是先填筑一定高度坝体后再建造防渗墙，坝体及基础已完成部分固结变形，墙受到的反向摩擦作用较小，所以防渗墙的应力减小。从表 4.4 - 2 可知，方案二竣工期防渗墙大主应力 σ_1 的最大值要比方案一小 1.67～1.79MPa，运行期防渗墙起控制作用的大主应力 σ_1 最大值，仅比方案一小 0.51～1.21MPa；方案二小主应力 σ_3 拉应力的最大值也比方案一稍小一些。因而，从防渗墙应力状况来看，方案二要优于方案一。

计算结果表明，混凝土防渗墙和坝体的施工工序是影响混凝土防渗墙的变形和应力的一个因素，墙坝相间与先墙后坝相比，混凝土防渗墙的应力会得到一定的改善。

4.4.2　九甸峡面板坝

在九甸峡面板坝可行性研究阶段，河海大学采用平面有限元法进行了先墙后坝和先坝后墙两种工况的计算分析。结果表明，无论是先墙后坝还是先坝后墙，对坝体应力变形以及面板应力变形的影响较小，但是对防渗墙的变形影响较大。先墙后坝施工工序，防渗墙在坝体填筑期间向上游水平位移较大，最大位移量达 58.9cm，蓄水期防渗墙向下游的最大水平位移为 15.5cm，最大摆幅达到 74.4cm；对于先坝后墙的施工工序，在坝体填筑竣工期防渗墙没有位移，但是蓄水期防渗墙向下游的最大水平位移达到 73.7cm。所以两种浇筑方式防渗墙的上下游综合摆幅极值基本相当，但是绝对位移却是先坝后墙方案最大，比先墙后坝方案要大 14.8cm。从计算结果来看，坝体填筑完成后浇筑防渗墙，蓄水期防渗墙位移过大，不利于防渗墙应力变形安全。

4.4.3　苗家坝面板坝

清华大学针对苗家坝水电站面板堆石坝，采用平面有限元法分别进行了先墙后坝、墙坝相间（填筑到高程 740.00m 后浇筑防渗墙）和先坝后墙三种施工工序的计算分析，分析了不同施工工序对面板坝应力变形的影响。计算结果表明，防渗墙不同的施工工序对坝体的应力变形、面板应力、面板挠度和轴向位移影响都不大，但是对防渗墙的变形影响较大。

先墙后坝施工工序下，防渗墙在坝体填筑期间向上游位移较大，最大位移量17.0cm，蓄水期防渗墙在水荷载作用下向下游位移，最大水平位移为2.8cm，最大摆幅为19.8cm；先坝后墙施工工序，防渗墙在坝体填筑期没有向上游移动，但是蓄水期防渗墙向下游的最大水平位移达到20.0cm，也即最大摆幅20.0cm；墙坝相间方案（填筑到高程740.00m后浇筑防渗墙）施工工序下，施工期防渗墙最大上游向水平位移为7.5cm，蓄水期最大下游向水平位移为12.4cm，防渗墙的最大摆幅19.9cm。先墙后坝的施工工序下，防渗墙的最大应力为5.7MPa，先坝后墙施工工序防渗墙的最大应力为5.5MPa，坝体填筑到高程740.00m（约1/2坝高）后浇筑防渗墙的方案（坝墙相间）防渗墙最大应力5.1MPa，变形量与前两种施工工序相比居中。综合分析三种施工工序下防渗墙的应力变形特性，三种施工工序方案中，防渗墙的最大摆幅基本相当，但是绝对位移却相差较大，其中以先坝后墙方案绝对位移最大，墙坝相间方案最小。所以坝体填筑到高程740.00m后再施工防渗墙，防渗墙的应力变形状态最好。

4.4.4 老渡口面板坝

南京水利科学研究院针对老渡口水电站面板堆石坝，采用平面有限元法进行了不同施工方案对比分析，共进行如下三种方案计算。

方案1：覆盖层→防渗墙浇筑→趾板浇筑→坝体填筑至防浪墙底高程483.50m→面板浇筑→连接板浇筑→防浪墙浇筑及坝体填筑至坝顶485.80m→蓄水至正常蓄水位480.00m。

方案2：覆盖层→防渗墙浇筑→下游坝体填筑至高程418.00m→趾板浇筑→坝体填筑至防浪墙底高程483.50m→面板浇筑→连接板浇筑→防浪墙浇筑及坝体填筑至坝顶485.80m→蓄水至正常蓄水位480.00m。

方案3：覆盖层→下游坝体填筑至高程431.00m→防渗墙浇筑→趾板浇筑→坝体填筑至防浪墙底高程483.50m→面板浇筑→连接板浇筑→防浪墙浇筑及坝体填筑至坝顶485.80m→蓄水至正常蓄水位480.00m。

以上三种方案的主要计算结果对比见表4.4-3。

表4.4-3 老渡口面板坝防渗体系不同施工工序计算结果对比

项 目			方案1	方案2	方案3
坝体	竣工期	水平位移/cm 上游向	8.2	8.9	8.9
		水平位移/cm 下游向	8.3	8.3	8.3
		沉降/cm	34.8	37.3	37.3
		大主应力/MPa	1.87	1.88	1.88
		小主应力/MPa	0.88	0.88	0.88
	蓄水期	水平位移/cm 上游向	2.9	3.6	3.6
		水平位移/cm 下游向	10.5	10.5	10.5
		沉降/cm	38.8	41.6	41.6
		大主应力/MPa	2.07	2.07	2.07
		小主应力/MPa	0.98	0.98	0.98

项　　目			方案1	方案2	方案3
面板	蓄水期	挠度/cm	10.58	10.73	10.73
		顺坡向应力/MPa	4.43	4.57	4.55
趾板	竣工期	沉降/cm	1.75	1.66	1.49
	蓄水期	沉降/cm	7.20	6.92	6.48
		大主应力/MPa	3.57	3.37	3.31
		小主应力/MPa	0.77	0.78	0.77
连接板	竣工期	沉降/cm	0.77	0.74	0.70
	蓄水期	沉降/cm	4.83	4.78	4.70
		大主应力/MPa	2.89	2.80	2.75
		小主应力/MPa	0.51	0.52	0.52
防渗墙	竣工期	挠度/cm	−3.94	−3.90	−3.79
		大主应力/MPa	1.55	1.54	1.52
		小主应力/MPa　压应力	0.29	0.33	0.35
		小主应力/MPa　拉应力	0.20	0.19	0.17
	蓄水期	挠度/cm	4.36	4.35	4.55
		大主应力/MPa	5.18	5.15	5.14
		小主应力/MPa	0.94	0.95	0.93
接缝	蓄水期	连接板/防渗墙沉陷/mm	32.8	30.7	27.5
		连接板/趾板沉陷/mm	0.6	0.6	0.5
		趾板/面板沉陷/mm	9.3	8.0	6.7

结果表明：防渗墙施工工序对河床防渗系统的应力变形有一定影响。蓄水期，方案1下的连接板/防渗墙沉陷及趾板/面板沉陷最大，结合不同施工方案下坝体、面板、防渗墙、连接板和接缝应力变形成果可知，方案3的施工工序计算所得的防渗墙应力变形性态要好于方案1和方案2施工工序的计算结果。

4.4.5　滚哈布奇勒面板坝

在滚哈布奇勒水电站可行性研究阶段，南京水利科学研究院针对深厚覆盖层上面板坝方案，采用平面有限元法研究了防渗墙不同施工工序对其应力变形的影响。共计算了五个不同防渗墙施工方案，分别为：先墙后坝，坝体填筑至1/4坝高（1706.50m）后施工防渗墙[墙坝相间（1/4坝高）]，坝体填筑至1/2坝高（1746.00m）后施工防渗墙[墙坝相间（1/2坝高）]，坝体填筑至3/4坝高（1785.50m）后施工防渗墙[墙坝相间（3/4坝高）]，先坝（1825.00m）后墙。不同施工方案下防渗墙应力变形计算结果特征值见表4.4-4。

结果表明，推迟防渗墙施工时间具有双重影响：防渗墙施工越晚（先期填筑的坝体越高），竣工时防渗墙的变位越小，上游面和下游面的压应力均有明显降低；但蓄水后防渗

表 4.4－4　　　　　　　　　滚哈布奇勒防渗体系不同施工工序计算结果对比

防渗墙施工变形与应力		先墙后坝	墙坝相间 (1/4 坝高)	墙坝相间 (1/2 坝高)	墙坝相间 (3/4 坝高)	先坝后墙
竣工期	墙顶位移/cm	−8.5	−6.8	−4.6	−1.8	0.0
	上游面拉应力/MPa	1.3	1.1	0.7	0.3	—
	上游面压应力/MPa	7.7	5.1	3.5	1.8	0.9
	下游面拉应力/MPa	—	—	—	—	—
	下游面压应力/MPa	4.6	3.0	2.1	1.2	0.9
蓄水期	墙顶位移/cm	8.8	10.5	12.9	15.9	17.8
	蓄水位移增量/cm	17.3	17.3	17.5	17.7	17.8
	上游面拉应力/MPa	—	—	—	—	—
	上游面压应力/MPa	10.6	9.7	9.3	8.6	8.3
	下游面拉应力/MPa	—	—	—	—	—
	下游面压应力/MPa	11.8	10.1	9.7	9.8	9.8

墙向下游的变位随其施工时间的推迟而加大，蓄水引起的水平位移增量也同时增长，即相对于原位置向下游的位移最大。总体而言，坝体填筑到一定高度施工防渗墙对防渗墙的应力变形有利，但也并非防渗墙越晚浇筑越好，防渗墙浇筑时间过晚会导致蓄水期墙顶向下游位移过大，引起防渗墙挠度和弯矩过大，同时也对河床防渗系统有不利影响。

4.4.6　防渗墙施工工序对防渗墙工作性态的影响

通过以上工程研究，先坝后墙和先墙后坝两种防渗墙施工工序下坝体、面板、防渗墙的应力及变形特性，无论是先坝后墙还是先墙后坝施工工序，其对坝体的应力变形、面板应力、面板挠度和轴向位移影响都不大，但是对防渗墙的变形影响较大。总体而言，先坝后墙施工工序下蓄水期防渗墙位移过大，不利于防渗墙应力变形安全。据此，清华大学和南京水利科学研究院分别结合苗家坝、老渡口和滚哈布奇勒工程，进一步分析墙坝相间的施工工序下坝体、面板和防渗墙的应力变形规律。计算结果表明墙坝相间的施工工序下防渗墙应力变形性态要好于先墙后坝和先坝后墙施工工序的计算结果。坝体填筑到一定高度施工防渗墙对防渗墙的应力变形有利，但也并非防渗墙越晚浇筑越好，防渗墙浇筑时间过晚会导致蓄水期墙顶向下游位移过大，引起防渗墙挠度和弯矩过大，同时也对河床防渗系统有不利影响。

综合分析，防渗墙最佳施工时机应该是以坝体填筑不超过 1/2 坝高时施工防渗墙为好。此时防渗墙顶部在坝体竣工向上游的绝对位移和蓄水后防渗墙顶部向下游的绝对位移值比较均衡，即防渗墙在坝体竣工和蓄水运行工况下顶部向上下游摆幅总体比较均匀，没有过大的挠度变形。

4.5　本章小结

（1）本章简述了深厚覆盖层上土石坝坝基混凝土防渗墙、灌浆帷幕、高压喷射帷幕灌浆、混凝土沉井防渗处理方案，归纳了覆盖层地基垂直防渗的三种主要措施，包括防渗墙、防渗帷幕，以及防渗墙和防渗帷幕联合防渗措施。

（2）针对常规渗流量计算方法的不足，提出了一种新的计算任意断面、柱面渗流量的插值网格法，阐述了其计算原理和计算流程，结合算例和工程实例进行了验证和应用。

（3）考虑覆盖层深度、地层渗透特性和坝高等因素，分析了全封闭式、半封闭式和悬挂式三类不同坝基垂直防渗型式下的覆盖层坝基防渗控制标准，结合 3 个工程论证三类覆盖层坝基防渗控制原则的合理性。

（4）防渗墙施工工序对防渗墙变形影响显著。墙坝相间的施工工序，防渗墙应力变形性态要好于先墙后坝和先坝后墙施工工序，建议以坝体填筑不超过 1/2 坝高时施工防渗墙为好。

第 5 章

覆盖层上面板坝防渗系统柔性连接技术

河床深厚覆盖层一般是指深度大于 30m 的第四纪松散堆积物，由于结构松散、岩石成分复杂多样、岩层间断不连续等特点，其材料性质复杂多变。通过现场地质勘测资料分析结果显示覆盖层变形模量一般较低，在外力作用下变形量较大。另外，在深厚覆盖层上修建面板堆石坝最重要的是地基防渗处理问题。对于深度较大的覆盖层，一般采用混凝土防渗墙进行地基的防渗处理，并与趾板、面板和各部件之间的接缝止水结构联合构成坝体结构的完整防渗体系。考虑到深覆盖层上面板堆石坝结构和地基条件的不同，其结构的应力变形呈现不同的特点。本章总结多座覆盖层上已建面板坝工程，详细阐述深厚覆盖层上面板坝防渗系统连接型式的设计原则、不同连接型式特点及柔性连接技术的推广应用等内容。

5.1 连接型式设计原则

如果采用混凝土防渗墙对深厚覆盖层坝基进行防渗处理，趾板与防渗墙所采用的连接型式对整个防渗体系的影响很大，必须进行不同方案的比较论证才能确定。坝体和地基在施工和运行期的水荷载和堆石自重荷载作用下产生压缩变形，由于材料性质的差异，坝体、坝基的变形与混凝土防渗墙和趾板的变形必然存在差别，从而导致两者产生变形差，如果变形差过大就会导致坝体趾板和防渗墙的连接结构破坏。因此如何确保坝体坝基与混凝土防渗墙和趾板的变形协调，确保连接的防渗措施安全可靠是深厚覆盖层上混凝土面板堆石坝设计的关键性问题。另外，混凝土防渗墙的材料性质与周围接触地基的材料变形特性相差很大，它们之间必然产生不均匀的变形，地基沉降对混凝土防渗墙产生的拉应力会导致防渗墙产生横向裂缝，严重的会导致贯穿裂缝，使防渗墙产生渗漏破坏，从而导致大坝的整个防渗体系失效。因此，如何确保防渗墙在坝基变形条件下不发生破坏性裂缝，保证防渗墙的安全稳定运行是深厚覆盖层上混凝土面板堆石坝设计的一个关键技术问题。覆盖层上的面板堆石坝，其防渗墙和趾板的连接一般分为刚性连接和柔性连接两种，都有工程应用。本章主要对柔性连接型式进行重点阐述。

5.1.1 刚性连接工程实例

5.1.1.1 四川槽渔滩工程

四川槽渔滩工程为坝体直接填筑在覆盖层上的混凝土面板堆石坝，最大坝高 16.0m。坝基为冲积高漫滩砂卵砾石层，其厚度为 10.0～22.0m，大部分坝段覆盖层厚度为 12.0～16.0m，砂卵砾石层允许承载力为 0.4～0.5MPa，摩擦系数为 0.5～0.55，内摩擦角为 28°～30°，渗透系数为 4～80m/d，地震烈度为 Ⅶ 度。坝基覆盖层防渗采取垂直混凝土防渗墙。大部分坝段砂卵石层深在 15.0m 以内，采用明挖现浇 C15 混凝土防渗墙，只有右岸古河床一小段坝长 80m，砂卵石覆盖层深达 22.0m，采用 YKC 造孔混凝土防渗墙。墙底嵌入基岩 0.5~0.8m，墙厚 0.8m。混凝土面板和防渗墙间通过趾板连接，构成封闭的防渗体系。趾板坐落在防渗墙的顶部，混凝土强度等级 C20，宽 1.5m，厚 1.0m，配置构造钢筋，趾板与防渗墙顶部的连接为施工缝，采用预埋钢筋加固，白铁皮止水。趾板与面板连接为一条水平周边缝，设两道止水，止水材料采用 300 型橡胶止水带与塑性填料。槽渔滩坝面板与趾板连接详见图 5.1-1。

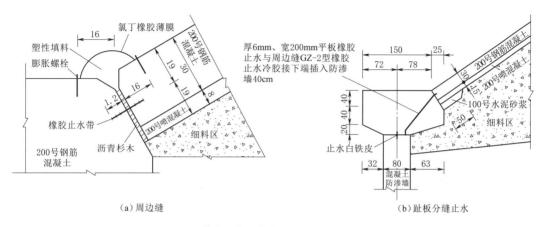

图 5.1-1　槽渔滩坝面板与趾板连接图（单位：cm）

5.1.1.2　四川铜街子左岸副坝

四川铜街子左岸副坝为混凝土面板堆石坝，最大坝高 48m，长 409.35m。左岸副坝跨越一条被第四系沉积物充填的基岩深埋谷，最大深度约 71m，充填物为砂砾石、粉细砂等。坝基下卧的砂层天然承载力仅为 0.2MPa，在设防烈度为 8 度的地震作用下，砂层有可能液化。在深槽段采用防渗墙处理，墙顶设有重力式挡土墙，坝的混凝土面板与此挡墙连接。

混凝土防渗墙为井格式，平行坝轴线的两道防渗主墙，厚度为 1m，间距为 16m，两墙间内插 5 道横隔墙，横隔墙间距 15m，墙厚亦为 1m，主墙与隔墙间采用平接。混凝土防渗墙顶部设置钢筋混凝土框架梁对其进行锁口，框架梁截面为 2m×3m。主墙、隔墙均插入基岩，顶部框架梁插入其上的混凝土挡墙底部为 1m 并形成铰接，结合部缝内填入弹塑性止水材料，以适应变形和止水的要求。混凝土防渗面板支撑在混凝土挡墙背面，其间的接缝按常规周边缝处理。

周边缝及垂直缝均采用 3 道止水，面板底部为 F 型止水铜片，中部为 J 型橡胶止水，顶部采用 PVC 塑性填料加麻筋。在深槽段的周边缝上还回填黏土。详见图 5.1-2。

值得说明的是，混凝土防渗墙之所以采用这种刚度很大的井格式结构，并与混凝土面板间通过重力式混凝土墙连接，是由其工作条件决定的。左岸有导流明渠通过，防渗墙顶部的混凝土挡墙即作为导流明渠的边墙，此墙基底压力大，要求地基混凝土防渗墙为承重结构，支承重力式挡墙。另外，坝基下卧砂层在Ⅷ度地震下有液化可能，要求以混凝土防渗墙进行封闭处理。就是说，该面板坝坝基的混凝土防渗墙并非单纯的防渗结构，而是支承导流明渠边墙的承重结构，还是处理坝基可液化砂层的围封结构。

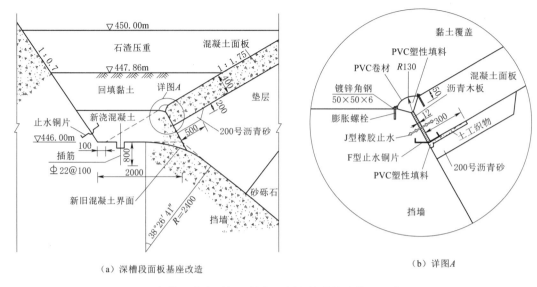

（a）深槽段面板基座改造　　　　　　　　　　（b）详图A

图 5.1－2　铜街子左岸副坝深槽段面板与挡墙的连接图（单位：mm）

5.1.1.3　浙江梅溪坝

浙江梅溪坝为趾板直接建在覆盖层上的混凝土面板堆石坝，坝高 40m，坝顶长 652m。基础覆盖层为砂卵石，最大厚度 30m，平均为 17m。用插入基岩的垂直混凝土防渗墙截断冲积层防渗，混凝土防渗墙厚 0.8m，平均墙深 20.06m，混凝土抗压强度 10MPa，抗拉强度 0.9～1.0MPa，抗渗指标为 W6，弹性模量控制在 1.7 万 MPa，防渗墙深入弱风化岩 0.5～0.8m。防渗墙与面板间用面板坝的趾板连接，构成封闭的防渗体系，趾板宽度为 4m，厚度为 70cm，详见图 5.1－3。

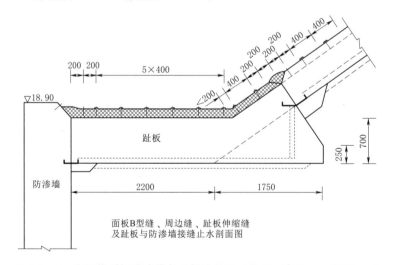

图 5.1－3　浙江梅溪坝防渗墙与趾板连接图（单位：高程 m，尺寸 mm）

5.1.1.4　浙江梁辉工程

浙江梁辉工程为趾板直接建在覆盖层上的混凝土面板堆石坝，坝高 35.40m，坝顶长

385m。基础覆盖层为砂卵石，最大厚度 39m，用插入基岩的垂直混凝土防渗墙截断冲积层防渗，混凝土防渗墙厚 0.8m，混凝土抗压强度 10MPa，抗拉强度 0.9MPa，抗渗等级 W8，防渗墙深入岩层 0.7m。防渗墙与面板间用面板坝的趾板连接，构成封闭的防渗体系，趾板宽度 4.5m、厚度 70cm，面板与趾板间周边缝、趾板与防渗墙间的接缝均设两道止水，即底部设 1 道止水铜片，缝侧面嵌 1.5cm 厚的沥青松木板，表面填塑性嵌缝材料 SR（凸形），并用 PVC 遮盖带保护。详见图 5.1-4。

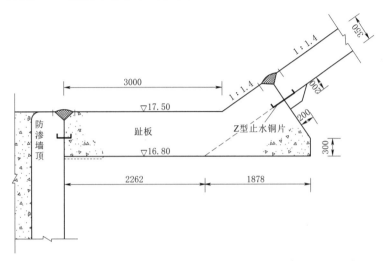

图 5.1-4　浙江梁辉工程防渗墙与趾板连接图（单位：高程 m，尺寸 mm）

5.1.1.5　浙江汤浦工程

浙江汤浦工程为趾板建在覆盖层上的混凝土面板砂砾石坝，坝高 29.6m，坝址区河谷谷底分布有 18m 厚的冲积地层，主要有含泥粉细砂、含泥砂砾石等，冲积层用插入弱风化岩 1m 的垂直混凝土防渗墙防渗，混凝土防渗墙厚 0.8m，最大深度为 22m，为 C10 低弹性模量混凝土防渗墙，上部配置 5~10m 深的钢筋笼。顶部 1.6m 采用 C15 常态混凝土浇筑。防渗墙与面板间用面板坝的趾板连接，构成封闭的防渗体系。详见图 5.1-5。

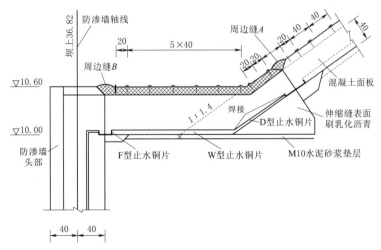

图 5.1-5　浙江汤浦工程防渗墙与趾板连接（单位：高程 m，尺寸 cm）

5.1.1.6 浙江横山扩建工程

横山水库原工程为薄黏土心墙砂砾石坝，扩建坝型采用混凝土面板堆石坝，使坝高从48.6m加高到70.2m。

为加强老坝体黏土心墙及基础防渗，在原黏土心墙中部修建混凝土防渗直墙插入基岩，其轴线与坝轴线平行，长227m，平均墙深51.96m，最大墙深72.26m，墙厚0.80m。

面板与防渗墙直墙连接：采取在防渗墙和面板间加1道C15钢筋混凝土平趾板方式。趾板厚0.8m，长4.41m，共设59条伸缩缝，缝距6m。趾板设有两条接缝，趾板与直墙间的接缝有3道止水，上层用PU2弹塑性嵌缝材料，加聚氨酯涂膜（厚1mm），中间用L型止水铜片（厚1mm）、$\phi16$氯丁橡胶棒、聚氯乙烯泡沫条，缝中填有浸沥青木条，在最底层加贴一端折叠成m形的橡胶布（厚0.5mm）和土工反滤布，其上部刷有150号丙烯酸乳砂浆（厚30mm、宽400mm），以求在出现难以完全预料到的大沉陷位移时作为最后一道防线，并可作为垫层的止水防线；面板与趾板的接缝仅采用上下两层止水。详见图5.1-6。

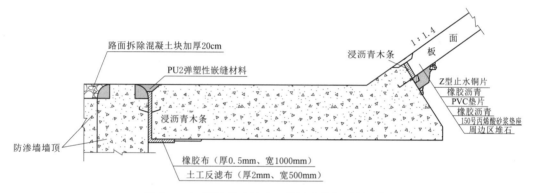

图5.1-6　浙江横山扩建工程防渗墙与趾板连接

5.1.2 柔性连接工程实例

5.1.2.1 智利圣塔杨纳坝

智利圣塔杨纳坝为趾板建在覆盖层上的混凝土面板砂砾石坝，坝高106m，河床砂砾石冲积层宽40m，最大沉积厚度30m。用插入基岩的垂直混凝土防渗墙截断冲积层防渗，混凝土防渗墙厚度为0.8m、高度为35m，防渗墙与面板间用面板坝的趾板和一块水平连接板连接，构成封闭的防渗体系。趾板和水平连接板宽为3m，总宽度为6m，板厚为60cm，趾板和水平连接板均采用抗裂加筋设计，其间三道缝用表面玛琋脂及底部止水铜片处理，形成柔性接头。智利圣塔杨纳坝基防渗墙与趾板连接示意图如图5.1-7所示。

5.1.2.2 智利帕克拉罗坝

智利帕克拉罗坝为趾板建在覆盖层上的混凝土面板砂砾石坝，坝高83m，河床砂砾石冲积层宽350m，最大沉积厚度113m。冲积层用悬挂式垂直混凝土防渗墙防渗，混凝土防渗墙厚度为0.8m、高度为60m，防渗墙与面板间用面板坝的趾板和两块水平连接板连接，构成封闭的防渗体系。趾板宽2.519m，两块水平连接板宽均为2m，趾板和连接板总

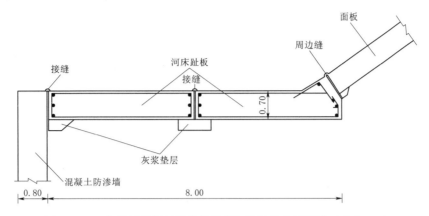

图 5.1-7　智利圣塔杨纳坝基防渗墙与趾板连接示意图（单位：m）

宽度为 6.519m，板厚为 50cm，趾板和水平连接板均采用抗裂加筋设计，其间四道缝用表面玛琋脂及底部止水铜片处理，形成柔性接头。智利帕克拉罗坝趾板细部如图 5.1-8 所示。

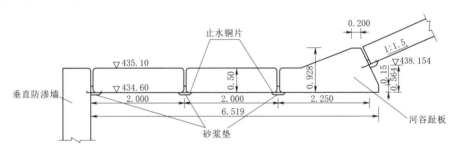

图 5.1-8　智利帕克拉罗坝趾板细部图（单位：m）

5.1.2.3　阿根廷皮其皮克利弗坝

阿根廷皮其皮克利弗坝为趾板直接建在覆盖层上的混凝土面板堆石坝，坝高 50m，坝顶长 1100m，基础覆盖层为砂砾石，最大厚度约 30m，坝基靠近地表 4m 范围平均密度为 2.13t/m³，相对密度为 0.50，深部的相对密度为 0.65。坝基采用混凝土防渗墙进行垂直防渗，防渗墙与面板间用面板坝的趾板和两块水平连接板连接，构成封闭的防渗体系。趾板宽 3m，连接板宽 2×1.5m，趾板与连接板、连接板间、连接板与防渗墙间用平接缝铰接相连，缝间设 PVC 止水，在面板、防渗墙、连接板、趾板上部填粉砂，在连接板和趾板下部全面铺设柔性的沥青止水层，使其具有更强的适应变形和防止开裂的能力。之所以如此设计是设计者根据智利圣塔杨纳坝的经验，认为这种处理方案既简单又安全。阿根廷皮其皮克利弗坝上游坝踵区结构示意如图 5.1-9 所示。

5.1.2.4　中国甘肃汉坪嘴坝

汉坪嘴坝为趾板直接建在覆盖层上的混凝土面板堆石坝，坝高 57m，基础覆盖

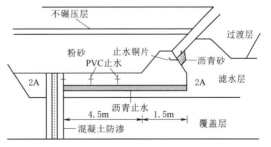

图 5.1-9　阿根廷皮其皮克利弗坝上游坝踵区结构示意图

层为砂卵石，最大厚度30m。用插入基岩的垂直混凝土防渗墙截断冲积层防渗，混凝土防渗墙厚0.8m，防渗墙与面板间用面板坝的趾板和1块连接板连接，构成封闭的防渗体系。趾板宽度2.5m，连接板宽度2m，趾板、连接板厚度均为50cm，面板与趾板（周边缝）、趾板与连接板、连接板与防渗墙接缝设置伸缩缝，它们均采用两道止水，底部为紫铜片，表面为塑性嵌缝填料。汉坪嘴坝防渗墙与趾板连接如图5.1-10所示。

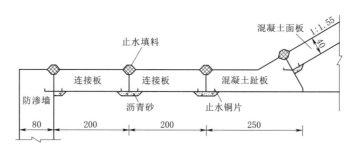

图5.1-10　汉坪嘴坝防渗墙与趾板连接图（单位：mm）

5.2　不同连接型式的特点

5.2.1　覆盖层上面板坝防渗系统刚性连接型式

刚性连接型式是指将趾板通过混凝土垫梁固定在防渗墙顶部，一般在趾板上下游端各布置一道防渗墙，使上下游防渗墙与趾板形成一个整体结构，增加趾板的稳定性。由于防渗墙布置在趾板底部，防渗墙的刚度比覆盖层大很多，因此采用刚性连接型式可以避免趾板上下游端产生不均匀沉降，而且趾板刚度和稳定性的增加也可以限制面板的变形，特别是面板底部变形会因为趾板对其约束而减小。有的工程采用两道混凝土防渗墙，可以更好地保证坝基的防渗效果，确保坝基渗透稳定。防渗墙与趾板刚性连接示例如图5.2-1所示。

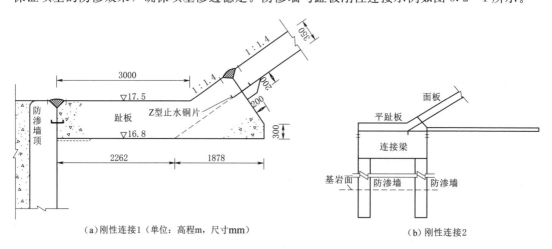

（a）刚性连接1（单位：高程m，尺寸mm）　　　　　　（b）刚性连接2

图5.2-1　防渗墙与趾板刚性连接示例

刚性连接情况下坝体防渗体系由防渗墙-趾板-面板-防浪墙及各结构间接缝止水系统组成，由于是刚性连接，趾板与防渗墙之间无连接缝存在，因此止水结构布置比柔性连接方式简单，施工方便。但由于趾板直接坐落在混凝土防渗墙上，施工期面板传递到趾板的荷载以及蓄水后库水作用到趾板上的荷载都由防渗墙承担，因此防渗墙的受力较大，相应的变形也较大，在竣工期由于覆盖层受上部堆石填筑的作用产生水平位移，促使防渗墙向上游发生变形，蓄水后在水荷载对趾板垂直作用力和上游水荷载水平推力作用下，防渗墙向下游变形，由于两道防渗墙与趾板是刚性连接，其整体效果明显，因此两道防渗墙的变形相近。但由于防渗墙受力情况复杂，在实际应用中需做专门的深入研究。

结合九甸峡面板坝和那兰面板坝在可行性研究阶段刚性连接方案下的数值计算成果开展讨论分析。刚性连接情况下的九甸峡面板坝，由于防渗墙和趾板基本上构成一个整体，趾板的位移对防渗墙的变形有着直接的影响。水荷载的作用，趾板受到竖向和朝向下游方向的作用力，将连带作用在防渗墙顶部，也即趾板所承受的库水作用力将直接传至防渗墙承担，因此刚性连接方式防渗墙所受的压力较大，墙体弯曲变形较大，且刚性连接方式减小了趾板的沉降变形，而与其接触的面板底部却因坝基覆盖层沉降变形的影响产生较大的沉降变形。因此，刚性连接会造成该连接部位周边缝相对变形的增大，存在一定安全隐患。

那兰面板坝趾板与基础防渗墙刚性连接型式下，趾板与混凝土面板间周边缝三向最大位移分别为张开 1.8mm、错动 10.2mm、沉陷 60mm；竣工期和蓄水期防渗墙挠度最大值分别为 -1.70cm 和 1.75cm，防渗墙最大压应力和拉应力均发生在墙底，分别为 6.44MPa 和 -1.36MPa。刚性连接下趾板两端架在防渗墙（灌注桩）上，趾板沉降大大减小。上游防渗墙顶趾板和下游灌注桩顶趾板最大沉降分别为 3.5mm 和 6.5mm，由于趾板两端与防渗墙固定连接，在水荷载作用下，蓄水期趾板两端出现了拉应力区域，靠防渗墙端最大拉应力为 0.55MPa，靠下游灌注桩端最大拉应力为 0.68MPa。刚性连接型式周边缝最大沉降达到 60mm，超过一般止水构件所能承受的变形能力。

面板与防渗墙采用刚性连接型式下，九甸峡和那兰面板坝周边缝相对变形较大，甚至超过了其止水构件变形能力，存在安全隐患。因此，有必要针对深厚覆盖层上的高面板坝开发更为有效的防渗系统连接型式。

5.2.2　覆盖层上面板坝防渗系统柔性连接型式

2001 年国家电力公司批准了依托察汗乌苏面板坝工程开展的"深覆盖层地基上混凝土面板堆石坝关键技术研究"科研项目。项目研究成果表明，察汗乌苏坝址采用趾板建在覆盖层上的混凝土面板堆石坝是可行的。2004 年 3 月 22—23 日由水电水利规划设计总院组织通过了"深覆盖层地基上混凝土面板堆石坝关键技术研究"专题报告验收，推荐对覆盖层地基采用混凝土防渗墙处理措施、混凝土防渗墙和面板之间采用连接板和趾板连接的防渗处理方案。覆盖层上面板堆石坝防渗体系的柔性连接型式，国内在察汗乌苏工程上首次被提出，也是首次进行的防渗体系柔性连接研究，但由于察汗乌苏工程开工晚于那兰面板堆石坝，所以，首先应用于那兰面板堆石坝。

柔性连接方式是指将趾板与防渗墙顶采用平接的型式连接，为了协调趾板与防渗墙之间的变形差，在设计时也考虑在趾板与防渗墙之间一般增设1~2道连接板来协调不均匀变形。此种连接方式的接缝止水系统较基岩上面板堆石坝更为复杂，除了面板垂直缝和水平缝及周边缝外，增加了连接板与防渗墙之间的接缝、连接板与趾板之间的接缝。由于趾板与连接板都是直接浇筑在覆盖层上的，覆盖层变形一般较大，而防渗墙嵌入基岩，垂直向变形较小，但顺河向位移较大。因而接缝位移都较大，这些接缝止水结构一般都应按照周边缝止水结构设计。在接缝底部设止水铜片，缝内填塑性嵌缝材料，缝顶（墙、连接板和趾板上）填粉质黏土或粉煤灰，连接板和趾板下铺一层反滤料。这样有嵌缝材料和止水铜片、粉质黏土（粉煤灰）和反滤料两道可靠的止水防线，以确保接缝的长期止水效果。

趾板与防渗墙柔性连接结构如图5.2-2所示。

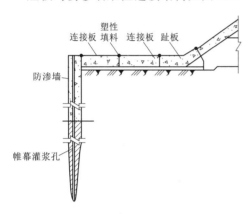

图5.2-2　趾板与防渗墙柔性连接结构图

趾板与防渗墙柔性连接方式下，趾板基础为覆盖层，连接板与防渗墙对趾板的约束和支撑作用不明显，因此在混凝土面板施工后，面板对趾板的作用力和蓄水后水荷载对趾板的压力均由趾板底部覆盖层承担，由于覆盖层本身变形模量小，因此趾板的沉降变形较大，相应地面板底部的变形也较大。趾板与防渗墙之间由于坝体变形和水荷载作用也会产生变形，但由于趾板与防渗墙之间连接板与接缝止水材料的存在，趾板与防渗墙的变形会被接缝止水结构消散，减小对趾板和防渗墙的挤压或者拉裂破坏。

5.2.3　不同连接型式对比分析

对于两种不同的连接型式，结合九甸峡和那兰面板堆石坝可行性研究阶段的不同连接型式下坝体应力变形计算成果，进一步分析趾板与防渗墙柔性连接型式的优势。

5.2.3.1　九甸峡面板堆石坝工程

九甸峡面板堆石坝工程防渗系统不同连接型式下坝体应力变形的计算成果见表5.2-1。柔性连接是由一块长4m的连接板将防渗墙和趾板相连；刚性连接是直接将防渗墙和趾板连接。由计算成果可知，两种连接型式的周边缝变形最大值出现的位置基本一致，面板缝变形最大值出现的位置也基本一致。蓄水期，柔性连接方案的周边缝变形量比刚性连接方案的变形量稍小；面板缝的变形量值较小。因此，从周边缝和面板缝的变形角度来看，柔性连接方案优于刚性连接方案。

5.2.3.2　那兰面板堆石坝工程

那兰面板堆石坝工程趾板与防渗墙柔性连接型式下河床趾板与面板间周边缝三向变位最大值分别为张开2.1mm、沉陷12.8mm、错动6.2mm；防渗墙与连接板间接缝相对沉陷达19.3mm，连接板与趾板间接缝相对沉陷最大值仅为2.6mm；竣工期防渗墙向上游变形，挠度最大值为 -0.7cm，蓄水期受上游水荷载作用向下游变位，最大值为 4.4cm，防渗墙最大压应力和拉应力发生在墙底，分别为 3.91MPa 和 -1.25MPa。

表 5.2 - 1　九甸峡面板堆石坝工程防渗系统不同连接型式下坝体应力变形的计算成果

项目	位移	柔性连接	刚性连接	备　注
坝体位移 /mm	坝体沉降	-731	-738	分别占最大坝高的 0.42% 和 0.44%
	顺河向位移	-232	-229	指向上游
		463	463	指向下游
	沿坝轴线方向	203	232	指向左岸
坝体应力 /kPa	最大第一主应力	2058	2099	—
	最大第三主应力	840	862	—
面板变形 /mm	最大挠度	355	338	河床最深处面板的中下部附近
	指向左岸位移	38	37	右岸陡坡附近的面板底部
周边缝 /mm	顺缝剪切变形	25	26	右岸面板与趾板接缝处
	垂直缝剪切变形	43	43	左岸面板与趾板接缝处
	法向拉伸变形	61	95	河床趾板靠右岸面板与趾板接缝处
面板缝 /mm	顺坡剪切变形	26	15	分别发生在桩号 0+58.50 和 0+106.50 附近
	法向剪切变形	25	11	发生在桩号 0+106.50 附近
	垂直缝拉伸变形	18	13	分别发生在左岸面板与趾板接缝处和桩号 0+22.50 附近
	法向压缩变形	24	23	分别发生在河床中央面板底部和桩号 0+58.50 附近

在刚性连接型式下，趾板与混凝土面板间周边缝三向最大位移分别为张开位移 1.8mm、错动位移 10.2mm、沉陷位移 60mm；竣工期和蓄水期防渗墙挠度最大值分别为 -1.70cm 和 1.75cm，防渗墙最大压应力和拉应力均发生在墙底，分别为 6.44MPa 和 -1.36MPa。刚性连接，由于趾板两端架在防渗墙（灌注桩）上，趾板沉降大大减小，上游防渗墙顶趾板和下游灌注桩顶趾板最大沉降分别为 3.5mm 和 6.5mm，由于趾板两端与防渗墙固定连接，在水荷载作用下，蓄水期趾板两端出现了拉应力区域，靠防渗墙端最大拉应力为 0.55MPa，靠下游灌注桩端最大拉应力为 0.68MPa。

从计算结果看，两种连接型式坝体、坝基变形相近，混凝土面板应力变形相差不大，坝基防渗系统的应力状态都较好，在刚性连接型式下略大，但都在混凝土材料应力允许的范围内，不同之处主要在于趾板与防渗墙的应力变形及河床周边缝变形情况。在刚性连接型式下周边缝最大沉降达到 60mm，超过一般止水构件所能承受的变形能力，且在趾板两端出现拉应力区。故相比之下，柔性连接更具优势。

依托九甸峡和那兰面板堆石坝工程可行性研究阶段趾板与防渗墙两种不同连接型式下坝体应力变形特性的对比分析，推荐柔性连接方式，其趾板和防渗墙的柔性连接型式及防渗结构是可靠的，经受了实际工程运行的检验。

5.3 覆盖层上面板坝防渗系统柔性连接型式

5.3.1 柔性连接型式下连接板长度的影响

5.3.1.1 察汗乌苏水电站连接板长度比选

察汗乌苏水电站坝基防渗采用垂直混凝土防渗墙方案，面板直接建在覆盖层上，其防渗墙和混凝土面板通过水平趾板进行水平连接，坝基防渗混凝土防渗墙柔性连接如图5.3-1所示。可行性研究阶段研究了无连接板（4m长趾板）、一块连接板（4m长趾板+3m长连接板）、两块连接板（4m长趾板+3m长连接板+3m长连接板）三种方案，分析表明不同连接板方案不仅对趾板本身的变形和应力有影响，而且对混凝土防渗墙的变形和应力也有影响。

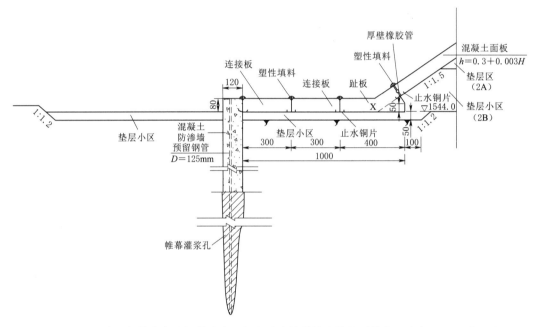

图5.3-1 察汗乌苏水电站坝基防渗混凝土防渗墙柔性连接图（单位：高程m，尺寸cm）

1. 趾板变形和应力

不同连接板数量情况下蓄水期趾板平均应力比较和上下游端沉陷比较分别见表5.3-1和表5.3-2。两块3m长连接板方案下运行期趾板平均应力不产生拉应力，且趾板底部沉陷梯度最小仅为0.9%。

2. 防渗墙变形和应力

不同连接板数量情况下防渗墙变形比较和防渗墙应力比较见表5.3-3~表5.3-5。

竣工期和蓄水期的水平位移及垂直位移最大值都是随着连接板数量的增加而减小，但相差不大。两块3m长连接板方案下防渗墙的变形最小。这里有一个值得注意的现象，从理论上讲，竣工期防渗墙水平位移指向上游，且连接板越长，其指向上游的位移越小，蓄

表 5.3-1　　　　　　　　　　不同连接板数量情况下蓄水期趾板平均应力比较

项　　目		3m 长连接板数量		
		0 块	1 块	2 块
大主应力	最大值/MPa	6.76	5.80	6.87
	产生部位	近趾板上游端部	近连接板上游端部	2 块连接板接触部位
小主应力	最小值/MPa	−1.93	−0.1	0.00
	产生部位	近趾板上游端部	近连接板上游端部	近第一块连接板上游端部

表 5.3-2　　　　　　　　　　不同连接板数量情况下上下游端沉陷比较

项　　目	3m 长连接板数量					
	0 块		1 块		2 块	
	竣工期	运行期	竣工期	运行期	竣工期	运行期
趾板下游端沉陷 Δz_2/mm	33	100	36	110	39	118
趾板上游端沉陷 Δz_1/mm	6	21	4	22	3	24
趾板底部沉陷差 $\Delta z_2 - \Delta z_1$/mm	27	79	32	88	36	94
趾板沉陷梯度 $\dfrac{\Delta z_2 - \Delta z_1}{L}$/%	0.7	2	0.5	1.3	0.4	0.9

表 5.3-3　　　　　　　　　　不同连接板数量情况下防渗墙变形比较

3m 长连接板数量/块	0		1		2	
计算工况	竣工期	蓄水期	竣工期	蓄水期	竣工期	蓄水期
水平位移最大值/cm	−4.79	13.42	−4.23	12.86	−3.86	12.38
垂直位移最大值/cm	0.32	1.45	0.26	1.00	0.2	1.02

注　1. 表中水平位移：正值表示向下游方向的位移，负值表示向上游方向的位移；垂直位移：正值表示垂直向下的位移，负值表示垂直向上的位移。

2. 表中竣工期最大位移发生在墙的中上部，蓄水期最大位移发生在墙顶。

表 5.3-4　　　　　　　　　　不同连接板数量情况下防渗墙大、小主应力比较

项　　目		3m 长连接板数量					
		0 块		1 块		2 块	
		竣工期	蓄水期	竣工期	蓄水期	竣工期	蓄水期
大主应力最大值/MPa	上游面	4.27	8.47	3.61	7.66	3.06	7.53
	下游面	4.39	8.69	3.76	8.01	2.23	7.76
小主应力最大值/MPa	上游面	−0.51	−0.99	−0.59	−0.75	−0.67	−0.32
	下游面	−0.19	−1.11	−0.20	−0.72	−0.20	−0.22

表 5.3-5　　　　　　　　　　不同连接板数量情况下防渗墙垂直应力比较

项　目		3m 长连接板数量					
		0 块		1 块		2 块	
		竣工期	蓄水期	竣工期	蓄水期	竣工期	蓄水期
压应力最大值 /MPa	上游面	4.08	8.10	3.41	7.66	2.85	7.52
	下游面	4.23	8.60	3.59	7.92	3.05	7.66
拉应力最大值 /MPa	上游面	−0.33	−0.30	−0.54	—	−0.63	—
	下游面	—	—	—	—	—	—

水期防渗墙受到水荷载的影响，抵消了指向上游的变位，富余部分继续产生指向下游的位移。因为总体水平荷载产生的位移相当，故连接板越长，蓄水期防渗墙指向下游的变形越大。但察汗乌苏水电站的计算结果与之不符，这可能与覆盖层特性相关。竣工期和蓄水期防渗墙上下游面大主应力 σ_1 的最大值也随着连接板数量的增加而减小；竣工期防渗墙上下游面的小主应力 σ_3 的最小值，基本上随着连接板数量的增加而减小（或小主应力 σ_3 的最大值，基本上随着连接板数量的增加而增大），蓄水期防渗墙上下游面的小主应力 σ_3 的最小值，基本上随着连接板数量的增加而增大（或小主应力 σ_3 的最大值，随着连接板数量的增加而减小），蓄水期的主拉应力为控制应力。竣工期和蓄水期防渗墙上下游面的垂直应力 σ_z 的最大值均随着连接板数量的增加而减小；垂直应力 σ_z 的最小值，除竣工期和蓄水期无连接板方案下上游面出现了拉应力，但数值不大不起控制作用外，其他情况均无拉应力出现。

综上所述，通过二维有限元分析计算，说明趾板结构和宽度对趾板本身及混凝土防渗墙的变形和应力是有影响的，尤其是对混凝土防渗墙的变形和应力影响是不可忽视的。在设计中应充分考虑这一点。察汗乌苏混凝土面板坝，无论是从连接板数量对趾板变形和应力的影响来看，还是从连接板数量对混凝土防渗墙变形和应力的影响来看，均以两块连接板的情况为最佳。另外，对趾板建在覆盖层上的面板坝来说，能使混凝土防渗墙具有较小的变形和应力，使趾板具有较小的变形是至关重要的，况且较宽的趾板费用增加也不大，为此推荐选用两块连接板（4m 长趾板＋3m 长连接板＋3m 长连接板），在趾板的水平段设两道伸缩缝，增加趾板的柔性，以便吸收趾板上下游的沉陷差。

5.3.1.2　金川水电站面板坝连接板长度比选

金川水电站面板坝混凝土防渗墙与面板连接采用柔性连接方式（见图 5.3-2），单块连接板长度为 4m，防渗墙的应力变形主要受下游坝体侧向土压力和上游蓄水后水压力作用影响，而趾板及连接板主要受竖向水压力作用，其变形主要体现为沉降。防渗墙轴线距大坝坝脚越远，其受坝基沉降变形的影响越小，但趾板及连接板的长度就越长，接缝就越多，趾板及连接板的受力面积就越大。因此在这两方面因素的影响下，防渗墙的变形与连接板的长度之间呈现一定的相关性：连接板长度越长，竣工期防渗墙向上游变形就越小，但在蓄水期向下游方向的变形就越大；反之，连接板长度越短，竣工期防渗墙向上游的变形越大，但在蓄水期向下游方向的变形就越小。也就是说，防渗墙的变形与连接板的长度密切相关，客观存在一个对于防渗墙应力、变形状态最优的长度。采用平面有限元法研究无连接板（4m 长趾板）、1 块连接板（4m 长趾板＋4m 长连接板）和 2 块连接板（4m 长趾板＋4m 长连接板＋4m 长连接板）三种情况下趾板、连接板、混凝土防渗墙应力变形特性，以及相关接缝变位。

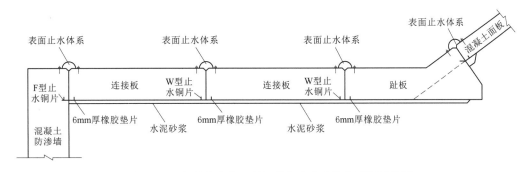

图 5.3-2　金川水电站面板坝混凝土防渗墙与面板连接图

1. 趾板变形和应力

无连接板、1 块连接板和 2 块连接板情况下运行期趾板平均应力比较见表 5.3-6，无连接板、1 块连接板和 2 块连接板情况下趾板上游、下游端沉陷比较见表 5.3-7。

表 5.3-6　　　　　　　　　不同连接板数量情况下运行期趾板平均应力比较

项　　目		4m 长的连接板数量		
		0 块	1 块	2 块
大主应力	最大值/MPa	2.78	2.75	2.74
	产生部位	趾板下游端部	趾板下游端部	趾板下游端部
小主应力	最小值/MPa	0.22	0.25	0.30
	产生部位	趾板上游端部	连接板上游端部	连接板上游端部

表 5.3-7　　　　　　　　不同连接板数量情况下趾板上游、下游端沉陷比较

项　　目	4m 长的连接板数量		
	0 块	1 块	2 块
趾板下游端沉陷 Δz_2/mm	106.0	107.0	107.0
连接板上游端沉陷 Δz_1/mm	62.1	47.1	31.3
趾板和连接板底部沉陷差 $\Delta z_2 - \Delta z_1$/mm	43.9	59.9	75.7
趾板和连接板沉陷梯度 $\dfrac{\Delta z_2 - \Delta z_1}{L}$/%	1.10	0.75	0.63

由表 5.3-6 可以看出，虽然连接板数量和分缝不同，但趾板及连接板应力分布基本相同，趾板下游端压应力最大，趾板或连接板的上游端压应力最小，趾板没有拉应力产生。随着连接板数量增加，趾板下游端的最大压应力有所减小，趾板或连接板的上游端的

最小压应力有所增大，但增大或减小值不大。所以从趾板和连接板应力条件看，随连接板数量的增多，趾板和连接板应力条件略有改善。

由表 5.3-7 可见，不同连接板数量情况下趾板上游、下游端沉陷绝对值或相对值相差不大，但趾板底部沉陷梯度（趾板上游、下游端沉陷差/趾板宽度）却差别较大，如运行期没有连接板即趾板宽度为 4m 时，趾板底部沉陷梯度为 1.1%，而有 2 块连接板时，趾板底部沉陷梯度仅为 0.63%。显然有 2 块连接板时趾板底部沉陷梯度最小，亦为最好。

2. 防渗墙变形和应力

无连接板、1 块 4m 长连接板和 2 块 4m 长连接板三种情况下混凝土防渗墙的变形比较见表 5.3-8。竣工期防渗墙发生向上游方向的水平位移，最大位移均发生在墙的顶部，运行期防渗墙发生向下游方向的水平位移，最大位移也均发生在墙的顶部。由表 5.3-8 可见，竣工期防渗墙墙顶水平位移最大值是随着连接板数量的增加而减小，减小幅度为 1.4cm；运行期防渗墙墙顶在水压力作用下又向下游位移，且随连接板数量增加防渗墙墙顶向下游位移逐渐增加，增加幅度为 1.1~1.6cm。说明连接板数量越多（防渗墙离大坝坝脚越远），大坝填筑引起的侧向土压力就越小，使防渗墙的向上游变位就越小；而在相同蓄水水压力作用下，由于趾板宽度增加而使坝体填筑引起的侧向土压力作用变小，在两者共同作用下防渗墙在蓄水过程中向下游的变形就变大，但运行引起的防渗墙绝对变位三种趾板宽度相差不大。所以从防渗墙墙顶变位情况看，2 块连接板竣工期向上游变位最小，运行期向下游变位与竣工期向上游变位值相当，竣工期和运行期防渗墙变位协调，所以 2 块连接板防渗墙变形情况较好。

表 5.3-8　　　　　　不同连接板数量情况下混凝土防渗墙变形比较

计　算　工　况	4m 长连接板数量					
	0 块		1 块		2 块	
	竣工期	运行期	竣工期	运行期	竣工期	运行期
水平位移最大值/cm	−14.9	10.2	−13.5	11.3	−12.1	12.9

注 1. 表中水平位移：正值表示向下游方向的位移，负值表示向上游方向的位移。
　　 2. 表中竣工期和运行期最大水平位移均发生在墙的顶部。

无连接板、1 块 4m 长连接板和 2 块 4m 长连接板三种情况下混凝土防渗墙的大、小主应力 σ_1、σ_3 比较列于表 5.3-9，垂直应力 σ_z 比较列于表 5.3-10，按《水工混凝土结构设计规范》（DL/T 5057—1996）进行的混凝土构件的强度核算比较列于表 5.3-11。

表 5.3-9　　　　　不同连接板数量情况下防渗墙大、小主应力 σ_1、σ_3 比较

项　　　目	4m 长连接板数量					
	0 块		1 块		2 块	
	竣工期	运行期	竣工期	运行期	竣工期	运行期
σ_1 大主应力最大值/MPa	3.21	4.75	2.87	4.85	2.57	5.12
σ_3 小主应力（压）最大值/MPa	0.74	1.16	0.70	1.18	0.64	1.23
σ_3 小主应力（拉）最大值/MPa	−0.29	—	−0.28	—	−0.17	—

表 5.3-10　　　　　　　　不同连接板数量情况下防渗墙垂直应力 σ_z 比较

项　　目	4m 长连接板数量					
	0 块		1 块		2 块	
	竣工期	运行期	竣工期	运行期	竣工期	运行期
σ_z（压）最大值/MPa	2.83	4.71	2.41	4.83	2.07	5.10
σ_z（拉）最大值/MPa	−0.07	—	−0.16	—	−0.11	—

表 5.3-11　　　　　　　　不同连接板数量情况下防渗墙强度核算比较

项　　目		4m 长连接板数量					
		0 块		1 块		2 块	
		竣工期	运行期	竣工期	运行期	竣工期	运行期
截面应力 /MPa	上游面最大 σ_{z1}	−0.07	2.75	−0.16	2.87	−0.11	3.50
	下游面最大 σ_{z3}	2.83	4.71	2.41	4.83	2.07	5.10
轴向力 $[N=(\sigma_{z1}+\sigma_{z3})h/2]$/MN		1.66	4.48	1.35	4.62	1.18	5.16
弯矩 $[M=(\sigma_{z1}-\sigma_{z3})h_2/12]$ /(MN·m)		−0.35	−0.24	−0.31	−0.24	−0.26	−0.19
偏心矩 $(e_0=M/N)$/m		0.21	0.05	0.23	0.05	0.22	0.03
y_c/m		0.6	0.6	0.6	0.6	0.6	0.6
$0.4y_c$/m		0.24	0.24	0.24	0.24	0.24	0.24
结构系数 γ_d		1.3	1.3	1.3	1.3	1.3	1.3
$e_0<0.4y_c$	要求设计抗压强度 f_c/MPa	2.77	5.29	2.37	5.46	2.02	5.88
相应混凝土强度最小等级		C5	C15	C5	C15	C5	C15
应采用混凝土强度等级		C15		C15		C15	

注　1. σ_{z1}、σ_{z3} 压应力为（＋），拉应力为（－）。M：逆时针为（＋），顺时针为（－）。$y_c=h/2=0.6$m。
　　2. 计算应力，当 $e_0<0.4y_c$ 时，按不考虑混凝土受拉区作用；当 $e_0>0.4y_c$ 时，按考虑混凝土受拉区作用。

由表 5.3-9 可见，竣工期防渗墙的大主应力 σ_1 的最大值，随着连接板数量的增加而减小，这是由于在竣工期，防渗墙自重和覆盖层与墙侧面的摩擦力是防渗墙的主要荷载，防渗墙距离坝脚越远，坝体填筑引起的在防渗墙下游附近的覆盖层沉降就越小，覆盖层沉降对防渗墙的向下的摩擦力也较小，因而大主应力也就较小。运行期防渗墙的大主应力 σ_1 的最大值，均随着连接板数量的增加而增大，这是由于随连接板数量增加，防渗墙离坝体越远，坝体填筑和蓄水水重引起的侧向土压力作用相对越小，在相同的蓄水水压力作用下防渗墙向下游的变形就越大，所以防渗墙的大主应力（下游面）就相应增加。竣工期防渗墙的小主应力 σ_3 的最大值，基本上随着连接板数量的增加而增大（或主拉应力 σ_3 的最大值，基本上随着连接板数量的增加而减小）；运行期防渗墙的小主应力 σ_3 均大于 0，均为压应力，故竣工期的主拉应力为控制应力。因此，从防渗墙主应力来看，除竣工期防渗墙顶部存在拉应力外，基本全为压应力，且以两块连接板的拉应力最小，而压应力增大也不大，故应力情况最好。

由表 5.3-10 可见，竣工期防渗墙的垂直应力 σ_z 的最大值，均随着趾板长度的增加而减小，运行期防渗墙的垂直应力 σ_z 的最大值，均随着趾板长度的增加而增大，但增加不大。垂直应力 σ_z 的最小值，运行期均为压应力，而竣工期无连接板、1块连接板和2块连接板情况下防渗墙墙顶均出现了拉应力，但数值仅为 $-0.07 \sim -0.16$ MPa，数值不大不起控制作用。因此，从防渗墙的垂直应力来看，连接板数量多防渗墙顶端拉应力最小，故以2块连接板为最好。

由表5.3-11可见，按《水工混凝土结构设计规范》（DL/T 5057—1996）进行混凝土构件的强度核算，满足规范要求的防渗墙混凝土强度，是以运行期抗压强度为控制，且随着连接板数量的增加要求防渗墙混凝土所具有的抗压强度也增加，但增加幅度不大，都在C15混凝土强度等级轴心抗压强度范围内。因此，按《水工混凝土结构设计规范》（DL/T 5057—1996）混凝土构件的强度计算来核算防渗墙所需要的混凝土强度等级，各连接板数量情况下所需要的防渗墙混凝土强度等级基本相当。

3. 接缝变位

不同连接板数量的防渗墙与趾板间接缝计算成果汇总见表5.3-12。从表5.3-12看出，无连接板情况下防渗墙与趾板间相对沉陷位移为52.0mm，1块连接板时防渗墙与趾板间相对沉陷位移为41.2mm，2块连接板时防渗墙与趾板间相对沉陷位移为25.2mm，以2块连接板时防渗墙与趾板间相对沉陷位移最小，接缝止水设计难度相对最低，故以2块连接板为最好。

表5.3-12　　　　　　　　不同连接板数量的防渗墙与趾板间接缝计算结果汇总表

项　目	4m长的连接板数量		
	0块	1块	2块
蓄水期防渗墙与趾板间的接缝沉陷/mm	52.0	41.2	25.2

5.3.1.3　连接板长度的影响

从防渗墙变位方面看，连接板加长对趾板沉降及防渗墙的拉应力均呈向好趋势，趾板＋连接板的不均匀沉降也逐渐减小，防渗墙与连接板的接缝变位亦同样减小。但是不是连接板越长就越好呢？其实不然，随着连接板长度的增加，竣工期防渗墙指向上游的位移越小，蓄水期防渗墙受到水荷载的影响，抵消了指向上游的变位，富余部分继续产生指向下游的位移。因为总体水平荷载产生的位移相当，故连接板越长，蓄水期防渗墙指向下游的变形越大。徐泽平（2005）、韩峰等（2019）的研究成果也显示出防渗墙具有同样的变形规律。

从防渗墙应力方面看，随着连接板长度的增加，对墙体混凝土抗压强度的要求越来越高，但拉应力会逐渐减小。对于接缝变形，连接板长度增加对防渗墙与连接板接缝沉陷变形的影响明显，增加连接板长度，可明显降低防渗墙与连接板接缝的沉陷变形。

随着连接板长度的增加，连接板之间的接缝数量会增加，连接板的防渗安全性也会越来越低，所以选择适当的连接板数量是必要的。从技术经济各方面分析，当趾板＋连接板的不均匀沉降在各种工况下小于1‰（满足不发生不均匀沉降破坏标准），并且防渗墙拉应力较小甚至不产生拉应力、压应力在墙体混凝土承受范围内时，即可选择为合适的连接板数量。所以，针对不同的工程，需经过比较选择合理的连接板数量。

5.3.2　防渗系统柔性连接结构型式的合理性

针对察汗乌苏面板坝及金川面板坝，开展坝趾板与防渗墙采用柔性连接型式下的大坝三维有限元静力分析，分析其坝体应力变形、面板趾板和连接板变形、周边缝和垂直缝的位移及各处接缝变位变化规律，以验证趾板与防渗墙采用柔性连接型式的合理性。

5.3.2.1　开都河察汗乌苏面板坝

根据察汗乌苏面板坝的施工方案，趾板与防渗墙之间采用两块连接板连接，每块长度3m，将趾板置于覆盖层基础上，防渗墙厚度1.2m，嵌入基岩1m。

1．坝体应力和变形

坝体应力变形特征值计算结果（极值）见表5.3-13，竣工期和蓄水至正常蓄水位1645.00m运行期两种情况下0+196剖面的坝体和坝基的顺河向位移、沉降、应力分布等值线如图5.3-3～图5.3-6所示。

表 5.3-13　坝体应力变形特征值计算结果（极值）

项　　目			竣工期	运行期
坝体位移 /cm	竖向位移	铅直向下（0+196剖面）	76.2	79.2
	上下游方向位移	向上游（0+196剖面）	10.9	5.5
		向下游（0+196剖面）	22.4	23.6
覆盖层位移/cm	竖向位移	铅直向下（0+196剖面）	50	
坝体应力 /MPa	第一主应力	0+196剖面	+2.435	+2.700
	第二主应力	0+196剖面	+1.086	+1.151
	应力水平	0+196剖面	0.8	1.0
面板位移 /cm	坝轴向	向右岸	0.9	1.64
		向左岸	2.72	3.37
	挠度	中部（0+196剖面）	12.2	26.98
		顶部（0+196剖面）	6.04	
		底部（0+220剖面）		15.89
面板应力 /MPa	顺坡向	压应力	+7.83	+12.68
		拉应力	−2.54（左岸附近）	0
	坝轴向	压应力	12.23	6.41
		拉应力	−2.96（底岸附近）	−2.99（左右岸附近）
趾板位移 /cm	顺河向		3.6（向上游）	5.17（向下游）
	竖直向	铅直向下	1.35	12.18
连接板位移 /cm	顺河向	上游端	5.36（向上游）	3.55（向下游）
	竖直向	上游端、向下	0.1	1.2
连接板应力 /MPa	主压应力	上游端		13.4
	主拉应力	上游端		−3.4

续表

项　目			竣工期	运行期
防渗墙位移 /cm	顺河向		5.80（向上游）	4.22（向下游）
	竖直向	铅直向下	0.29	1.12
	轴向		<0.2（指向两岸）	<0.6（指向河谷）
防渗墙应力 /MPa	垂直应力最大值		+3.46（下游面）	+9.03（上游面）
	顺河向最小值		+0.77（上游面）	+1.12（上游面）
	坝轴向最小值		−0.59（上游面）	−1.5（上游面）
面板缝位移 /mm	错动	垂直缝长	0.9	1.0
		沿缝长	2.1	3.4
	张压	张开	—	7.1
周边缝位移 /mm	错动	垂直缝长（左岸/右岸/河床）	0.3/0.2/4.5	16.6/1.2/8.6
		沿缝长（左岸/右岸/河床）	0.5/11.5/8.9	19.2/15.5/4.5
	张压	张开（左岸/右岸/河床）	0/1.0/2.3	13.8/3.4/6.8
墙与连接板缝位移 /mm	张开		0.1	0.3
	垂直错动		0.1	0.1
	水平错动		0.1	0.1
连接板之间缝位移 /mm	张开		1.4	0.8
	垂直错动		9.9	14.9
	水平错动		3.6	9.8
连接板与趾板缝 位移/mm	张开		0	0
	垂直错动		35.9	59.5
	水平错动		5.7	10.8

由图 5.3-3 和图 5.3-4 可知，0+196 剖面竣工期和运行期坝体最大沉降达 76.2cm 和 79.2cm；水平（沿河流）方向的位移，竣工期基本上以坝轴线的纵剖面为分界线，上游侧向上游位移最大值−10.9cm，下游侧向下游位移最大值 22.4cm；在蓄水运行期由于水压力的作用，大部分区域向下游位移，此时坝体上游、下游向水平位移最大值分别为−5.5cm 和 23.6cm。由于填筑 107.6m 高的坝体，从 0+196 剖面变形分布也可以看出，坝体填筑引起的坝基覆盖层面在坝基中央部位沉降最大值约 50cm，约为覆盖层厚度的 1.2%。

竣工期面板下部应力水平为 60%，但范围不大，运行期下游坝坡应力水平局部为 60%，大部分区域应力水平有所降低，尤其是面板和趾板垫层区应力水平降低最多，这说明蓄水后面板下滑的可能性很小。

2. 面板变形

竣工期和蓄水运行期面板的挠度和轴向位移等值线如图 5.3-7 和图 5.3-8 所示。

轴向变形表现为由两岸指向河谷，竣工期左岸面板的水平变形指向右岸，其最大值为 0.9cm，右岸面板的水平变形指向左岸，其最大值为 2.72cm，面板最大挠度 12.2cm，大

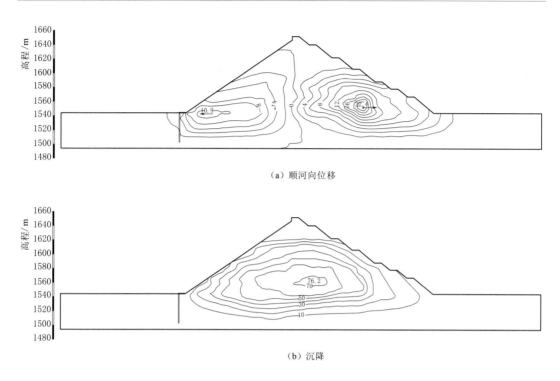

（a）顺河向位移

（b）沉降

图 5.3-3 0+196 剖面竣工期坝体和坝基顺河向位移和沉降等值线图（单位：cm）

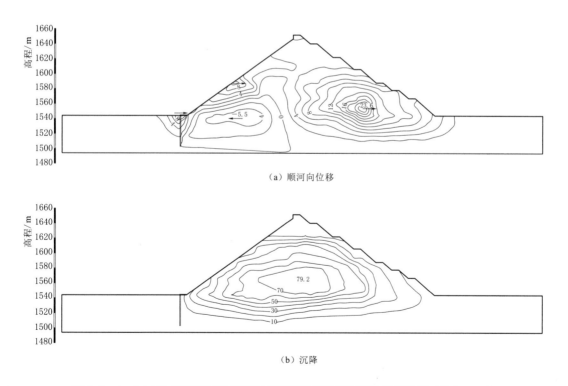

（a）顺河向位移

（b）沉降

图 5.3-4 0+196 剖面运行期坝体和坝基顺河向位移和沉降等值线图（单位：cm）

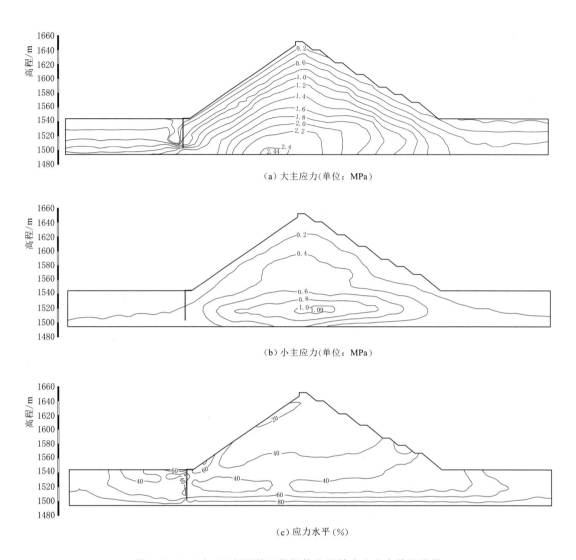

（a）大主应力（单位：MPa）

（b）小主应力（单位：MPa）

（c）应力水平（%）

图 5.3-5　0+196 剖面竣工期坝体和坝基应力分布等值线图

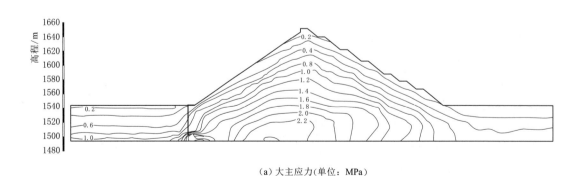

（a）大主应力（单位：MPa）

图 5.3-6（一）　0+196 剖面运行期坝体和坝基应力分布等值线图

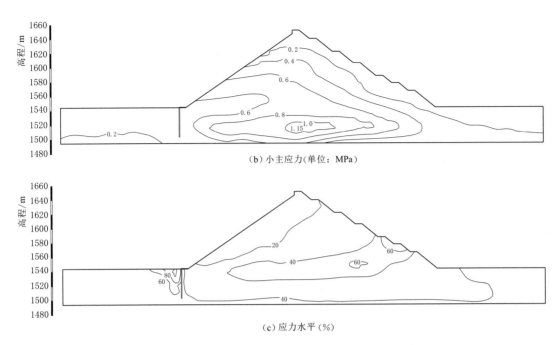

（b）小主应力（单位：MPa）

（c）应力水平（%）

图 5.3-6（二）　0+196 剖面运行期坝体和坝基应力分布等值线图

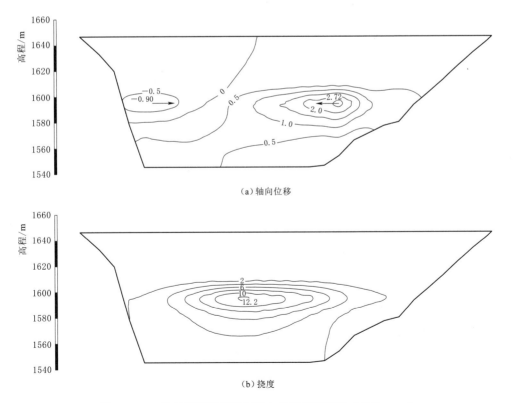

（a）轴向位移

（b）挠度

图 5.3-7　竣工期面板挠度和轴向位移等值线图（单位：cm）

致位于河床中部 1/2 坝高。运行期，由于在水库水压力作用下，面板最大挠度增大到 26.98cm，左岸、右岸面板轴向位移最大值分别为 1.64cm 和 3.37cm。0＋196 剖面竣工期和运行期面板挠度如图 5.3－9 所示，可以看出：在运行期面板最大挠度是 26.95cm；由于河床部分趾板建造在覆盖层上，蓄水后面板底部的挠度也较大，0＋196 剖面达到 14.44cm。蓄水使面板顶部也产生一定的位移，位移量达到 6.04cm，若先建造防浪墙、水库再蓄水，则面板与防浪墙之间接缝会张开。

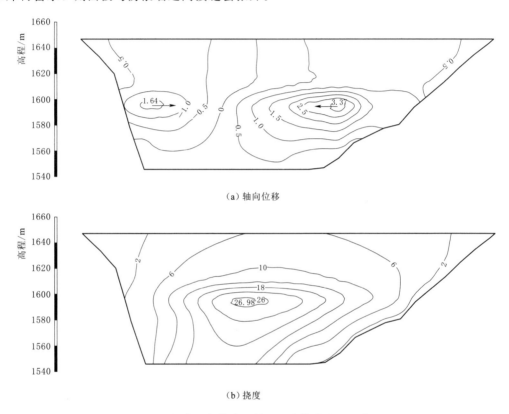

（a）轴向位移

（b）挠度

图 5.3－8　运行期面板挠度和轴向位移等值线图（单位：cm）

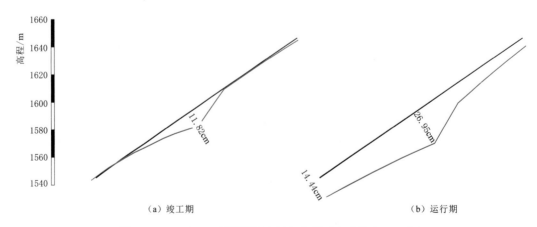

（a）竣工期

（b）运行期

图 5.3－9　0＋196 剖面面板变形示意图（变形放大 100 倍）

3. 趾板、连接板变形

0+196 剖面连接板及趾板变形示意图如图 5.3-10 所示。由图 5.3-10 可见，在竣工期，由于填筑坝体、趾板和连接板向上游位移，趾板向上游位移极值为 3.60cm，连接板上游端向上游位移极值为 5.36cm，同时趾板极值为 3.56cm，连接板上游端只有 0.10cm 沉降。在运行期由于库水压力、趾板和连接板向下游位移，连接板上游端比初始位置向下游位移极值为 3.55cm，也就是说，蓄水使连接板上游端向下游位移为 8.91cm；趾板比初始位置向下游位移极值为 5.17cm，即蓄水使趾板向下游位移极值为 8.73cm。运行期连接板上游端比其初始位置沉降 1.20cm，也就是说，蓄水使连接板上游端沉降 1.1cm，蓄水使趾板产生了较大的沉降，高达 12.18cm。0+220 剖面趾板和连接板的变形比 0+196 剖面稍大一些，而 0+244 剖面趾板和连接板的变形比 0+196 剖面稍小一些。

竣工期和运行期趾板与连接板变形分布，即沉降分布、顺河向变位和坝轴向变位如图 5.3-11～图 5.3-16 所示。从图 5.3-11～图 5.3-16 中可以看出，趾板的沉降比连接板大，运行期沉降有较大的增加。竣工期趾板与连接板向上游位移，运行期趾板与连接板向下游位移，河谷中央 0+208～0+220 坝段趾板与连接板向下游位移较大。由于左岸上游有覆盖层，因而偏向左岸的趾板与连接板的沉降较大，竣工期趾板与连接板的坝轴向位移都向左岸位移，运行期趾板与连接板的坝轴向位移也基本上是向左岸位移。

4. 周边缝和垂直缝变形

大坝竣工期和蓄水至正常蓄水位 1645.00m 时运行期周边缝变形如图 5.3-17 所示。因为河床部分趾板建造在覆盖层上，面板底部与趾板、连接板和防渗墙顶部在库水压力作用下都向下游变形，所以河床部分周边缝（面板与趾板之间接缝）的变形即周边缝的张开量、垂直缝长错动和沿缝长错动变形都不大，都在 9mm 以内。左岸岸坡较陡，因而沿缝长错动量较大，达 19.2mm，左岸某些部位周边缝垂直缝长错动和张开量都较大，分别达 16.6mm 和 13.8mm。右岸岸坡变化部位周边缝沿缝长错动量也较大，达到 6.1～15.5mm。

运行期，垂直缝张拉区和张开量如图 5.3-18 所示。由于面板轴向位移指向河谷中央，两岸附近面板的垂直缝必然张开，张开量一般在 0.3～3.5mm，右岸覆盖层变化较大的面板附近，面板垂直缝张开量达 4.5～7.1mm。河床部分趾板建于覆盖层上，这部分面板底部垂直缝也有一定的张开，张开量较小，一般在 0.2～3.6mm。

竣工期、运行期面板垂直缝沿缝长错动及垂直缝长错动变形分别如图 5.3-19 和图 5.3-20 所示。由图 5.3-19 和图 5.3-20 可知，垂直缝会产生一定剪切错动，但量值不大，竣工期都小于 2.1mm，运行期都小于 3.4mm，相邻面板间沿缝长错动比垂直缝长错动要大得多。

5. 接缝变形

不同时期防渗墙与连接板、连接板与连接板、连接板与趾板之间接缝变形见表 5.3-14。从表 5.3-14 可知，防渗墙与连接板、连接板与连接板、连接板与趾板之间接缝的变形是依次递增的。

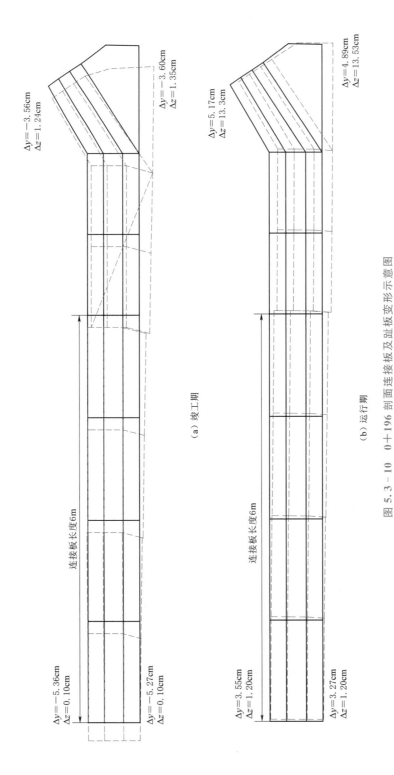

（a）竣工期

（b）运行期

图 5.3 - 10　0＋196 剖面连接板及趾板变形示意图

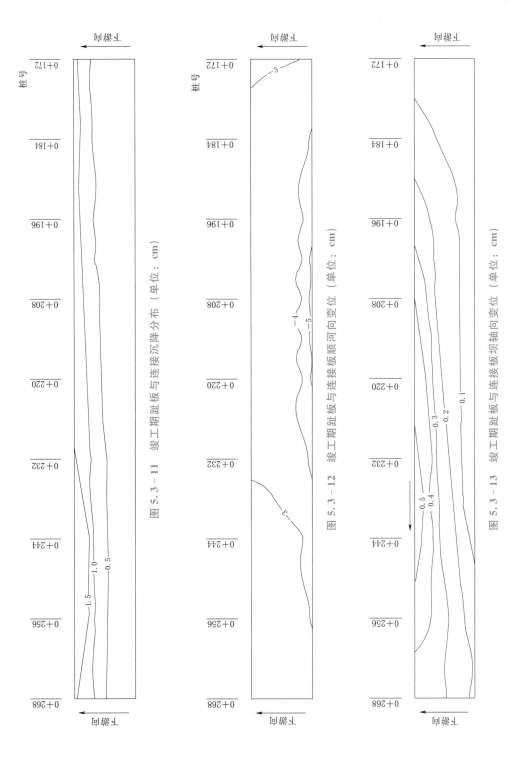

图 5.3-11　竣工期趾板与连接沉降分布（单位：cm）

图 5.3-12　竣工期趾板与连接板顺河向变位（单位：cm）

图 5.3-13　竣工期趾板与连接板坝轴向变位（单位：cm）

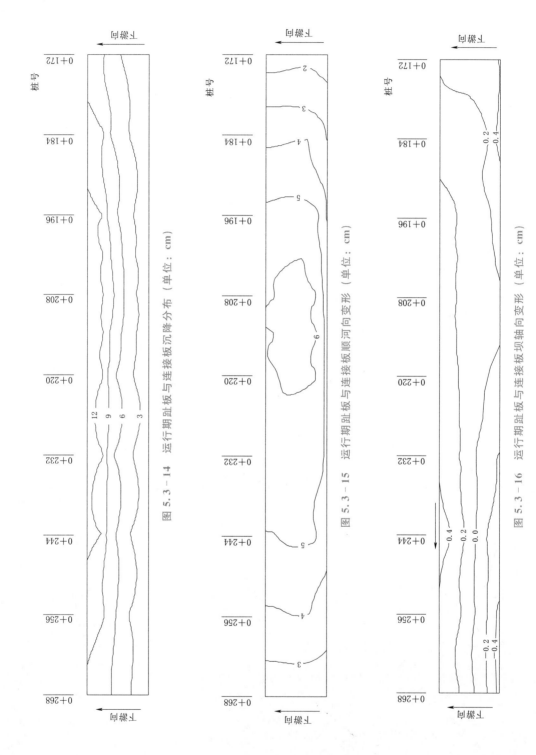

图 5.3 - 14 运行期趾板与连接板沉降分布（单位：cm）

图 5.3 - 15 运行期趾板与连接板顺河向变形（单位：cm）

图 5.3 - 16 运行期趾板与连接板坝轴向变形（单位：cm）

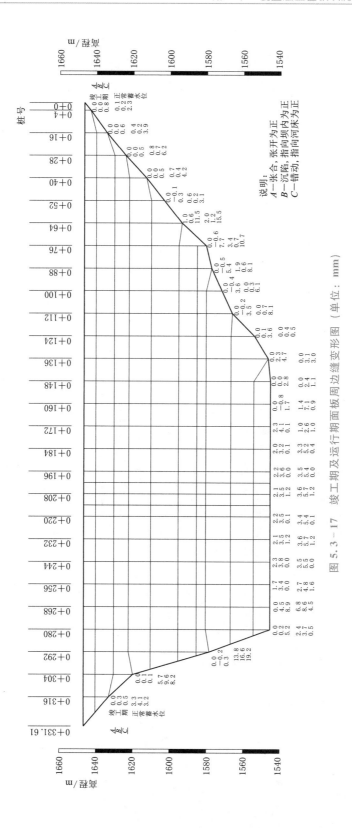

图 5.3-17　竣工期及运行期面板周边缝变形图（单位：mm）

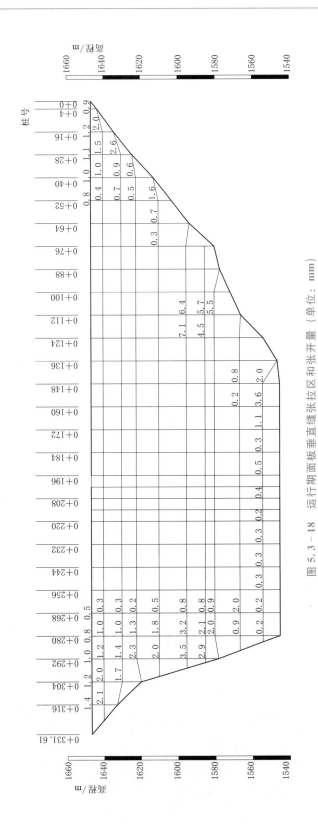

图 5.3 - 18　运行期面板垂直缝张拉区和张开量（单位：mm）

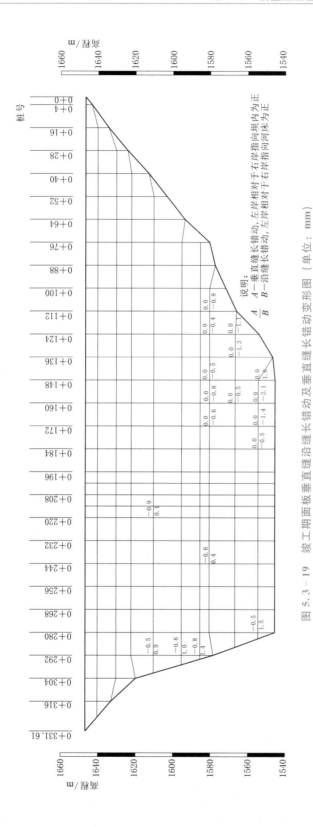

图 5.3 - 19　竣工期面板垂直缝沿缝长错动及垂直缝长错动变形图（单位：mm）

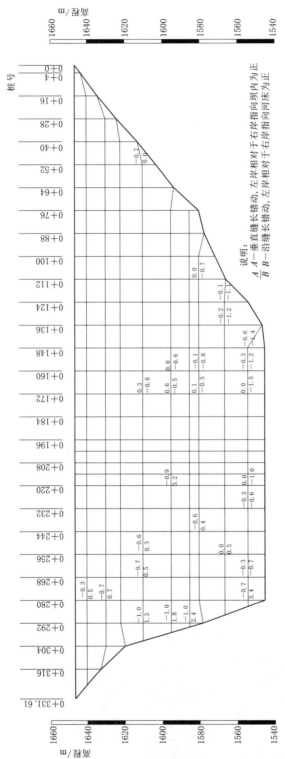

图 5.3 - 20 运行期面板垂直缝沿缝长错动及垂直缝长错动变形图（单位：mm）

说明：
$\dfrac{A\ A-$垂直缝长错动，左岸相对于右岸指向坝内为正$}{B\ B-$沿缝长错动，左岸相对于右岸指向河床为正$}$

表 5.3－14　　防渗墙与连接板、连接板与连接板、连接板与趾板之间接缝变形

项　目			变形/mm							
			0+172 剖面	0+184 剖面	0+196 剖面	0+208 剖面	0+220 剖面	0+232 剖面	0+244 剖面	0+256 剖面
防渗墙与连接板	竣工期	张开	0.1	0.0	0.1	0.1	0.0	0.0	0.0	0.1
		垂直错动	−0.1	0.0	0.1	0.0	0.0	0.0	0.1	0.0
		水平错动	0.0	0.0	−0.1	0.0	0.0	0.0	0.0	0.0
	运行期	张开	0.1	0.2	0.3	0.2	0.2	0.2	0.2	0.1
		垂直错动	0.0	−0.1	−0.1	−0.1	−0.1	−0.1	−0.1	−0.1
		水平错动	0.1	0.0	0.0	0.0	0.0	0.0	0.0	0.0
	地震结束后	张开	0.1	0.3	0.5	0.6	0.4	0.4	0.3	0.1
		垂直错动	0.4	0.4	0.0	0.0	0.0	−0.2	0.9	1.7
		水平错动	0.1	−0.6	−0.9	0.2	0.3	0.9	0.9	−0.5
连接板与连接板	竣工期	张开	0.1	0.0	0.2	0.0	0.6	0.1	0.9	1.4
		垂直错动	0.0	0.0	−2.6	0.0	−2.3	−0.1	−7.1	−9.9
		水平错动	0.0	0.0	0.0	0.0	−1.8	−3.1	−3.6	−0.1
	运行期	张开	0.0	0.0	0.0	1.7	0.2	0.0	0.4	0.8
		垂直错动	0.0	0.0	−5.0	−3.0	−4.7	0.0	−12.2	−14.9
		水平错动	−9.8	0.0	0.0	0.0	−1.2	−1.4	−1.6	−0.2
	地震结束后	张开	0.0	0.0	0.1	1.7	0.0	0.0	0.4	0.8
		垂直错动	1.7	0.0	−5.0	−3.0	−4.7	0.0	−12.2	−14.8
		水平错动	−12.2	0.0	0.0	0.0	−1.2	−1.4	−0.6	0.2
连接板与趾板	竣工期	张开	0.0	0.0	0.0	0.0	0.0	0.0	0.0	0.0
		垂直错动	−35.9	−22.0	−10.8	−0.2	−8.5	−11.7	−11.8	−9.4
		水平错动	0.0	0.0	0.0	−2.9	−5.4	−5.7	−5.2	0.0
	运行期	张开	0.0	0.0	0.0	0.0	0.0	0.0	0.0	0.0
		垂直错动	−26.9	−37.7	−43.3	−50.6	−57.5	−59.5	−44.6	−24.9
		水平错动	0.0	−10.8	−7.8	−5.0	−2.9	−2.3	−0.6	0.0
	地震结束后	张开	0.0	0.0	0.0	0.0	0.0	0.0	0.0	0.0
		垂直错动	18.8	10.6	12.3	0.6	−4.4	−1.4	2.8	2.0
		水平错动	0.0	−6.9	−3.6	2.2	5.0	−2.3	−0.6	0.0

注　张开—顺河向相对变形，张开为正；垂直错动—垂直向相对变形，上游侧指向河床为正；水平错动—坝轴向相对变形，上游侧指向河谷为正。

无论竣工期在坝体自重作用下，还是运行期在库水压力作用下，防渗墙、连接板和趾板一起都向上游或下游位移，向河谷中央的轴向水平位移相对较小，因而防渗墙与连接板、连接板与连接板这些接缝的坝轴向水平错动较小，在 5.7mm 或 10.8mm 以下；这些接缝的张开量都小于 1.7mm。但在坝体自重或库水压力作用下，防渗墙、连接板和趾板发生不均匀沉陷较大，因而这些接缝垂直错动变形较大，尤其是连接板与趾板之间接缝的

垂直错动变形。竣工期防渗墙与连接板、连接板与连接板、连接板与趾板接缝的最大垂直错动量分别为 0.1mm、9.9mm、35.9mm，运行期分别为 0.1mm、14.9mm、59.5mm。从表 5.3-14 还可以看出河谷中央连接板与趾板之间接缝的垂直错动都在 40mm 以上。总之，防渗墙-连接板-连接板-趾板的沉降差主要发生在连接板与趾板之间的接缝，所以做好这些接缝的止水结构至关重要。

三维有限元静力分析成果表明：

竣工期和运行期坝体最大沉降及水平位移，均在坝体变形正常范围内；面板各项变形均在正常范围之内；趾板沉降比连接板大，运行期沉降有较大的增加。竣工期趾板与连接板向上游位移，运行期趾板与连接板向下游位移。由于左岸上游有覆盖层，因而偏向左岸的趾板与连接板的沉降较大，竣工期趾板与连接板的坝轴向位移都向左岸位移，运行期趾板与连接板的坝轴向位移也基本上是向左岸位移。在竣工期，由于坝体填筑，趾板和连接板向上游位移，同时趾板发生沉降。在运行期由于库水压力作用，趾板和连接板向下游位移，但均在正常变形范围内。

由于河床部分趾板建造在覆盖层上，面板底部与趾板、连接板和防渗墙顶部在库水压力作用下都向下游变形，所以河床部分周边缝的变形即周边缝的张开量、垂直缝长错动量和沿缝长错动量都不大。左岸岸坡较陡，因而沿缝长错动量较大，左岸、右岸某些部位周边缝垂直缝长错动量和张开量都较大。从近年止水结构研究成果看，上述变形完全在目前止水结构及材料能够适应的变形范围内。

通过研究察汗乌苏面板堆石坝防渗系统的柔性连接表明，深厚覆盖层上的面板堆石坝防渗系统的防渗墙和趾板采用柔性连接型式是合理的，其坝体、面板、趾板、连接板及防渗墙的应力变形及接缝变位均能满足要求。

6. 工程运行的实际监测

察汗乌苏水库从 2007 年 10 月 31 日下闸蓄水，2008 年 9 月水库第一次抬升水位至高程 1635m 左右；2009 年 6 月水库第二次抬升水位到正常蓄水位 1649m 左右。至 2022 年仍在安全运行。

依据收集到的截至 2010 年 5 月底的监测资料，对防渗墙变形、应力以及连接板部位的接缝进行监测，验证工程设计计算的结果。

（1）防渗墙变形。防渗墙变形监测采用固定测斜仪。防渗墙在水库蓄水后，向下游位移；后期水位抬升过程中，有向下游位移的趋势。2008 年 6 月库水位 1620m 左右，坝左 0+200.00 断面防渗墙最大变形为 7.10cm；坝左 0+244.00 断面防渗墙最大变形为 6.91cm。均发生在防渗墙上部。截至 2010 年 5 月 28 日库水位 1627.39m，坝左 0+200.00 断面防渗墙最大变形为 12.9cm，发生在防渗墙上部。坝左 0+244.00 断面防渗墙最大变形为 7.1cm，发生在防渗墙中上部。

对比三维有限元计算，防渗墙向上游变形，最大变形为 5.8cm，蓄水期防渗墙向下游位移，最大变形为 4.2cm；在蓄水过程中，防渗墙向下游最大位移合计 10cm。而实际监测的防渗墙最大向下游变位为 12.9cm，这还没有计算施工期墙体向上游的变位。故实际监测防渗墙变形大于设计计算的墙体变形。

（2）防渗墙应力。在防渗墙上布置了 2 个断面，安装了土压力计、单向应变计、无应力计和钢筋计进行应力检测。土压力计在施工过程中全部损坏,无法监测,最终只能监测钢筋应力。

在坝体填筑过程中,测点测值表现为拉应力减小、压应力增大;水库蓄水前,各钢筋计测点测值为－40～30MPa。在水库初期蓄水过程中,测点压应力有增大趋势。在第一次和第二次库水位抬升过程中,钢筋计测点应力无明显变化趋势。截至 2010 年 5 月 28 日,坝左 0+220.00 断面、高程 1543.8m 防渗墙上游面的 RS07 测点为拉应力,最大拉应力值为 42.69MPa;其余测点都为压应力,最大压应力值在 70MPa 以下。由此可以看出,防渗墙的应力均不大。

(3) 防渗墙变形。水库蓄水前,各周边缝测点测值基本都在 0.5cm 以下。水库初期蓄水时,测点测值都发生了一定的变化,大部分测点测值变化不大,张拉方向测值为－0.8～1.0cm(张拉方向正值为张拉,负值为压缩),剪切方向变位在 1.6cm 以下,沉降方向变位在 2.9cm 以下。在第一次和第二次水位抬升时,测点测值有一定的变化,变化量较初期蓄水时小。河床部位周边缝一般表现为压缩量增大,两岸边坡部位周边缝一般表现为张开量增大。

截至 2010 年 5 月 28 日,河床部位周边缝张开、压缩、剪切和沉降各方向的最大值见表 5.3－15。

表 5.3－15　　　　　　　　周边缝各方向最大值统计表

方向	部　位	最大值/cm	测点	发　生　位　置
张开	防渗墙与连接板	0.9	J3-21	坝左 0+247.00、坝上 0-170.99、高程 1544.8m
	连接板与连接板	0.7	J3-19	坝左 0+247.00、坝上 0-164.99、高程 1544.8m
	趾板与连接板	1.9	JS01	坝左 0+224.00、坝上 0-160.838、高程 1544.8m
压缩	防渗墙与连接板	－0.7	J3-18	坝左 0+202.00、坝上 0-170.99、高程 1544.8m
	连接板之间	－1.0	JS02	坝左 0+224.00、坝上 0-164.99、高程 1544.8m
	趾板与连接板	均为张开	—	—
剪切	防渗墙与连接板	1.2	J3-21	坝左 0+247.00、坝上 0-170.99、高程 1544.8m
	连接板之间	0.3	JS03	坝左 0+224.00、坝上 0-167.99、高程 1544.8m
	趾板与连接板	0.7	J3-9	坝左 0+273.70、坝上 0-160.838、高程 1545.7m
沉降	防渗墙与连接板	1.1	J3-21	坝左 0+247.00、坝上 0-170.99、高程 1544.8m
	连接板与连接板	1.8	JS02	坝左 0+224.00、坝上 0-164.99、高程 1544.8m
	趾板与连接板	2.9	JS01	坝左 0+224.00、坝上 0-160.838、高程 1544.8m

从周边缝各方向最大值统计表中可以看出:河床部位防渗墙与连接板之间最大张开 0.9cm,最大压缩 0.7cm、最大剪切 1.2cm、最大沉降 1.1cm;连接板与连接板之间最大张开 0.7cm,最大压缩 1.0cm,最大剪切 0.3cm、最大沉降 1.8cm;连接板与趾板之间最大张开 1.9cm,无压缩变形,最大剪切 0.7cm、最大沉降 2.9cm。两岸岸坡部位的最大张开、剪切和沉降都大于河床部位。对比计算结果,除趾板与连接板之间的沉降变形监测值小于计算值外,其他监测结果均大于计算结果,有的相差还比较大。但周边缝各方向的测值都小于设计标准值(张拉方向 5cm、剪切方向 5cm、沉降方向 6cm)。

由察汗乌苏面板坝的监测结果可以看出，柔性连接方式完全可以适应覆盖层上高面板堆石坝的各项工作性态，是合理可行的。但在设计时应注意不能仅以计算结果来进行设计，还要参考类似工程经验，计算结果可作为设计参考，在计算结果的基础上一定要留有余地。

5.3.2.2　大渡河金川面板坝

参考察汗乌苏坝、那兰坝、九甸峡坝等高混凝土面板坝河床趾板结构型式，结合金川坝的具体情况（覆盖层最大深度 65m），研究确定了河床趾板结构型式为柔性连接的方案，对该方案进行三维有限元静力计算，研究三维条件下该趾板连接型式下防渗墙、连接板、趾板的应力变形条件。

1. 河床趾板变形和应力

河床坝左 0+59.94～坝左 0+191.94 趾板建在覆盖层上，趾板（宽 4m）通过两块 4m 长连接板和防渗墙相连接。河床段趾板应力变形及其位置（极值）见表 5.3-16。

表 5.3-16　　　　　　　　河床段趾板应力变形及其位置（极值）

项　目		竣工期		蓄 水 期	
		数值	位置	数值	位　置
趾板	顺河向变形/cm	—	—	11.60	坝左 0+119.94，坝 0−154.4
	轴向位移/cm	—	—	<0.55	坝左 0+43.23，坝 0−157.6
	沉降/cm	—	—	26.90	坝左 0+119.94，坝 0−154.4
	轴向应力/MPa　压应力	—	—	8.20	坝左 0+119.94，坝 0−154.4
	轴向应力/MPa　拉应力	—	—	1.20	坝左 0+43.23，坝 0−157.6
	顺河向应力/MPa　压应力	—	—	8.35	坝左 0+119.94，坝 0−154.4
	顺河向应力/MPa　拉应力	—	—	1.14	坝左 0+43.23，坝 0−157.6

蓄水期河床段混凝土趾板变形分布如图 5.3-21 所示。河床段趾板的轴向变形表现为自两侧向中间变形，位移值很小，蓄水期变形在 0.55cm 以下；顺河向变形表现为竣工期向上游变形，蓄水后向下游变形，蓄水至正常水位时最大顺河向位移为 11.6cm；沉降表现为自上游向下游逐渐增加，近坝端沉降最大，蓄水至正常蓄水位时最大沉降为 26.9cm。从河床趾板两端的变形来看，河床趾板和两岸岸坡趾板之间接缝的变位较大，最大张开量为 5.5mm，最大沉陷量为 32mm，最大错动量为 14mm。

蓄水期河床段趾板轴向和顺河向应力分布如图 5.3-22 所示。趾板应力计算结果显示，趾板主要受压，拉应力区域不大，分布于岸坡附近，蓄水至正常蓄水位时趾板最大轴向压应力为 8.20MPa，最大轴向拉应力为 1.20MPa，最大顺河向压应力为 8.35MPa，最大顺河向拉应力为 1.14MPa。

可见，河床趾板的拉应力、压应力均在其 C25 混凝土材料的允许范围内，不会发生受拉和受压破坏。

2. 连接板变形和应力

连接板变形与应力最大值及其位置见表 5.3-17。

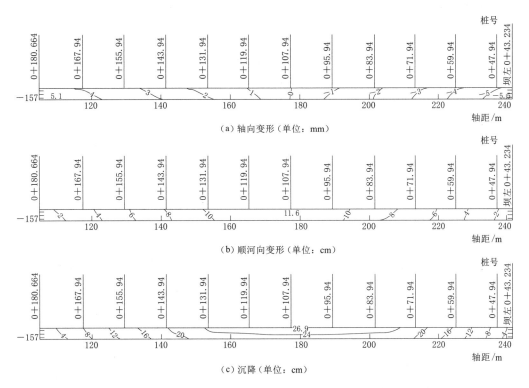

（a）轴向变形（单位：mm）

（b）顺河向变形（单位：cm）

（c）沉降（单位：cm）

图 5.3-21　蓄水期河床段混凝土趾板变形分布

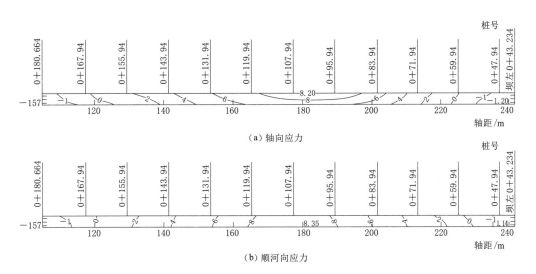

（a）轴向应力

（b）顺河向应力

图 5.3-22　蓄水期河床段混凝土趾板应力分布（单位：MPa）

　　由于连接板在坝体填筑至防浪墙底高程、混凝土面板施工之后浇筑，因此，竣工时连接板仅受防浪墙及坝顶荷载影响，变形甚微。蓄水至正常蓄水位时连接板受库水压力作用，坝轴向自两岸向中央变形，变形不大，变形在 1.07cm 以下；顺河向表现为向下游变形，最大顺河向变形为 12.2cm；沉降表现为自上游向下游逐渐增加，接近趾板端沉降最大，最大沉降为18.5cm。蓄水期混凝土连接板变形分布如图5.3-23所示。

表5.3-17　　　　　　　　　　　　连接板变形与应力最大值及其位置

项　目			蓄　水　期	
			数　值	位　置
上游 4m段	轴向变形/cm		1.07	坝左0+59.94，坝上0-165.6
	顺河向变形/cm		12.2	坝左0+119.94，坝0-165.6
	沉降/cm		12.7	坝左0+119.94，坝0-161.6
	轴向应力 /MPa	压应力	7.50	坝左0+119.94，坝0-165.6
		拉应力	-1.14	坝左0+43.23，坝0-165.6
	顺河向应力 /MPa	压应力	4.60	坝左0+119.94，坝0-161.6
		拉应力	-1.09	坝左0+43.23，坝0-165.6
下游 4m段	轴向变形/cm		0.78	坝左0+59.94，坝0-161.6
	顺河向变形/cm		12.0	坝左0+119.94，坝0-161.6
	沉降/cm		18.5	坝左0+119.94，坝0-157.6
	轴向应力 /MPa	压应力	4.99	坝左0+119.94，坝0-161.6
		拉应力	-1.08	坝左0+43.23，坝0-161.6
	顺河向应力 /MPa	压应力	7.89	坝左0+119.94，坝0-157.6
		拉应力	-1.05	坝左0+43.23，坝0-161.6

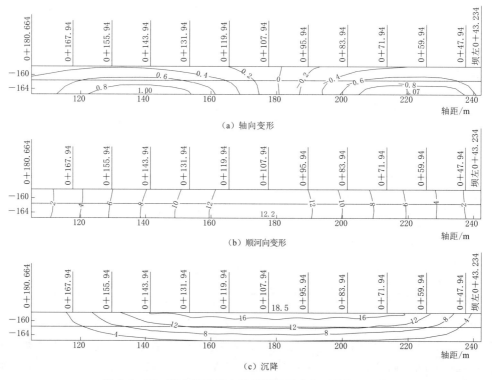

图5.3-23　蓄水期混凝土连接板变形分布（单位：cm）

蓄水期混凝土连接板应力分布如图 5.3-24 所示。应力计算结果显示，连接板在坝轴向和顺河向均主要受压，拉应力区域不大，分布在岸坡附近。蓄水至正常蓄水位连接板板内轴向压应力在 7.50MPa 以下，轴向拉应力在 1.14MPa 以下，顺河向压应力在 7.89MPa 以下，顺河向拉应力在 1.09MPa 以下。可见，连接板的拉应力、压应力均在其 C25 混凝土材料的允许范围内，不会发生受拉和受压破坏。

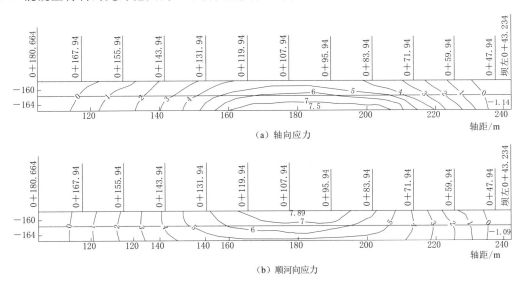

图 5.3-24　蓄水期混凝土连接板应力分布（单位：MPa）

3. 防渗墙与面板间接缝变形

防渗墙与面板间接缝主要包括防渗墙与连接板、连接板与连接板、连接板与趾板、趾板与面板的接缝。各相关接缝变位特征值（极值）见表 5.3-18。

表 5.3-18　各相关接缝变位特征值（极值）

项　　目		蓄　水　期	
		数值	位　　置
防渗墙与连接板接缝变位 /mm	张开	-2.9	坝左 0+107.94，坝 0-165.6，高程 2147.8m
	沉陷	43.0	坝左 0+107.94，坝 0-165.6，高程 2147.8m
	错动	3.3	坝左 0+43.23，坝 0-165.6，高程 2147.8m
连接板与连接板接缝变位 /mm	张开	-2.4	坝左 0+107.94，坝 0-161.6，高程 2147.8m
	沉陷	6.4	坝左 0+107.94，坝 0-161.6，高程 2147.8m
	错动	3.1	坝左 0+71.94，坝 0-161.6，高程 2147.8m
连接板与趾板接缝变位 /mm	张开	-1.6	坝左 0+107.94，坝 0-157.6，高程 2147.8m
	沉陷	8.6	坝左 0+107.94，坝 0-157.6，高程 2147.8m
	错动	3.3	坝左 0+71.94，坝 0-157.6，高程 2147.8m
趾板与面板接缝变位 /mm	张开	-3.0	坝左 0+71.94，坝 0-153.6，高程 2147.8m
	沉陷	17.6	坝左 0+191.94，坝 0-153.6，高程 2147.8m
	错动	6.2	坝左 0+191.94，坝 0-153.6，高程 2147.8m

连接板与连接板、连接板与趾板、趾板与面板之间的接缝在蓄水期处于压紧状态，接缝错动很小，相对沉陷分别在 6.4mm、8.6mm 和 17.6mm 以下。防渗墙与连接板接缝在蓄水期虽处于压紧状态，但相对沉陷较大，最大相对沉陷为 43.0mm。防渗墙与连接板及趾板之间接缝的沉陷分布如图 5.3-25 所示。

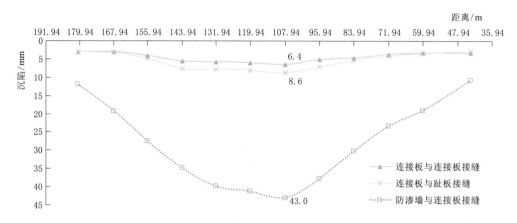

图 5.3-25　防渗墙与连接板及趾板之间接缝的沉陷分布

混凝土防渗墙与面板间相关柔性接缝以沉陷变位为主，蓄水期河床趾板与面板接缝（周边缝）最大沉陷为 17.6mm，剪切错动最大为 6.2mm，压缩最大为 3.0mm；防渗墙与连接板之间的接缝最大沉陷为 43.0mm，左右剪切错动最大 3.3mm，接缝均处于受压，最大压缩 2.9mm。以上变位均在目前止水结构及材料能够适应的变形范围内。

4. 混凝土防渗墙应力与变形

混凝土防渗墙竣工期和蓄水期应力与变形最大值及其位置见表 5.3-19，最大断面坝左 0+107.94 混凝土防渗墙顺河向变形沿高程分布如图 5.3-26 所示。

表 5.3-19　　　　混凝土防渗墙竣工期和蓄水期应力与变形最大值及其位置

项　目				竣　工　期		蓄　水　期	
				数值	位　置	数值	位　置
防渗墙	顺河向变形			2.2cm	坝左 0+107.94，高程 2047.8m	14.6cm	坝左 0+107.94，高程 2047.8m
	轴向应力	上游面	压应力	2.52MPa	坝左 0+107.94，高程 2147.8m	6.86MPa	坝左 0+107.94，高程 2130.0m
			拉应力	1.27MPa	坝左 0+180.66，高程 2144.1m	1.16MPa	坝左 0+167.94，高程 2141.0m
		下游面	压应力	2.42MPa	坝左 0+107.94，高程 2130.0m	5.22MPa	坝左 0+107.94，高程 2130.0m
			拉应力	0.91MPa	坝左 0+180.66，高程 2147.8m	1.21MPa	坝左 0+180.66，高程 2141.0m
	垂直应力	上游面	压应力	3.60MPa	坝左 0+119.94，高程 2103.0m	8.38MPa	坝左 0+107.94，高程 2120.0m
			拉应力	0.58MPa	坝左 0+59.94，高程 2138.0m	—	—
		下游面	压应力	2.48MPa	坝左 0+107.94，高程 2120.0m	10.29MPa	坝左 0+107.94，高程 2094.0m
			拉应力	0.74MPa	坝左 0+107.94，高程 2147.8m	—	—
	大主应力	上游面		6.93MPa	坝左 0+119.94，高程 2103.0m	10.47MPa	坝左 0+131.94，高程 2113.5m
		下游面		4.54MPa	坝左 0+119.94，高程 2103.0m	12.03MPa	坝左 0+107.94，高程 2094.0m

项　目			竣　工　期		蓄　水　期	
			数值	位　　置	数值	位　　置
防渗墙	小主应力	上游面 压应力	1.78MPa	坝左 0+107.94，高程 2115.8m	2.99MPa	坝左 0+107.94，高程 2120.0m
		上游面 拉应力	1.29MPa	坝左 0+180.66，高程 2144.1m	1.20MPa	坝左 0+167.94，高程 2141.0m
		下游面 压应力	1.58MPa	坝左 0+107.94，高程 2123.8m	3.37MPa	坝左 0+107.94，高程 2130.0m
		下游面 拉应力	1.01MPa	坝左 0+180.66，高程 2147.8m	1.25MPa	坝左 0+180.66，高程 2141.0m

混凝土防渗墙轴线变形表现为自两侧向中间变形，各阶段防渗墙轴向变形不大，竣工期和蓄水至正常蓄水位时防渗墙轴向位移最大值分别为 0.25cm、1.28cm。

施工期防渗墙顺河向变形表现为向上游变形；施工度汛期由于坝体断面临时挡水，防渗墙向下游变形，而后随着坝前水位下降，防渗墙逐渐向上游复位，由于覆盖层土体为弹塑性变形，卸载后防渗墙变位不能恢复到原加载前的位置；当继续填筑坝体至大坝完建，防渗墙又逐渐向上游变形；大坝蓄水后防渗墙则再次向下游变形。施工期、施工度汛期、竣工期和蓄水至正常蓄水位时防渗墙最大顺河向位移的变化为−4.8cm→6.1cm→2.2cm→14.6cm。

受侧向土压力、库水压力和墙周摩擦力等因素的影响，防渗墙在不同阶段应力状态有所不同，施工期上游墙体上部受

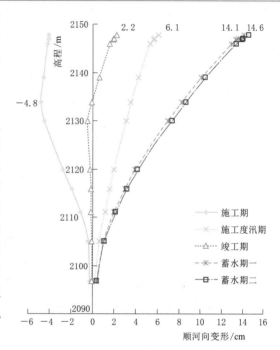

图 5.3−26 最大断面坝左 0+107.94 混凝土防渗墙顺河向变形沿高程分布图

拉、下部受压，下游墙体以受压为主，仅在两岸附近部位受拉，施工度汛期、竣工期和蓄水期，墙体主要受压，仅在两岸附近部位受拉。竣工期墙体最大压应力上游面为 6.93MPa、下游面为 4.54MPa，最大拉应力上游面为 1.29MPa、下游面为 1.01MPa；蓄水至正常蓄水位时墙体最大压应力上游面为 10.47MPa、下游面为 12.03MPa，最大拉应力上游面为 1.20MPa、下游面为 1.25MPa。

总体上看，防渗墙内压应力在 13.00MPa 以下，拉应力在 1.35MPa 以下，压应力、拉应力均在 C20 混凝土防渗墙材料的允许范围内。

金川面板堆石坝采用柔性连接方式，计算分析成果如下。

防渗墙顶在竣工期向上游位移，在运行期向下游位移，符合一般规律，且数值不大，竣工期、运行期防渗墙最大拉应力、压应力在 C20 混凝土的允许范围内，可以满足结构安全要求。

无论是施工期还是运行期，防渗墙-连接板-趾板-面板之间接缝的三向变位都不大。河床部位连接板与连接板、连接板与趾板、趾板与面板之间的接缝在蓄水运行期均处于压紧状态，接缝错动也较小，各接缝相对沉陷也不大，均能满足接缝要求。运行期防渗墙与连接板之间接缝的垂直错动较大为 43.0mm，但也能满足小于 50mm 剪切变位的要求。

面板坝河床混凝土防渗墙的拉应力、压应力均在 C20 混凝土材料应力允许范围之内，连接板、趾板的拉应力、压应力均在 C25 混凝土材料的允许范围内，混凝土防渗墙与面板间的接缝以及河床趾板和岸坡趾板之间接缝的三向变位均在目前止水结构及材料能够适应的变形范围内。经工程类比，金川面板堆石坝坝体、防渗体系的应力变形及其接缝变位都在允许范围内，防渗体系是安全可靠的，由此也说明柔性连接型式是合理的。

通过察汗乌苏及金川面板堆石坝的应用可以看出，柔性连接完全可以适应深厚覆盖层上高面板堆石坝的安全运行。从察汗乌苏面板堆石坝的情况看，防渗体系安全可靠。

5.4 推广应用实例

深厚覆盖层上百米级面板堆石坝防渗体系柔性连接型式于 2001 年首次在察汗乌苏工程被提出，在那兰、苗家坝、滚哈布奇勒和金川水电站工程上得到应用，并推广至九甸峡、老虎嘴工程上，该柔性连接型式已被广泛应用于工程实践。

老虎嘴水电站左岸副坝为混凝土重力坝，长 101m，分为 6 个坝段，最大坝高 36.2m，全部坐落在覆盖层上。防渗墙与混凝土坝的连接采用连接板柔性接头，连接板上下游侧均设置接缝和止水，左岸坝基及绕坝渗流控制措施采用悬挂式防渗墙，其最大深度为 80m。该工程的基础防渗系统重点研究水库蓄水时，防渗墙与连接板、连接板与重力坝之间接缝的变形。

5.4.1 主要结点位移

计算整理了 5 个不同坝段断面计算结果。完建期、正常蓄水期和正常蓄水遭遇设计地震工况下各剖面防渗墙顶部、连接板和坝基面等各结点的位移见表 5.4-1 和表 5.4-2，表中各点的位置如图 5.4-1 所示。其中，表 5.4-1 中的位移是在坝体开始施工前（加载地基和防渗墙后）结点位移全部归零，再加载之后的各级荷载，在各点产生的实际位移值。考虑到连接板的施工是在坝体的自重沉降完成之后，接缝处的相对位移主要是水荷载及地震荷载作用的结果。表 5.4-2 中的位移是从连接板施工前（坝体自重加载后）结

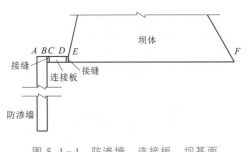

图 5.4-1 防渗墙、连接板、坝基面
各结点位置示意图

点位移归零，正常蓄水工况下为只作用水荷载产生的位移值，地震作用工况下为作用水荷载和等效地震荷载产生的位移值。

表 5.4－1 各工况各断面的位移值 单位：mm

断 面		工 况											
		坝体施工完成			连接板施工完成			正常蓄水期			正常蓄水遭遇设计地震		
		X	Y	Z	X	Y	Z	X	Y	Z	X	Y	Z
Y＝9断面	A	−19.96	2.00	−1.98	−19.95	1.98	−2.00	−8.83	2.86	−2.38	−4.40	2.49	−1.85
	B	−19.97	3.05	−0.36	−19.96	3.04	−0.38	−8.86	3.44	−0.03	−4.43	3.12	0.01
	C	0	0	0	0.05	−0.02	−0.03	9.59	1.59	1.41	13.29	2.06	0.72
	D	0	0	0	0.05	0.02	−0.13	9.54	0.13	4.54	13.24	−0.07	6.25
	E	8.65	0.02	−108	8.66	0.02	−108.1	19.07	0.30	−103.2	23.48	0.35	−101.30
	F	9.38	−0.44	−52.19	9.39	−0.44	−52.17	19.63	−0.86	−60.71	24.14	−1.11	−66.59
Y＝27断面	A	−30.7	4.31	−1.39	−30.71	4.29	−1.42	−18.69	5.55	−1.82	−13.54	5.23	−1.40
	B	−30.75	4.00	−1.08	−30.76	3.98	−1.11	−18.75	4.72	−0.46	−13.61	4.36	−0.31
	C	0	0	0	0.02	−0.02	−0.04	11.39	1.78	1.41	16.19	2.14	1.88
	D	0	0	0	0.02	0.02	−0.14	11.24	0.44	4.16	16.03	0.27	5.50
	E	−3.47	0.93	−104.8	−3.48	0.93	−104.9	8.37	1.37	−100.5	13.58	1.43	−98.96
	F	−3.27	−1.28	−56.28	−3.29	−1.29	−56.26	8.44	−2.09	−64.55	13.74	−2.51	−70.44
Y＝45断面	A	−24.03	3.91	−2.43	−24.05	3.89	−2.46	−10.55	4.78	−0.59	−4.50	4.49	−0.19
	B	−24.03	3.32	−1.77	−24.05	3.31	−1.8	−10.62	4.55	−1.33	−4.57	4.22	−1.19
	C	0	0	0	0.01	−0.02	−0.04	12.86	2.06	0.99	18.75	2.28	1.41
	D	0	0	0	0.01	0.02	−0.15	12.81	0.63	3.59	18.7	0.42	4.46
	E	−13.61	2.71	−100.6	−13.64	2.72	−100.7	−0.04	3.64	−96.56	6.11	3.77	−95.43
	F	−13.52	−2.25	−61.57	−13.55	−2.27	−61.58	−0.02	−3.68	−69.49	6.18	−4.40	−75.37
Y＝63断面	A	−23.5	3.21	−3.13	−23.53	3.19	−3.16	−8.12	5.02	−2.27	−1.11	4.88	−2.03
	B	−23.5	2.83	−2.18	−23.53	2.81	−2.21	−8.14	4.63	−2.00	−1.14	4.44	−1.93
	C	0	0	0	0.01	−0.03	−0.04	14.45	2.17	0.33	21.29	2.55	−0.22
	D	0	0	0	0.01	0.03	−0.18	14.43	0.55	3.57	21.26	0.22	4.21
	E	−19.49	3.76	−90.9	−19.53	3.78	−91.05	−4.11	4.88	−87.16	2.96	5.05	−86.3
	F	−18.49	−2.91	−66.89	−18.53	−2.91	−66.95	−3.12	−4.68	−74.13	3.99	−5.52	−79.82
Y＝87断面	A	−14.47	1.61	−3.01	−14.50	1.61	−3.03	2.93	3.98	−2.71	10.79	4.00	−2.86
	B	−14.47	0.69	−2.41	−14.49	0.68	−2.43	2.92	2.79	−2.42	10.78	2.65	−2.60
	C	0	0	0	0.08	−0.01	−0.02	16.46	2.51	0.37	24.22	2.65	0.35
	D	0	0	0	0.08	0.02	−0.17	16.42	0.71	3.27	24.17	0.43	3.61
	E	−12.43	1.52	−59.39	−12.46	1.54	−59.55	4.95	2.75	−55.84	12.97	2.94	−55.26
	F	−12.25	−5.31	−47.15	−12.28	−5.31	−47.24	5.16	−7.42	−53.69	13.23	−8.39	−59.21

表 5.4-2　　　　　　　　　　各工况各断面的相对位移值　　　　　　　　　单位：mm

项　目		工　况					
		正常蓄水期			正常蓄水遭遇设计地震		
位移方向		X	Y	Z	X	Y	Z
Y=9 断面	A	11.12	0.88	−0.38	15.55	0.51	0.15
	B	11.10	0.40	0.35	15.53	0.08	0.39
	C	9.54	1.61	1.44	13.24	2.08	0.75
	D	9.49	0.11	4.67	13.19	−0.09	6.38
	E	10.41	0.28	4.97	14.82	0.33	6.87
	F	10.24	−0.42	−8.54	14.75	−0.67	−14.42
Y=27 断面	A	12.02	1.26	−0.40	17.17	0.94	0.02
	B	12.01	0.74	0.65	17.15	0.38	0.80
	C	11.37	·1.80	1.45	16.17	2.16	1.92
	D	11.22	0.42	4.30	16.01	0.25	5.64
	E	11.85	0.44	4.40	17.06	0.50	5.91
	F	11.73	−0.80	−8.29	17.03	−1.22	−14.18
Y=45 断面	A	13.50	0.89	1.87	19.55	0.60	2.27
	B	13.43	1.24	0.47	19.48	0.91	0.61
	C	12.85	2.08	1.03	18.74	2.30	1.45
	D	12.80	0.61	3.74	18.69	0.40	4.61
	E	13.60	0.92	4.09	19.75	1.05	5.22
	F	13.53	−1.41	−7.91	19.73	−2.13	−13.79
Y=63 断面	A	15.41	1.83	0.89	22.42	1.69	1.13
	B	15.39	1.82	0.21	22.39	1.63	0.28
	C	14.44	2.20	0.37	21.28	2.58	−0.18
	D	14.42	0.52	3.75	21.25	0.19	4.39
	E	15.42	1.10	3.89	22.49	1.27	4.75
	F	15.41	−1.77	−7.18	22.52	−2.61	−12.87
Y=87 断面	A	17.43	2.37	0.32	25.29	2.39	0.17
	B	17.41	2.11	0.01	25.27	1.97	−0.17
	C	16.38	2.52	0.39	24.14	2.66	0.37
	D	16.34	0.69	3.44	24.09	0.41	3.78
	E	17.41	1.21	3.71	25.43	1.40	4.29
	F	17.44	−2.11	−6.45	25.51	−3.08	−11.97

5.4.2　竣工期

竣工期坝体、连接板和防渗墙最大位移统计见表5.4-3。接缝出现在连接板建成后，完建期没有荷载造成接缝的位移。位移符号规定为：沿坐标轴正向为正，反之为负。

表5.4-3　　　　　　　　　　　　　　　竣工期最大位移统计表

项　目	方　向	最大位移/mm	出　现　部　位
坝体	顺河向	−52.65	河床端坝顶下游侧
	坝轴线向	−13.92	中间坝段坝顶下游侧
	垂直向	−109.30	岸坡端坝顶上游侧
连接板	顺河向	0.08	中间坝段连接板
	坝轴线向	−0.03	中间坝段连接板
	垂直向	−0.04	中间坝段连接板
防渗墙	顺河向	−31.06	中间坝段防渗墙顶
	坝轴线向	4.43	中间坝段防渗墙顶
	垂直向	−3.21	靠近岸坡侧防渗墙顶

竣工期坝体在顺河向最大位移值为−52.65mm，发生在河床端坝顶下游侧；坝轴线向最大位移值为−13.92mm，发生在中间坝段坝顶下游侧；垂直向最大位移值为−109.30mm，发生在岸坡端坝顶上游侧。最大位移产生的原因有：向岸坡方向覆盖层显著变厚，坝体有向岸坡倾的趋势，同时，完建期坝体有向上游倾的趋势，而河床端的坝体断面最大。

竣工期连接板在顺河向最大位移值为0.08mm，发生在中间坝段连接板；坝轴线向最大位移值为−0.03mm，发生在中间坝段连接板；垂直向最大位移值为−0.04mm，发生在中间坝段连接板。完建期连接板的位移由其自重产生，各方向位移均较小。

竣工期防渗墙在顺河向最大位移值为−31.06mm，发生在中间坝段防渗墙顶；坝轴线向最大位移值为4.43mm，发生在中间坝段防渗墙顶；垂直向最大位移值为−3.21mm，发生在靠近岸坡侧防渗墙顶。靠河床一侧防渗墙建在基岩上，岸坡侧深入覆盖层，其三向位移主要受到坝体自重的影响。

5.4.3　正常蓄水期

正常蓄水期坝体、连接板、防渗墙和接缝最大位移统计见表5.4-4。

表5.4-4　　　　　　　　　　　　　　　正常蓄水期最大位移统计表

项　目	方　向	最大位移/mm	出　现　部　位
坝体	顺河向	61.42	岸坡端坝顶上游侧
	坝轴线向	−16.45	中间坝段坝顶下游侧
	垂直向	−101.22	靠近河床侧坝踵

项　目	方　向	最大位移/mm	出　现　部　位
连接板	顺河向	16.96	连接板岸坡端
	坝轴线向	2.53	连接板岸坡端
	垂直向	1.43	中间坝段连接板
防渗墙	顺河向	63.08	靠近岸坡侧防渗墙顶
	坝轴线向	6.59	中间坝段防渗墙顶
	垂直向	−5.51	靠近岸坡侧防渗墙顶
接缝	顺缝	1.24	连接板下游侧接缝中段
	垂直缝	0.22	连接板下游侧接缝河床端
	法向	2.63	连接板下游侧接缝河床端

在正常蓄水期，坝体在顺河向最大位移值为 61.42mm，发生在岸坡端坝顶上游侧；坝轴线向最大位移值为 −16.45mm，发生在中间坝段坝顶下游侧；垂直向最大位移值为 −101.22mm，发生在靠近河床侧坝踵。岸坡一侧覆盖层显著变厚，由水压力作用产生的位移显著，故蓄水后顺河向的最大位移值出现在岸坡一端。

在正常蓄水期，连接板在顺河向最大位移值为 16.96mm，发生在连接板岸坡端；坝轴线向最大位移值为 2.53mm，发生在连接板岸坡端；垂直向最大位移值为 1.43mm，发生在中间坝段连接板。连接板顺河向的位移趋势与坝体一致。在坝轴线向，岸坡一侧连接板倾斜，所受水压力有沿坝轴线向的分力，使坝轴线向位移增大。在垂直向，水压力改善了完建期坝体向上游的趋势，由坝体自重产生的坝踵附近区域的沉降得到一定的缓解，使连接板产生微小的正向位移。

在正常蓄水期，防渗墙在顺河向最大位移值为 63.08mm，发生在靠近岸坡侧防渗墙顶；坝轴线向最大位移值为 6.59mm，发生在中间坝段防渗墙顶；垂直向最大位移值为 −5.51mm，发生在靠近岸坡侧防渗墙顶。防渗墙位移趋势与坝体基本一致。垂直向最大位移出现在岸坡一侧主要是因为河床一侧防渗墙均建在基岩上，在水压作用下沉降量有限。

在正常蓄水期，接缝在顺缝方向最大位移值为 1.24mm，发生在连接板下游侧接缝中段；垂直缝方向最大位移值为 0.22mm，发生在连接板下游侧接缝河床端；法向最大位移值为 2.63mm，发生在连接板下游侧接缝河床端。接缝位移受到防渗墙、连接板和坝体位移的影响。

5.4.4　正常蓄水遭遇设计地震

根据有限元计算分析，正常蓄水遭遇设计地震工况最大位移统计见表 5.4-5。

在正常蓄水遭遇设计地震工况下，坝体在顺河向最大位移值为 89.81mm，发生在岸坡端坝顶上游侧；坝轴线向最大位移值为 −16.78mm，发生在中间坝段坝顶下游侧；垂直向最大位移值为 −99.54mm，发生在靠近河床侧坝踵。岸坡一侧覆盖层显著变厚，由水压力和地震作用产生的位移显著，故蓄水后顺河向的最大位移值出现在岸坡一端。

表 5.4-5　　　　　　　　　　正常蓄水遭遇设计地震工况最大位移统计表

项　目	方　向	最大位移/mm	出　现　部　位
坝体	顺河向	89.81	岸坡端坝顶上游侧
	坝轴线向	−16.78	中间坝段坝顶下游侧
	垂直向	−99.54	靠近河床侧坝踵
连接板	顺河向	25.13	连接板岸坡端
	坝轴线向	2.77	连接板岸坡端
	垂直向	1.94	中间坝段连接板
防渗墙	顺河向	90.24	左岸防渗墙顶
	坝轴线向	6.68	中间坝段防渗墙顶
	垂直向	−13.26	模型左端防渗墙顶
接缝	顺缝	1.63	连接板下游侧接缝中段
	垂直缝	0.24	连接板下游侧接缝河床端
	法向	3.42	连接板下游侧接缝河床端

在正常蓄水遭遇设计地震工况下，连接板在顺河向最大位移值为 25.13mm，发生在连接板岸坡端；坝轴线向最大位移值为 2.77mm，发生在连接板岸坡端；垂直向最大位移值为 1.94mm，发生在中间坝段连接板。该工况下，各方向的位移趋势与正常蓄水期一致。

在正常蓄水遭遇设计地震工况下，防渗墙在顺河向最大位移值为 90.24mm，发生在左岸防渗墙顶；坝轴线向最大位移值为 6.68mm，发生在中间坝段防渗墙顶；垂直向最大位移值为 −13.26mm，发生在模型左端防渗墙顶。防渗墙位移趋势与坝体基本一致。垂直向最大位移出现在岸坡一侧主要是因为河床一侧防渗墙均建在基岩上，在水压力和地震作用下沉降量有限。

在正常蓄水遭遇设计地震工况下，接缝在顺缝方向最大位移值为 1.63mm，发生在连接板下游侧接缝中段；垂直缝方向最大位移值为 0.24mm，发生在连接板下游侧接缝河床端；法向最大位移值为 3.42mm，发生在连接板下游侧接缝河床端。接缝位移受到防渗墙、连接板和坝体位移的影响。

综上所述，防渗墙与连接板各项变位均在接缝最大变形承受范围内，能够满足工程安全运行要求。老虎嘴水电站于 2011 年 6 月 17 日 3 台机组正式投产发电，从老虎嘴水电站的运行情况看，柔性连接系统安全可靠。

5.5　本章小结

（1）详细介绍了覆盖层上趾板与防渗墙常用连接型式，结合已建类似工程，对比总结了覆盖层地基上防渗结构不同连接型式的特点。覆盖层上防渗墙和混凝土面板通过水平趾板、连接板连接，各接缝采用柔性止水处理，已成为可靠的防渗结构连接型式。

（2）结合九甸峡和那兰面板坝工程，对比分析了防渗墙与面板柔性连接和刚性连接型式下面板、趾板、连接板、防渗墙及接缝的变形特性，说明防渗墙与混凝土面板之间采用柔性连接方案整体优于刚性连接方案。

（3）依托察汗乌苏、金川面板堆石坝，其河床覆盖层坝基防渗墙与面板连接采用柔性连接型式，阐述了不同趾板宽度对坝基防渗墙应力变形及相关接缝变位的影响。

（4）结合采用柔性连接型式的应用实例，分析了察汗乌苏面板堆石坝、金川面板堆石坝和老虎嘴副坝坝体、趾板、连接板、周边缝和垂直缝位移及各接缝变形的变化规律，结果表明：混凝土防渗墙、连接板和趾板的拉应力、压应力均在混凝土材料应力允许范围之内，防渗墙、连接板、趾板和面板之间接缝的三向变位都不大，柔性连接型式下坝体、防渗体系应力变形及接缝变位均在允许范围内，防渗体系是安全的，说明混凝土面板、趾板、连接板和防渗墙之间进行柔性连接的型式适合在覆盖层上混凝土面板堆石坝上推广应用。

第 6 章

深厚覆盖层上混凝土面板堆石坝监测技术

目前，趾板建在深厚覆盖层上的面板堆石坝的安全监测设计，基本沿用趾板建在基岩上的面板堆石坝监测手段和方法，对于适用于趾板建在深厚覆盖层上的面板堆石坝设计特点的安全监测手段和方法尚不完善，如如何更有效地对防渗体系（包括防渗墙、连接板、趾板、面板、防浪墙等）的应力和变形提出相应的监测方法、如何采取有效经济手段对深覆盖层渗漏量提出相应的监测方法等。因此，有必要对趾板建在深厚覆盖层上的面板堆石坝的安全监测方法进行研究。本章依据安全监测的设计原则，对坝体与坝基变形、接缝变形、渗流量、面板挠度、防渗墙挠度和应力变形等监测技术进行适当改进，形成深厚覆盖层上混凝土面板堆石坝监测技术，为趾板建在深覆盖层上的面板堆石坝的安全监测设计提供依据。

6.1 安全监测布置原则和项目

6.1.1 安全监测布置原则

6.1.1.1 规范要求

《土石坝安全监测技术规范》（SL 551—2012），对混凝土面板堆石坝的安全监测工作提出如下应遵循的原则：

（1）监测仪器、设施的布置应密切结合工程具体条件，突出重点，兼顾全面。相关项目应统筹安排，配合布置。

（2）监测仪器、设施的选择，要在可靠、耐久、经济、实用的前提下，力求先进和便于自动化监测。

（3）监测仪器、设施的安装埋设，应及时到位，专业施工，确保质量。仪器、设施安装埋设时，宜减少对主体工程施工的影响；主体工程施工应为仪器设施安装埋设提供必要的条件。

（4）应保证在恶劣条件下，仍能进行必要项目的监测。必要时，可设专门的监测站（房）和监测廊道。

6.1.1.2 安全监测设计布置原则

在遵守规范的基础上，从详细了解面板堆石坝各部位的运行状态、确保大坝安全的角度出发，结合近年来面板坝工程监测设计布置以及实际检测情况，提出以下布置原则。

1. 变形监测

（1）垂直位移和水平位移的监测应共用一个测墩，并兼顾坝体内部变形监测断面布置。坝体内部垂直位移及水平位移监测宜横向、纵向及垂向兼顾布置，相互配合。

（2）表面变形监测基准点应设在不受工程影响的稳定区域，工作基点可布设在工程相对稳定位置，各类监测点应与坝体或岸坡牢固结合。基准点、工作基点和监测点均应建有可靠的保护设施。

（3）内部变形监测采用的沉降管、侧斜管和多点位移计等线性测量设备，其底端应布设在相对稳定的部位，其延伸至表面的端点宜设表面变形监测点。

（4）表面变形监测用的平面坐标及高程系统，应与设计、施工和运行诸阶段的控制网坐标系统相一致，有条件的工程应与国家等级控制网建立联系。

2. 接缝变形监测

（1）明显受拉或受压面板的接缝处应布设测点，高程分布宜与周边缝测点组成纵、横监测线。

（2）周边缝监测点应在最大坝高处布设 1～2 个；在两岸近 1/3、1/2 及 2/3 坝高处至少布设 1 个；在岸坡较陡、坡度突变及地质条件较差的部位也应酌情增加测点数量。

（3）面板与垫层间容易发生脱空的部位，应布设测点进行面板脱空监测，监测内容包括面板与垫层间的法向位移（脱开或闭合），以及向坝下的切向位移。

3. 渗流量监测

（1）对坝体、坝基、绕渗和导渗的渗流量，应分区、分段进行监测。如条件允许，可利用分布式光纤温度测量反映大坝渗流状态。所有集水和量水设施，均应避免客水干扰。

（2）当下游有渗漏水出逸时，应在下游坝趾附近设导渗沟（可分区、分段设置），在导渗沟出口或排水沟内设量水堰测其出逸（明流）流量。

（3）当透水层深厚、渗流水位低于地面时，可在坝下游河床中设渗流压力监测设施，通过监测渗流压力计算出渗透坡降和渗流量。渗流压力测点沿顺水流方向宜布设 2 个，间距 10～20m。在垂直水流方向，应根据控制过水断面及其渗透性布设。

（4）对设有检查廊道的面板堆石坝等，可在廊道内分区、分段设置量水设施。对减水井的渗流，宜进行单井流量、井组流量和总汇流量的监测。

4. 面板挠度监测

（1）面板顶端沿大坝轴线方向应布设 1 条表面变形测线，施工期根据需要，可在各期面板顶部设置临时测线，每条测线至少布置 5 个测点。

（2）沿面板长度方向可布设 1～3 条测线，以监测面板挠度变形。每条测线根据面板长度可设 10～20 个测点，顶端应与表面变形测点相联系。

5. 防渗墙挠度和应力应变监测

监测坝基、坝体混凝土防渗墙挠度变形时，可沿墙体轴线设置 1 个监测纵断面，在断面上布置 1～3 条监测垂线，垂线位置宜与坝体监测横断面一致，每条测线不应少于 5 个测点。

6.1.2　安全监测项目

结合趾板建在深厚覆盖层上的面板堆石坝的特点，提出以下安全监测项目：

（1）坝体与坝基变形监测：覆盖层分层沉降监测，不均匀沉降及左右岸水平位移监测。

（2）接缝变形监测：面板垂直缝压性缝的挤压变形监测，基岩和覆盖层结合处周边缝监测，防渗墙、连接板、趾板之间的接缝联合变形监测。

（3）渗流量监测：大坝渗流量监测。

（4）面板挠度监测。

（5）防渗墙挠度和应力应变监测。

6.2 深厚覆盖层面板堆石坝监测方法

6.2.1 坝体与坝基变形监测方法

6.2.1.1 坝体及覆盖层沉降监测

（1）坝体沉降监测宜采用电磁式沉降管和水管式沉降仪相结合的方式，应在坝轴线方向上布置监测断面。

坝轴线上游电磁式沉降管应采用弯管设计，水管式沉降仪在安装过程中应准确测量出水管高程。

水管式沉降仪宜采用人工观测，建议不纳入自动化观测系统。电磁式沉降管自动化监测需通过工程应用验证其实际效果。

（2）覆盖层分层沉降监测宜结合坝体沉降监测方案，采用电磁式沉降管监测。电磁式沉降管埋设应在覆盖层施工处理之前，钻孔宜深入基岩，以保证覆盖层分层沉降监测完整。

6.2.1.2 坝体水平位移监测

坝体水平位移监测宜采用钢丝水平位移计或杆式水平位移计，高面板堆石坝应布置左右岸水平位移监测断面。

钢丝水平位移计宜采用人工观测，建议不纳入自动化观测系统。杆式水平位移计宜采用并联方式。

6.2.2 接缝变形监测方法

1. 面板垂直缝监测

面板垂直缝监测表面测缝计宜采用网格化布置方式，面板压性缝监测宜采用表面测缝计和边角钢筋计（或应变计）相结合的方式。

2. 周边缝监测

周边缝监测宜采用三向测缝计，根据空间坐标关系的变化，求得开合度、剪切和沉降变形值。沿周边缝要形成系统、完整的布置，监测设计根据前期计算成果，在周边缝变形较大、覆盖层和基岩结合处应重点布置；另外，还可以在低高程每一套周边缝三向测缝计下的垫层料内布置1支渗压计，作为辅助手段。

3. 防渗墙、连接板、趾板之间的联合变形监测

防渗墙、连接板、趾板之间的联合变形监测宜采用三向测缝计。在基岩和覆盖层结合处应布置三向测缝计，在横向和纵向都至少需布置2个以上的监测断面，断面上的每条连接缝都应布置三向测缝计。

6.2.3　渗流量监测方法

根据工程特点，趾板建在深厚覆盖层上的面板堆石坝渗流量监测方案主要分为以下类型。

1. 下游渗流封闭区域可利用

如果下游渗流封闭区离大坝较近，应首先考虑结合渗流封闭区域来布置量水堰。

2. 坝后覆盖层深度在 20m 以内

参考已建工程经验，坝后覆盖层深度在 20m 以内的宜采用全断面截水墙，布置量水堰监测大坝总渗流量。

3. 坝后覆盖层深度大于 20m

考虑到截水墙施工难度和投资增大等因素，坝后覆盖层深度大于 20m 的可采用悬挂式截水墙，截水墙深度为 2～5m。布置量水堰监测明流渗流量，在墙下打观测孔监测墙下潜流渗流量，通过测量明流渗流量的突变，对大坝的漏水情况进行安全预警。

4. 下游水位较高

下游水位较高的工程宜采用分区监测，在左右岸下游水位以上分别布置量水堰监测部分渗流量。

6.2.4　面板挠度监测方法

面板挠度监测宜采用测斜仪，测斜仪之间应独立，不能用连接杆连接；宜在面板挠度监测断面顶部布置表面测点，结合面板后坝体变形监测资料，对面板挠度监测结果进行校核。

对应测斜仪测点部位，宜在面板的表层和底层对称布置钢筋计（或应变计），通过面板应力应变和挠度综合判断面板的工作性态。

6.2.5　防渗墙挠度及应力应变监测方法

防渗墙挠度监测一般采用固定测斜仪，由监测成果可知测值规律较好，基本反映了防渗墙挠度的规律。鉴于固定测斜仪在面板挠度监测中存在的问题，推荐防渗墙挠度监测采用相对独立的测斜仪，不用连接杆连接。对应测斜仪测点部位，宜在防渗墙的上下游面对称布置钢筋计和应变计，监测防渗墙应力应变，结合防渗墙的应力应变和挠度综合判断防渗墙的工作性态。

6.3　坝体与坝基变形监测

6.3.1　坝体沉降监测

对面板堆石坝坝体沉降监测而言，趾板建在深厚覆盖层上的面板堆石坝和趾板建在基岩上的面板堆石坝坝体沉降监测的手段基本一致。国内部分工程坝体沉降监测手段及监测成果汇总见表 6.3-1。

表 6.3-1　　　　　　　　国内部分工程坝体沉降监测手段及监测成果汇总表

工程名称	工程类型	坝高/m	所使用仪器	实际监测实施及成果情况
公伯峡	基岩面板堆石坝	132.2	水管式沉降仪	坝后观测房施工晚，损失了 1 个月左右的监测资料，测值明显偏小，测值整体规律性较好。后期自动化运行不稳定，已无法正常监测
			电磁式沉降管	测值规律性好，截至 2012 年 5 月 10 日，坝体最大沉降为 54.9cm
巴贡	基岩面板堆石坝	205	水管式沉降仪	施工期测值整体规律性较好。截至 2012 年 3 月 11 日，实测坝体最大沉降为 267.1cm。未实施自动化
积石峡	基岩面板堆石坝	103	水管式沉降仪	坝后观测房施工晚，损失了 1～2 个月的监测资料，测值偏小，测值整体规律性较好。2011 年 4 月后运行不稳定，已无法正常观测。未实施自动化
			电磁式沉降管	测值规律性好。截至 2012 年 2 月 13 日，最大沉降为 50.6cm
察汗乌苏	深厚覆盖层面板堆石坝（砂砾石）	110	水管式沉降仪	坝后观测房施工晚，损失了 1～11 个月的监测资料，测值明显偏小；后期观测房测量误差大，测点相对整体规律性较好
			电磁式沉降管	截至 2009 年 10 月，测得坝体最大沉降 53.8cm，覆盖层顶面沉降量为 37.6cm；测值规律性好
九甸峡	深厚覆盖层面板堆石坝	133	水管式沉降仪	测值规律性好。截至 2010 年 12 月 18 日，坝体最大沉降量为 138.0cm
那兰	深厚覆盖层面板堆石坝	109	水管式沉降仪	坝体分块填筑对水管式沉降仪施工影响较大，测值损失较多，测值规律性较差
汉坪嘴	深厚覆盖层面板堆石坝	57	电磁式沉降管	前期测量规律性较好，后期基准点变动，测值突变

趾板建在深厚覆盖层上的面板堆石坝和趾板建在基岩上的面板堆石坝，坝体沉降监测均采用水管式沉降仪或水管式沉降仪和电磁式沉降管相结合的方法。

1. 水管式沉降仪

水管式沉降仪一般水平布置在监测断面内不同高程处，同一高程测线间隔布置多个测点，测线末端布置观测房作为工作基点和集中观测的场所。水管式沉降仪常和钢丝水平位移计配套埋设，从而可获得测点位置沉降量和沿测线方向的水平位移。该方法测量原理简单，监测方便，可实现自动化观测。水管式沉降仪典型布置剖面（巴贡）如图 6.3-1 所示。

2. 电磁式沉降管

电磁式沉降管主要包括沉降管、磁性锚块和测量装置，沉降管和磁性锚块随着坝体填筑逐步埋设于坝体内；测量时，通过内有电缆导线的刻度卷尺的牵引，探头下降到沉降管中可以检测出管外的磁性锚块位置，并可由卷尺的刻度值确定锚块沉降变形值。

电磁式沉降管测点沿垂线方向布置，可以监测到水管式沉降仪以下的坝体沉降及覆盖层内部沉降等。该方法测量简单，受环境影响较小，可以监测到覆盖层的沉降。电磁式沉

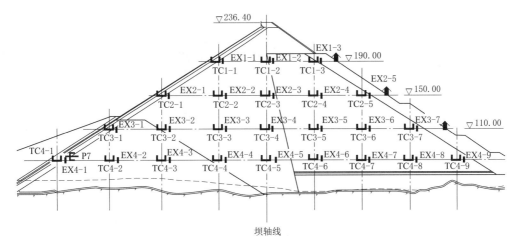

图 6.3-1　水管式沉降仪典型布置剖面（巴贡，单位：m）

降管典型布置剖面（察汗乌苏）如图 6.3-2 所示。

6.3.1.1　常用监测资料对比分析

总结多个面板堆石坝沉降监测设计及监测成果，对两种监测方法进行对比。

1. 监测范围

（1）空间范围。

水管式沉降仪一般布置在大坝的不同高程，在水平测线上测点较多；电磁式沉降管测点沿垂线方向布置，在垂线测线上测点较多。

水管式沉降仪一般在坝体填筑到一定高程后，才开始埋设，对埋设高程以下的范围无法监测；尤其对深厚覆盖层面板堆石坝而言，水管式沉降仪无法监测到覆盖层内的沉降。电磁式沉降管可以监测到水管式沉降仪以下的坝体沉降及覆盖层内部沉降。

（2）时间范围。

受测点上部坝体填筑的影响，测点沉降在仪器安装初期沉降速率一般较大。从多个面板堆石坝实测资料来看，受坝后观测房施工的影响，沉降初次观测时间一般要比测点安装晚 1~2 个月。观测房施工期间水管式沉降仪测点沉降无法观测，导致测点沉降明显偏小。电磁式沉降管随坝体填筑施工，一般不会损失沉降量。

在水管式沉降仪安装过程中，利用水准仪准确测量测点的安装高程，从而得到了测点出水口高程，即观测房水管内液面初始高程（实际上观测房内水管并未安装）。观测房建成及房顶观测点施工完成并投入观测后，得到各测点水管液面高程，即可求得该段时间内测点的沉降量，但该段时间内的沉降过程仍无法获得。

2. 观测误差

电磁式沉降管一般的标称误差为 3mm，水管式沉降仪也在 3mm 左右。

电磁式沉降管一般要求深入基岩，以沉降管底部作为不动点；因此，电磁式沉降管误差仅与仪器本身有关，误差在 3mm 左右。水管式沉降仪监测坝体沉降要利用坝后观测房基准点，基准点观测一般采用水准法，其观测误差在 2mm 左右。水管式沉降仪监测坝体沉降的误差应该为观测房基准点误差和水管式沉降仪标称误差之和，在 3mm 左右。由此

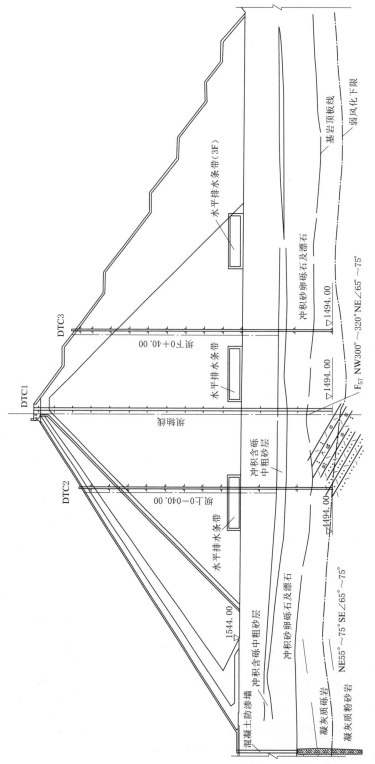

图 6.3-2 电磁式沉降管典型布置剖面（察汗乌苏，单位：m）

可见，两者的测量误差是基本相当的。总结多个工程的实测资料，从电磁式沉降管和水管式沉降仪监测资料的稳定性和观测精度来看，两者的观测误差相当。

对于有些深厚覆盖层上的面板堆石坝，由于施工条件的限制，电磁式沉降管无法达到基岩以下，或基岩以下部位沉降管损坏。在这种情况下，测量方法为：先测量沉降管管口高程，再以管口高程为基准测量坝体沉降。该方法观测误差为电磁式沉降管自身误差与管口高程测量误差之和，观测误差要大于水管式沉降仪。

3. 施工干扰

电磁式沉降管在施工时要用直径 1.5m 左右的保护桶对其进行保护，施工影响范围为沉降管周边直径 3m 左右的地带。电磁式沉降管是竖直布置的，在整个坝体填筑过程中都会带来一定的施工干扰。

水管式沉降仪施工需要大量的开挖和回填等，影响范围较大，但水管式沉降仪的施工是阶段性的，对施工的干扰只在一段时期内存在。

综合比较来说，两者对施工干扰方面相当。

4. 自动化监测

水管式沉降仪能够实现永久监测和自动化监测，但其自动化系统尤其是其加水系统较为复杂，维护困难，稳定性一般较差。从已实施自动化监测的情况来看，目前多数运行不稳定，无法正常观测。

根据最新的研究成果，电磁式沉降管目前已实现自动化测量，但尚未应用于实际工程，需进一步验证其实施效果。

6.3.1.2　水管式沉降仪布置

1. 一般布置

水管式沉降仪一般水平布置在监测横断面内不同高程处，同一高程测线沿上下游方向间隔布置多个测点，测线末端布置观测房作为工作基点和集中观测的场所。

2. 纵向断面布置

不管是采用以水平布置为主的水管式沉降仪，还是以竖直方向为主的电磁式沉降管，目前面板堆石坝沉降监测的重点都是以横断面监测为主，两种监测方式相结合在监测横断面上可以得到较完整的网格化布置，但在纵向断面上测点较少，沿坝轴线方向上的坝体沉降规律较难获得；趾板建在深厚覆盖层上的面板堆石坝在坝轴线方向沉降差异更大，应重视坝轴线方向上的沉降监测。

根据目前面板堆石坝沉降变形监测仪器的特点，坝轴线方向的沉降宜采用水管式沉降仪（或用多根电磁式沉降管）。水管式沉降仪是利用连通管原理来监测的。在纵向断面监测中，在坝轴线方向布设测点后，只需将水管弯曲后引入坝后观测房即可，其计算原理与目前横断面监测一致。但由于水管需要弯曲，为尽量减小液体的表面张力作用对沉降监测成果的影响，所采用水管的直径应比目前采用的水管直径稍大为宜。为尽量减小水管式沉降仪施工对坝体填筑施工的干扰和监测方便，纵向断面水管式沉降仪宜与横断面水管式沉降仪布置在同一高程。纵向断面测点布置宜在不同高程的上游侧（尽量靠近面板下部）和坝轴线。

3. 减少坝后观测房的布置方案

目前，面板堆石坝坝后坡需建较多的观测房。一是作为水管式沉降仪和钢丝水平位移计的观测点和工作基点；二是作为集中观测的场所。一般来讲，坝后观测房施工较慢、造价高，对大坝施工有一定的影响，而且影响大坝的整体美观。从目前的监测技术来讲，完全可以减少坝后观测房的数量，每个高程只需建一个观测房即可，而且观测房既可以建在坝后坡，若条件允许也可以建在两岸边坡上。

具体方案如下：

（1）在坝后坡建观测房主要是钢丝水平位移计和水管式沉降仪观测的需求。钢丝水平位移计目前可用杆式水平位移计代替，这种仪器已在察汗乌苏面板堆石坝中成功应用。水管式沉降仪由于其测量原理为连通管原理，理论上，其观测设备可放置在一定高程的任意位置。

（2）观测房还作为坝体水平位移和沉降的工作基点，工作基点可用综合位移测点，直接建在坝后坡上即可。

（3）坝体内部其他需要引到坝后的电测仪器可引入坝后的临时测站内。

减少坝后观测房的布置方案优点主要有：减少工程投资；施工影响小；施工快速，且实测坝体变形量损失减小；大坝整体更美观。缺点主要有：观测房尺寸加大；水管测量时间加长。

6.3.1.3 电磁式沉降管改进

在早期建设的一些面板堆石坝工程中，采用电磁式沉降管进行沉降观测时，坝轴线上游、面板下部的电磁式沉降管只作为施工期观测；面板施工时，电磁式沉降管无法继续观测；或者有些工程在坝轴线上游、面板下部不布置电磁式沉降管。

为解决面板堆石坝坝轴线上游、面板下部电磁式沉降管的永久监测问题，在积石峡面板堆石坝沉降监测设计中，对电磁式沉降管进行了改进。积石峡面板堆石坝电磁式沉降管布置如图6.3-3所示。

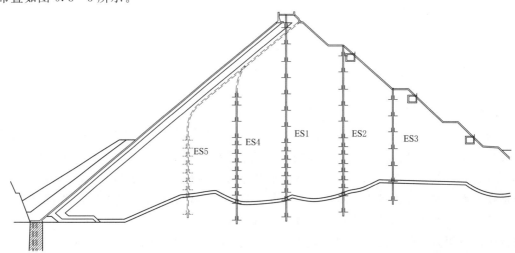

图 6.3-3　积石峡面板堆石坝电磁式沉降管布置图

从图 6.3 - 3 中可以看出，位于坝轴线上游、面板下部的电磁式沉降管在靠近顶部时弯曲，然后随坝体填筑，将沉降管管口引致坝顶或坝后坡部位。

电磁式沉降管改进的关键问题如下。

1. 弯管半径

弯管段的设计半径主要由探头长度和沉降管直径等决定的，保证探头在上下活动的过程中不受限制。弯管段示意如图 6.3 - 4 所示。

2. 附加重量

在探头下加附加重量主要是为了克服测量过程中探头、测尺等和沉降管之间的摩擦力，保证测量过程能顺利进行。探头、测尺等和沉降管之间的摩擦系数较难确定，在积石峡水电站工程中，采用的附加重量为 2kg，实施效果较好。

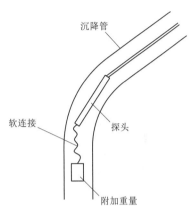

图 6.3 - 4　弯管段示意图

另外，探头和附加重量之间宜采用软连接，一方面可以增强探头的自由度，另一方面可以减小弯管段的拐弯半径。

目前，坝轴线上游的两根电磁式沉降管仍能正常观测，证明对电磁式沉降管的改进，成功地解决了面板下部电磁式沉降管的永久观测问题。

6.3.1.4　推荐的沉降监测方式

对于趾板建在深厚覆盖层上的面板堆石坝坝体进行沉降监测的推荐方案如下：

（1）坝体沉降监测宜采用电磁式沉降管和水管式沉降仪相结合的方式，应在坝轴线方向上布置监测断面。

（2）坝轴线上游电磁式沉降管应采用弯管设计，水管式沉降仪在安装过程中应准确测量出水管高程。

（3）水管式沉降仪宜采用人工观测，建议不纳入自动化观测系统。电磁式沉降管自动化监测需通过工程应用验证其实际效果。

6.3.2　覆盖层分层沉降监测

覆盖层分层沉降监测是趾板建在覆盖层上的面板堆石坝监测的难点问题。国内部分工程覆盖层沉降监测手段及监测成果汇总见表 6.3 - 2。

覆盖层分层沉降主要有水管式沉降仪、电磁式沉降管和倾斜仪等 3 种监测手段。倾斜仪只能监测覆盖层顶部沉降，而且倾斜仪的方法属于间接监测方法，累计误差大。水管式沉降仪只能监测覆盖层顶部沉降，而且受坝后观测房施工的影响，一般会损失部分沉降量，在下游水位较高的情况下也较难实施。电磁式沉降管能较好地监测覆盖层分层沉降。

推荐方案：覆盖层分层沉降监测宜结合坝体沉降监测方案，采用电磁式沉降管进行监测。电磁式沉降管施工应在覆盖层施工处理之前进行，钻孔宜深入基岩，以保证覆盖层分层沉降监测完整。

表 6.3-2　　　　　　　国内部分工程覆盖层沉降监测手段及监测成果汇总表

工程名称	坝　　型	坝高/m	所使用仪器	实际监测实施及成果情况
察汗乌苏	深厚覆盖层面板堆石坝（砂砾石）	110	水管式沉降仪	坝后观测房施工晚，损失了6个月的监测资料，测值明显偏小；后期观测房测量误差大，测点相对整体规律性较好
			电磁式沉降管	由于电磁式沉降管在覆盖层以下部位施工过程中损坏，只监测到顶面沉降。截至2009年10月，覆盖层顶面沉降量为37.6cm，测值规律性好
九甸峡	深厚覆盖层面板堆石坝	133	倾斜仪	采用倾斜仪间接测量覆盖层顶部沉降，累计误差大
那兰	深厚覆盖层面板堆石坝	109	无	未监测深厚覆盖层沉降
汉坪嘴	深厚覆盖层面板堆石坝	57	电磁式沉降管	前期测量规律较好，后期基准点变动，测值突变

6.3.3　坝体水平位移监测

对面板堆石坝坝体沉降监测而言，趾板建在深厚覆盖层上的面板堆石坝和趾板建在基岩上的面板堆石坝坝体水平位移监测的监测手段基本一致。国内部分工程坝体水平位移监测手段及监测成果汇总见表6.3-3。

表 6.3-3　　　　　　　国内部分工程坝体水平位移监测手段及监测成果汇总表

工程名称	坝　　型	坝高/m	所使用仪器	实际监测实施及成果情况
公伯峡	基岩面板堆石坝	132.2	钢丝水平位移计	坝后观测房施工晚，损失了1~2个月的监测资料。钢丝水平位移计测值相对水平位移规律好，观测房测量误差稍大
巴贡	基岩面板堆石坝	205	钢丝水平位移计	坝后观测房施工晚，损失了1~2个月的监测资料。观测房测量误差较大，钢丝水平位移计测值规律差
积石峡	基岩面板堆石坝	103	钢丝水平位移计	坝后观测房施工晚，损失了1~2个月的监测资料。钢丝水平位移计测值相对水平位移规律好，观测房测量误差较大
察汗乌苏	深厚覆盖层面板堆石坝（砂砾石）	110	杆式水平位移计	坝后观测房施工晚，损失了1~11个月的监测资料。杆式水平位移计测值相对水平位移规律好，观测房测量误差太大
九甸峡	深厚覆盖层面板堆石坝	133	钢丝水平位移计	坝后观测房施工晚，损失了1~2个月的监测资料。钢丝水平位移计测值相对水平位移规律好，观测房测量误差太大
那兰	深厚覆盖层面板堆石坝	109	钢丝水平位移计	坝体分块填筑对钢丝水平位移计施工影响较大，测值损失较多，测值规律性较差
汉坪嘴	深厚覆盖层面板堆石坝	57	测斜管	监测结果较差，无法反应坝体水平位移规律
			钢丝水平位移计	测值不稳定，测量误差较大

趾板建在深厚覆盖层上的面板堆石坝和趾板建在基岩上的面板堆石坝坝体水平位移监测采用钢丝水平位移计、杆式水平位移计或测斜管。

1. 钢丝水平位移计

钢丝水平位移计利用观测房到锚固点钢丝长度的变化来测量坝体水平位移。一般水平布置在监测断面内不同高程处，同一高程测线间隔布置多个测点，测线末端布置观测房作为工作基点和集中观测的场所。钢丝水平位移计和水管式沉降仪配套埋设，从而可获得测点位置沿测线方向的水平位移和沉降量。该方法测量原理简单，可实现自动化观测，但自动化系统较复杂、维护困难。钢丝水平位移计典型布置剖面（巴贡）如图 6.3-5 所示。

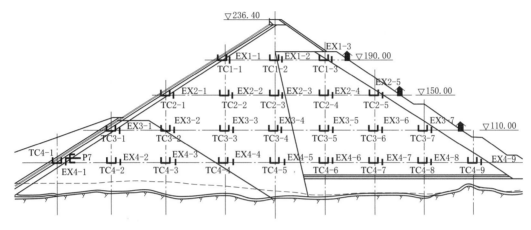

图 6.3-5　钢丝水平位移计典型布置剖面图（巴贡，单位：m）

2. 杆式水平位移计

杆式水平位移计的测量原理与钢丝水平位移计基本一致，是利用大量程位移传感器测量锚固点间的相对距离的变化，以观测房测点作为工作基点得到坝体绝对水平位移，可以理解为电测的水平位移计，因此能较方便地实现自动化观测。

3. 测斜管

测斜管测量坝体水平位移一般与电磁式沉降管相结合，测斜管是利用管底作为不动点，测量各测点之间的相对水平位移，累加后得到各点的水平位移。测斜管只能人工观测，无法实现自动化测量，而且从实际监测效果来看，测斜管测量误差较大，无法准确反映坝体水平位移的变形规律。

目前，坝体水平位移监测基本是监测大坝上下游方向的水平位移，只有在表面变形监测中监测大坝的左右岸水平位移。坝体的左右岸水平位移对面板应力和变形的影响也较大，利用水管式沉降仪已实现了坝体沉降纵向断面布置的监测，坝轴线方向的左右岸水平位移监测，也应该受到重视。

钢丝水平位移计监测坝体水平位移需要一定的空间来实现，面板堆石坝坝体内部一般是没有廊道的，因此，利用钢丝水平位移计是无法实现坝体内部左右岸水平位移监测的。杆式水平位移计是利用大量程位移传感器来监测坝体相对水平位移，是可以实现坝体内部左右岸水平位移监测的。沿坝轴线方向布置一条测线，将杆式位移计两端固定在两岸的基岩内，作为不动点，即可得到坝体内部沿坝轴线方向的左右岸水平位移值；两个端点均位于基岩内，还可以相互校准，保证监测结果的准确性。

推荐趾板建在深厚覆盖层上的面板堆石坝坝体水平位移监测采用以下方法：坝体水平位移监测宜采用杆式水平位移计或钢丝水平位移计，高面板堆石坝应布置左右岸水平位移监测断面。钢丝水平位移计宜采用人工观测，不建议纳入自动化观测系统。杆式水平位移计宜采用并联方式。

6.4 接缝变形监测

6.4.1 面板垂直缝监测

对面板堆石坝坝体面板垂直缝监测而言，趾板建在深厚覆盖层上的面板堆石坝和趾板建在基岩上的面板堆石坝面板垂直缝监测的手段基本一致。国内部分工程面板垂直缝监测仪器汇总见表 6.4-1。

表 6.4-1　　　　　　　　　国内部分工程面板垂直缝监测仪器汇总

工程名称	坝　型	坝高/m	仪器名称	仪器类型
公伯峡	基岩面板堆石坝	132.2	两向测缝计	电位器式
巴贡	基岩面板堆石坝	205	单向测缝计	差阻式
积石峡	基岩面板堆石坝	103	单向测缝计	差阻式
			两向测缝计	电位器式
			钢筋计	差阻式
察汗乌苏	深厚覆盖层面板堆石坝（砂砾石）	110	单向测缝计	差阻式
九甸峡	深厚覆盖层面板堆石坝	133	单向测缝计	差阻式
那兰	深厚覆盖层面板堆石坝	109	单向测缝计	振弦式
汉坪嘴	深厚覆盖层面板堆石坝	57	单向测缝计	差阻式

面板垂直缝的监测主要采用表面测缝计，包括单向测缝计和两向测缝计。

根据有限元计算等前期计算成果，面板垂直缝一般被分为压性缝和拉性缝。早期的监测设计、土石坝监测技术规范中多提到拉性缝的监测，认为拉性缝的监测比压性缝的监测更为重要。但国内外已建的高面板堆石坝，近来陆续出现在蓄水后因面板被挤压或开裂而导致水库渗漏严重的事故，如我国的天生桥一级，巴西的 Barra Grande、Campos Novos，非洲的 Mohale 等大坝。随着面板堆石坝的发展，对面板堆石坝面板挤压问题的认识越来越深入。面板堆石坝垂直缝变形监测，尤其对于高面板堆石坝而言，应根据面板变形和应力计算成果，将压性缝作为重点监测对象。

从一些出现了较大的压缩变形甚至局部损坏现象的面板堆石坝工程来看，其面板垂直缝测缝计测点测值变化平稳，并没有反映出面板被压缩破坏的过程。由图 6.4-1 所示的面板破坏型式来看，面板中的钢筋应力发生了较大的变化。

根据面板接缝压缩变形和面板应力变化的特性，可以将面板压性缝的压缩变形分为三个阶段。

（1）第一阶段压缩填充材料。面板压性缝一般要填充柔性材料（如木板、沥青或 GB

图 6.4-1　面板垂直缝压缩破坏现场

（泡沫板等），填充材料的变形模量较小；面板开始产生压缩变形时，首先是压缩填充材料。该阶段测缝计的测点测值随着接缝变形而发生变化。

（2）第二阶段填充材料被压缩到极限后。当填充材料被压缩到极限后，面板接缝变形不明显，面板应力变化明显；测缝计的测点测值不再变化，面板应力有增大趋势。

（3）第三阶段面板混凝土损坏。面板压应力逐渐增大，在超过混凝土承受能力后，面板混凝土发生损坏；损坏后，面板应力迅速释放。该阶段，测缝计测点如果正好布置在损坏部位，测点测值可能会发生突变，但从多个工程的实测资料来看，测缝计的测点测值反应都不明显。

由此可见，面板垂直缝、压性缝挤压监测仅通过在表面布置测缝计的方法不能满足要求。从各阶段面板应力变化情况来看，应力变化情况能较清晰地反映面板压性缝压缩变形的不同阶段。在第一阶段钢筋计的测点压应力有增大趋势，增大速率较小；第二阶段钢筋计的测点压应力迅速增大，增大速率较快，测点压应力较大；第三阶段面板损坏后，钢筋计的测点应力迅速释放，恢复到较小的范围。在边角钢筋上布置钢筋计，通过对边角钢筋计应力变化的监测，判断压性缝的挤压状态，从而更准确地掌握面板的工作状态。

为了加强面板压性缝挤压监测，更明确地掌握面板的工作性态，在积石峡面板堆石坝监测设计中，在面板压性缝的边角钢筋上增加布置了钢筋计，如图 6.4-2 所示。监测成果表明，表面测缝计和边角钢筋计相结合监测面板压性缝能更准确地掌握压性缝的工作性态。

趾板建在深厚覆盖层上的面板堆石坝面板垂直缝监测推荐方案为：面板垂直缝接缝监测宜采用表面测缝计网格化布置方式，面板压性缝监测宜采用表面测缝计和边角钢筋计（或应变计）相结合的方式。

6.4.2　周边缝监测

对面板堆石坝坝体周边缝监测而言，趾板建在深厚覆盖层上的面板堆石坝和趾板建在基岩上的面板堆石坝周边缝监测的手段基本一致。国内部分工程周边缝监测仪器汇总见表 6.4-2。

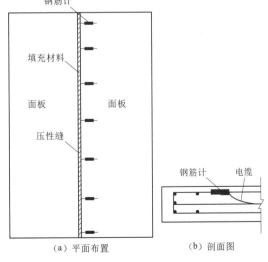

（a）平面布置　　（b）剖面图

图 6.4-2　边角钢筋上的钢筋计布置图

表 6.4-2　　　　　　　　　　　　　　国内部分工程周边缝监测仪器汇总表

工程名称	坝　　型	坝高/m	仪器名称	仪器类型
公伯峡	基岩面板堆石坝	132.2	三向测缝计	电位器式
			渗压计	进口弦式
巴贡	基岩面板堆石坝	205	三向测缝计	电位器式
积石峡	基岩面板堆石坝	103	三向测缝计	电位器式
			渗压计	进口弦式
察汗乌苏	深厚覆盖层面板堆石坝（砂砾石）	110	三向测缝计	电位器式
			渗压计	进口弦式
九甸峡	深厚覆盖层面板堆石坝	133	3 支单向测缝计	差阻式
那兰	深厚覆盖层面板堆石坝	109	3 支单向测缝计	差阻式
汉坪嘴	深厚覆盖层面板堆石坝	57	3 支单向测缝计	差阻式

　　周边缝是面板接缝监测的重点，采用三向测缝计进行监测。一般监测设计是根据周边缝位移计算成果，在周边缝开合度、剪切和沉降位移较大处重点布置，沿周边缝形成较完整的布置。

　　周边缝监测宜采用三向测缝计，根据空间坐标关系的变化，求得开合度、剪切和沉降变形值。沿周边缝要形成系统、完整的布置，监测设计根据前期计算成果，在周边缝变形较大、覆盖层和基岩结合处应重点布置；另外，还可以在低高程每一套周边缝三向测缝计下的垫层料内布置 1 支渗压计，作为辅助手段。

6.4.3　防渗墙、连接板、趾板之间的接缝联合变形监测

　　防渗墙、连接板、趾板之间的接缝联合变形监测是趾板建在覆盖层上的面板堆石坝监测的难点问题。国内部分工程覆盖层防渗墙、连接板、趾板之间的接缝联合变形监测仪器汇总见表 6.4-3。

表 6.4-3　国内部分工程覆盖层防渗墙、连接板、趾板之间的接缝联合变形监测仪器汇总表

工程名称	坝　　型	坝高/m	仪器名称	仪器类型
察汗乌苏	深厚覆盖层面板堆石坝（砂砾石）	110	三向测缝计	电位器式
九甸峡	深厚覆盖层面板堆石坝	133	3 支单向测缝计	差阻式
那兰	深厚覆盖层面板堆石坝	109	3 支单向测缝计	差阻式
汉坪嘴	深厚覆盖层面板堆石坝	57	3 支单向测缝计	差阻式

　　防渗墙、连接板、趾板之间的接缝联合变形监测宜采用三向测缝计。在基岩和覆盖层结合处应布置三向测缝计，在横向和纵向都至少布置 2 个以上的监测断面，断面上的每条连接缝都应布置三向测缝计。

6.5　渗流量监测

渗流量监测是趾板建在覆盖层上的面板堆石坝监测的重点和难点问题。国内部分工程渗流量监测手段及监测成果汇总见表6.5-1。

表6.5-1　　　　　　　国内部分工程渗流量监测手段及监测成果汇总表

工程名称	坝　型	坝高/m	仪器名称	坝后覆盖层厚度	布置型式	实际监测实施及成果情况
公伯峡	基岩面板堆石坝	132.2	量水堰	10m左右	结合尾水渠边墙	最大渗流量在20L/s左右;面板修复后,渗流量在5L/s左右
巴贡	基岩面板堆石坝	205	量水堰	很少	全断面截水墙高26m	渗流量与降水密切相关,蓄水前最大渗流量达200L/s以上,目前测值在60~80L/s
积石峡	基岩面板堆石坝	103	量水堰	10m左右	结合厂房边墙	最大渗流量在20L/s左右,截至2021年无出流
察汗乌苏	深厚覆盖层面板堆石坝（砂砾石）	110	量水堰	40m左右	2m深悬挂式集水墙,只监测明流	最大渗流量在635L/s左右
九甸峡	深厚覆盖层面板堆石坝	133	量水堰	40m左右	下游坝脚设置集水沟,拦截坝体和坝基明流	最大渗流量在205L/s左右,之后逐渐减小;截至2010年12月18日,渗流量在60L/s左右
那兰	深厚覆盖层面板堆石坝	109	量水堰	30m左右	结合下游围堰	渗流量在80~100L/s
汉坪嘴	深厚覆盖层面板堆石坝	57	测压管	40m左右	——	——

趾板建在深厚覆盖层上的面板堆石坝渗流量监测方式多种多样,在监测设计中一般结合具体工程的实际情况来确定方案。我国高混凝土面板堆石坝统计资料表明,覆盖层厚度小于20m时,多采用将覆盖层全部或部分挖除的方法,尽量将趾板建在开挖的基岩上;覆盖层厚度大于20m时,多将趾板直接建在深厚覆盖层上。下游覆盖层厚度在20m以上的一般只监测明流,根据渗流量的变化来判断防渗体系的工作性态,下游覆盖层较少的监测总渗流量。

6.5.1　分区渗流量监测

6.5.1.1　设计理念

深厚覆盖层及高尾水变幅导致难以设置量水堰,已建的高面板坝多监测渗漏总量。

作为面板堆石坝,可能产生渗漏的渠道主要有面板混凝土（包括垂直缝）、周边缝、坝基基础通过帷幕的渗漏、趾板帷幕绕渗、两岸绕渗由岸坡渗出等。对工程安全而言,最关心的是面板混凝土是否存在裂缝和垂直缝漏水、趾板基础渗透、周边缝由于变形过大引起的集中渗水等,并且也关心在众多的渗水途径中,到底是哪个部位渗水或渗水较大,以便采取工程处理措施。因此,在土石坝工程中,掌握渗流量的来源,对评价大坝的安全具有特别重要的意义。

6.5.1.2　分区监测的实现

渗流监测包括面板、基础、绕坝的渗流量和趾板、基础、两岸的渗透压力。据了解，国内外工程对大坝渗流量的监测均是观测总的渗流量，未将面板及基础、岸坡渗流量分开。洪家渡大坝的渗流量观测分为两大部分：一部分为面板和河床基础，另一部分为两岸渗流量。在两岸底部设一断面为 150cm×150cm 的矩形截水沟，将两岸渗流集中引入下游设置的量水堰观测，然后在坝址处设总的量水堰。洪家渡水电站渗流量监测布置如图 6.5-1 所示。

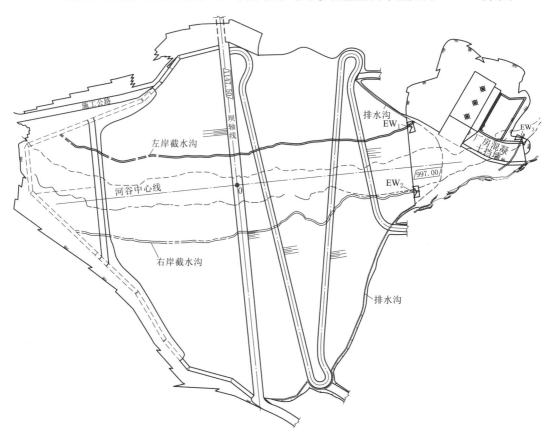

图 6.5-1　洪家渡水电站渗流量监测布置图（单位：m）

洪家渡面板堆石坝渗流量监测，采用多个量水堰进行分区监测，主要内容包括整体方案布置和引排渠道的结构型式。根据地形和结构布置，在厂房与坝脚结合处有一混凝土挡墙，将渗流截住沿着指定位置流出，在此处设置量水堰 EW_3，出流汇入尾水河道。在 EW_1、EW_2 顶部加设盖板，用遥测量水堰仪进行遥测，同时设置人工监测通道。

在两岸坡坡脚处的截水沟，将两岸坡的渗流量集中引入下游设置量水堰；加上坝趾处的量水总堰，将坝体渗流分成两坝肩岸坡渗流、河床渗流两部分。截水沟从上游面板处起，按 1‰～2‰ 坡度放坡，在下游坝趾处高程 997.00m 平台出露，设置量水堰分别进行观测，然后汇集在坝基设总量水堰，求出各部分的渗流量。同时，清除两岸的覆盖层（作为高坝，为提高基础承载力也需要清除）。另外，确保大坝下游坡排水设施不要进入渗流汇集系统内也是渗流量分区监测的关键。

6.5.1.3　分区渗流量测量优势

分区测量渗流量有如下优势：

（1）可掌握各部位的渗流量，为监控的安全运行提供可靠的保障。

（2）当渗漏量发生突变时，可缩小事故查找范围，避免盲目性。

（3）可分别检验左右岸防渗效果、周边缝的止水效果、面板的工作状况。

当然，这种设计方案在较大程度上影响了坝体填筑施工。图 6.5-2 为洪家渡水电站分区监测施工现场。

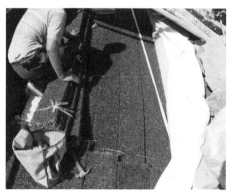 

（a）施工中　　　　　　　　　　　　　　　　　（b）施工完成

图 6.5-2　洪家渡水电站分区监测施工现场

6.5.2　利用达西定律的估算方法

根据达西定律可得：

$$Q = \frac{kFh}{L} = kFJ \tag{6.5-1}$$

其中
$$J = h/L$$

式中：Q 为单位时间渗流量；k 为渗流系数；F 为过水断面面积；h 为总水头损失；L 为渗流路径长度；J 为水力坡降。

式（6.5-1）表明，水在单位时间内通过多孔介质的渗流量与渗流路径长度成反比，与过水断面面积和总水头损失成正比。

在坝后布置两排地下水位孔，根据地下水位孔测得的水头差与渗流路径求出水力坡降，根据达西定律估算渗流量。

该方法估算的渗流量误差较大，对渗流量变化反应不敏感，而且在下游水位较高或有明流时不适用。

6.5.3　人工示踪探测法

在调查水库与湖泊渗漏的状况时采用人工示踪剂在孔中测定流场是一种基本的方法。其原理是：滤水管中的水柱被少量示踪剂标记，标记地下水的浓度被流过滤管的水降低（稀释），示踪剂浓度稀释的速率与地下水渗透流速有关，根据这种关系可以求出渗透流速。由于该方法投放示踪剂和观测其浓度变化都在同一孔中进行，通常称其为单孔稀释法。假设示踪剂稳定，在稀释水柱内从试验开始和延续过程中均匀混合；滤水管的轴线与含水层整个厚度中的水流流线正交；通过滤水管的水平流连续均匀稳定；无垂直水流的干扰，则该段稀释水柱内的示踪剂是被水平流过滤水管的地下水量稀释。通过计算得到地下水位的分层流速，结合坝后覆盖层断面面积，即可得到渗流量。

该方法目前并未应用在深厚覆盖层渗流量分析实践中，在覆盖层较深、无条件将过流断面全部截断时，在悬挂式截水墙上均匀布孔量测覆盖层内的潜流流量，在投资不大的情况下，获得虽不精确但相对准确的渗漏总量，也不失为一种能够在深厚覆盖层中可以采用的较为实用的监测方式，而且可以通过孔内微水冲击试验对覆盖层内的渗透系数进行复核，对估算渗流量的合理性进行评估。该方法的主要缺点是无法连续监测。

6.6 面板挠度监测

对面板堆石坝面板挠度监测而言，趾板建在深厚覆盖层上的面板堆石坝和趾板建在基岩上的面板堆石坝面板挠度的监测手段基本一致。国内部分工程面板挠度监测手段及监测成果汇总见表 6.6-1。

表 6.6-1　　　　　国内部分工程面板挠度监测手段及监测成果汇总表

工程名称	坝　　型	坝高/m	仪器名称	实际监测实施及成果情况
公伯峡	基岩面板堆石坝	132.2	固定测斜仪	累计误差较大，面板最大挠度 35cm 左右
巴贡	基岩面板堆石坝	205	固定测斜仪	测值跳动严重，计算的面板挠度不可信
积石峡	基岩面板堆石坝	103	固定测斜仪	测值规律性较差，面板最大挠度 10cm 左右
			钢筋计	钢筋计测点应力反映了面板挠度变形的状态
察汗乌苏	深厚覆盖层面板堆石坝（砂砾石）	110	固定测斜仪	测值跳动严重，计算的面板挠度不可信
九甸峡	深厚覆盖层面板堆石坝	133	倾斜仪	规律性较好，面板最大挠度 15cm 左右
汉坪嘴	深厚覆盖层面板堆石坝	57	电平器	突变较多，规律性较差，测值可信度不高

混凝土面板堆石坝的面板大部分位于水下，目前的监测技术和手段尚无法实现直接测量。目前常用的方法是利用测斜技术测量面板上各测点倾斜率，通过计算得到面板的挠度变形。

6.6.1 监测仪器

1. 活动式测斜仪

曾经有一些工程采用活动式测斜仪监测面板混凝土挠度。由于没有适合面板倾角的测斜仪，故采用水平或垂直测斜仪替代，其精度较差，并且可能因面板变形过大或测斜管的安装质量不高，导致测斜仪卡壳现象的发生，因此使用效果并不理想，目前已很少采用该方法。

2. 倾斜仪（倾角计）和固定测斜仪

目前最常用的仪器是倾斜仪（倾角计）和固定测斜仪。公伯峡面板坝固定测斜仪监测布置如图 6.6-1 所示。两者的测量原理和算法基本一致，具体如下。

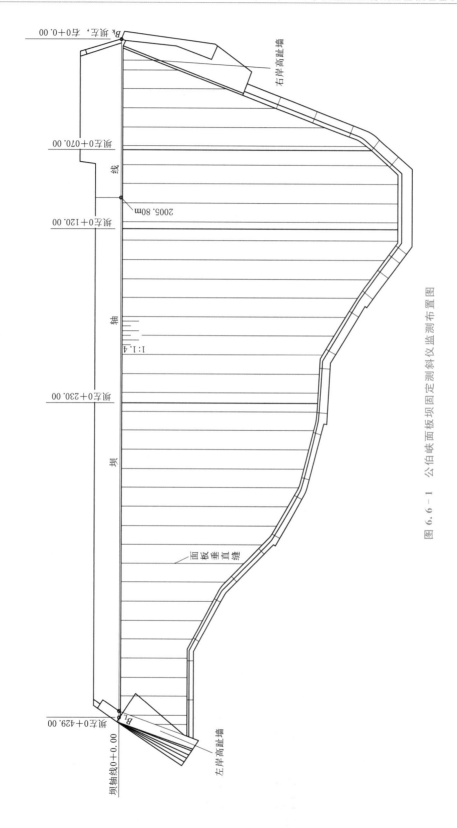

图 6.6 - 1　公伯峡面板坝坝固固定测斜仪监测布置图

（1）累加算法。每个测点测得的斜率 θ_i 代表长度 L_i 面板的斜率，假设面板与趾板接触处不发生变形（该点挠度为零），则面板挠度为

$$Y_m = \sum_{i=1}^{m} L_i \theta_i \qquad (6.6-1)$$

（2）积分算法。利用固定测斜仪资料计算面板挠度变形。假设面板与趾板接触处不发生变形（该点挠度为零），且认为面板挠度变形曲线是连续的。因此，测点倾斜测值与面板挠度之间存在积分和求导的多项式关系。利用 Excel 软件对固定测斜仪各测点的倾斜测值进行拟合，可得到倾斜值沿面板变化的多项式方程：

$$\theta(x) = a_0 + a_1 x + a_2 x^2 + a_3 x^3 + \cdots + a_n x^n \qquad (6.6-2)$$

令面板与趾板接触处 $x=0$，由于该处不发生变形，因此，$a_0=0$。

对式（6.6-2）沿面板方向进行积分，可得到面板挠度沿面板的方程：

$$Y(X) = \int_0^X \theta(x)\mathrm{d}x = \frac{a_1 x^2}{2} + \frac{a_2 x^3}{3} + \frac{a_3 x^4}{4} + \cdots + \frac{a_n x^{n+1}}{n+1} \qquad (6.6-3)$$

（3）利用坝体变形监测资料。利用测斜技术测量面板变形只能监测到面板的挠曲变形，对于面板的整体变形，是无法得到的。

在坝体变形监测中，一般在横断面的面板下部垫层料内布置有水平位移测点和沉降测点。根据坝体变形监测资料，可求得面板下部垫层料内的综合位移；在不发生脱空的情况下（可根据脱空计判断）分解到面板挠度方向，即为面板该处的变形。由于坝体变形在靠近面板处的测点较少，一般一个断面只有 3～5 个测点，很难反映面板的整体变形情况，但利用该方法可以对面板挠度变形进行校核。另外，宜在面板挠度变形监测断面顶部布置表面测点，对面板挠度变形进行校核。

6.6.2　监测效果影响因素

从多个工程的面板固定式测斜仪监测成果来看，监测效果不佳，固定测斜仪测值变化较大，跳动现象较为严重；而且面板越长，测量效果越差。固定测斜仪示意如图 6.6-2 所示。固定测斜仪主要靠固定轮和弹性张紧轮固定在测斜管内，通过连接管将各传感器串联在一起。

从固定测斜仪测量原理上分析其原因如下：

（1）从仪器自身的角度出发：①每支传感器本身都存在测量误差，面板挠度不是直接测量的，而是通过测量斜率来计算面板挠度变形，因此多支串联在一起的传感器将依次传递误差，这种误差的累积是无法避免的；②测点的布置是不连续的，在面板挠度计算中，每个测点测得的斜率代表一段范围内的面板的斜率，这种布置方式带来较大的累积误差。

（2）固定测斜仪各传感器之间靠连接杆串联在一起，较长的连接杆会因重力作用产生挠度变形，直接导致固定于其端部的传感器轴线与测斜管轴线不平行（见图 6.6-3），不能反映测斜管的真实变化状态。另外，如果固定测斜仪较长，其自身重力较大，在面板发生较小变形的情况下，测斜仪（含连接杆）自身重力会使得固定测斜仪的固定轮和弹性张紧轮不能很好地固定在测斜管内，导致测斜仪的测值不连续。这两个原因可能是导致固定测斜仪测值变化范围较大、测值跳动较多的主要原因。

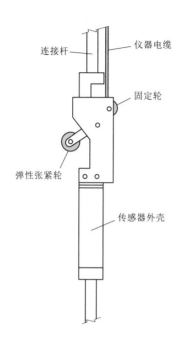

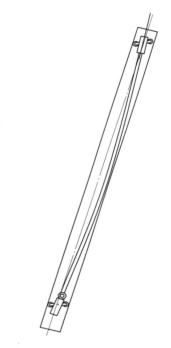

图 6.6 - 2　固定测斜仪示意图　　　图 6.6 - 3　连接杆较长时自身变形示意图

6.6.3　面板挠度变形监测方法

混凝土面板堆石坝的面板大部分位于水下，目前的监测技术和手段尚无法实现直接测量，只能通过测斜技术测量面板上各测点倾斜率来获得面板的挠度变形。

趾板建在深厚覆盖层上的面板堆石坝面板挠度变形监测推荐方案如下：

（1）面板挠度变形监测宜采用测斜仪，测斜仪之间应独立，不能用连接杆连接；宜在面板挠度变形监测断面顶部布置表面测点，结合面板后坝体变形监测资料，对面板挠度变形监测结果进行校核。

（2）对应测斜仪测点部位，宜在面板的表层和底层对称布置钢筋计（或应变计），结合面板应力应变和挠度变形综合判断面板的工作性态。

6.7　防渗墙挠度及应力应变监测

防渗墙挠度监测是趾板建在覆盖层上的面板堆石坝监测的重点。国内部分工程防渗墙挠度监测手段及监测成果汇总见表 6.7 - 1。

表 6.7 - 1　　　　国内部分工程防渗墙挠度监测手段及监测成果汇总表

工程名称	坝　型	坝高/m	仪器名称	实际监测实施及成果情况
察汗乌苏	深厚覆盖层面板堆石坝（砂砾石）	110	固定测斜仪	截至 2010 年 5 月 28 日，防渗墙最大挠度变形为 12.9cm

续表

工程名称	坝　　型	坝高/m	仪器名称	实际监测实施及成果情况
九甸峡	深厚覆盖层面板堆石坝	133	固定测斜仪	截至 2010 年 12 月 18 日，防渗墙最大挠度变形 14.2cm
那兰	深厚覆盖层面板堆石坝	109	固定测斜仪	施工期，防渗墙向上游变形；水库蓄水后，防渗墙向下游位移
汉坪嘴	深厚覆盖层面板堆石坝	57	无	未监测

防渗墙挠度变形监测一般采用固定测斜仪，监测成果表明测点测值规律性较好，基本反映了防渗墙挠度变形的实际。鉴于固定测斜仪在面板挠度变形监测中存在的问题，推荐防渗墙挠度变形监测采用相对独立的测斜仪，不用连接杆连接。对应测斜仪测点部位，宜在防渗墙的上下游面对称布置钢筋计和应变计，监测防渗墙应力应变，结合防渗墙的应力应变和挠度变形综合判断防渗墙的工作性态。

6.8　本章小结

针对趾板建在深厚覆盖层上的面板堆石坝安全监测手段和方法不完善的问题，本章详细阐述了坝体与坝基变形监测、接缝变形监测、渗流量监测、面板挠度监测和防渗墙挠度及应力应变监测关键技术，提出各监测项目的最优检测方案，有效解决了覆盖层分层沉降监测、不均匀沉降及左右岸水平位移监测、面板垂直缝压性缝监测、基岩和覆盖层结合处周边缝监测、防渗体系接缝联合变形监测、覆盖层渗流量监测等的问题。综合分析提出如下建议：

（1）覆盖层面板堆石坝覆盖层分层沉降变形应结合坝体沉降布置电磁式沉降管。

（2）周边缝、河床柔性趾板纵横接缝变形监测可采用常规的三向测缝计，但针对柔性趾板接缝至少应布置 2 个以上监测断面。

（3）垂直缝接缝监测表面测缝计宜采用网格化布置方式，面板压性缝监测宜采用表面测缝计和边角钢筋计（或应变计）相结合的方式。

（4）面板挠度监测宜采用测斜仪，测斜仪之间应独立，不用连接杆连接。

（5）防渗墙挠度监测可采用固定测斜仪。

（6）坝体渗流量监测受覆盖层深度制约，可根据深度分别采取全封闭式、悬挂式、示踪探测方法进行渗流量（或变化量）的精确计算或准确估算。

第 7 章

复杂地质条件下深厚覆盖层坝基防渗墙施工技术

进入 21 世纪，伴随着我国西部大开发与"西电东送"战略的实施，我国水电工程的开发重点逐步向西部地区转移，向长江、黄河、雅砻江、大渡河等大江大河中上游迈进，西部大型水利工程设施的建设也将大力推进。西部地区社会经济条件较差，水利水电工程大多地处高原、山高谷深、气候恶劣、覆盖层深厚，工程建设面临众多技术难题。一大批高坝覆盖层地基 100m 以上超深复杂地质条件防渗墙工程需要建设。

我国西部地区水利水电工程建设面临的重要课题之一，是在深厚覆盖层上建设高坝。我国有大量的水利水电工程需要在深厚覆盖层上建设高坝，如冶勒水电站覆盖层厚度超 420m、下坂地水利枢纽约 148m、狮子坪水电站 110m、瀑布沟水电站 77.9m、黄金坪水电站 130m、旁多水利枢纽 150m、新疆小石门水库 116m、雅砻水库 122m、大河沿水库 185m 等。防渗墙具有墙体连续性好、质量可靠等优势，对各种地层和坝型适应性好，造价较低，防渗效果好，对于深厚覆盖层地基建设高坝，是广泛采用的方法。20 世纪我国防渗墙工程最大深度超过 80m，具备了 100m 以下施工防渗墙的技术能力，但对于 100m 以上超深与复杂地质条件防渗墙的施工，技术储备与能力明显不足，全面开展超深与复杂地质条件防渗墙技术研究，其需求十分迫切。

我国的防渗墙接头长期采用套打法施工，因为 100m 以上超深防渗墙混凝土强度高、墙体深，从小浪底 84m 防渗墙的施工实践看，这种方法已不可能应用于 100m 以上深度的超深防渗墙。20 世纪末，铣削法与双反弧接头法在工程中开始试验应用，但铣削法是液压铣槽机专用的接头方式；双反弧接头法在冶勒 100m 深墙试验中，也暴露出种种弊端，其在 100m 以上深度的超深防渗墙施工中应用难度极大。随着防渗墙深度的增加，复杂恶劣地质条件下防渗墙施工更加困难，如严重漏失塌孔地层、大比例孤漂（块）石地层与硬岩地层造孔、大倾角陡坡硬岩地层嵌岩等。同时，深厚覆盖层复杂地质条件防渗墙施工配套技术，如清孔换浆技术、混凝土浇筑技术、墙下预埋灌浆管技术等，随着防渗墙深度量级增加，都需要全面研究和实践。

7.1 深厚覆盖层坝基防渗墙施工重大技术问题及措施

7.1.1 主要问题

我国覆盖层地层地质条件十分复杂，特别是西部地区深厚覆盖层防渗墙工程，几乎都存在复杂恶劣地质条件地层，给施工带来巨大困难。

（1）松散、大孔隙的砂层、砂卵（砾）石等地层，渗透性强，常常存在架空现象，漏浆塌孔是经常遇到的问题，对造孔工效、槽孔形状、混凝土浇筑质量都有严重影响，严重时甚至威胁施工安全与工程安全。

（2）孤、漂（块）石地层修建防渗墙，特别是孤石呈弱～微风化性状时，钻孔挖槽工效很低；一般工程防渗墙需要嵌基岩，有时需要穿过深厚全～强风化岩层，施工也将十分困难。

（3）对于在一些特殊建筑物内部修建防渗墙，如（面板）堆石坝除险加固、核电站防波堤等，在堰塞湖堆积体、山体崩积体内修建防渗墙，防渗墙槽孔几乎是在块石堆内修建，漏浆塌孔严重，钻孔挖槽难度极大。

（4）防渗墙基岩地层会遇到基岩面起伏落差大、坡度陡的情况，有的陡坡角度达 70°以上（如狮子坪水电站基岩面陡坡倾角超过 80°、泸定水电站岩面陡坡倾角接近 90°、窄口水库除险加固左岸防渗墙下基岩陡坡呈 70°左右），高差几十米，岩石坚硬，且钻头打滑，防渗墙槽孔嵌岩异常困难。

在上述恶劣地质条件下修建防渗墙，特别是 100m 以上超深防渗墙深槽孔施工，防渗墙槽孔在高水头差情况下施工，水利水电大型围堰工程常常要求在截流后一个枯水期完成或基本完成，在工期异常紧张等特殊条件、特殊环境要求下，其叠加效应更为突出。中国水电基础局有限公司结合工程实际，产学研用相结合，研发了针对严重漏浆塌孔地层的预灌浓浆与槽内灌浆处理技术、槽孔施工堵漏技术，针对孤石、漂（块）石、硬岩地层的防渗墙槽孔爆破辅助成槽工法技术，陡坡基岩地层防渗墙槽孔施工专项技术，以及密封耐压性柱状定向聚能弹技术和槽内钻孔爆破定位技术，实现了多种技术的重大突破，有效解决了工程技术难题。

7.1.2　覆盖层防渗墙造孔成墙施工技术

7.1.2.1　防渗墙接头管施工技术

1. 工艺原理

接头管法的工艺原理如图 7.1-1 所示。该方法是指在防渗墙一期槽成槽后，在与二期槽孔接头的部位预先下设一根直径接近墙体厚度的钢管，待一期槽中的混凝土接近初凝状态时用拔管机将其拔出，形成一个深孔，然后进行二期槽开挖和混凝土浇筑，一期槽孔与二期槽孔形成了圆弧连接，接头紧密，起到防渗效果。

防渗墙接头采用接头管（板）工法具有施工速率高、节约材料和提高施工质量的优势，尤其在提高施工速率和保障施工质量方面，比用传统的施工方法具有明显的优势。一般情况下，与"套打法"相比，可节约不小于 25% 的工时，节约 1/6～1/4 的混凝土材料。

2. 工法特点及适用范围

（1）与国内外同类产品比较，拔管机设计科学合理，结构新颖，研制成本降低 30%～40%。

（2）与水利水电工程传统套打接头法施工相比，墙体连接质量可靠，可节约墙体材料 20%～30%，节约造孔工时 20%～30%。

（3）液压站的设计采用大、小两个双油泵系统，大油泵主要用于正常的起拔，小油泵用于拔管初期，可以连续微动起拔，控制了混凝土与管壁黏聚力的过度增长，解决了初拔时机难以准确测定的难题，避免了铸管现象的发生。在顶升过程中两个油泵还可以同时工作。

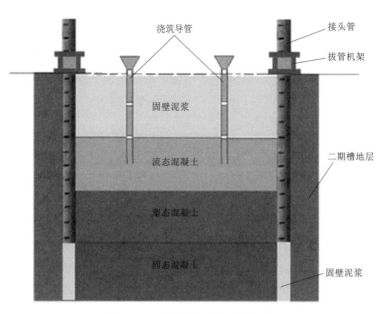

图 7.1-1　接头管法的工艺原理图

（4）采用温度、压力补偿调速阀装置，使四个油缸始终处于同步工作状态，实现了拔管中的受力平衡，缸体不易受损。

（5）提出了"慢速限压拔管法"施工理论，建立液压拔管机的拔管力、混凝土的凝固情况和压力表压力的关系，将混凝土的凝固情况、液压拔管机的拔管力直接反映在液压系统的压力表上，并设置拔管时各阶段压力表压力上下限值，在规定范围内拔管，解决了由于拔管时间误判导致的拔管失败问题，实践证明了这一理论的正确性。慢速限压拔管法施工理论现在广泛应用于防渗墙的拔管施工中。

（6）管体结构、管体间连接方式等均为创新性设计，使用简捷且安全性能高。

该工法适用于水电站大坝基础防渗墙和围堰防渗墙工程施工，以及江河湖海大堤防渗、城市高层建筑、地铁等地下连续墙工程施工，墙体深度 40～200m，厚度 2m 以下。

3. 工艺流程及施工要点

接头管法施工工艺流程如图 7.1-2 所示。

接头管法的核心技术是准确掌握起拔时间。起拔时间过早，混凝土尚未达到一定的强度，就有可能出现接头孔缩孔或垮塌；起拔时间过晚，接头管表面与混凝土的黏聚力和摩擦力增大，增加了起拔的难度，甚至被埋住。起拔力的大小和起拔时间与水泥的品种、等级，混凝土的配合比，初凝时间和浇筑速率等因素有关。

施工中要以实验室提供的混凝土初凝时间为基本依据，进行混凝土初凝现场模拟试验，准确测定混凝土初凝时间。在混凝土初凝前活动接头管，确定最大拔管力和最小拔管力。启动微动系统，使接头管始终处于运动状态。在拔管施工的过程中向接头管内注入泥浆。施工要点如下：

（1）以实验室提供的混凝土初凝时间为基本依据，进行混凝土初凝现场模拟试验，准确测定混凝土初凝时间。

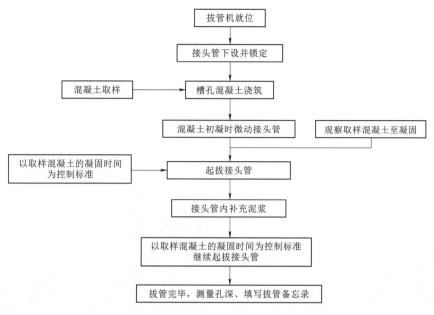

图 7.1-2　接头管法施工工艺流程图

（2）当浇筑的混凝土开始接触到底管位置时进行取样（只进行一次即可）。混凝土装在容器中将其放在泥浆 10m 以下随时用于观察。根据实验室提供的混凝土初凝时间报告，提前 2h 查看容器中混凝土的凝固情况，当试验的混凝土呈现明显的固态状时（此时混凝土从容器中取出后应成一完整的形状）便可进行初拔。

（3）严格控制混凝土浇筑速率，常态混凝土（其初凝时间一般为 6～8h），浇筑时混凝土面上升速率不应大于 6m/h，正常拔管力控制在 900～1200kN。塑性混凝土（其初凝时间一般为 9～15h），浇筑时混凝土面上升速率不应大于 4.5m/h，正常拔管力控制在 900～1500kN。

（4）在混凝土浇筑 5h 后必须上下活动接头管。

（5）遵循慢速限压拔管法理论，最大拔管力和最小拔管力必须始终控制在允许范围内。常态混凝土浇筑开始 6h 后，塑性混凝土开始浇筑 8h 后应启动副泵，使接头管处于慢速上升状态，一般情况下副泵不应停止运行。

（6）接头管每拔出 10～12m 后必须向接头管内注入泥浆。

（7）拔管不必待混凝土浇筑完后进行，可边浇筑边拔。

（8）下设接头管时如遇到障碍物，必须立即停止下设，并将接头管提高 30cm 以上。其混凝土的初凝时间应从混凝土接触接头管时算起。

（9）接头管下设时应尽量将管下到底，但下管时如遇到障碍物应立即停止接头管的下设，并将管提高 30cm 以上。

（10）每次起拔时都必须锁紧抱紧圈。

（11）拔管的速率应小于混凝土上升速率，原则上不应超过 4m/h 的上升速率。

（12）试验容器内的混凝土达到凝固时的拔管力应为最小拔管力；根据这个力限定一

个最大拔管力,这个力不应超过最小拔管力的 1.5 倍(深 50m 左右的孔指导压力为 6~9MPa)。

该拔管机设有控制阀 2 个,左侧大阀控制大泵,右侧小阀控制小泵。当拔管力小于最小拔管力时,应立即停止用大泵拔管,改用小泵起拔,并随时观察小泵的压力变化。

(13)补浆原则:最多拔出 3 根管,必须从接头管中补进泥浆,防止真空。

(14)导向槽中最上层的混凝土达到初凝状态时,才可将管子全部拔出。

4. 主要设备

主要设备包括拔管机、接头管、起重吊车、运输汽车等。卡键式拔管机主体如图 7.2-3 所示,接头管拔管施工现场如图 7.1-4 所示。

图 7.1-3 卡键式拔管机主体   图 7.1-4 接头管拔管施工现场

7.1.2.2 防渗墙槽孔清孔换浆技术

清孔换浆技术在防渗墙施工中十分重要,关系到防渗墙墙体混凝土质量和防渗效果。槽孔施工完成后,仍有许多钻渣沉淀在槽底,泥浆中也悬浮着一些细渣,导致泥浆容重增大,必须通过清孔换浆,清除沉渣,降低泥浆密度、黏度、含砂量等指标,以满足规范要求。否则将有可能导致混凝土浇筑包裹泥沙、浇筑堵管等事故。

目前,国内外采用的清孔换浆方法主要有抽桶法、泵吸法和气举反循环法。已有防渗墙深墙施工实践表明,100m 以上超深防渗墙施工,采用抽桶法施工效率会极低,很难满足质量要求,依托冶勒、狮子坪、下坂地、泸定、旁多、黄金坪等水利水电工程的防渗墙工程,进行了超深防渗墙泵吸法和气举反循环法清孔换浆技术的适应性研究和创新研究。研究结果及国外类似工程表明,当采用液压铣槽机和冲击反循环钻机施工时,可以利用液压铣槽机和冲击反循环配套的泥浆净化系统,采用泵吸法进行 100m 以上防渗墙槽孔清孔换浆工作;采用冲击反循环钻机施工时,由于其配套的国产砂石泵的能力问题,适宜于 120m 以下的防渗墙工程。如冶勒水电站采用了液压铣槽机泵吸法清孔换浆,狮子坪、下坂地工程采用了冲击反循环钻机泵吸法清孔换浆,但国产砂石泵和泥浆循环系统在 120m 以上超深防渗墙槽孔施工中,在性能和操作上表现了诸多不足。依托旁多、黄金坪、泸定等工程,开展了超深防渗墙气举反循环清孔技术研究。

研究结果表明,气举反循环法表现出了较高的可行性和优越性,成功实施了旁多最深 158m 深防渗墙和实验槽 201m 的清孔换浆施工,并形成了成套施工工艺,成为 100m 以上超深防渗墙清孔换浆的首选方法。研究提出了 100m 以上深度超深防渗墙含砂量宜控制不大于 3%、孔底淤积厚度不大于 50mm 的高于现行规范的清孔标准，提出了宜保证槽孔内 1/3～1/2 的体积换为新浆的换浆量标准。

1．气举反循环清孔换浆原理

气举反循环清孔是利用空压机的压缩空气，通过安装在导管内的风管送至混合器中，高压气与泥浆混合，在混合器和导管内形成一种密度小于泥浆的浆气混合物。浆气混合物因其比重小而上升，此时在导管内混合器底端形成负压，混合器中泥浆被抽出，下面的泥浆在负压的作用下不断上升补浆，从而形成流动。因为导管的内断面积远小于导管外壁与桩壁间的环状断面积，便形成了流速和流量很大的反循环，泥浆挟带沉渣从导管内反出，排出槽孔以外，实施清孔，同时在槽孔口补充新浆，保持槽孔中泥浆的浆面。其排渣原理示意图如图 7.1-5 所示。

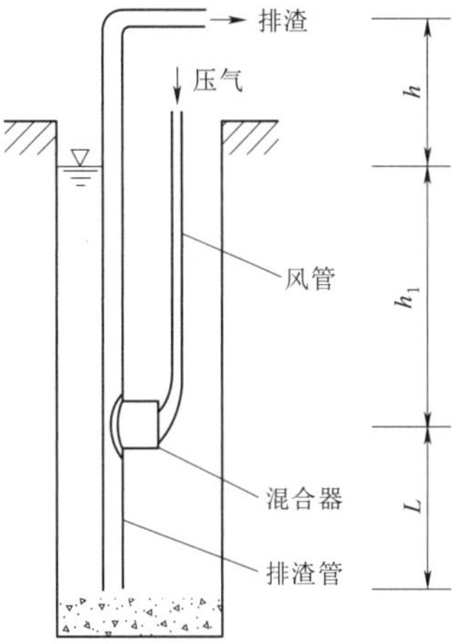

2．气举反循环清孔换浆工艺技术要点

（1）工艺流程。

防渗墙造孔挖槽结束后，槽孔底部钻渣较厚，泥浆含砂率较高，为提高效率，可采用冲击钻机抽渣桶初步清孔，直到满足槽底泥浆含砂量不大于 10%、淤积厚度不大于 1m 结束。

图 7.1-5　气举法排渣原理示意图

现场试验表明，100m 以上深度槽孔气举反循环清孔换浆应自上而下、分段实施，宜从 1/2 槽孔深处开始逐段向下清孔，每 10m 一段，达到清孔换浆标准后，开始下一段施工，直至槽底，完成整个槽孔的清孔换浆。

在槽孔中间段清孔时，每一段应从槽孔一端依次向另一端清孔；槽孔底部清孔时，应从槽孔最深点开始，依次向高处清孔。

（2）清孔参数与主要设备机具选择。

气举反循环清孔效率与沉没比、设备和机具能力有关。结合旁多等工程，开展了现场试验研究工作，研究总结了主要参数和设备机具确定的原则。

1）沉没比与风管底距孔口距离。沉没比是指风管距槽孔底部的距离与槽孔深度之比。现场试验表明，防渗墙槽孔长度一般为 6.6～7.0m，对于 100～200m 防渗墙深度范围的超深槽孔，沉没比参数宜为 40%。以旁多工程为例，最大槽孔深度 158m，起始清孔换浆时槽孔深度为 80m，此时风管底部距孔口深度可控制为 30m。不同清孔深度下风管底距孔口距离和风管以下排渣管深度见表 7.1-1。

2）清孔送风压力计算。清孔时所需风压 P 的计算公式为

$$P = \gamma_s \frac{h_0}{1000} + p \qquad (7.1-1)$$

式中：γ_s 为泥浆容重，kN/m^3，一般取 $1.2kN/m^3$；h_0 为混合器沉没深度，m；p 为供气管道压力损失，MPa，一般取 0.05～0.1MPa。

表 7.1-1　　　　不同清孔深度下风管底距孔口距离和风管以下排渣管深度　　　　单位：m

清孔深度	风管底距孔口距离	风管以下排渣管深度	清孔深度	风管底距孔口距离	风管以下排渣管深度
80	30	50	120	48	72
90	36	54	130	52	78
100	40	60	140	56	84
110	44	66	158	62	90

空压机清孔风压根据清孔深度和混合器深度确定，由于泥浆容重接近 1.2kg/m^3，按混合器深度换算压力，增加 $0.1\sim0.2\text{MPa}$ 的风压损失即可。如 100m 清孔深度时，按照 40% 沉没比，混合器深度为 60m，则清孔压力为 $0.7\sim0.8\text{MPa}$，旁多工程最大槽孔深度为 158m，最大清孔压力为 $1.0\sim1.2\text{MPa}$，其不同段空压机送风压力控制见表 7.1-2。

表 7.1-2　　　　　　　　　不同段空压机送风压力控制表

清孔深度/m	送风压力/MPa	清孔深度/m	送风压力/MPa
20	0.40	90	0.40
30	0.51	100	0.51
40	0.62	110	0.62
50	0.72	120	0.72
60	0.83	130	0.83
70	0.91	140	0.91
80	1.00	150	1.20

按照上述清孔时所需的最大风压力来确定空压机额定压力，并以此选择设备。100m 以上深度的槽孔需要的供风量较大，一般采用 $20\text{m}^3/\text{s}$ 的供风量。

3）清孔时所需风量 Q 计算：

$$Q=\beta d^2 V \tag{7.1-2}$$

式中：β 为经验系数，一般取 $2\sim2.4$；d 为导管内直径，m；V 为导管内混合浆液上返流速，一般取 $1.5\sim2.0\text{m/min}$。

导管内直径为 0.2m 时，清孔需要的风量大约为 $0.2\text{m}^3/\text{min}$。

4）排渣管直径。现场试验中，对于 $\phi165$ 型排渣管和 $\phi114$ 型排渣管进行了比较，结果表明，$\phi114$ 型排渣管出渣能力小，在向下清孔的过程中，由于其管径小，管内流速大，供风排渣时底管晃动严重，经常容易碰撞孔壁导致管路变形，影响清孔工作正常进行。$\phi165$ 型排渣管工作性态较好，适宜于 $100\sim200\text{m}$ 深防渗墙槽孔使用。

（3）技术要点。

1）清孔换浆结束标准。清孔结束标准按照规范标准执行，清孔换浆结束 1h 后，槽孔内淤积厚度不大于 10cm。使用膨润土时，孔内泥浆密度不大于 1.15g/cm^3；泥浆黏度不小于 36s，含砂量不大于 6%。但由于 100m 以上超深防渗墙浇筑准备时间长，一般超过 4h，为减少二次清孔的难度，宜控制含砂量不大于 3%，孔底淤积厚度不大于 50mm。

2）清孔换浆量。由于超深防渗墙槽孔深度大，浇筑时间长，清孔结束后，宜保证槽孔内 $1/3 \sim 1/2$ 的体积换为新浆。

3）槽孔的二次清孔。在一次清孔验收后，由于槽孔较深，下设浇筑导管、灌浆预埋管及一些检测预埋件占用了较长时间，超过了清孔验收后 4h 内开浇混凝土的规范要求，对于开浇前，泥浆三项指标值如不满足标准（黏度不小于 36s，密度不大于 $1.15g/cm^3$，含砂量不大于 3.0%）需进行二次清孔。二次清孔采用气举法在导管中清孔。

4）清孔中事故预防及处理。

a. 超深防渗墙清孔时使用的空压机额定风压较大，在送风前要首先调试空压机超过额定风压时是否能够自动卸载；其次要检查送风管路及出浆管路的畅通性，防止管路堵塞后引起风压迅速上升，导致发生管路破裂、脱落等事故。

b. 在清孔间歇时，要将排渣管提升 $5 \sim 6m$，防止送风停止后浆液堵塞排渣管底部混合器，导致重新起管，延误正常清孔施工。

c. 排渣管在槽孔内各孔位间移动时，务必将上部排渣弯管拆掉，再向上提起排渣管 $7 \sim 8m$ 后移动，防止因下部泥浆过稠排渣管底部没有移动，影响清孔效果。

d. 清孔过程排渣管接近孔底时，要事先确定排渣管的准确长度，避免排渣管触到孔底后发生弯曲，影响正常的清孔施工。

7.1.2.3　防渗墙泥浆下混凝土浇筑技术

混凝土浇筑是防渗墙施工的关键工序，所占的施工时间不长，但对成墙质量至关重要，我国众多百米级超深防渗墙工程的建造也标志着混凝土浇筑技术在防渗墙施工过程中的突破性发展。针对 100m 以上超深防渗墙泥浆下防渗墙混凝土浇筑的特点，依托旁多、黄金坪、狮子坪、泸定等超深防渗墙工程，通过室内与现场试验研究，对混凝土配比、浇筑工艺与质量控制进行了专题研究，形成了混凝土原材料、配合比的基本要求，制定了严格有效的工艺措施，提出了开浇阶段宜使用一级配混凝土、控制浇筑埋管深度 $2 \sim 5m$、浇筑上升速率不低于 3m/h 等严于现行规范的新标准，解决了超深防渗墙泥浆下混凝土浇筑施工的难题，有效保证了防渗墙混凝土浇筑质量，并形成了成熟的 100m 以上超深防渗墙泥浆下防渗墙混凝土浇筑的成套工艺，顺利实现了 158m 深防渗墙和 201m 深试验槽孔的防渗墙混凝土浇筑。

1. 浇筑工艺

防渗墙混凝土采用泥浆下直升导管法浇筑，自下而上置换孔内泥浆，在浆柱压力的作用下自行密实，不用振捣。单个槽孔的浇筑必须连续进行，并在较短的时间内完成。因为浇筑过程不能直观了解，质量问题不易及时发现，所以必须加强管理，充分做好各项准备工作，严格按照工艺要求操作。防渗墙混凝土浇筑示意图如图 7.1-6 所示。

2. 混凝土工作性能与级配要求

混凝土工作性能直接影响防渗墙混凝土的浇筑和墙体质量的工作性能，应按照规范和流态混凝土的要求，严格控制黏聚性、保水性和流动性，以及混凝土的初凝时间、终凝时间，并确保混凝土的综合性能稳定，保证水下浇筑混凝土的顺利进行。主要要求如下：

（1）入槽坍落度控制在 $18 \sim 22cm$。

（2）扩散度控制在 $34 \sim 40cm$。

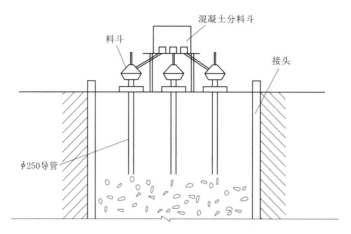

图 7.1-6　防渗墙混凝土浇筑示意图

（3）坍落度保持 15cm 以上的时间应不小于 1h。

（4）初凝时间不小于 6h；终凝时间不大于 24h。

经旁多工程现场试验，提出了防渗墙底部 10m 范围内，在开浇期间，采用一级配混凝土的要求，对于防止开浇阶段混凝土离析、混浆等效果良好。

3. 浇筑前的准备工作

防渗墙混凝土浇筑前应周密组织，精心安排，做好以下准备工作：

（1）制定浇筑计划。其主要内容有浇筑方法、计划浇筑方量、供应强度、浇筑高程、浇筑导管及钢筋笼等埋设件的布置、开浇顺序、混凝土配合比、原材料的品种及用量、应急措施等。

（2）进行混凝土配合比试验和现场试拌，确定施工配合比。

（3）绘制混凝土浇筑指示图，其主要内容有槽孔纵剖面图、埋设件位置、导管布置、每根导管的分节长度及分节位置、计划浇筑方量、不同时间的混凝土面深度和实浇方量、时间—浇筑方量过程曲线等。在混凝土浇筑指示图中，各节导管的上下位置应倒过来画；以便在浇筑过程中直观了解管底已提升到的具体位置。

（4）备足水泥、砂、石等原材料和各种专用器具、零配件，并留有备用。

（5）对混凝土拌和设备、运输车辆以及与各种浇筑机具进行仔细的检查和保养。

（6）维修现场道路，清除障碍，保证全天候畅通。

（7）配管。根据孔深和导管布置编排各根导管的管节组合，并填写配管记录表。

（8）完成钢筋笼、灌浆管等预埋件的下设准备工作和接头管下设、起拔等准备工作。

（9）组织准备。召开槽孔浇筑准备会议，进行交底和分工，并明确各岗位任务和职责。与协作单位进行沟通，商定配合事宜。

4. 混凝土的拌和与运输

（1）一般要求。保持一定的浇筑速率对于保证防渗墙的浇筑质量十分重要，为了避免各种故障对浇筑速率的不利影响，混凝土的拌和及运输能力应不小于最大计划浇筑强度的 1.5 倍。混凝土的拌和、运输应保证浇筑施工能连续进行。若因故中断，中断时间不得超过 30min；否则将会给混凝土的浇筑造成很大困难，甚至发生浇筑无法继续进行的重大事故。

（2）混凝土的拌和。防渗墙混凝土的拌和可采用各种类型的混凝土搅拌机。有条件时应利用工地现有的大型自动化拌和系统和骨料生产系统，以提高拌和速率和拌和质量。施工单位自行拌制混凝土时，可使用小型自动化搅拌站或临时搭建的简易搅拌站，应尽量避免采用人工上料的拌和方法。

混凝土拌和配料，必须按照实验室发出的配比单准确计量，误差不得超过规定的标准。第一盘（车）混凝土应取样检测其坍落度和扩散度，不合规定要求时，应及时调整配合比；以后每隔 3～4h 检测一次。当采用非自动化搅拌机拌制混凝土时，每次的纯拌时间应不少于 2min，以保证均匀。塑性混凝土宜采用强制式搅拌机拌和，并适当延长搅拌时间。

（3）混凝土的运输。在选择混凝土的运输方法时，应保证运至孔口的混凝土具有良好的和易性。混凝土的运输包括水平运输和垂直提升，因为运至施工现场的混凝土需要先放进具有一定高度的分料斗中，而不能与单根导管对口注入。

水平运输一般应采用混凝土搅拌运输车，必要时可与混凝土泵相配合。用其他车辆运输混凝土会发生离析，容易引发浇筑事故，不能保证浇筑质量。人工运输难以满足浇筑强度的要求，现在很少采用。

5. 混凝土浇筑过程的控制标准与要点

（1）开浇阶段的控制。压球法在开始浇筑混凝土前，须在导管内放入一个直径比导管内径略小的、能被泥浆浮起的胶球作为导管塞，以便将最初进入导管的混凝土和管内的泥浆隔离开来。其他型式的导管塞容易造成开浇事故，不能保证开浇质量，不宜采用。为确保开浇后首批混凝土能将导管下口埋住一定深度（至少 30cm），应计算和备足一次连续浇入的混凝土方量，其中包括导管内的混凝土量。为了润湿导管和防止混凝土中骨料卡球，注入混凝土前宜先向每根导管内注入少量的砂浆，砂浆的水灰比一般为 0.6∶1。

当槽孔为平底时，各根导管应同时开浇；当槽孔底部有坡度或台阶时，开浇的顺序为先深后浅。开浇可采用满管法，也可采用直接跑球法。满管法，是指管底至孔底的距离较小，塞球不能直接逸出管底，待混凝土满管后稍提导管才能逸出的开浇方法。采用满管法时，导管不能提得过高，管内混凝土面开始下降后立即将导管放回原位。直接跑球法，是指管底至孔底的距离较大，塞球能直接逸出管底的开浇方法。

首批混凝土浇筑完毕后，要立即查看导管内的混凝土面位置，以判断开浇是否正常。若混凝土面在导管中部，说明开浇正常；过高则可能管底被堵塞；过低则可能发生导管破裂或导管脱出混凝土面事故。开浇成功后应迅速加大导管的埋深，至埋深不小于 2.0m 时，及时拆卸顶部的短管，尽早使管底通畅。

（2）中间阶段的控制。最上面的一节短管拆除后，混凝土浇筑进入中间阶段。此阶段的特点是导管内外的压力差较大，下料顺畅，混凝土面上升速率快。中间阶段主要有以下控制点。

1）导管埋深。经研究认为，100m 以上超深防渗墙混凝土下落能量大，导管埋深小，容易混浆，也易误将导管提出混凝土面，下落能量过大容易造成铸管、堵管，应提高规范标准，导管埋入混凝土的深度不得小于 2m，不宜大于 5m。

控制导管埋深的主要方法如下：

a. 浇筑过程中经常测量混凝土面的深度并做记录，根据混凝土面深度、导管埋深要求和管节长度确定拆管长度和拆管时间。

b. 及时提升、拆卸导管并做记录，各根导管拆下的管节要分开堆放，以便于记录核对；每次拆管后均应核对所拆管节的长度和位置是否与配管记录一致。

c. 在浇筑指示图上标明不同时间的混凝土面位置和管底位置，直观了解导管埋深。

d. 及时记录实浇方量，并与同一混凝土面深度的计算方量相比较，分析判断浇筑是否正常。若按所测混凝土面计算出的方量大大超过实浇方量，则说明混凝土内混入了大量泥浆或没有测到真正的混凝土面，导管的实际埋深可能不够或已脱出混凝土面，必须查明原因，采取相应的补救措施。

e. 经常观察导管内混凝土面的位置是否正常，若管内混凝土面过低，则应查明原因，并加大导管埋深。

2）混凝土面上升速率。规范规定的混凝土面的上升速率应不小于 2m/h，项目现场研究表明，100m 以上超深防渗墙应不小于 3m/h。原则上，浇筑速率越快对浇筑质量越有利，浇筑速率过低有多种不利的影响，并可能引发重大质量事故。

保证浇筑速率的主要措施有：①采用自动化和机械化程度较高的混凝土搅拌、运输方法；②严格控制混凝土质量，防止发生浇筑事故；③加强施工机械的维护保养，避免浇筑中断；④尽量减少混凝土的中间倒运环节；⑤轮流拆卸各根导管；⑥加强各协作单位之间的联系和配合，始终保持步调一致。

3）混凝土质量。防渗墙的浇筑事故往往是由混凝土的质量问题引起的，所以在浇筑施工过程中必须严格控制混凝土的质量，层层把关，处处设防。由于原材料、骨料含水量、配料、搅拌、运输以及施工组织等方面的原因，混凝土的和易性难免出现波动。入孔混凝土的坍落度要控制在 $18\sim22\text{cm}$ 的范围内，且不得存在严重离析现象；和易性不好的混凝土绝对不能使用。控制入孔混凝土的质量可采取以下措施：

a. 采用和易性较好、坍落度损失较小的配合比。

b. 采用自动化程度较高、生产能力较强的搅拌系统和搅拌运输车供应混凝土。

c. 及时对砂石骨料的含水量和超逊径进行检测，加强对原材料质量的控制。

d. 加快浇筑速率，避免浇筑中断，新拌混凝土要在 1h 以内入孔。

e. 定时检查新拌混凝土的坍落度，开浇时一定要检查，不合格的混凝土不运往现场。

f. 设专人检查运至现场的混凝土的和易性，不合格的混凝土不要放进分料斗。

g. 槽孔口应设置盖板，放料不要过猛、过快，避免混凝土由管外撒落槽孔内。

4）混凝土面高差。槽孔浇筑过程中要注意保持混凝土面均匀上升，各处的高差应控制在 0.5m 以内。混凝土面高差过大会造成混凝土混浆、墙段接缝夹泥、导管偏斜等多种不利后果。防止混凝土面高差过大的主要措施如下：

a. 尽量同时注入各根导管。

b. 注入各根导管的混凝土量要基本均匀。

c. 导管的平面布置应合理，要考虑槽孔两端孔壁的摩擦阻力。

d. 准确测量各点的混凝土面深度，根据混凝土面上升情况及时调整各导管的混凝土注入量。

e. 尽量缩短提升、拆卸导管的时间。

f. 各根导管的埋深应基本一致。

g. 避免发生堵管、铸管等浇筑事故。

（3）终浇阶段的控制。当混凝土面上升至距孔口只剩 5m 左右时，槽孔浇筑进入终浇阶段。此阶段的特点是槽孔内的泥浆越来越稠，导管内外的压力差越来越小，导管内的混凝土面越来越高，经常满管，下料不畅，需要不断地上下活动导管。此时用测锤已很难测准混凝土面。终浇阶段的主要施工要求是全面浇到预定高程，避免产生墙顶欠浇、高差过大、混凝土混浆过多、墙段接缝夹泥过厚等缺陷。由于泥浆下浇筑的混凝土表面混有较多的泥浆和沉渣，因此一般都要求混凝土终浇高程高出设计墙顶高程至少 0.5m，以后再把这部分质量较差的混凝土凿除。终浇阶段的主要控制措施如下：

1）适当加大混凝土的坍落度，避免坍落度小于 20cm 的混凝土进入导管。

2）及时拆卸导管，勤拆少拆，适当减少导管埋深。

3）经常上下活动导管。

4）增加测量混凝土面深度的频次，及时调整各根导管的混凝土注入量。

5）采用带有取样盒的硬杆探测混凝土面。

6）槽内插入软管，用清水和分散剂稀释孔内泥浆。

槽孔混凝土浇筑前就要精心组织，从混凝土原材料选用、配合比设计到拌和系统、运输、浇筑器具、导管的布置、清孔等，每一个环节都会影响混凝土浇筑能否顺利、满足质量要求。

防渗墙混凝土浇筑施工现场如图 7.1-7 所示。

图 7.1-7 防渗墙混凝土浇筑施工现场

7.1.3 复杂地质条件槽孔施工技术

7.1.3.1 预灌浓浆与槽内灌浆处理技术

通过技术研究和众多依托工程现场试验，形成了针对严重漏浆塌孔地层的预灌浓浆与槽内灌浆处理技术。

1. 预灌浓浆处理技术

根据地质勘探资料和防渗墙先导孔资料，对于存在大范围强漏失的地层，在防渗墙造孔挖槽施工之前，预先对地层进行预灌浆堵漏加固。主要技术要点如下：

（1）灌浆范围：根据地质资料，平面上沿轴线覆盖强漏失地层；剖面上自强漏失地层顶面 1m 开始，穿过地层后深入相对不漏失地层 1~2m。

（2）灌浆孔布置：一般布设单排灌浆孔，灌浆孔孔距 1~3m。根据地层灌浆效果，可采用逐渐加密方法，分序灌浆，集中渗漏地段须重复灌浆，直至达到灌浆效果。

（3）灌浆孔施工宜采用跟管钻进工艺，一次成孔，利用套管保护，自下而上分段灌浆；也可采用地质钻机自上而下分段，边钻边灌。

（4）灌浆段长为 0.7～1.2m。

（5）灌浆压力：一般采用直流灌浆，为浆柱压力，压力值为 0.15～2.00MPa。

（6）浆液配方：根据地层渗透性情况，一般可采用黏土浆、膨润土浆、水泥膨润土浆、水泥水玻璃膨润土浆、膨润土掺膨胀粉浆、砂浆等。根据类似工程经验，灌注浆液配合比可参考表 7.1-3。

表 7.1-3　　　　　　　　　　　　　　　灌注浆液配合比参考表

编号	类　别	水	水泥	膨润土	碱	水玻璃	砂
Ⅰ	膨润土浆	100	—	10	0.3		
Ⅱ	水泥膨润土浆	100	150	15	0.4	—	
Ⅲ	水泥膨润土浆	100	10	5	0.2	—	
Ⅳ	水泥膨润土浆	100	5～10	10	0.3	—	
Ⅴ	水泥水玻璃膨润土浆	100	10	10	0.3	0.1～0.3	
Ⅵ	砂浆	采用水冲法、浆冲法（0.6:1）或气压法灌注风化砂					

（7）变浆：实际施工中，可根据灌浆情况进行变浆，浓度由稀变浓。在极严重漏失地带，由于存在较大的渗漏通道，为节约灌注材料，可在Ⅰ序孔中灌注砂浆，孔口设漏斗，用高压水或 0.6 级水泥浆将风化砂冲带至漏失带的大孔隙中，以堵塞大的通道。冲砂时套管中易堵塞，可用高压风处理。

（8）灌浆结束标准，当灌浆吸浆率小于 5L/min 时，可结束该段灌浆，转至下段灌浆。预灌浓浆工艺流程如图 7.1-8 所示。

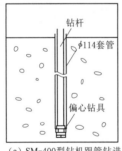
（a）SM-400型钻机跟管钻进

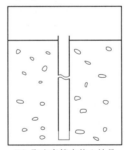
（b）取出套管内偏心钻具

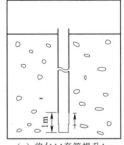
（c）将φ114套管提升1m高度为灌浆段长

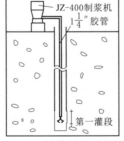
（d）JZ-400制浆并进行自流灌注

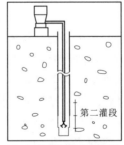
（e）底部段达到结束标准后，再提升1m套管继续灌浆，直至全孔灌完

图 7.1-8　预灌浓浆工艺流程图

预灌浓浆注意事项：

（1）采用跟管钻机钻孔时，预灌浓浆前先要把套管内的清水换成浓浆，而后方可提升套管，以防止孔底坍塌堵住管口。

（2）灌注浓浆时，要勤观察套管内的动静，防止管口浆液外泄，保持注浆口的清洁，以便于作业。发现孔内的注浆量过大时，可以直接采用跃级变浆方法，先堵后灌，防止材料的浪费。

（3）搅拌水泥膨润土浆时，应先往桶内加水至规定数量，再开动搅拌机，待运转正常后，方可按规定配比加入膨润土，搅匀后，再放水泥等。

（4）由于水泥与膨润土浆混合后产生絮凝现象，搅拌时一定要有专人负责，防止浆液过稠，流动性太差，使泵无法输送，甚至堵塞管路。浆液太稀，则灌注效果差，会造成时间和材料的浪费。

（5）避免在槽孔内漏失层直接钻孔预灌浓浆，因为在此地层中直接钻孔灌浆，在浆柱压力的作用下，浆液会通过空隙直接流到槽孔内，达不到预期的效果。

2. 槽内灌浆处理技术

在防渗墙槽孔施工中，对于出现强漏失塌孔的地层地段，可采用槽内灌浆处理技术，在防渗墙槽孔内进行灌浆处理，其灌浆技术要点与预灌浓浆相同。如黄壁庄水库除险加固防渗墙工程，在漏浆塌孔严重地段，停止防渗墙施工，采用意大利 SM-400 型全液压工程钻机、TUBEX 潜孔锤、自动跟管钻进至集中漏浆部位，在套管内灌注豆石、砂浆、水泥、水玻璃等堵漏材料，取得了良好的效果。

预灌浓浆与槽内灌浆处理工艺效果好，综合成本低，但覆盖层深孔钻孔技术要求高，施工直线工期长，往往事倍功半，会花费更大代价，我国很多工程不愿意采用。鲁甸堰塞湖红石岩水电站，在堰塞湖堆石体内施工防渗墙，全面应用了该工法技术，施工进展顺利，处理的 5 个槽孔深度分别为 124.64m、126.02m、130.75m、131.52m、129.91m，效果十分明显。

7.1.3.2　槽孔施工堵漏技术

在防渗墙槽孔施工中，因地制宜地在不同地层中采用不同施工方法是避免漏浆塌孔的一种有效措施。主要施工方法如下：

（1）平打法施工工法：在遇到较大比例严重漏浆塌孔地层时，在漏浆塌孔地层上部采用钻劈法成槽，然后采取槽孔内逐一平打的方式，边回填堵漏材料，边挤密地层，每一循环进尺不大于 1.5m。穿过漏浆塌孔地层后，再采用钻劈法施工下部槽孔。

（2）分段钻劈法施工工法：遇到较大比例严重漏浆塌孔地层时，在漏浆塌孔地层上部采用钻劈法成槽，然后将槽孔分段，每 5～10m 一段，按钻劈法施工成槽，钻进中，要回填黏土、砂石料等堵漏材料，挤密地层，穿过漏浆塌孔地层后，再采用钻劈法施工下部槽孔，一次施工到孔底。

（3）往复填鸭式钻进法：在架空严重地层，主孔施工时，回填大块石、碎石、钻渣、黏土等材料充砸地层，让块石挤进地层，然后充填碎石加黏土球充砸，充填块石空隙，也可加入适量水泥和水玻璃，采用往复填鸭式重复加固法，逐步堵塞集中通道，减小地下水流速，加固加密松散架空地层，待充分充填挤密漏浆塌孔地层后，再施工下部地层。

7.1.3.3 孤石、漂（块）石与硬岩地层槽孔爆破辅助成槽工法技术

超深覆盖层通常含有大范围孤石、漂（块）石地层和硬岩地层，虽然相关造孔挖槽设备都具有不同的处理能力，但普遍工效大幅下降，既影响工期，又明显增高成本，甚至会导致工程施工无法进行。依托下坂地、狮子坪、泸定、黄金坪、新疆小石门等100m以上超深防渗墙工程和向家坝、溪洛渡等大型围堰防渗墙工程，开展了槽孔爆破辅助成槽工法技术的研究，以期提高超深防渗墙槽孔挖槽效率，提升围堰防渗墙优质快速施工技术水平。

通过研究与工程实践，总结形成了包括钻孔预爆、槽内聚能爆破和槽内钻孔爆破在内的一整套槽孔爆破辅助成槽工法，大大提高了防渗墙成槽的工效，降低了复杂地层防渗墙施工的综合成本，经济和社会效益显著。

1. 工艺原理及特点

槽孔爆破辅助成槽工法包括钻孔预爆、槽内钻孔爆破和槽内聚能爆破。钻孔预爆和槽内钻孔爆破的原理与常规岩石开挖钻孔爆破基本相同，槽内聚能爆破的原理则与裸露爆破大致相同。该工法技术的关键是将上述技术应用到防渗墙地下工程中实施，较好地解决了复杂地层超深与复杂地质条件防渗墙的施工技术难点。

槽孔爆破辅助成槽工法是防渗墙槽孔建造的辅助工法，是先进的深覆盖层造孔技术与爆破技术的集成，同时研究了专用的机具和施工工艺。该工法与以往防渗墙施工中随意简单的槽内爆破相比，其技术含量和效果明显提高；与复杂地层防渗墙施工不采用任何爆破措施的工程案例相比，其功效大大提高，综合成本降低，且保证了工期；与其他专业的爆破相比，地下工程具有其专业性，技术要求较高，工艺控制较严。因此，该工法是在坚硬地层建造防渗墙行之有效的辅助成槽工法。

该工法的三种爆破工艺各有特点。钻孔预爆由于周围介质约束较强，爆破效果最好，但成本最高；槽内钻孔爆破的效果次之，成本也比其低；槽内聚能爆破成本最低，也最灵活，容易掌握，但效果最差。

2. 适用范围

槽孔爆破辅助成槽工法总体上适用于含有坚硬漂（块）石的不均匀覆盖层和需要嵌入坚硬基岩的防渗墙施工，但三种工艺应用对象不同。

钻孔预爆适用于已探明地层中含有漂（块）石的密集区，或应用于需要穿过较厚全风化、强风化岩层的工程，否则成本会大幅度增加；钻孔预爆需要工程留有一定的时间，其施工常占用工程直线工期。

槽内钻孔爆破适用于槽孔建造过程中遇到大直径漂（块）石，或需要穿过全风化、强风化岩层较厚又没有钻孔预爆的情况。

槽内聚能爆破则适用于槽内的探头石或较小直径的块石处理，在爆破孔钻进不方便的情况下，也常常采用该工艺。

对于不允许爆破的工程该工法不能应用，二期槽施工应慎用。

3. 工艺流程

（1）钻孔预爆施工工艺流程。钻孔预爆施工工艺流程如图7.1-9所示。

（2）槽内聚能爆破施工工艺流程。槽内聚能爆破原理如图7.1-10所示。

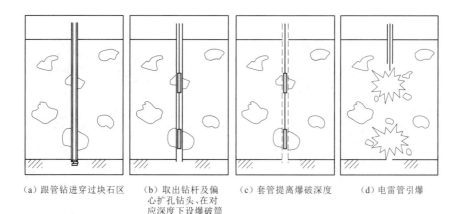

（a）跟管钻进穿过块石区　（b）取出钻杆及偏　（c）套管提离爆破深度　（d）电雷管引爆
　　　　　　　　　　　　　心扩孔钻头、在对
　　　　　　　　　　　　　应深度下设爆破筒

图 7.1 - 9　钻孔预爆施工工艺流程图

槽内聚能爆破施工工艺流程如下：

1）加工聚能爆破筒。

2）装入炸药。

3）停止造孔，将聚能爆破筒放入槽孔内定位。

4）点火爆破。

（3）槽内钻孔爆破施工工艺流程。槽内钻孔爆破
施工工艺流程如图 7.1 - 11 所示。

4. 操作要点

（1）钻孔预爆工艺。

1）钻孔。钻孔预爆工艺的关键是预爆孔施工；在
覆盖层中造孔，尤其是深厚覆盖层和夹有集中、坚硬
的漂（块）石地层，采用普通岩芯钻机工效极低，必
须采用先进的全液压工程钻机和跟管钻进工艺。即便
如此，也必须确定合适的钻具和钻进工艺，否则夹管
断管事故会经常发生，降低工效、增大成本。

2）漂（块）石位置记录。爆破孔钻进过程中，要
准确记录漂（块）石大小及位置，为爆破提供依据。

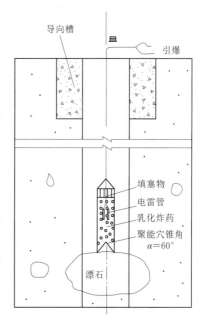

图 7.1 - 10　槽内聚能爆破原理图

3）爆破筒制作。爆破筒可采用塑料空心管制作，按照记录的漂（块）石大小及位置
配置相应的爆破筒，采用可靠的方法将爆破筒串联后下入孔中爆破。一般爆破筒每米炸药
用量 2kg 左右。

（2）槽内聚能爆破工艺。如前所述，槽内聚能爆破一般用于处理槽内探头石和基岩。
聚能爆破筒可用铁皮制成，常用的聚能爆破筒锥顶角一般为 60°~90°，每个爆破筒装药量
一般为 5~7kg；槽内聚能爆破的关键在于对准要处理的部位并贴近被爆破的对象，否则
效果会很差，一般将聚能爆破筒用钢筋连接在冲击钻钻头上定位。

（3）槽内钻孔爆破工艺。槽内遇大直径漂（块）石时，可采用槽内钻孔爆破，其关键
是跟管钻进时套管的槽内定位，钻孔需要采用特殊的定位机具，保证爆破孔能在坚硬的

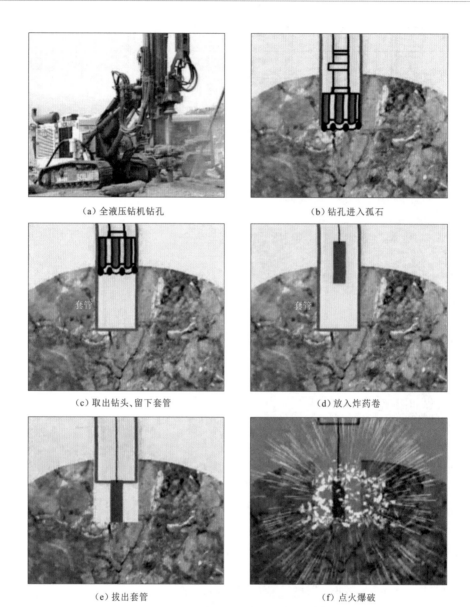

（a）全液压钻机钻孔　　　　　　　（b）钻孔进入孤石

（c）取出钻头、留下套管　　　　　　（d）放入炸药卷

（e）拔出套管　　　　　　　　　　（f）点火爆破

图 7.1-11　槽内钻孔爆破施工工艺流程

漂（块）石开孔。在三峡工程研究中应用了专门的定位器，在确保安全的前提下，也可使用防渗墙成槽空心钻头、反循环排渣管等辅助定位。

5. 主要设备

全液压工程钻机，一般宜选用行走灵活，给进力、扭矩等参数适用于穿过块石、钻进深部基岩的钻机。需选用跟管钻具，保证炸药筒的顺利下设。

可根据槽内爆破深度，设计和使用不同类型的槽内定位机具，包括快速连接头、定位架、定位器等。

7.1.3.4　密封耐压性柱状定向聚能弹技术

在超深防渗墙槽孔实施槽内钻孔爆破、槽内聚能爆破时，由于最大槽孔深度达 200m 左右，100m 以上槽孔内泥浆压力很大，乳化炸药会出现拒爆现象，导致爆破作业无法实施，这也是深孔爆破的技术难题。其原因主要是由于在深水作业时，水压的作用使乳化炸药中的微气泡压实，不能形成灼热核，因此所需的起爆能大大增加，雷管的起爆能不足以引爆乳化炸药，引起乳化炸药的拒爆。

依托工程研发了密封耐压性柱状定向聚能弹技术，并研制了耐高压聚能定向弹装置（见图 7.2－12），其核心技术是保证定向弹的严格密封，使泥浆或水的压力不传递到定向弹内部，经旁多水利枢纽等工程应用，可以成功完成深 200m 级的深孔泥浆下的爆破，解决了超深防渗墙深孔爆破的技术难题。

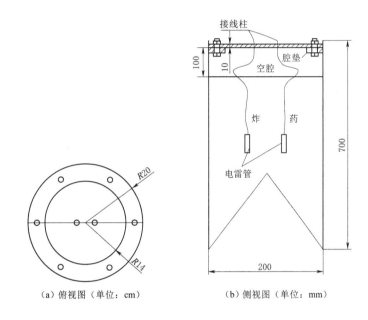

（a）俯视图（单位：cm）　　　（b）侧视图（单位：mm）

图 7.1－12　耐高压聚能定向弹装置示意图

爆破筒筒壁采用钢管制作，钢管内径和长度，根据需要的装药量确定，聚能爆破筒底部采用厚度 1mm 的钢板制成锥形，锥顶角度控制在 60°左右。

盖板采用厚度 10mm 的钢板制作，周边根据支撑环上螺栓的位置和直径打孔，中间打两个直径 6mm 的接线柱孔，选取两根直径 5mm、长度 40～50mm 的螺栓，在螺栓一端根据需要拧上两个螺母，在螺栓中段缠绕绝缘胶布数层，将缠有胶布的螺栓穿过盖板上的接线柱孔内，根据盖板厚度切掉接线柱露在外面的胶布，套上绝缘板然后在两侧用螺母拧紧，外侧接起爆线，内侧接电雷管的电线。

当线路连接好后，可向爆破筒内装填炸药，安装雷管，炸药不要装得太满，确保盖板与炸药之间留有一定的空腔，预防下设到孔内后泥浆进入爆破筒后，很快导致内外压力一致影响爆炸。在支撑环与橡胶垫之间以及盖板与橡胶垫之间涂密封胶，然后用螺丝将盖板拧紧，确保密封良好。安装过程中一定要保证两个接线柱之间用导线可靠连接。导线连接需要注意，如果是在一个孔内一次性放入两个或以上的爆破筒时，还要在内侧另外连接两根导线到爆破筒底部接线柱上。

在爆破过程中，聚能爆破筒下设的深度、方向要十分准确。槽内聚能爆破时，下设时用钢筋制作定位架，把爆破筒与冲击钻钻头连接好，连接时要把爆破筒的角度控制好，且爆破筒距钻头底部的距离不小于 4m，在钻头上焊制导向架，钻头顶部连接一个破力器，防止钻头在下放过程中转动。采用冲击钻机下放钻头至目的物深度，然后移动钻机，使爆破筒底部尽量靠近目的物，检查位置合适且能确保安全后起爆。

7.1.3.5　槽内钻孔爆破定位技术

在防渗墙槽孔内实施泥浆下钻孔爆破时，爆破孔钻孔定位难度很大，特别是对槽内孤石、探头石和基岩陡坡爆破，钻孔精确位置难以掌握，钻头开孔位置易于打滑漂移。为解决上述施工难题，研制了盘式钻孔稳定器，如图 7.1-13 所示。

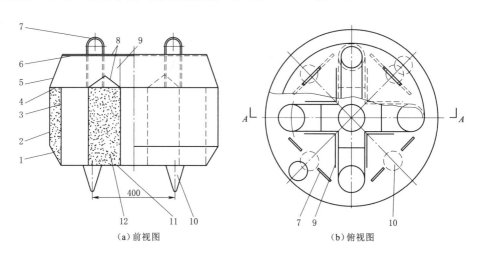

（a）前视图　　　　　　　　　　（b）俯视图

图 7.1-13　盘式钻孔稳定器（单位：mm）

1—下斜板；2—外环板；3—导向管；4—中间板；5—上斜板；6—限位板；
7—吊环；8—导向斜板；9—竖板；10—锥齿；11—底板；12—填料

钻孔定位器主要由上端与下端带锥度的圆柱形筒、圆柱形筒上部设置的吊耳、底部设置的锥齿和圆柱形筒内的导向管组成。施工中先将小口径回转钻机或冲击式跟管钻机套管导入到导向管内，用钻机将钻头或套管下到槽孔底部，再用吊车将钻孔定位器下到槽孔底部定位，使用冲击式根管钻机在套管钻孔至预定孔深，接着在套管内下设爆破筒并起出套管和钻孔定位器后实施爆破。

7.2　防渗墙应用实例

本节通过对国内各类土石坝的混凝土防渗墙的分析，阐述其覆盖层特性以及防渗墙基本参数，详见表 7.2-1。

表 7.2 - 1

深厚覆盖层防渗墙应用工程实例

序号	坝名	河流	坝基覆盖层特性	坝基覆盖层浅表部处理	坝基覆盖层防渗处理
1	碧口	白龙江	冲积砂卵砾石层，厚34m	(1) 坝基范围内的坡积土、砂壤土、倾倒剧烈且夹泥的倾倒岩体以及河滩表部细砂层均挖除处理，坝基表层的树皮、草根、碎石及松动的岩石均予以清除；(2) 与坝壳接触的砂砾石坡度不陡于1:0.75	采用宽1.3m和0.8m的混凝土防渗墙联合防渗，两道墙间距12m。宽墙深42.5m，窄墙深68.5m，墙底嵌入基岩0.8m，嵌入基岩1~1.5m
2	小浪底	黄河	坝基覆盖层80m，覆盖层中有连续的厚约20m的细砂层及粉细砂透镜体	(1) 挖除坝基表面出露砂层；(2) 设置下游坝坡压戗	采用一道混凝土防渗墙，墙厚1.2m，墙底嵌入基岩81.9m。墙底嵌入基岩一般为1m，遇断层深入深度增加至2m，在基岩陡坎段墙体嵌入基岩的深度在各个方向均不小于1m
3	水牛家	火溪河	坝基覆盖层厚14~30m，自下而上（由老至新）划分为3层，分别为含漂砂卵砾石、中部含卵砾石土、上部含漂细砂卵砾石	(1) 心墙底部覆盖层上部含漂砂卵砾石层范围进行了8m深固结灌浆处理；(2) 心墙底部及下游坝壳基础采用振冲碎石桩加固处理	采用一道防渗墙，防渗墙最大深度32m，厚度1.2m，防渗墙底部嵌入基岩1.0m
4	狮子坪	杂谷脑河	坝基覆盖层厚90~102m，成因复杂，厚度变化大，从下至上（由老至新）分为5层	(1) 在心墙底部的覆盖层中进行深15m的固结灌浆；(2) 心墙和下游坝体范围内第④层进行振冲碎石桩加固处理，振冲深度为8~15m	采用一道防渗墙，最大墙深101.8m，墙厚1.2m。防渗墙底部嵌入基岩顶1~2m
5	瀑布沟	大渡河	坝基覆盖层厚40~60m，深切河槽部位最大厚度达77.9m。覆盖层自老至新共划分为4层，第①层卵石层，第②层含漂卵石层，第③层含漂卵石夹砂层透镜体层，第④层漂（块）卵石层	(1) 心墙下面河床覆盖层基础进行浅层铺盖式固结灌浆，固结灌浆孔排距3m，孔深8~10m，方格形排列；(2) 在混凝土防渗墙之间（两道墙之间间距12m）灌浆孔进行灌浆，灌浆孔呈梅花形布置，孔距3m，排距4m；(3) 下游坡脚压坡盖重	两道混凝土防渗墙，墙深81.6m，墙厚1.2m，最大墙底嵌入基岩1.5m

续表

序号	坝名	河流	坝基覆盖层特性	坝基覆盖层浅表层部处理	坝基覆盖层防渗处理
6	长河坝	大渡河	河床覆盖层厚一般为60～70m。自下而上（由老至新）分为3层：底部第①层为漂（块）卵（碎）砾石层；中部第②层为含泥漂（块）卵（碎）砾石层，层中夹有厚度为0.75～12.5m的②−c砂层分布，砂层埋深3.33～25.7m；上部第③层为漂卵砾石层	（1）挖除②−c砂层。（2）覆盖层表面清理、整平、对未分布砂层部位的覆盖层表层嵌进泥质、松散堆积物、腐殖土等进行挖除，将出露较大孤石等挖除。心墙底部的覆盖层坝基开挖面在心墙填筑前进行精细整平，并采用振动碾静碾4遍。（3）心墙底部坝基进行固结灌浆加固处理。固结灌浆孔采用梅花形布置，间排距2.5m，灌浆底部孔深5m	坝基覆盖层采用主副两道全封闭混凝土防渗墙防渗，墙厚分别为1.4m和1.2m，两墙间距14m，最大墙深53m，防渗墙嵌入基岩1m
7	泸定	大渡河	河床及右岸深厚覆盖层基础，平均厚度120～130m，最大厚度148.6m，地层次结构复杂。覆盖层自下而上（由老至新）可划分为4层7个亚层，组成物质以粗颗粒为主，（卵）砾石构成基本骨架，但非漂卵透性强。具一定承载、强透水性。渗透破环现象以管涌为主，且地表局部有架空现象。细颗粒物质由砂质粉及粉细砂土组成，承载及抗变形能力低，难以满足大坝基础的要求。存在不均匀沉降变形问题	（1）挖除出露的粉细砂层。（2）上下游设置弃渣压重平台，对坝基细砂层进行压制。（3）坝基表部冲积砂卵砾石层进行固结灌浆。河床段坝轴线上游坝基覆盖层固结灌浆深10m，河床段坝轴线下游坝基础固结灌浆深12m。左岸心墙段坝基础坝轴线上、下游各3排灌浆深12m，其余深10m	坝基覆盖层采用混凝土防渗墙防渗。混凝土防渗墙厚1.2m，墙深110m，墙底嵌入基岩1.0m
8	硗碛	宝兴河	坝基河床覆盖层厚度为57～65m，最大厚度69.6m，按其结构自下而上（由老至新）可划分为4层。（1）第①层，含漂卵（碎）砾石层，厚8～24m，结构较为密实。（2）第②层，卵砾石层，结构密实，透水性强。厚4～10.5m，系水冲洪积物，透水性较弱。（3）第③层，块（漂）碎（卵）石层，系冲洪积物，一般厚17～28m，结构较密，力学强度较高，透水性较高。（4）第④层，含漂卵砾石层，系河流冲积物，厚17～21m，由上、下两小层组成：上部为卵砾石层，分布不连续，厚度较低，一般为0～6m，结构松散，力学强度较低；下部为含漂砂及粉砂层，厚11～13m，充填砂及粉砂土，结构较弱，力学强度高，透水性连续。上部卵砾石土，分布不连续，力学强度较低，需要进行加固处理	对心墙底部第④层上部采用固结灌浆处理	坝基覆盖层采用混凝土防渗墙防渗。混凝土防渗墙厚1.2m，墙深70.5m，墙底嵌入强风化基岩2.0m，嵌入弱风化基岩1.0m

续表

序号	坝名	河流	坝基覆盖层特性	坝基覆盖层浅表部处理	坝基覆盖层防渗处理
9	繁汗乌苏	开都河	趾板基础覆盖层最大厚度46.7m。其覆盖层划分为上部、中部、下部3个大岩组。其中上部、中部为含碎石砂卵砾石层（I岩组）；中部为含砾中粗砂层（II岩组）	（1）河床部位覆盖层开挖高程控制在1544.00m，在坝体范围内崩坡积体块碎石尽量全部清除，并至少清除河床表面砂卵砾石层表面1.0m，主要是清除河床表面的大块石、杂草、树根等，以利于表部的重型振动碾压碾石层施工。（2）左岸坡角位置崩坡积碎石埋深较深，无法全部清除，故对坝轴线上游的崩坡积区域进行强夯处理	坝基覆盖层采用混凝土防渗墙防渗。混凝土防渗墙厚1.2m，墙深44.3m，墙底嵌入基岩1.0m
10	苗家坝	白龙江	河床覆盖层厚度30~48.3m，自上而下可分为4层：①表部为碧口水库淤积的砂质粉土；②上部为含块碎石砂卵砾石层，其中部地段和高程呈砂透镜状不连续分布；③中部冲积块石砂卵砾石层和底部冲积砂卵砾石层，分布不连续	（1）清除覆盖层表层出露的淤积砂质粉土层，开挖厚度2~3m；（2）开挖过程中发现的冲积砂条带，全部清除回填做反滤料置换；（3）坝轴线上游重型碾压，下游采用重型碾压，提高坝基覆盖层的密实度，减小坝基变形	坝基覆盖层采用混凝土防渗墙防渗。混凝土防渗墙厚1.2m，墙深41.5m，墙底嵌入基岩1.0m
11	九甸峡	洮河	河床底部为一深槽，覆盖层最大深度40~50m，最大厚度56m，宽30~50m。河床覆盖层按其组成物特性大致可以分为3层，即表部崩坡积块碎石土层，中部冲积块石砂卵砾石层和底部冲积砂卵砾石层	（1）为了减小坝体沉降和不均匀变形，挖除上部崩坡积碎石土；（2）对砂卵砾石层表面进行强夯处理，表面碾压后铺填2m厚的过渡料，然后进行大坝填筑	坝基覆盖层采用混凝土防渗墙防渗。混凝土防渗墙厚1.2m，墙深27.3m，墙底嵌入基岩0.8m
12	那兰	藤条江	河床覆盖层最大深度24.3m。河床冲积层主要为砂夹中细砂、砾石，即粒径小于5mm的颗粒含量为35%~58%，无连续和稍厚的夹层	清除表层1~2m杂物和较集中的粉细砂层后，再采用振动碾碾压密实	坝基覆盖层采用混凝土防渗墙防渗。混凝土防渗墙厚0.8m，墙深18m，墙底嵌入弱风化基岩0.5m
13	滚哈布奇勒	开都河	河床覆盖层厚度一般为18~53.1m。覆盖层可分为两大岩组：上部为松散的漂石或卵砾石层，平均厚度10m左右，孤石较多的砂卵砾石；下部为中密~密实的砂卵砾石夹细~中粗砂的透镜体，厚度一般为10~40m	（1）河床部位孤石全部清除，并至少清除砂卵砾石层表面1m；（2）河床趾板基础砂卵砾石层进行固结灌浆，孔深8m，间排距2~3m	坝基覆盖层采用混凝土防渗墙防渗。混凝土防渗墙厚1.4m，墙深46m，墙底嵌入基岩1m

续表

序号	坝名	河流	坝基覆盖层特性	坝基覆盖层浅表部处理	坝基覆盖层防渗处理
14	阿尔塔什	叶尔羌河	坝址河床覆盖层最深达100m，从上至下分为两个岩组，即全新统冲积含漂卵砾石层（I岩组）和中更新统冲积砂卵砾石层（II岩组）	(1) 清除表层松散覆盖层，清基深度为2m；(2) 河床卧板覆盖层基础进行固结灌浆，灌浆深度10m，提高墙顶附近覆盖层抗变形能力	坝基覆盖层采用混凝土防渗墙防渗。混凝土防渗墙厚1.2m，墙深90m，墙底嵌入基岩0.5~1.2m
15	冶勒	南桠河	覆盖层厚度大于420m，河床下部残留厚度160m，自下而上分为5个大岩组：第一岩组，弱胶结卵砾石夹硬质粉质黏性土互层与粉质黏土层；第二岩组，块碎石土；第三岩组，弱胶结卵砾石；第四岩组，弱胶结卵砾石夹碳化植物碎屑层；第五岩组，粉质壤土夹冰水河湖相沉积各岩组岩相和厚度变化较大，层次复杂。该套巨厚冰水河湖相沉积层物理力学特性各异，含水、透水程度不均一，并有多层承压水分布	清除表层粉质壤土层	(1) 左岸坝肩基岩浅埋段：采用"防渗墙+2排帷幕灌浆"，防渗墙厚1m，深2~53m，嵌入基岩内1~2m。(2) 河床段：采用悬挂式混凝土防渗墙，墙厚1.0~1.2m，深25~100m，伸入第二岩组内5m。(3) 右坝肩覆盖层段：采用"防渗墙+3排帷幕灌浆"，防渗墙厚1m，最大墙深140m，分廊道上、下两段，帷幕深度33~57.5m，帷幕灌浆孔距2m，帷幕深入第二岩组内5m。(4) 右坝肩平台段：采用"防渗墙+3排帷幕灌浆"，防渗墙厚1m，最大墙深140m，分廊道上、下两段，帷幕深78.5m，深入第三岩组5m。(5) 右坝肩平台段：覆盖层内悬挂式防渗墙，墙厚1.0m，深78.5m，深入第三岩组，墙底高程一定高程下的粉质壤土内
16	下坂地	塔什库尔干河	河床坝基覆盖层厚度达150m，自下而上可分为冰碛层、砂土层、冲洪积层和崩坡积层、砾石及砂层，覆盖层成分复杂，块碎石、砾卵石及砂，最大粒径达10m以上，岩性为花岗岩、片麻岩、片岩及变质岩，结构松散，无胶结，岩性及变质层结构松散，大孤石及架空，中间夹有砂层透镜体，地质条件复杂	(1) 坝基开挖：①两岸崩坡积层结构松散，对大坝变形不利，全部挖除；②表层出露的粉细砂层及软黏土层，压缩性大，予以清挖、理藏浅；③湖积质淤泥质黏土层分布范围不大，厚度较薄，与砂层互层，予以清除；④冲洪积砂砾石层，以细砂石为主，结构松散，予以挖除。(2) 坝基粉细砂层透镜体处理：经有限元分析，不会发生液化。但仍在坝体上下游铺设垫压层，并在大坝下游打排水减压井减小孔隙水压力。(3) 冲积砂砾石层处理：采用冲碎石桩进行处理，桩底达到冰碛层，最大桩深14m，振冲处理范围坝上0—140~坝下0+100	采用混凝土防渗墙+水泥帷幕防渗。墙厚1.0m，河床段墙底嵌入基岩1m，岸坡段墙底高程2812.00m，墙下砂石采用水泥帷幕灌浆。墙深85m

续表

序号	坝名	河流	坝基覆盖层特性	坝基覆盖层浅表部处理	坝基覆盖层防渗处理
17	黄金坪	大渡河	坝基覆盖层深厚，最大厚度达133.92m，且以散粒体为主，具有多层结构，从下至上（从老至新）分为3层：第①层漂（块）（碎）砾石夹砂土，第②层漂（块）（碎）砾石层，第③层含漂（块）砂卵砾石层。其中第②层夹多层细砂层。	(1) 清除坝轴线下游第③层含漂（块）（碎）砂卵砾石层，以及上游出露的砂层透镜体。(2) 对坝基覆盖层第②层中砂层采用振冲碎石桩加固，以提高该层的承载和抗变形能力，防止其发生液化	坝基覆盖层采用混凝土防渗墙防渗。混凝土防渗墙厚1.2m，墙深129.5m，墙底嵌入基岩1.0m
18	雅砻	雅砻河	坝基覆盖层厚，最大厚度122m，由上至下（由新至老）依次为冲洪积砂壤土、混合土卵砾石层、冲击混合土卵砾石层、冰水积漂卵砾石、冰积卵石混合土块碎石层等	挖除上部冲洪积砂壤土	坝基覆盖层采用混凝土防渗墙防渗。混凝土防渗墙厚1.0m，墙深124.05m，墙底嵌入强风化基岩2.0m
19	旁多	拉萨河	坝基覆盖层厚度达150m。由上至下（由新至老）分为混合土碎（块）石、碎（块）石、冲积卵石混合土、冰水积卵砾石混合土	挖除表部松散堆积的混合土碎石层	坝基覆盖层采用悬挂式混凝土防渗墙防渗。混凝土防渗墙厚1.0m，墙深152.5m，两岸墙底嵌入基岩1.0m
20	大河沿	大河沿河		(1) 基础表部松散块碎石土挖除；(2) 基础强夯处理	坝基采用混凝土防渗墙防渗，防渗墙厚1m，深186.15m，墙底嵌入岩体2m

7.3 本章小结

（1）本章通过以新型接头管接头技术为核心的超深防渗墙成墙技术，突破了超深防渗墙槽段连接与成墙施工的技术瓶颈；阐述了限压拔管法施工方法，形成了超深混凝土防渗墙接头管施工工法技术；解决了100m以上超深防渗墙施工的技术瓶颈。

（2）介绍了超深防渗墙泵吸法和气举反循环法清孔换浆技术的超深防渗墙槽孔清孔换浆成套施工技术；提出了超深防渗墙泥浆下混凝土浇筑施工控制指标，形成了100m以上超深防渗墙泥浆下防渗墙混凝土浇筑成套技术。

（3）阐述了适应于复杂地质条件下深厚覆盖层防渗墙槽孔施工成套技术，包括预灌浓浆与槽内灌浆处理、槽孔施工堵漏、含漂（块）石地层和硬岩地层槽孔爆破辅助成槽、陡坡基岩嵌岩、槽内聚能爆破和槽内钻孔爆破定位等技术，可大幅度提高含漂（块）石地层和硬岩底层的造孔效率，有效解决大范围架空强漏失地层漏浆塌孔问题。

第 8 章

深厚覆盖层上面板堆石坝长效性能评估

深厚覆盖层上混凝土面板堆石坝运行过程中需要关注坝体及其防渗系统的应力变形特性，包括混凝土面板、趾板、连接板和防渗墙的应力变形及止水缝的变位等。混凝土面板堆石坝应力变形计算一般采用三维有限元非线性分析方法，依据 E-B 模型、南水模型、K-G 模型等模拟堆石体和覆盖层等材料的变形特性。为保证计算参数符合实际情况，通常结合监测资料，采用人工智能算法对坝体材料进行渗透系数和变形参数反演分析，对有限元计算结果与监测数据进行对比分析，从而论证反演方法和参数的合理性。除此之外，还需考虑坝基覆盖层和堆石体流变特性。为此，本章通过研制防渗面板、防渗墙和防渗帷幕长期性能劣化试验装置，设计复杂环境下水泥基材料性能劣化试验，开发坝基防渗帷幕渗透溶蚀模型，研究多因数协同作用下混凝土、防渗面板、防渗墙性能劣化规律，提出防渗系统混凝土性能劣化预测模型，建立面板堆石坝监控指标体系，提出面板堆石坝长效安全预警指标，以期为深厚覆盖层上混凝土面板堆石坝的长效安全运行提供理论支撑。

8.1 覆盖层上面板坝长效性能评估计算模型和方法

8.1.1 计算模型

8.1.1.1 基岩和混凝土材料线弹性模型

基岩、混凝土面板、趾（连接）板和防渗墙均采用线弹性模型，其应力应变关系符合广义胡克定律，计算公式如下：

$$\{\sigma\}=[D]\{\varepsilon\} \tag{8.1-1}$$

其中

$$[D]=\begin{bmatrix} d_{11} & & & & & \\ d_{21} & d_{22} & & & \text{对称} & \\ d_{31} & d_{32} & d_{33} & & & \\ d_{41} & d_{42} & d_{43} & d_{44} & & \\ d_{51} & d_{52} & d_{53} & d_{54} & d_{55} & \\ d_{61} & d_{62} & d_{63} & d_{64} & d_{65} & d_{66} \end{bmatrix} \tag{8.1-2}$$

$$\lambda=\frac{E\mu}{(1+\mu)(1-2\mu)} \tag{8.1-3}$$

$$G=\frac{E}{2(1+\mu)} \tag{8.1-4}$$

式中：$d_{11}=d_{22}=d_{33}=\lambda+2G$，$d_{21}=d_{31}=d_{32}=\lambda$，$d_{44}=d_{55}=d_{66}=G$，其余元素为 0。$\lambda$、$G$ 为拉密系数，与弹性模量 E 和弹性泊松比 μ 有关；$[D]$ 为弹性矩阵。

除此之外，基岩、混凝土面板、趾板、连接板和防渗墙等材料受荷载作用时的瞬时变形本构关系同样采用线弹性模型，其应力应变关系可表示为

$$\{\Delta\sigma\} = [D]_e\{\Delta\varepsilon\} \tag{8.1-5}$$

其中

$$[D]_e = \frac{3B}{9B - E_t}\begin{bmatrix} 3B+E_t & 3B-E_t & 3B-E_t & 0 & 0 & 0 \\ 3B-E_t & 3B+E_t & 3B-E_t & 0 & 0 & 0 \\ 3B-E_t & 3B-E_t & 3B+E_t & 0 & 0 & 0 \\ 0 & 0 & 0 & E_t & 0 & 0 \\ 0 & 0 & 0 & 0 & E_t & 0 \\ 0 & 0 & 0 & 0 & 0 & E_t \end{bmatrix} \tag{8.1-6}$$

式中：E_t 和 B 分别为材料的切线弹性模量和体积模量。

8.1.1.2　堆石体和覆盖层材料非线性模型

坝石体和坝基覆盖层材料可以采用 E-B 模型、南水模型和 K-G 模型来模拟。

E-B 模型采用切线弹性模量 E_t 和体积模量 B 来描述其应力应变关系，如式（8.1-7）所示。其中，B 和 E_{ur} 分别可以通过式（8.1-8）和式（8.1-9）确定。

$$E_t = K p_a\left(\frac{\sigma_3}{p_a}\right)^n (1 - R_f S_1)^2 \tag{8.1-7}$$

$$B = K_b p_a\left(\frac{\sigma_3}{p_a}\right)^m \tag{8.1-8}$$

$$E_{ur} = K_{ur} p_a\left(\frac{\sigma_3}{p_a}\right)^n \tag{8.1-9}$$

其中

$$S_1 = \frac{(1 - \sin\varphi')(\sigma_1 - \sigma_3)}{2c'\cos\varphi' + 2\sigma_3\sin\varphi'} \tag{8.1-10}$$

对于粗粒土，一般采用非线性强度公式，取 $c' = 0$，φ' 按照式（8.1-11）计算：

$$\varphi' = \varphi_0 - \Delta\varphi \lg\left(\frac{\sigma_3}{p_a}\right) \tag{8.1-11}$$

式（8.1-7）～式（8.1-11）中：S_1 为剪应力水平（简称应力水平）；c' 和 φ' 为黏聚力和内摩擦角；σ_1 和 σ_3 分别为最大和最小主应力；p_a 为大气压力；c' 和 φ' 或 φ_0 和 $\Delta\varphi$ 为强度指标；R_f 为破坏比；K 为弹性模量数；n 为弹性模量指数；K_b 为体积模量数；m 为体积模量指数；K_{ur} 为卸荷弹性模量数。

该本构模型中共有 8 个计算参数，分别为 φ'（或 φ_0）、$\Delta\varphi$、K、K_{ur}、n、R_f、K_b 和 m，可由室内常规三轴试验得出。在三维复杂应力状态下，用 p 和 q 代替 σ_3 和 $(\sigma_1 - \sigma_3)$。p 为平均主应力，q 为八面体剪应力。

为了定义加卸荷判别准则，引入应力状态函数：

$$SS = S_1\left(\frac{\sigma_3}{p_a}\right)^{1/4} \tag{8.1-12}$$

将土体历史上曾经受到的最大应力状态 SS 记为 SS_m，按如下方法来判断加卸荷状

态，并计算土的切线弹性模量：

当 $SS \geqslant SS_m$ 时，为加荷，取 $E'_t = E_t$；

当 $SS \leqslant 0.75 SS_m$ 时，为卸荷，取 $E'_t = E_{ur}$；

当 $SS_m > SS > 0.75 SS_m$ 时，为加荷和卸荷的过渡状态，按式（8.1-13）计算切线弹性模量：

$$E'_t = E_t + \frac{SS_m - SS}{0.25 SS_m}(E_{ur} - E_t) \tag{8.1-13}$$

南水模型采用下列双屈服面：

$$\left. \begin{array}{l} F_1 = p^2 + r^2 q^2 \\ F_2 = \dfrac{q^s}{p} \end{array} \right\} \tag{8.1-14}$$

式中：$p = (\sigma_1 + \sigma_2 + \sigma_3)/3$；$q = [(\sigma_1 - \sigma_2)^2 + (\sigma_2 - \sigma_3)^2 + (\sigma_3 - \sigma_1)^2]^{1/2}/\sqrt{2}$；$r$ 和 s 为屈服面参数，这里 r 和 s 可令其等于 2 或 3。

模型的基本变量为切线杨氏模量 E_t 和切线体积比 μ_t，杨氏模量 E_t 和切线体积比 μ_t 分别为

$$E_t = E_i(1 - R_f S_l)^2 \tag{8.1-15}$$

$$\mu_t = 2c_d(\sigma_3/p_a)^{n_d} \frac{E_i R_s}{\sigma_1 - \sigma_3} \frac{1 - R_d}{R_d}\left(1 - \frac{R_s}{1 - R_s}\frac{1 - R_d}{R_d}\right) \tag{8.1-16}$$

其中

$$E_i = KP_a(\sigma_3/P_a)^n \tag{8.1-17}$$

$$S_l = \frac{\sigma_1 - \sigma_3}{(\sigma_1 - \sigma_3)_f} \tag{8.1-18}$$

$$R_f = \frac{(\sigma_1 - \sigma_3)_f}{(\sigma_1 - \sigma_3)_{ult}} \tag{8.1-19}$$

$$(\sigma_1 - \sigma_3)_f = 2\frac{c\cos\varphi + \sigma_3\sin\varphi}{1 - \sin\varphi} \tag{8.1-20}$$

$$R_s = R_f S_l \tag{8.1-21}$$

对于非黏性土，内摩擦角为

$$\varphi = \varphi_1 - \Delta\varphi \lg\left(\frac{\sigma_3}{p_a}\right) \tag{8.1-22}$$

卸荷-再加荷条件下杨氏模量计算公式为

$$E_{ur} = K_{ur} p_a \left(\frac{\sigma_3}{p_a}\right)^n \tag{8.1-23}$$

由式（8.1-14）～式（8.1-23）可见，南水双屈服面弹塑性模型共涉及 9 个计算参数 c、φ、R_f、K、K_{ur}、n、c_d、n_d 和 R_d，可由三轴固结排水剪试验得出。值得指出的

是，南水模型亦可采用 Duncan $E-\nu$ 模型的参数进行计算，此时切线体积比 μ_t 由式（8.1 - 24）得到：

$$\mu_t = 1 - 2\nu_t \tag{8.1-24}$$

式中：ν_t 即为 Duncan $E-\nu$ 模型中的切线泊松比，其表达式为

$$\nu_t = \frac{G - F\lg(\sigma_3/P_a)}{\left[1 - D(\sigma_1 - \sigma_3)/E_i(1 - R_f S_1)\right]^2} \tag{8.1-25}$$

关于加卸荷准则，该模型采用如下条件：

$$\text{若 } F_1 > (F_1)_{\max}; \text{则 } A_1 \neq 0; \text{否则 } A_1 = 0 \tag{8.1-26}$$

$$\text{若 } F_2 > (F_2)_{\max}; \text{则 } A_2 \neq 0; \text{否则 } A_2 = 0 \tag{8.1-27}$$

式（8.2 - 26）和式（8.2 - 27）同时成立表示全加荷，同时都不成立表示全卸荷，其中之一成立表示部分加荷。如果 $A_1 = A_2 = 0$，弹塑性矩阵将退化为弹性矩阵。

南水模型的弹塑性矩阵系数 $d_{ij}(i, j = 1, 2, \cdots, 6)$ 为

$$
\left.
\begin{aligned}
d_{11} &= M_1 - P(s_x + s_x)/q - Qs_x s_x/q^2 \\
d_{22} &= M_1 - P(s_y + s_y)/q - Qs_y s_y/q^2 \\
d_{33} &= M_1 - P(s_z + s_z)/q - Qs_z s_z/q^2 \\
d_{44} &= G_e - Q\tau_{xy}\tau_{xy}/q^2 \\
d_{55} &= G_e - Q\tau_{yz}\tau_{yz}/q^2 \\
d_{66} &= G_e - Q\tau_{zx}\tau_{zx}/q^2 \\
d_{21} &= d_{12} = M_2 - P(s_x + s_y)/q - Qs_x s_y/q^2 \\
d_{31} &= d_{13} = M_2 - P(s_x + s_z)/q - Qs_x s_z/q^2 \\
d_{32} &= d_{23} = M_2 - P(s_y + s_z)/q - Qs_y s_z/q^2 \\
d_{41} &= d_{14} = -P\tau_{xy}/q - Qs_x \tau_{xy}/q^2 \\
d_{42} &= d_{24} = -P\tau_{xy}/q - Qs_y \tau_{xy}/q^2 \\
d_{43} &= d_{34} = -P\tau_{xy}/q - Qs_z \tau_{xy}/q^2 \\
d_{51} &= d_{15} = -p\tau_{yz}/q - Qs_x \tau_{yz}/q^2 \\
d_{52} &= d_{25} = -p\tau_{yz}/q - Qs_y \tau_{yz}/q^2 \\
d_{53} &= d_{35} = -p\tau_{yz}/q - Qs_z \tau_{yz}/q^2 \\
d_{54} &= d_{45} = -p\tau_{yz}/q - Q\tau_{xy} \tau_{yz}/q^2 \\
d_{61} &= d_{16} = -p\tau_{zx}/q - Qs_x \tau_{zx}/q^2 \\
d_{62} &= d_{26} = -p\tau_{zx}/q - Qs_y \tau_{zx}/q^2 \\
d_{63} &= d_{36} = -p\tau_{zx}/q - Qs_z \tau_{zx}/q^2 \\
d_{64} &= d_{46} = -p\tau_{zx}/q - Q\tau_{xy} \tau_{zx}/q^2 \\
d_{65} &= d_{56} = -p\tau_{zx}/q - Q\tau_{yz} \tau_{zx}/q^2
\end{aligned}
\right\} \tag{8.1-28}
$$

其中

$$
\left.
\begin{aligned}
&s_x = \sigma_x - p, s_y = \sigma_y - p, s_z = \sigma_z - p \\
&M_1 = B_p + \frac{4G_e}{3}, M_2 = B_p - \frac{2G_e}{3} \\
&P = \frac{B_e G_e \gamma}{1 + B_e \alpha + G_e \beta} \\
&Q = \frac{G_e^2 \delta}{1 + B_e \alpha + G_e \beta} \\
&B_p = \frac{B_e}{1 + B_e \alpha}\left(1 + \frac{B_e G_e \gamma^2}{1 + B_e \alpha + G_e \delta}\right) \\
&\alpha = A_1/r^2 + \eta^2 A_2, \beta = r^2 \eta^2 A_1 + s^2 A_2 \\
&\gamma = \eta(A_1 - s A_2) \\
&\delta = \beta + B_e(\alpha\beta - \gamma^2)
\end{aligned}
\right\}
\tag{8.1-29}
$$

8.1.1.3 接缝单元非线性模型

接缝单元应力与位移的关系为

$$
\begin{Bmatrix} \tau_{yx} \\ \sigma_{yy} \\ \tau_{yz} \end{Bmatrix} =
\begin{bmatrix} k_{yx} & 0 & 0 \\ 0 & k_{yy} & 0 \\ 0 & 0 & k_{yz} \end{bmatrix}
\begin{Bmatrix} \delta_{yx} \\ \delta_{yy} \\ \delta_{yz} \end{Bmatrix}
\tag{8.1-30}
$$

式中：τ_{yx} 为接缝连接单元顺缝向剪应力；σ_{yy} 为接缝连接单元张拉方向正应力；τ_{yz} 为接缝连接单元垂直缝向剪应力；δ_{yx}、δ_{yy}、δ_{yz} 分别为周边缝连接单元在剪切向、张拉向和沉陷三个方向的位移。

至于劲度系数 k_{yx}、k_{yy} 和 k_{yz}，采用表8.1-1所示的形式。

表 8.1-1　　　　　　　　　　止水材料的接缝单元劲度表达形式

受力状态	止水材料	
	止水铜片	橡胶止水片
张开状态劲度系数 k_{yy}	$\dfrac{A_1}{(1-A_2\delta_{yy})^2}$	A_5 ($\delta_{yy} \leq 11.5\text{mm}$) A_6 ($\delta_{yy} > 11.5\text{mm}$)
压紧状态劲度系数 k_{yy}	$\dfrac{A_3}{(1-A_4\delta_{yy})^2}$	A_7 ($\delta_{yy} \leq 11.5\text{mm}$) A_8 ($\delta_{yy} > 11.5\text{mm}$)
剪切状态劲度系数 k_{yx}	$\dfrac{A_9}{(1-A_{10}\delta_{yy})^2}$	0
剪切状态劲度系数 k_{yz}	A_{11} ($\delta_{yz} \leq 12.5\text{mm}$) A_{12} ($\delta_{yz} > 12.5\text{mm}$)	A_{13}

表8.1-1中参数 $A_1 \sim A_{13}$ 依据有关试验结果分别取为175、47.6、650、41、4000、600、530、960、225、40、608、560和1400。

8.1.2　流变分析方法

8.1.2.1　流变模型

1. 伯格斯模型

伯格斯（Burgers）模型示意如图 8.1-1 所示。该模型由开尔文（Kelvin）模型和麦克斯韦（Maxwell）模型串联而成，具四个可调参数，可以较好地反映岩土体第三期蠕变以前的变形。

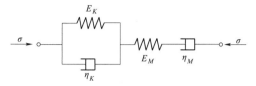

图 8.1-1　伯格斯模型示意图

在三维应力状态下，开尔文模型和麦克斯韦模型的本构关系均可分为两部分：一部分是球应力的弹性本构关系；另一部分是偏应力的黏性本构关系。前者可用胡克定律描述，后者可以用如下描述。

开尔文模型偏应力的本构关系为

$$s_{ij} = 2G_K e_{ij,K} + 2\eta_K \frac{\mathrm{d}e_{ij,K}}{\mathrm{d}t} \tag{8.1-31}$$

其中　　　　$s_{ij} = \sigma_{ij} - \sigma_m \delta_{ij}$　　$e_{ij,K} = \varepsilon_{ij,K} - \varepsilon_{mK}\delta_{ij}$　　$\sigma_m = \frac{1}{3}\sigma_{ii}$　　$\varepsilon_{mK} = \frac{1}{3}\varepsilon_{ii,K}$

式中：G_K、η_K 分别为延迟剪切模量和剪切黏滞系数；s_{ij} 为偏应力张量；$e_{ij,K}$ 为开尔文模型的偏应变张量；σ_{ij} 为应力张量；$\varepsilon_{ij,K}$ 为开尔文模型的应变张量；δ_{ij} 为 Kronecker delta 函数。

求解式（8.1-31）可得

$$e_{ij,K} = \left\{ e_{ij,0K} + \frac{1}{2\eta_K} \int_{t_0}^{t} s_{ij} \exp\left[\frac{G_K}{\eta_K}(t - t_0) \right] \mathrm{d}t \right\} \exp\left[-\frac{G_K}{\eta_K}(t - t_0) \right] \tag{8.1-32}$$

式中：$e_{ij,0K}$ 为 $t = t_0$ 时开尔文模型的初始偏应变。

麦克斯韦模型的偏应力的本构关系为

$$\frac{1}{2G_M} \frac{\mathrm{d}s_{ij}}{\mathrm{d}t} + \frac{1}{2\eta_M} s_{ij} = \frac{\mathrm{d}e_{ij,M}}{\mathrm{d}t} \tag{8.1-33}$$

其中　　　　　　$e_{ij,M} = \varepsilon_{ij,M} - \varepsilon_{mM}\delta_{ij}$　　$\varepsilon_{mM} = \frac{1}{3}\varepsilon_{ij,M}$

式中：G_M、η_M 分别为弹性剪切模量和剪切黏滞系数；$e_{ij,M}$ 为麦克斯韦模型的偏应变张量；$\varepsilon_{ij,M}$ 为麦克斯韦模型的应变张量。

求解式（8.1-33）可得

$$e_{ij,M} = e_{ij,0M} + \frac{s_{ij}}{2G_M} + \frac{1}{2\eta_M} \int_{t_0}^{t} s_{ij} \mathrm{d}t - S \frac{S_{ij,0}}{2G_m} \tag{8.1-34}$$

式中：$e_{ij,0M}$ 为 $t = t_0$ 时麦克斯韦模型的初始偏应变。

将式（8.1-32）和式（8.1-34）相加，便可得伯格斯模型的偏应变。特殊情况当 $s_{ij} = s_{ij0}$ 为常量时，伯格斯模型的偏应变为

$$e_{ij} = e_{ij,0K} \exp\left[-\frac{G_K}{\eta_K}(t-t_0)\right] + \frac{s_{ij0}}{2G_K}\left\{1-\exp\left[-\frac{G_K}{\eta_K}(t-t_0)\right]\right\} + e_{ij,0M} + \frac{s_{ij0}}{2\eta_M}(t-t_0)$$

(8.1-35)

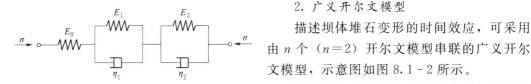

图 8.1-2　广义开尔文模型示意图

2. 广义开尔文模型

描述坝体堆石变形的时间效应，可采用由 n 个（$n=2$）开尔文模型串联的广义开尔文模型，示意图如图 8.1-2 所示。

该模型的应变是初始弹性应变与各开尔文模型的应变之和。由式（8.1-32）并取 $s_{ij}=s_{ij0}$ 为常量，可得广义开尔文模型的偏应变为

$$e_{ij} = \frac{s_{ij0}}{2G_0} + \sum_{K=1}^{n}\left\{e_{ij,0K}\exp\left[-\frac{G_K}{\eta_K}(t-t_0)\right] + \frac{s_{ij0}}{2G_K}\left[1-\exp\left[-\frac{G_K}{\eta_K}(t-t_0)\right]\right]\right\}$$

(8.1-36)

3. 长期变形本构模型

（1）基岩和混凝土材料的流变模型。

基岩的流变模型采用伯格斯模型，示意图如图 8.1-3 所示，混凝土材料的流变模型采用广义开尔文模型，示意图如图 8.1-4 所示。

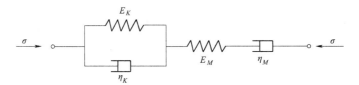

图 8.1-3　伯格斯模型示意图

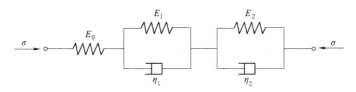

图 8.1-4　广义开尔文模型示意图

其中，伯格斯模型是由开尔文模型和麦克斯韦模型串联而成的。在三维应力状态下，开尔文模型的本构关系可分为两部分：一部分是球应力的弹性本构关系；另一部分是偏应力的黏性本构关系，即

$$\dot{\sigma}_m\delta_{ij} = 3K\dot{\varepsilon}_m\delta_{ij}$$

(8.1-37)

$$s_{ij} = 2Ge_{ij} + 2\eta_{ij}\dot{e}_{ij} = \sigma_{ij} - \sigma_m\delta_{ij}$$

(8.1-38)

其中 $\quad\quad \dot{\varepsilon}_m = \dfrac{d\varepsilon_m}{dt} \quad \varepsilon_m = \dfrac{1}{3}\varepsilon_{ij} \quad e_{ij} = \varepsilon_{ij} - \varepsilon_m\delta_{ij} \quad \dot{e}_{ij} = \dfrac{de_{ij}}{dt}$

式中：$\dot{\sigma}_m = \dfrac{d\sigma_m}{dt}$，$\sigma_m = \dfrac{1}{3}\sigma_{ii}$，$\dot{\sigma}_m$ 为平均球应力；$\dot{\varepsilon}_m$ 为平均球应变；δ_{ij} 为 Kronecker delta 函数；s_{ij} 为偏应力张量；e_{ij} 为偏应变张量；σ_{ij} 为应力张量；ε_{ij} 为应变张量；K 为体积模量；G 为剪切模量；η 为黏性系数。

根据串联特性，可以分别求得开尔文模型和麦克斯韦模型的应变张量，这样伯格斯模型的总应变也是开尔文模型的应变与麦克斯韦模型的应变之和，即

$$e_{ij} = \left\{ e_{ij0} + \frac{1}{2\eta_K} \int_{t_0}^{t} s_{ij} \exp\left[\frac{G_K}{\eta_K}(t-t_0) \right] \mathrm{d}t \right\} \exp\left[-\frac{G}{\eta}(t-t_0) \right]$$
$$+ e_{ij,0M} + \frac{1}{2G_M} \int_{t_0}^{t} \dot{s}_{ij} \mathrm{d}t + \frac{1}{2\eta_M} \int_{t_0}^{t} s_{ij} \mathrm{d}t \qquad (8.1-39)$$

特别地，当 $s_{ij} = s_{ij0}$ 为常量时，$\dot{s}_{ij} = 0$，则式（8.1-39）成为

$$e_{ij} = e_{ij,0K} \exp\left[-\frac{G_K}{\eta_K}(t-t_0) \right] + \frac{s_{ij0}}{2G_K} \left\{ 1 - \exp\left[-\frac{G_K}{\eta_K}(t-t_0) \right] \right\} + e_{ij,0M} + \frac{s_{ij0}}{2\eta_M}(t-t_0)$$
$$(8.1-40)$$

广义开尔文模型是由 n 个（如 $n=2$）开尔文模型串联而成的。根据串联特性，广义开尔文模型的应变是初始弹性应变和各个开尔文模型的应变之和，即

$$e_{ij} = \frac{s_{ij}}{2G_0} + \sum_{k=1}^{n} \left\{ e_{ij,0K} + \frac{1}{2\eta_k} \int_{t_0}^{t} s_{ij} \exp\left[\frac{G_k}{\eta_k}(t-t_0) \right] \mathrm{d}t \right\} \exp\left[-\frac{G}{\eta}(t-t_0) \right]$$
$$(8.1-41)$$

特别地，当 $s_{ij} = s_{ij0}$ 为常量时，式（8.1-41）成为

$$e_{ij} = \frac{s_{ij}}{2G_0} + \sum_{k=1}^{n} \left\{ e_{ij,0K} \exp\left[-\frac{G_k}{\eta_k}(t-t_0) \right] + \frac{s_{ij0}}{2Gk} \left[1 - \exp\left(-\frac{G_k}{\eta_k}(t-t_0) \right) \right] \right\}$$
$$(8.1-42)$$

（2）覆盖层和堆石料的流变模型。

覆盖层和堆石料的长期变形可以采用时间的对数函数来描述，假定堆石体的总应变可以分为受到外部荷载后产生的瞬时应变和滞后产生的流变应变两个部分，即

$$\Delta\varepsilon = \Delta\varepsilon^{ep} + \Delta\varepsilon^{creep} \qquad (8.1-43)$$

式中：$\Delta\varepsilon^{ep}$ 为瞬时应变增量；$\Delta\varepsilon^{creep}$ 为流变应变增量。

实际流变变形的起始时刻难以准确确定，并且坝体实际填筑施工中位移量测的起点受到坝体填筑、量测仪器埋设等的影响，具有较大的相对性，因此，有限元计算时宜采用相对时间。假定 t_0 为长期流变变形计算的初始时刻，则从 t_0 时刻到 t 时刻产生的流变变形增量 $\Delta\varepsilon^{creep}$ 可以采用对数型曲线进行模拟，即

$$\Delta\varepsilon^{creep} = \varepsilon_{10}(\lg t - \lg t_0) \qquad (8.1-44)$$

式中：ε_{10} 等于时间为 t_0 的 10 倍时的流变变形增量。该幅值可以综合表征蠕变的幅值和发展速率，反映了时间每增加 10 倍时的流变变形增量。

为充分考虑应力状态对蠕变幅值的影响，这里采用不同的公式计算体积变形和剪切变形的幅值，即

$$\varepsilon_{v10} = c_1 \frac{\sigma_3}{p_a} \qquad (8.1-45)$$

$$\varepsilon_{s10} = c_2 S_1^{c_3} \qquad (8.1-46)$$

式中：下标 ν 和 s 分别代表体积和剪切，下同；c_1、c_2 和 c_3 为试验参数；σ_3 为围压；p_a 为大气压力，取 100kPa；S_1 为剪应力水平。

各方向的流变应变分量按 Prandtl – Reuss 流动法则进行分配，即

$$\{\Delta\varepsilon^{\text{creep}}\} = \frac{1}{3}\Delta\varepsilon_\nu^{\text{creep}}\{I\} + \Delta\varepsilon_s^{\text{creep}}\frac{\{s\}}{\sigma_s} \qquad (8.1-47)$$

式中：$\{s\}$ 为偏应力张量；$\{I\}$ 为单位张量；σ_s 为广义剪应力。

对于每个荷载分级，包括坝体、填筑分级、面板浇筑分级和蓄水分级等，首先根据瞬时变形模型计算瞬时变形，接着采用初应变法计算流变变形。

8.1.2.2　计算方法

大坝施工和运行期间，外荷载变化很复杂，如坝基开挖、坝体填筑、蓄水等。因此，需要用增量初应变法来求解该黏弹性问题。

1. 基本方程

首先将外荷载分级。对于每一级荷载，将黏性应变视为初应变，则其非线性的增量本构关系可表示为

$$\{\Delta\sigma\} = [D](\{\Delta\varepsilon\} - \{\Delta\varepsilon_V\}) \qquad (8.1-48)$$

式中：$\{\Delta\sigma\}$ 为应力增量；$\{\Delta\varepsilon\}$ 为应变增量；$\{\Delta\varepsilon_V\}$ 为黏性应变增量；$[D]$ 为弹性矩阵。

由此可导出增量初应变法的基本平衡方程如下：

$$[K]\{\Delta u\} = \{\Delta R\} + \{\Delta R_V\} \qquad (8.1-49)$$

其中

$$\{\Delta R_V\} = \sum_e \int_{\Omega^e} [B]^{\text{T}}[D]\{\Delta\varepsilon_V\}\,\mathrm{d}\Omega \qquad (8.1-50)$$

式中：$\{\Delta u\}$ 为结点位移增量；$\{\Delta R\}$ 为该级荷载增量；$\{\Delta R_V\}$ 为初应变的等效结点荷载增量；Ω^e 为单元体积；$[B]$ 为几何矩阵。

2. 黏性应变增量的计算

一般可认为泊松比随时间的变化很小，因此，可以认为黏性变形的泊松比等于瞬时弹性变形的泊松比。

设 t_0 时刻，开尔文模型和麦克斯韦模型的黏性应变分别为 $\{\varepsilon_{V,K}\}_{t_0}$ 和 $\{\varepsilon_{V,M}\}_{t_0}$，令 $t = t_0 + \Delta t$，且在 Δt 时间增量内，应力保持不变，可得伯格斯模型的黏性应变增量：

$$\{\Delta\varepsilon_V\}_t = \left[1 - \exp\left(-\frac{E_K}{\eta_K}\Delta t\right)\right]\left(\frac{1}{E_K}[C]\{\sigma\} - \{\varepsilon_{V,K}\}_{t_0}\right) + \frac{\Delta t}{\eta_M}[C]\{\sigma\} \qquad (8.1-51)$$

其中

$$[C] = \begin{bmatrix} 1 & & & & & \\ -\mu & 1 & & 对 & & \\ -\mu & -\mu & 1 & & 称 & \\ 0 & 0 & 0 & 2(1+\mu) & & \\ 0 & 0 & 0 & 0 & 2(1+\mu) & \\ 0 & 0 & 0 & 0 & 0 & 2(1+\mu) \end{bmatrix} \qquad (8.1-52)$$

式中：E_K、η_K、η_M 分别为拉伸模量、压缩模量和黏滞系数；$[C]$ 为泊松比矩阵。

同样，采用拉伸模量、压缩模量及黏滞系数，可得广义开尔文模型的黏性应变增量：

$$\{\Delta\varepsilon_V\}_t = \sum_{K=1}^{n}\left[1-\exp\left(-\frac{E_K}{\eta_K}\Delta t\right)\right]\left(\frac{1}{E_K}[C]\{\sigma\}-\{\varepsilon_{V,K}\}_{t_0}\right) \qquad (8.1-53)$$

8.1.3 力学参数反演分析方法

一般来说，确定大坝力学参数的方法有实测法和反演分析法。实测法是指对材料进行取样分析，测定材料参数，例如原位试验与室内试验，但是由于其实施过程烦琐，对技术要求较高，且价格昂贵，试验结果的准确度受采样操作与采样部位的选取影响较大，存在较多不确定性因素，无法对结构复杂的坝体进行长期有效的监测。此外，试验得到的力学参数有时与实际情况相差较多，无法直接用于渗流和静动力计算，存在一定的局限性。因此，反演分析法成了确定参数的有效手段。

在实际工程中，大坝监测点的数据包含了很多实时有效的物理信息，大坝力学参数往往是根据这些监测资料反演分析选取得到的。反演分析本质就是利用实际监测资料和数值模拟计算的关系，通过不断调整数值模型中的材料参数，使计算值和测量值不断接近，当两者误差达到最小时所取得的参数值即为所求。反演方法有解析法、稀疏脉冲法、线性整数规划法等。人工神经网络和智能优化算法的引入为渗流反演分析问题提供了很多新的方法与思路，对复杂分区的大坝、监测点数据多的多目标寻优问题的适用性很高，也大大减少了计算的工作量。

针对大坝反演力学参数计算时反演维数多、计算工作量大、极值点多、结果稳定性差等问题，一般采用人工智能算法通过迭代来进行参数择优。因此，本章重点介绍了两种智能算法，包括结合学习效率高、通用性强的径向基函数（RBF）神经网络和全局搜索能力强、收敛速率快的混合变异粒子群（HMPSO）算法，并在此基础上建立土石坝力学参数反演模型。RBF 神经网络非线性映射能力强、拟合精度高，可以解决复杂的非线性问题，在充分训练后，能得到很好的拟合效果。只要隐含层神经元足够多，该网络模型可以逼近任意连续函数，可用于在后续反演计算中代替有限元正分析，减少计算量。HMPSO 算法与常规的粒子群算法相比，借鉴了遗传算法的思想，引入了粒子的交叉和变异操作，扩大粒子的"飞行"范围，在寻优过程中能够保证种群多样性，可以有效克服常规的粒子群算法容易陷入局部最优解和早熟的缺陷，从而提高算法的全局搜索能力和收敛性能。在利用全局搜索能力强的 HMPSO 算法进行参数组全局寻优时，新生成的参数组若每次都进行有限元正向计算，工作量大且耗时，而利用训练好的 RBF 神经网络进行反演参数与测值之间的非线性映射，用以代替有限元的正分析，可大大提高工作效率。

8.1.3.1 RBF 神经网络原理

1. 拓扑结构

径向基函数神经网络是一种典型的前馈性神经网络，以函数逼近为理论基础，通过大量的训练分析，最终得到最为合理的拟合平面，能够有效地解决非常复杂的非线性问题。该方法的逼近性能强，并且相比传统的方式，它的全局逼近效果更好。RBF 神经网络结构由输入层、隐含层和输出层这三个基本结构组成。该网络通过输入层接收信息，引起相应的隐含层神经元形成具有径向对称特点的响应。隐含层神经元的响应程度和输入向量与神经节点中心的距离大小呈正相关。

设 x 为 n 维空间 R^n 中的特征向量，$\varphi_1(\cdot)$、$\varphi_2(\cdot)$、$\varphi_3(\cdot)$、$\cdots$、$\varphi_m(\cdot)$ 为 m 个非线性函数：

$$\varphi_l:R^n \rightarrow R \quad (l=1,2,\cdots,m) \tag{8.1-54}$$

该非线性函数对如下映射进行了定义：

$$x \in R^n \rightarrow z \in R^m \tag{8.1-55}$$

$$z=\begin{Bmatrix} \varphi_1(x) \\ \varphi_2(x) \\ \vdots \\ \varphi_m(x) \end{Bmatrix} \tag{8.1-56}$$

为了使非线性函数 $f(x)$ 可以近似等价于 $\varphi_l(\cdot)$ 的线性组合，对于个数 m 的非线性函数 $\varphi_l(\cdot)$ 的取值如何选取进行研究，即目标是研究如何将基函数 $\varphi_l(\cdot)$（也称为插值函数）表示非线性函数 $\hat{f}(x,\omega)$：

$$\hat{f}(x)=\sum_{l=1}^{m}\omega_l\varphi_l(x) \tag{8.1-57}$$

式中：线性近似的参数 $\omega_l(l=1,2,\cdots,m)$ 为权重。

在基函数 $\varphi_l(\cdot)$ 选定后，目标就变成了对 m 维空间中参数 ω_l 值的估计，即线性回归的典型设计问题。相应的 RBF 神经网络拓扑结构示意如图 8.1-5 所示。该结构采取的神经网络在第一层将 n 维的 x 空间映射到 m 维的 z 空间去，在第二层计算线性回归量，隐藏层的每个节点都具各自不同的基函数 $\varphi_l(\cdot)$。

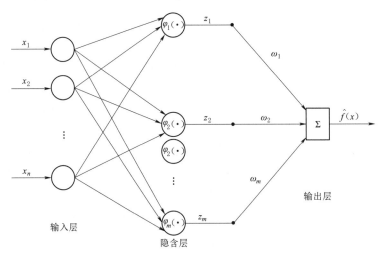

图 8.1-5　使用基函数 $\varphi_l(\cdot)$ 实现的 RBF 神经网络拓扑结构示意图

2. 传输参数

在 RBF 的隐含层中，神经元的基函数为 $\varphi_l(\|x-c_l\|)$，其中 c_l 代表该基函数的核心，$\|x-c_l\|$ 表示 x 与 c_l 之间的距离大小，x 和 c_l 均为自变量。径向基函数取值只与离原点（或中心点）距离有关，有很多种形式，只需满足 $\varphi(x,c)=\varphi(\|x-c\|)$ 这一条件。常见的径向基函数有以下几种：

（1）高斯函数：

$$\varphi(r) = \exp\left(-\frac{r^2}{2\sigma^2}\right) \tag{8.1-58}$$

（2）柯西函数：

$$\varphi(r) = \frac{1}{1 + r^2/\sigma^2} \tag{8.1-59}$$

（3）逆多元二次函数：

$$\varphi(r) = \frac{1}{\sqrt{r^2 + \sigma^2}} \tag{8.1-60}$$

（4）反常 S 型函数：

$$\varphi(r) = \frac{1}{1 + \exp\left(\dfrac{r^2}{\sigma^2}\right)} \tag{8.1-61}$$

（5）多重调和样条：

$$\varphi(r) = \begin{cases} r^k & (k = 1, 3, 5, \cdots) \\ r^k \ln r & (k = 2, 4, 6, \cdots) \end{cases} \tag{8.1-62}$$

式（8.1-58）～式（8.1-62）中：$r = \| x - c_i \|$，表示输入向量与基函数中心的欧几里得距离；σ 表示确定基函数形状的扩展参数，即基函数中心的宽度。

上述前四种径向基函数示意图如图 8.1-6 所示。图中的函数均假设 $c = 0$、$\sigma = 1$。

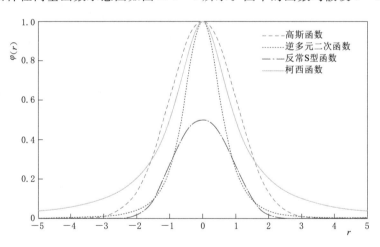

图 8.1-6　四种径向基函数示意图

与其他的径向基函数相比，高斯函数任意阶可导并具有唯一性、径向对称性与正定性，所以 RBF 基函数广泛选用高斯函数。高斯函数有两个参数——中心 c_l 和扩展参数（即标准差）σ_l，前者确定中心位置，后者确定函数形状。如图 8.1-7 所示，函数关于中心位置对称，神经元的宽度与 σ_l 正相关，σ_l 越大，隐含层神经元宽度越大，函数图像越宽。并且神经元的宽度越大，径向基函数衰减得越慢，选择性就越弱。高斯函数具有局部性，输入变量越远离中心位置，函数输出值越小，越趋于 0；而越靠近中心位置，函数值越大，在中心位置处达到最大值 1。

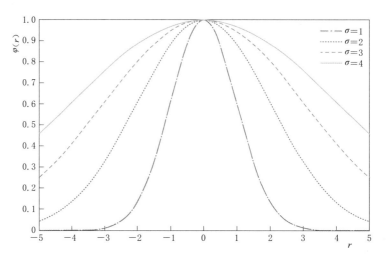

图 8.1-7　高斯函数不同参数取值示意图 （$c=0$）

假设隐含层的神经元个数为 m，则其中第 l（$l=1$，2，$\cdots$，m）个神经元的高斯函数表达式为

$$\varphi_l(\boldsymbol{x}, c_l, \sigma_l) = \exp\left(-\frac{\|\boldsymbol{x}-c_l\|^2}{2\sigma_l^2}\right) = \exp\left(-\frac{(\boldsymbol{x}-c_l)^{\mathrm{T}}(x-c_l)}{2\sigma_l^2}\right) \qquad (8.1-63)$$

式中：c_l 为中心；σ_l 为宽度，标量；每个 c_l 的尺寸均与 $\boldsymbol{x}$ 输入向量的尺寸一致，为 $n\times 1$。

在确定 RBF 神经网络模型的中心点后，则其映射关系也被确定。第 j 个结点的输出数值的表达式为

$$y_j = \sum_{j=1}^{J} \omega_{lj} \exp\left(-\frac{\|\boldsymbol{x}-c_l\|^2}{2\sigma_l^2}\right) \qquad (8.1-64)$$

式中：$j=1$，2，$\cdots$，J；J 为输出层结点数量；ω_{lj} 为连接的权值大小。

3. 参数优化

通过高斯函数分析径向基函数，能够干扰它的学习算法性能的参数主要有四个，具体为：隐含层的径向基函数的中心 c_l 和神经元的个数 m，同时还有其宽度 σ_l 和连接权值 ω_{lj}。由于样本的划分依据为输入变量与中心距离的大小，所以 c_l 具有非常重要的作用，它能够影响整个 RBF 神经网络的性能，从而决定它的应用范围，需要将样本在空间中的分布纳入考虑范围。隐含层每个神经元对输入是否有响应不仅受其采用的径向基函数的中心影响，也受其宽度影响，隐含层神经元响应的覆盖范围对网络的分类性能有很大作用。同样，隐含层和输出层的连接权值的大小决定着每个隐含层神经元对最后输出结果的贡献程度，也是一个非常重要的影响参数。对于隐含层神经元的数量，如果过多，会导致网络结构复杂化、计算量增加、训练时间过长；如果过少，则可能会导致学习效果不好。

对于这四个参数优化的方法有很多种。以下列出当前较为常用的几种参数优化算法。

（1）随机选取中心法。

该方法是在输入数据中随机选取中心，权值和宽度可以通过求解线性方程组直接解

开。为不失一般性，设输入样本 $\boldsymbol{P}$ 和输出矩阵 $\boldsymbol{T}$ 分别为

$$
\boldsymbol{P} = \begin{bmatrix} p_{11} & p_{12} & \cdots & p_{1Q} \\ p_{21} & p_{22} & \cdots & p_{2Q} \\ \vdots & \vdots & & \vdots \\ p_{M1} & p_{M2} & \cdots & p_{MQ} \end{bmatrix}, \boldsymbol{T} = \begin{bmatrix} t_{11} & t_{12} & \cdots & t_{1Q} \\ t_{21} & t_{22} & \cdots & t_{2Q} \\ \vdots & \vdots & & \vdots \\ t_{N1} & t_{N2} & \cdots & t_{NQ} \end{bmatrix} \tag{8.1-65}
$$

式中：M 为输入变量的维数；Q 为学习集的样本数量；p_{ij} 为第 j（$j=1$，2，$\cdots$，Q）个学习样本的第 i（$i=1$，2，$\cdots$，M）个输入变量；t_{ij} 为第 j（$j=1$，2，$\cdots$，Q）个学习样本的第 i（$i=1$，2，$\cdots$，M）个输出变量。

这里假设隐含层神经元的个数与学习集的样本数量相同，那么在 Q 个的隐含层的神经元的径向基函数中心的表达式为

$$
C = \boldsymbol{P}^{\mathrm{T}} \tag{8.1-66}
$$

隐含层神经元对应的宽度为

$$
\boldsymbol{\sigma}_1 = \begin{Bmatrix} \sigma_{11} \\ \sigma_{12} \\ \vdots \\ \sigma_{1Q} \end{Bmatrix} \tag{8.1-67}
$$

其中

$$
\sigma_{11} = \sigma_{12} = \cdots = \sigma_{1Q} = \frac{0.8326}{V_{\mathrm{s}}}
$$

式中：V_{s} 为径向基函数的扩展速率。

在确定了上述的两个参数后，则需要使用式（8.1-68）进行神经元输出：

$$
a_i = \exp(-\parallel C - \boldsymbol{p}_i \parallel^2 \sigma_i) \quad (i = 1, 2, \cdots, Q) \tag{8.1-68}
$$

式中：$\boldsymbol{p}_i = [p_{i1}, p_{i2}, \cdots, p_{iM}]^{\mathrm{T}}$ 为第 i 个学习样本向量。并记 $\boldsymbol{A} = [a_1, a_2, \cdots, a_Q]$。

设隐含层和输出层之间的连接权值 $\boldsymbol{W}$ 为

$$
\boldsymbol{W} = \begin{bmatrix} w_{11} & w_{12} & \cdots & w_{1Q} \\ w_{21} & w_{22} & \cdots & w_{2Q} \\ \vdots & \vdots & & \vdots \\ w_{N1} & w_{N2} & \cdots & w_{NQ} \end{bmatrix} \tag{8.1-69}
$$

式中：w_{ij} 为第 j（$j=1$，2，$\cdots$，Q）个隐含层神经元与第 i（$i=1$，2，$\cdots$，M）个输出层神经元之间的连接权值。

设 N 个输出层神经元的阈值为 σ_2：

$$
\boldsymbol{\sigma}_2 = \begin{Bmatrix} \sigma_{21} \\ \sigma_{22} \\ \vdots \\ \sigma_{2N} \end{Bmatrix} \tag{8.1-70}
$$

则可得

$$
\begin{bmatrix} \boldsymbol{W} & \boldsymbol{\sigma}_2 \end{bmatrix} \cdot \begin{bmatrix} \boldsymbol{A} \\ \boldsymbol{I} \end{bmatrix} = \boldsymbol{T} \tag{8.1-71}
$$

其中
$$I=[1,1,\cdots,1]_{1\times Q}$$

于是，能够使用式（8.1-72）得到隐含层和输出层两者之间的 W 和 σ_2：

$$\begin{cases} [W,\sigma_2]=T[A;I]^* \\ [A;I]^*=([A;I]^{\mathrm{T}}[A;I])^{-1}[A;I]^{\mathrm{T}} \\ W=[W,\sigma_2](:,1:Q) \\ \sigma_2=[W,\sigma_2](:,1+Q) \end{cases} \qquad (8.1-72)$$

（2）监督中心学习法。

监督中心学习法通过监督学习来确定隐含层神经元的中心、宽度和权值。各个参数初始值先随机确定，通过计算目标值与当前输出值的误差大小来进行不断的更新参数，以使得误差目标达到最小值。

假设 RBF 学习样本中第 p 个样本 X^p 通过训练学习后输出值为 $f(X^p)$，输出目标值为 d_p，误差目标函数为

$$E=\frac{1}{2}\sum_{p=1}^{P}e_p^2 \qquad (8.1-73)$$

其中
$$e_p=d_p-f(X^p)=d_p-\sum_{i=1}^{m}\omega_i\exp\left(-\frac{\|X^p-c_i\|}{2\sigma_i^2}\right) \qquad (8.1-74)$$

式中：P 为学习样本的总数目；e_p 为计算目标值与当前输出值的误差。

采用梯度下降更新规则调整各个参数，以使计算目标值与当前输出值的误差最小化，更新规则为

$$\begin{cases} \Delta c_i=-\lambda\dfrac{\partial E}{\partial c_i}=\lambda\dfrac{\omega_i}{\sigma_i^2}\sum_{p=1}^{P}e_p\exp\left(-\dfrac{\|X^p-c_i\|^2}{2\sigma_i^2}\right)(X^p-c_i) \\[3mm] \Delta\sigma_i=-\beta\dfrac{\partial E}{\partial\sigma_i}=\beta\dfrac{\omega_i}{\sigma_i^3}\sum_{p=1}^{P}e_p\exp\left(-\dfrac{\|X^p-c_i\|^2}{2\sigma_i^2}\right)(X^p-c_i)^2 \\[3mm] \Delta\omega_i=-\gamma\dfrac{\partial E}{\partial\omega_i}=\gamma\sum_{p=1}^{P}e_p\exp\left(-\dfrac{\|X^p-c_i\|^2}{2\sigma_i^2}\right) \end{cases} \qquad (8.1-75)$$

式中：λ、β、γ 分别为径向基函数中心、宽度以及连接权值的更新速率。

更新速率对 RBF 神经网络的学习速率和敛散性有很大影响。若更新速率过快，虽然学习速率增加了，但是可能会出现无法收敛的情况，模型精度也会大打折扣；若更新速率过慢，虽然精度可以得到提升，但是神经网络的学习速率会增加。各个参数使用下式进行更新：

$$\begin{cases} c_i(t+1)=c_i(t)+\Delta c_i \\ \sigma_i(t+1)=\sigma_i(t)+\Delta\sigma_i \\ \omega_i(t+1)=\omega_i(t)+\Delta\omega_i \end{cases} \qquad (8.1-76)$$

（3）自组织学习法。

自组织学习法是一种混合学习方法，在确定径向基函数中心位置时使用动态聚类算法自组织学习，通常采用无监督学习的 K-均值聚类算法。然后通过有监督学习计算出连接权值，具体操作如下。

从 $x_j(j=1,2,\cdots,N)$ 中取 M 个样本当作初始的聚类中心 $C_i(0)(i=1,2,\cdots,M)$，然后结合最小距离原则，把 $x_j(j=1,2,\cdots,N)$ 划分给中心为 $C_i(n)(i=1,2,$

…，M）的聚类集合 $\theta_i(n)(i=1,2,\cdots,M)$ 中的某一类，即如果

$$d_{ji}(n)=\min_i \|X_j-C_i(n)\| \quad (j=1,2,\cdots,N;i=1,2,\cdots,M) \tag{8.1-77}$$

则判定

$$x_j \in \theta_i(n+1) \tag{8.1-78}$$

式中：$d_{ji}(n)$ 为 $\theta_i(n)$ 的 $C_i(n)$ 与 x_j 的距离大小；n 为迭代的次数。

然后将得到的聚类 $\theta_i(n+1)(i=1,2,\cdots,M)$ 再次进行计算得到 $C_i(n+1)$，具体公式为

$$C_i(n+1)=\frac{1}{M_i(n+1)}\sum_{x_j \in \theta_i(n+1)}x_j \quad (i=1,2,\cdots,M) \tag{8.1-79}$$

式中：$M_i(n+1)$ 为 $C_i(n+1)$ 类中所含输入样本的数量。

若 $C_i(n+1)=C_i(n)(i=1,2,\cdots,M)$，则所得的 $C_i(n+1)$ 即为最终的基函数中心；若 $C_i(n+1)\neq C_i(n)(i=1,2,\cdots,M)$，则进行下一次迭代计算，直至相等为止。

将基函数的中心确定后，宽度也就随之确定了，即

$$\sigma_i^2=\frac{1}{M}\sum_{x \in \theta_i}[x-c_i]^{\mathrm{T}}\{x-c_i\} \tag{8.1-80}$$

由此可以计算出最终结果，对于权值的选取，可以采用误差校正学习算法或者最小二乘法来优化。

8.1.3.2　混合变异粒子群算法原理

1. 粒子群优化算法（PSO）

粒子群优化算法简称 PSO，它是在群体智能的基础上得到的一种全局随机搜索算法。该算法通过模拟鸟群、蜂群觅食过程中的迁徙和群聚行为来进行搜索和寻优。PSO 将每个优化问题的潜在解定义为"粒子"，每个粒子都有一个与之对应的位置和速率，通过速率的变化值分析它们的飞行方向和距离大小，粒子所处位置的优劣可以通过适应度值来评价。在搜索寻优过程中，所有粒子不断向适应度好的粒子逼近。

PSO 通过更新迭代来寻求适应度值最优的粒子位置，通过每次迭代计算，能够学习"最优值"，然后将其作为最新的自身值。一个为个体极值，即为粒子本身所找到的最优值，记为 P_{best}；另一个为群体极值，指整个粒子群体所取得的最优值，记为 G_{best}。

在分析的过程中，假设在规定的空间结构中，种群表示为 $\boldsymbol{X}=[X_1,X_2,\cdots,X_n]$，它含有 n 个粒子，并且它们的维度为 D，使用 $\boldsymbol{X}_i=[x_{i1},x_{i2},\cdots,x_{iD}]^{\mathrm{T}}$、$\boldsymbol{V}_i=[V_{i1},V_{i2},\cdots,V_{iD}]^{\mathrm{T}}$ 分别表示第 i 个维度的位置、速率，然后结合相应的计算公式得到它们各自的适应度大小，将个体、群体的极值大小分别记为：$\boldsymbol{P}_i=[P_{i1},P_{i2},\cdots,P_{iD}]^{\mathrm{T}}$，$\boldsymbol{P}_g=[P_{g1},P_{g2},\cdots,P_{gD}]^{\mathrm{T}}$。根据式（8.1-81）和式（8.1-82）对每个粒子的速率和位置进行更新，在进行 t 次迭代后，输出最优粒子。

$$V_{id}^{k+1}=\omega V_{id}^k+c_1 r_1(P_{id}^k-X_{id}^k)+c_2 r_2(P_{gd}^k-X_{id}^k) \tag{8.1-81}$$

$$X_{id}^{k+1}=X_{id}^k+V_{id}^{k+1} \tag{8.1-82}$$

式中：$d=1,2,\cdots,D$；$i=1,2,\cdots,n$；V_{id}^k、X_{id}^k 分别为在第 k 次迭代中，第 i 个粒子的第 d 个参数的速率、位置；r_1、r_2 为在 $[0,1]$ 中均匀分布的随机数；ω 为惯性权重；c_1 和 c_2 为加速常数，为非负数。

为了避免算法盲目搜索、收敛速率过快或过慢，防止粒子搜索范围超出实际合理取值，对粒子的速率和位置进行如下约束：

$$V_{id}^k = \begin{cases} V_{d\max} & V_{id}^k \geqslant V_{d\max} \\ V_{id}^k & V_{d\min} < V_{id}^k < V_{d\max} \\ V_{d\min} & V_{id}^k \leqslant V_{d\min} \end{cases} \tag{8.1-83}$$

$$X_{id}^k = \begin{cases} X_{d\max} & X_{id}^k \geqslant X_{d\max} \\ X_{id}^k & X_{d\min} < X_{id}^k < X_{d\max} \\ X_{d\min} & X_{id}^k \leqslant X_{d\min} \end{cases} \tag{8.1-84}$$

式中：$V_{d\max}$、$V_{d\min}$ 分别为粒子的第 d 个参数速率的最大值和最小值；$X_{d\max}$、$X_{d\min}$ 分别为粒子的第 d 个参数位置的最大值和最小值。

在 PSO 中，惯性权重 ω 具有非常重要的作用，它能够影响算法的开发和探索性能。在 PSO 发展的前期，ω 值越大，全局搜索越容易，不会出现局部的收敛，但是当迭代的次数不断增加时，ω 值越小，越容易出现收敛性。因此在设计的过程中，为了能够更好地平衡全局和局部搜索的能力，需要对 ω 值的选取进行动态调节。传统的权重选取方法常采用线性递减惯性权重法或者非线性递减惯性权重法，线性递减惯性权重计算公式如下：

$$\omega(k) = \omega_2 + \frac{(\omega_1 - \omega_2)(T_{\max} - k)}{T_{\max}} \tag{8.1-85}$$

根据不同的适用条件，其他非线性递减惯性权重计算公式有如下两个：

$$\omega(k) = \omega_1 + (\omega_2 - \omega_1)\left[\frac{2k}{T_{\max}} - \left(\frac{k}{T_{\max}}\right)^2\right] \tag{8.1-86}$$

$$\omega(k) = \omega_1 - (\omega_1 - \omega_2)\left(\frac{k}{T_{\max}}\right)^2 \tag{8.1-87}$$

式中：$\omega(k)$ 为第 k 次迭代得到的惯性权重；ω_1 和 ω_2 分别为其初始值和终值，一般来说，ω_1 取 0.9，ω_2 取 0.4；$T_{\max}$ 为迭代的最大次数。

这几种 ω 值的动态变化如图 8.1-8 所示。从图 8.1-8 中可以看出，这些方法每次迭代所引起的惯性权重的改变值都比较小，调节模式较单一，容易使算法陷入局部最优。为了避免 ω 值的单一变化，需提升种群的"飞行"能力。采用式（8.1-88）对惯性权重 ω 进行动态调节：

$$\omega(k) = \exp\left[-\left(\frac{k}{T_{\max}}\right)^r\right] \tag{8.1-88}$$

式中：$\omega(k)$ 为第 k 次迭代下的惯性权重值；$T_{\max}$ 为最大迭代次数；r 为 $[0, 1]$ 内均匀分布的随机数。

采用该方法对权重进行调节后惯性权重的动态变化如图 8.1-9 所示。该调节方法在宏观上呈现整体下降的趋势，但是局部上下波动，使得 ω 值为波动式的下降，变化不再单一，种群多样性因此也会有所提高，能够避免陷入局部最优。

加速常数 c_1 和 c_2 又称为自我认知系数和社会认知系数，能够有效地反映粒子自身的总结学习和向优秀个体进行学习的能力。在迭代前期，c_1 值越大则 c_2 值越小，全局搜索越容易；随着迭代的不断进行，c_1 值越小则 c_2 值越大，算法的稳定性更好，并且收敛也更加容易。

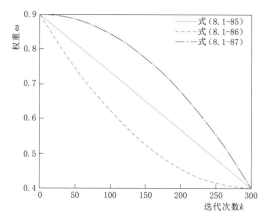

图 8.1-8 不同惯性权重的变化示意图

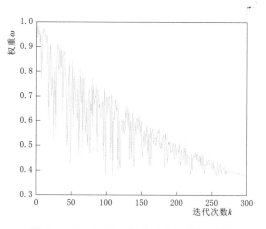

图 8.1-9 用 PSO 调节后的惯性权重的
变化示意图

2. 混合变异粒子群算法（HMPSO）

由于 PSO 的全局寻优效果有时并不理想，仅仅通过对惯性权重 ω 和加速常数 c_1 和 c_2 的动态调整是不够的，改进的效果不够理想，种群在追踪极值点时受到了速率更新的影响，粒子容易在进化过程中向局部极值点处聚集而使得种群多样性下降，从而难以跳出局部最优，易出现早熟收敛的现象。在研究中，通过使用 GA 法中的群众交叉变异的思维和 PSO 进行结合，能够对该算法进行优化，得到了新型的算法——HMPSO 法，能够在不断优化中，确保种群数量的多样性，提升该算法的全局搜索性能，加快收敛速率。

粒子群体在进化过程中，当连续多次迭代后的群体极值保持不变时，则表明有可能粒子聚集在局部最优点处，因此可以把群体极值作为判断是否对粒子进行改变的条件，规定若迭代后群体极值未发生改变，则对种群进行交叉和变异操作。这样，既可以最大限度地保留粒子群算法收敛速率快的优势，也可以避免每次迭代时都进行变异和交叉，减少不必要的计算量。在进化过程中，总是希望适应度值高的粒子被保留下来，因此，在对粒子进行交叉变异时，保留个体极值与群体极值以及适应度较高的粒子，对余下的粒子以一定的概率进行交叉和变异来产生新的种群，扩大"飞行"范围。对粒子按照一定的交叉概率进行两两交叉操作，交叉后粒子的位置如下：

$$\left.\begin{array}{l} X_i^{k'} = p X_i^k + (1-p) X_j^k \\ X_j^{k'} = p X_j^k + (1-p) X_i^k \end{array}\right\} \tag{8.1-89}$$

式中：$X_i^{k'}$ 和 $X_j^{k'}$ 分别为交叉后在第 k 次迭代中第 i 个和第 j 个粒子的位置；X_i^k 和 X_j^k 分别为在进行交叉之前，第 k 次迭代的第 i 个和第 j 个粒子的位置；p 为出现交叉的概率大小。

对粒子按照一定的变异概率进行遗传变异操作，突变粒子的位置为

$$X_{id}^{k'} = \begin{cases} X_{id}^k + r(X_{d\max} - X_{id}^k)\left(1 - \dfrac{k}{T_{\max}}\right) & r > 0.5 \\ X_{id}^k + r(X_{id}^k - X_{d\min})\left(1 - \dfrac{k}{T_{\max}}\right) & r \leqslant 0.5 \end{cases} \tag{8.1-90}$$

式中：$X_{id}^{k'}$ 和 X_{id}^{k} 为第 k 次迭代第 i 个粒子的第 d 个参数经过变异后和变异之前的位置信息；r 为在 [0，1] 中随机均匀分布的数量；$X_{d\max}$ 和 $X_{d\min}$ 分别为第 d 个参数位置的最高值和最低值。

在算法的不断迭代过程中，能够得到优秀的个体，然后再进行交叉变异后，能够获得新的适应度，新适应度大于原来的适应度，否则保留原来粒子的位置。

8.1.3.3 HMPSO‐RBFNN 反演算法

1. 算法实现

根据所述原理和优化方法，建立 HMPSO‐RBFNN 反演模型，利用映射能力强、训练速率快、学习效率高的 RBF 神经网络模型，能得到渗透系数和水头大小的非线性关系，然后使用优化后的 HMPSO 算法寻找全局最优解，根据大坝监测资料，进行渗透系数的反演工作。其中，RBF 神经网络利用 Matlab 的 newrb 工具箱进行训练。newrb 在创建 RBF 神经网络的过程中，先分析输入变量的最大误差，然后新增 1 个隐含层的神经元，从而获得相关的输出值，再优化设计网络结构的线性层来降低误差的大小，不断新增隐含层的神经元。重复上述的操作，当误差满足精度要求或隐含层神经元个数达到上限值时，RBF 神经网络的训练才算完成。newrb 工具箱在构建 RBF 的过程中，需要不断地进行尝试，通过不断新增隐含层的神经元的数量来逼近函数。与其他工具箱相比，newrb 工具箱占用空间小，一次性处理数据的工作量少，可以获得精度高且规模小的 RBF 神经网络。

HMPSO‐RBFNN 算法具体实施步骤如下，算法流程如图 8.1‐10 所示。

Step 1：确定待反演参数的取值范围，通过有限元软件进行正向计算构造 RBF 神经网络所需的测试和训练的两种样本——训练样本和测试样本。

Step 2：搭建 RBF 结构模型来训练样本，在完成训练后，使用测试样本分析其拟合精确性。如果精度符合规定，那么直接进行下一步；如果不满足，需要重复上述的步骤训练 RBF 模型。

Step 3：设定 HMPSO 的原始参数数值和适应度函数。对每个粒子的位置和速率大小，都要进行初始化处理，同时还要结合相应的函数分析它们的适应度，然后将它们的个体和群体的极值，分别记为：P_{best} 和 G_{best}。适应度函数选取均方误差计算公式为

$$f = \frac{1}{N} \sum_{i=1}^{N} (Y_i - Y_i')^2 \tag{8.1-91}$$

式中：f 为适应度函数值；N 为测点数量；Y_i' 为该粒子通过训练好的 RBF 神经网络拟合出的值；Y_i 为实际值。

Step 4：判断是否进行交叉和变异操作。若迭代后群体极值 G_{best} 未发生改变，则按照一定概率对粒子进行交叉和变异操作，否则跳转 Step 6。

Step 5：通过计算分析得到新粒子的适应度大小，然后进行对比分析。如果其大于旧粒子的适应度，那么就更新它的位置；如果其值小于原来的适应度，则该粒子的位置保持不变。

Step 6：粒子种群进化。通过式（8.2‐83）和式（8.2‐84）进行计算分析，得到粒子的速率和位置信息，然后得到新的粒子，进一步计算它们的适应度，更新粒子的 P_{best} 和 G_{best}。

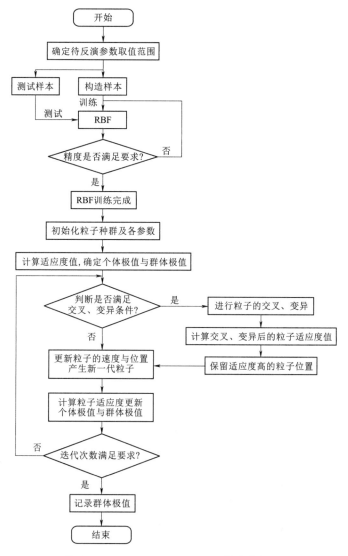

图 8.1 - 10　HMPSO - RBFNN 算法流程图

Step 7：算法迭代。如果目前的迭代次数为最大值时，需要退出循环过程，得到的 $\dot{G}_{\text{best}}$ 当作最终的解，否则就跳到 Step 4。

2. 算法验证

为了验证算法模型的可行性和有效性，采用 4 个典型数学测试函数 Rastrigin、Sphere、Ackley 和 Griewank 进行仿真计算，分别选取 5 维、10 维和 20 维进行性能测试。函数 Rastrigin、Sphere、Ackley 和 Griewank 的表达式分别如下：

$$F_1(X) = 10D + \sum_{i=1}^{D}\big[x_i^2 - 10\cos(2\pi x_i)\big] \tag{8.1-92}$$

$$F_2(X) = \sum_{i=1}^{D}x_i^2 \tag{8.1-93}$$

$$F_3(X) = -20\exp\left(-\frac{1}{5}\sqrt{\frac{1}{D}\sum_{i=1}^{D}x_i^2}\right) - \exp\left(\frac{1}{D}\sum_{i=1}^{D}\cos(2\pi x_i)\right) + 20 + e$$

$$(8.1-94)$$

$$F_4(X) = \frac{1}{4000}\sum_{i=1}^{D}x_i^2 - \prod_{i=1}^{D}\left[\cos\left(\frac{x_i}{\sqrt{i}}\right)\right] + 1 \qquad (8.1-95)$$

每个测试函数构建 100 组样本，用于训练和检验精度的数量分别为 90 组和 10 组。图 8.1-11 为维度选取 5 时四种测试函数完成训练的预测结果。从图 8.1-11 中显示的结果可以看出，各测试函数的拟合精度均非常高。函数 Rastrigin、Sphere、Ackley 和 Griewank 的预测误差分别为 1.50928×10^{-12}、1.07389×10^{-14}、7.33428×10^{-11}、1.31647×10^{-19}，精度满足要求，可以用于 HMPSO 中寻优时的正向计算代替。

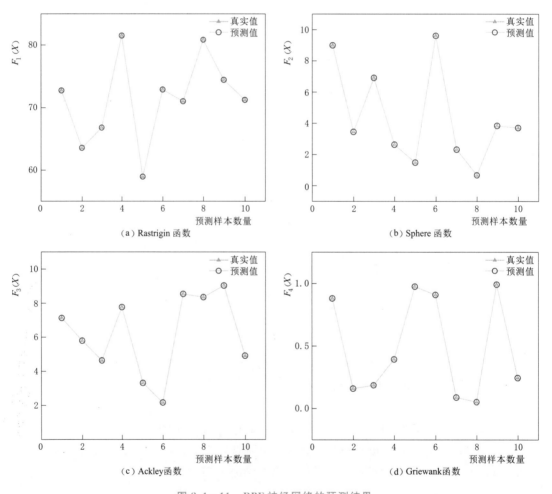

图 8.1-11　RBF 神经网络的预测结果

设置 HMPSO 的数值仿真实验参数：种群规模 $N=30$，迭代次数 $T=300$，维数 D 分别取 5、10 和 20，取交叉概率 $p_1=0.7$，变异概率 $p_2=0.3$，惯性权重 ω 随迭代次数按照式（8.1-88）进行动态调节，学习因子 $c_1=c_2=2$。为了保证算法计算结果的稳定性，对每个测试函数分别进行 50 次独立计算，得到不同维度下的测试结果平均最优值，并与 PSO-RBFNN、QPSO-RBFNN 的结果进行对比分析，加粗标注出比较的最优结果，见表 8.1-2。图 8.1-12、图 8.1-13 和表 8.1-3 是维数 D 取 5 时，3 种不同算法求解各测试函数的反演结果误差、收敛过程曲线以及计算结果对比。通过比较分析可知，在不同维度的优化结果中，HMPSO-RBFNN 算法的稳定性更好，鲁棒性强，测试结果的相对误差均小于其他两种算法，反演精度更高，易跳出局部最优，有更强的全局搜索能力。由表 8.2-2 的结果对比可得，HMPSO-RBFNN 模型在提升精度的同时，平均运行时间与 PSO-RBFNN 相比均得到缩短，在测试函数 Rastrigin、Griewank 中表现最优，平均运行时间与其他模型相比最短，但在测试函数 Sphere、Ackley 中表现略一般，虽比 PSO-RBFNN 模型运行时间短，但与 QPSO-RBFNN 模型运行时间相当，计算精度均得到较大提升。

表 8.1-2　　　　　　　　　　　不同维度下的测试结果对比表

测试函数	维度	PSO-RBFNN	QPSO-RBFNN	HMPSO-RBFNN
Rastrigin	5	1.22E−09	2.77E−12	**6.75E−14**
	10	2.44E−08	7.12E−12	**9.89E−14**
	20	4.55E−06	1.06E−10	**2.27E−11**
Sphere	5	1.63E−10	4.65E−14	**1.39E−16**
	10	4.26E−09	8.11E−13	**5.12E−16**
	20	5.50E−07	5.56E−11	**6.13E−14**
Ackley	5	2.51E−09	1.15E−11	**2.86E−13**
	10	1.06E−07	8.97E−09	**4.11E−12**
	20	8.16E−05	5.55E−08	**7.44E−10**
Griewank	5	1.31E−09	1.30E−14	**3.44E−15**
	10	7.46E−07	3.34E−12	**8.87E−14**
	20	5.60E−06	2.97E−11	**1.67E−12**

表 8.1-3　　　维度 D 为 5 时各测试函数计算精度和平均运行时间的对比

测试函数	计算精度			平均运行时间/s		
	PSO-RBFNN	QPSO-RBFNN	HMPSO-RBFNN	PSO-RBFNN	QPSO-RBFNN	HMPSO-RBFNN
Rastrigin	1.22E−09	2.77E−12	6.75E−14	64.12	59.54	52.22
Sphere	1.63E−10	4.65E−14	1.39E−16	43.36	40.98	42.44
Ackley	2.51E−09	1.15E−11	2.86E−13	48.02	46.66	47.24
Griewank	1.31E−09	1.30E−14	3.44E−15	67.90	63.51	47.91

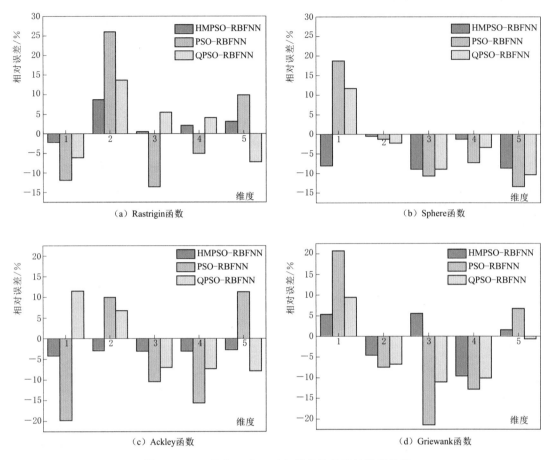

（a）Rastrigin函数　　　　　　（b）Sphere函数

（c）Ackley函数　　　　　　（d）Griewank函数

图 8.1－12　维度 D 为 5 时各算例的反演结果误差图

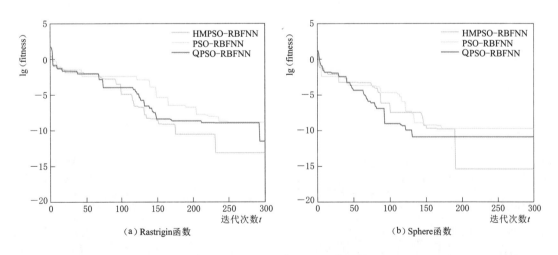

（a）Rastrigin函数　　　　　　（b）Sphere函数

图 8.1－13（一）　维度 D 为 5 时各算例的收敛曲线

注：fitness 为计算精度。

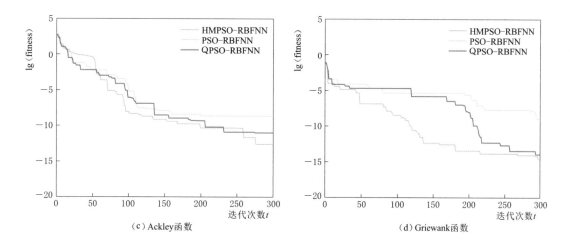

图 8.1-13（二）　维度 D 为 5 时各算例的收敛曲线

注：fitness 为计算精度。

8.1.4　应用实例

8.1.4.1　堆石体本构模型应用

依托察汗乌苏面板堆石坝工程，南京水利科学研究院和中国水利水电科学研究院分别采用南京水利科学院的南水模型和中国水利水电科学研究院的 E-B 模型模拟堆石体变形特性，开展了该面板坝应力变形计算。鉴于施工阶段与工程实际更为相符，下面仅针对施工阶段的计算结果进行比较分析。

表 8.1-4 列出了蓄水期坝体沉降的计算结果和实测结果，表 8.1-5 列出了蓄水期面板挠度的计算结果和实测结果，表 8.1-6 列出了防渗墙顺河向位移的计算结果和实测结果。

表 8.1-4　　　　　　　蓄水期坝体沉降的计算结果和实测结果　　　　　　单位：cm

实测沉降值	计算沉降值	
（2009 年 10 月 24 日）	南水模型	E-B 模型
53.8	65.25	108.4

表 8.1-5　　　　　　　蓄水期面板挠度的计算结果和实测结果　　　　　　单位：cm

实测沉降值		计算沉降值	
（2009 年 6 月 17 日，水位 1645.65m）		南水模型	E-B 模型
桩号 0+94.00	桩号 0+195.00	—	—
27.2（顶部）	70.6（顶部）	25.18（发生在面板底部）	22.3（发生在面板底部）

表 8.1－6 防渗墙顺河向位移的计算结果和实测结果对比 单位：cm

实测位移 (2010 年 5 月 28 日)		模拟位移	
		南水模型	E－B 模型
桩号 0＋200.00	桩号 0＋244.00	—	—
12.7（顶部）	6.4（顶部）	−3.08（竣工） 6.41（蓄水） 9.49（蓄水增量变形）	−14.0（竣工） 11.8（蓄水） 25.8（蓄水增量变形）

从表 8.1－4～表 8.1－6 可以看出：

（1）从坝体沉降计算结果来看，E－B 模型过高估计了坝体的沉降，南水模型则较为接近，考虑到实测结果并不代表坝体实际情况，实际的坝体沉降量应比测试值要大。但实测的坝体最大沉降位置比南水模型计算结果偏高，表明计算可能过高估计了覆盖层的压缩变形。

（2）从面板挠度计算成果来看，由于趾板置于覆盖层上，计算最大值发生在面板底部而实测值却均位于面板顶部，且计算值远小于实测值。其原因主要为：①实测的 0＋94 和 0＋195 底部挠度均基本为 0，但 0＋195 剖面其趾板是置于覆盖层上的，且趾板下覆盖层厚度达到 26m，因此实测值也不太合理；②由于未考虑坝料流变变形，挠度计算的最大值位置会有所偏低。

（3）防渗墙的顺河向位移实测值仅是蓄水引起的增量变形，由此可以看出，南水模型的计算结果与实测值的相对误差比 E－B 模型要小。

8.1.4.2 溪古面板坝变形参数有限元反演分析

根据溪古水电站首部枢纽面板大坝施工实际情况和安全监测资料，分析坝体水平位移、垂直位移及内部土压力分布及变化规律，研究坝体各阶段应力变形状态，利用施工期坝体的变形监测资料，反演分析坝体主要材料的变形参数。

1. 大坝监测布置

坝体非线性变形参数主要与应力和变形相关，重点讨论坝体的变形及应力应变监测点布置，主要包括坝体表面变形、坝体内部变形（水平、竖直）、坝体内部土压力及面板挠度（含周边缝、垂直缝变形）监测点位布置。

坝体表面变形主要采用布设的 5 条视准线、共 34 个测点进行监测：高程 2784.33m 和 2811.03m 视准线测点于 2013 年 8 月 18 日开始监测；高程 2836.33m 视准线测点于 2013 年 11 月 18 日开始监测；高程 2859.20m 和 2861.20m 视准线测点于 2014 年 10 月 30 日开始监测。表面变形测点布置如图 8.1－14 所示。

坝体内部垂直变形主要采用 38 个水管式沉降仪及 7 套电磁式沉降管进行监测：其中 1 号、4 号、7 号测点于 2013 年 9 月 20 日取得监测基准值，2 号、3 号、5 号、6 号、8 号测点于 2013 年 7 月 19 日取得监测基准值。水管式沉降管及电磁式沉降管统计和布置见表 8.1－7、表 8.1－8 和图 8.1－15～图 8.1－18。

坝体内部土压力采用位于坝右 0＋99.00 断面的 12 个三向土压力计进行监测。土压力测点布置如图 8.1－19 所示。

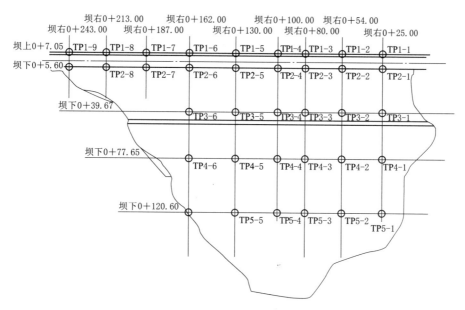

图 8.1-14　表面变形测点布置图

表 8.1-7　　　　　　　　　　　　水管式沉降仪布置统计表

断　　面	高程/m	测点数量/个	仪器编号
坝右 0+54.90	2834.00	3	TC1-1～TC1-3
	2809.00	5	TC2-1～TC2-5
	2784.00	7	TC3-1～TC3-7
坝右 0+100.00	2834.00	3	TC4-1～TC4-3
	2809.00	5	TC5-1～TC5-5
	2784.00	7	TC6-1～TC6-7
坝右 0+162.90	2812.60	3	TC7-1～TC7-3
	2784.00	5	TC8-1～TC8-5

表 8.1-8　　　　　　　　　　　　电磁式沉降管布置统计表

序号	桩　　号		基准盘高程/m
ES1	坝上 0+52.00	坝右 0+130.00	2727.875
ES2	坝上 0+0.00	坝右 0+98.00	2725.120
ES3	坝下 0+52.00	坝右 0+80.00	2733.060
ES4	坝下 0+100.00	坝右 0+80.00	2713.098
ES5	坝上 0+52.00	坝右 0+163.90	2726.596
ES6	坝上 0+0.00	坝右 0+163.90	2773.000
ESL	坝上 0+80.50	坝右 0+109.50	2744.676

　　面板挠曲变形主要采用埋设在面板内部（18 号面板中部）的 30 套固定测斜仪进行监测；面板垂直缝变形分别采用单向测缝计和双向测缝计进行监测；周边缝变形主要采用布

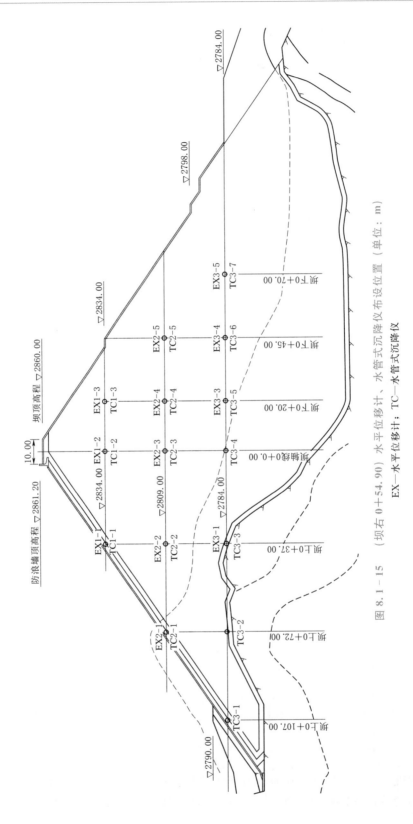

图 8.1-15　（坝右 0+54.90）水平位移计、水管式沉降仪布设位置（单位：m）

EX—水平位移计；TC—水管式沉降仪

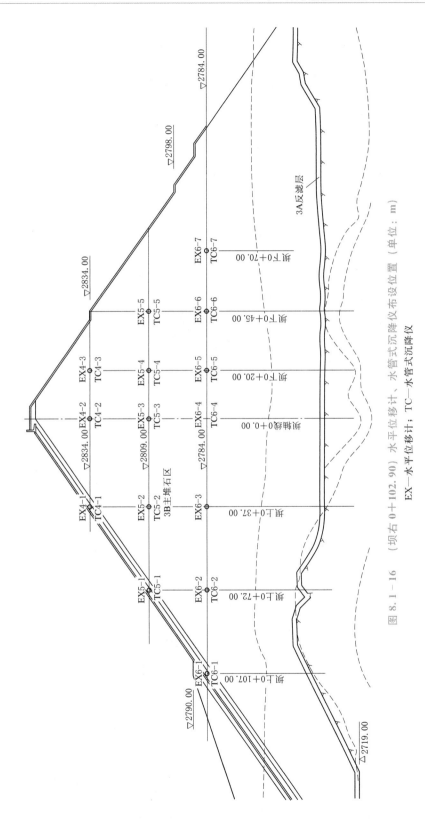

图 8.1-16　（坝右 0+102.90）水平位移计、水管式沉降仪布设位置（单位：m）

EX—水平位移计；TC—水管式沉降仪

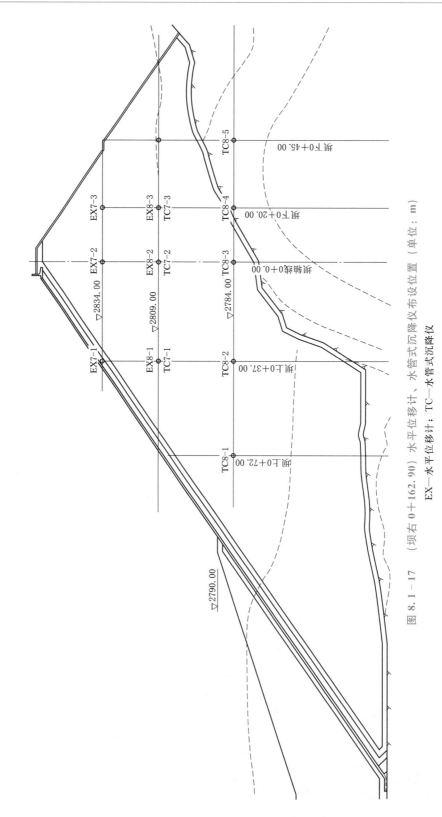

图 8.1-17　(坝右 0+162.90) 水平位移计、水管式沉降仪布设位置 (单位：m)

EX—水平位移计；TC—水管式沉降仪

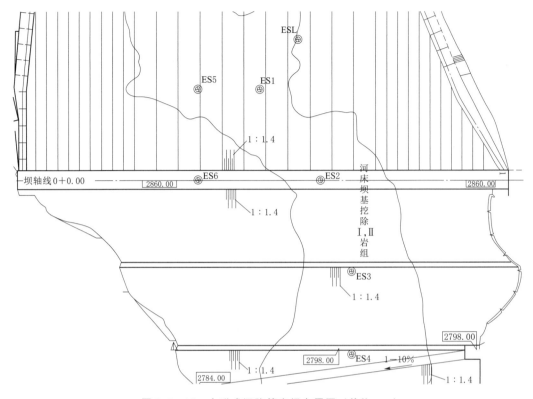

图 8.1-18　电磁式沉降管空间布置图（单位：m）

设在两岸趾板陡峭转折部位及河床部位的三向测缝计进行监测。周边缝变形测点布置如图 8.1-20 所示。

2. 监测资料分析

竣工期，坝体坝轴线方向的表面变形总体上向河床方向，向左岸最大位移量为 99.8mm（TP4-5），向右岸最大位移量为 -60.7mm（TP3-1），分别小于有限元法计算结果 121.6mm、-124.7mm；顺河向表面变形总体上向河床下游位移，向下游的最大位移量为 167.5mm（TP4-5），小于有限元法计算结果 315.1mm；各测点呈现沉降现象，最大沉降量 255.3mm（TP4-4）。水管式沉降仪各测点的沉降量在 15.9~584.3mm 之间，最大沉降量为 584.3mm，发生在河床断面，在 1/2~2/3 坝高部位；电磁式沉降管极值为 998mm，发生在 ES2-10 测点。由于仪器埋设监测起始点及相关外部因素的影响，因此水管式沉降仪测值小于有限元计算结果的 914.7mm（高程 2804.00m，坝右 0+102.90，坝上 0+0.00），而电磁式沉降管测值大于有限元法计算结果。土压力计整体受压，最大值为 -1.94MPa，发生在 E-2$^{\#}$-3 测点（高程 2759.00m，坝右 0+99.00，坝上 0+37.00），有限元法计算的大主应力在该部位的计算结果为 1.90MPa，两者较为接近。面板在高程 2786.00~2795.00m 区域变形最大，呈现一定的向上游变形的现象，与有限元法计算结果较为吻合。周边缝变形较大，主要发生在河床及右岸 X3—X4—X5 之间，最大沉降量为 13.64mm，发生在 J3-7 部位；最大错动量为 -15.93mm，发生在 J3-10 部位；最大张开量为 19.48mm，发生在 J3-10 部位；最大压缩量为 10.72mm，发生在 J3-9 部位。

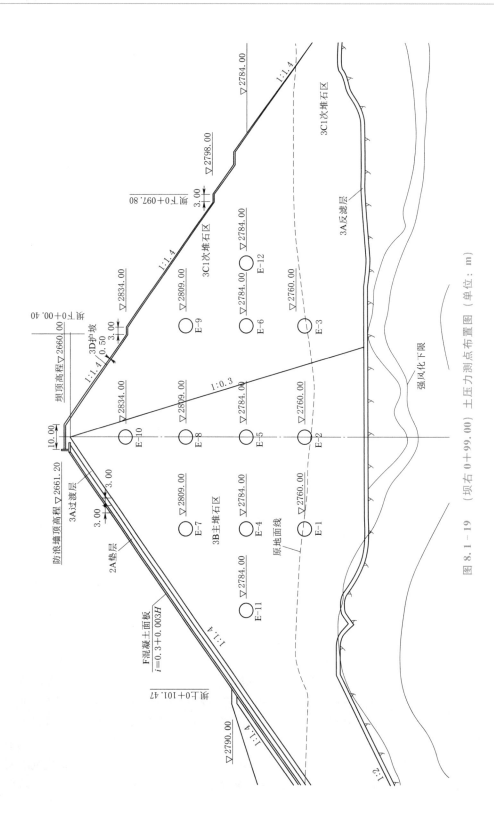

图 8.1-19　（坝右 0+99.00）土压力测点布置图（单位：m）

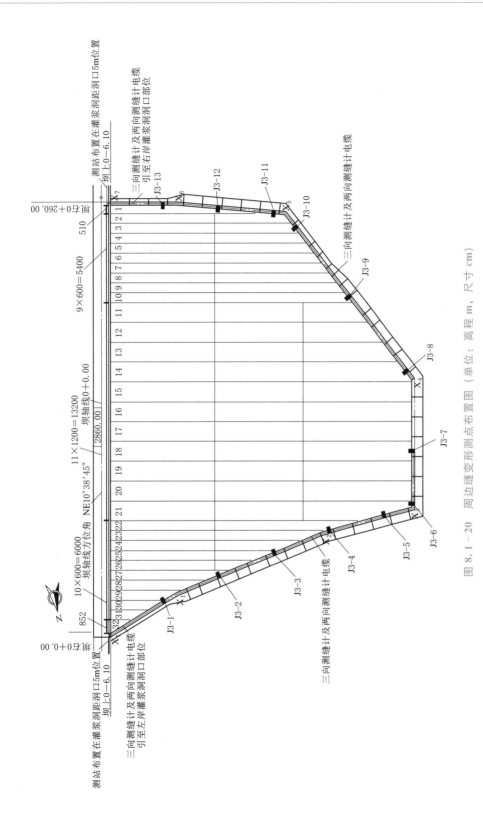

图 8.1-20　周边缝变形测点布置图（单位：高程 m，尺寸 cm）

正常蓄水期，坝轴线向变形显著，大部分测点向左岸发生位移，极值为72.3mm（TP3-1），小于有限元法计算结果119.6mm；顺河向最大累计位移仍发生在TP4-5，为194.2mm，比竣工期仅增长了16%，小于有限元法计算结果375.8mm；各测点沉降皆有所增加，最值为359.9mm（TP3-4）。水管式沉降仪最大沉降为726.1mm，发生在TC5-3测点；电磁式沉降管极值为1007.40mm，发生在ES2-10测点。受仪器埋设监测起始点及相关外部因素的影响，水管式沉降仪测值小于有限元法计算结果的941.6mm（高程2804.00m，坝右0+102.90，坝上0+0.00），而电磁式沉降管测值大于有限元法计算结果。土压力计大部分测点受压，局部测点受拉，但数值很小。最大值为-3.39MPa，发生在E-3#-3测点，有限元法计算的大主应力在该部位的计算结果为2.00MPa。面板挠度的最大值为423mm，位于高程2810.00m、坝右0+102.90附近。周边缝最大沉降量为47.54mm，发生在J3-5部位；最大错动量为11.94mm，发生在J3-4部位；最大张开量为42.35mm，发生在J3-7部位。

虽然多数水管式沉降仪测点在初期已发生故障，未能取得相关数据，但2014年7月至2016年2月水管式沉降仪的观测数据较为稳定且完整，相关实测数据可供坝料力学参数反演分析使用。对比有限元法计算结果及实测资料，竣工期坝体的土压力无论是数值还是分布规律，两者都较为吻合，蓄水期实测值明显偏大。从监测资料来看，竣工期及蓄水期面板缝变形数值都较小（极值小于12mm），与有限元法计算结果较为吻合。

3. 坝体变形参数反演分析

根据大坝变形监测数据与有限元法计算结果的初步对比可见，竣工期及蓄水期坝体沉降、正常蓄水期典型断面内部土压力均大于有限元法计算结果，蓄水期面板挠度有限元法计算结果值大于监测值。不考虑施工期坝体流变，利用施工期电磁式沉降管测点沉降观测数据，针对主堆石及次堆石的K、K_b、n和m四个参数进行反演。选取2013年5月26日至6月16日部分规律性良好的电磁式沉降管测点数据进行反演（此时对应坝体从高程2820.00m填筑至2830.00m），测点数据见表8.1-9。

表8.1-9　　　　　　　　　　电磁式沉降管测点数据

测点	ES2-7	ES2-9	ES2-11	ES3-7	ES3-9	ES4-7	ES4-10	ES6-1	ES6-2
沉降量/mm	38.1	85.0	80.6	18.6	28.3	12.2	26.5	3.8	11.3

位移反演分析的优化目标函数为

$$\min F = \sqrt{\frac{1}{n}\sum_{i=1}^{n}\left(\frac{s_{ei}-s_{mi}}{s_{mi}}\right)^2}\qquad(8.1-96)$$

式中：s_{ei}为第i点沉降增量计算值；s_{mi}为第i点沉降增量实测值；n为测点总数。

反演所得坝体材料参数见表8.1-10，测点沉降实测值与计算值比较见表8.1-11。其中，主堆石和次堆石的变形参数是反演分析得到的。

4. 反演参数计算坝体应力变形

采用反演分析得到的坝体材料力学参数进行模拟计算分析，对坝体内部水平位移、坝体沉降、坝体内部土压力分布及面板的挠度、周边缝及垂直缝的变位等计算结果进行对比分析。坝体应力变形计算结果、面板应力变形计算结果及周边缝和垂直缝变形结果分别见表8.1-12、表8.1-13及表8.1-14。

表 8.1－10　　　　　　　　　　　　坝体材料参数（反演）

材　料	密度 /(g/cm³)	c /kPa	φ_0 /(°)	$\Delta\varphi$ /(°)	K	K_{ur}	n	K_b	m	R_f
坝基砂砾石（饱和）	2.10	0	40.0	7.50	350	450	0.35	400	0.45	0.60
3B 主堆石（湿）	2.19	0	50.1	7.24	903	600	0.35	355	0.28	0.79
3C 次堆石	2.19	0	51.1	7.90	855	500	0.32	304	0.31	0.77
3A 过渡层（湿）	2.24	0	52.6	8.70	1093	700	0.31	379	0.24	0.80
2A 垫层（湿）	2.35	0	53.4	8.24	1304	800	0.35	474	0.31	0.73

注　φ_0 为 1 个大气压力下的抗剪强度指标内摩擦角；$\Delta\varphi$ 为 σ_3 增加 1 个对数周期下 φ 的减小值；c 为抗剪强度黏聚力；R_f 为坝料的破坏比；K 为坝料的弹性模量系数；n 为坝料的模量随围压变化的指数；K_b 为坝料的体积模量系数；m 为坝料的体积模量随围压变化的指数。

表 8.1－11　　　　　　　　　测点沉降实测值与计算值比较

测点	ES2－7	ES2－9	ES2－11	ES3－7	ES3－9	ES4－7	ES4－10	ES6－1	ES6－2
实测值/mm	38.1	85.0	80.6	18.6	28.3	12.2	26.5	3.8	11.3
计算值/mm	40.1	86.1	72.7	14.3	30.4	8.4	25.4	2.4	9.4
误差/%	5.2	1.3	－9.8	－23	7.4	－31	－4.2	－36	－17

表 8.1－12　　　　　　　　　坝体应力变形计算结果

特征量	试 验 参 数		反 演 参 数	
	竣工期	蓄水期	竣工期	蓄水期
竖直位移/mm	－914.7	－941.6	－926.6	－942.5
向上游位移/mm	－598.5	－365.6	－622.1	－400.4
向下游位移/mm	315.1	375.8	342.9	395.1
向左岸位移/mm	121.6	119.6	125.2	121.4
向右岸位移/mm	－124.7	－113.4	－123.8	－111.6
最大第一主应力/MPa	3.33	3.66	3.34	3.57
最大第三主应力/MPa	－0.58	－0.72	－0.51	－0.72

表 8.1－13　　　　　　　　　面板应力变形计算结果

特　征　量		试 验 参 数		反 演 参 数	
		竣工期	蓄水期	竣工期	蓄水期
坝轴向位移 /mm	向右岸	－11.2	－64.0	－11.4	－65.0
	向左岸	12.2	63.0	12.1	63.4
挠度/mm	向坝内	119.0	423.0	121.4	409.4
顺坡向正应力 /MPa	拉应力	－0.59	－1.80	－0.58	－1.78
	压应力	6.94	4.52	6.88	4.55
坝轴向正应力 /MPa	拉应力	－0.33	－1.64	－0.33	－1.67
	压应力	0.71	1.87	0.73	1.92

表 8.1 - 14　　　　　　　　　　周边缝和垂直缝变形结果　　　　　　　　单位：mm

特 征 量		周边缝			垂直缝		
		张开	沉陷	错动	张开	沉陷	错动
试验参数	竣工期	-16	-26	29	4	-22	-12
	蓄水期	46	9	-16	14	-24	-13
反演参数	竣工期	-17	-26	29	2	-23	-12
	蓄水期	47	11	-17	15	-24	-15

（1）堆石体和面板。

竣工期，坝体最大沉降为 -926.6mm，略大于原计算结果 -914.7mm；顺河向指向上游的最大水平位移为 -622.1mm，指向下游的最大水平位移为 342.9mm，增幅分别为3.94%和8.82%；沿坝轴线方向的最大水平位移为 125.2mm 和 -123.8mm，与原计算结果基本一致。坝体的最大第一主应力为 3.34MPa，最大第三主应力为 -0.51MPa；正常蓄水期，坝体最大第一主应力为 3.57MPa，最大第三主应力为 -0.72MPa。面板的最大挠度为 121.4mm，极值发生在河床最深处面板的中下部；坝轴线最大水平位移 12.1mm和 -11.4mm，分别位于河床中央两侧。面板顺坡向最大压应力为 6.88MPa，顺坡向最大拉应力为 -0.58MPa；坝轴线向最大压应力为 0.73MPa，最大拉应力为 -0.33MPa。面板挠度和应力计算结果均与原计算结果相差不大。

蓄水期，坝体最大沉降为 -942.5mm，约占最大坝高（包括河床覆盖层厚度）的0.67%，发生在河床最深处约 1/3 坝高（包括覆盖层厚度）偏上部位；顺河向指向上游的最大水平位移为 -400.4mm，指向下游的最大水平位移为 395.1mm；沿坝轴线方向的最大水平位移为 121.4mm 和 -111.6mm。除水平位移变化稍大外，其余各位移分量均与原计算结果基本一致。正常蓄水期，坝体内部应力计算结果在数值上有所变化，发生部位与原计算结果一致。面板的最大挠度为 409.4mm，发生在河床最深处面板的中下部；坝轴线最大水平位移 63.4mm 和 -65.0mm，分别位于河床中央两侧，与原计算结果相比，挠度有一定程度的减小。面板顺坡向最大压应力为 4.55MPa，顺坡向最大拉应力为-1.78MPa；坝轴线向最大压应力为 1.92MPa，坝轴线向最大拉应力为 -1.67MPa。均与原计算结果相差不大。

（2）面板缝和周边缝。

采用反演参数计算所得的坝体周边缝、面板缝变形的极值及发生部位均与原计算结果基本一致，周边缝、垂直缝变形极值见表 8.2 - 14。面板缝的设计标准为张开 50mm、沉陷 60mm、剪切 50mm，根据设计标准可知，周边缝、面板缝的变位均在设计标准范围内。

5. 主要结论

结合溪古水电站首部枢纽面板大坝施工实际情况和安全监测资料，进行坝体变形监测反馈分析，反演得到坝体主要材料变形参数，对比不同计算参数坝体应力变形和缝变位成果。计算结果表明：相比于采用试验参数计算结果，反演参数计算得到的坝体内部水平向位移增加、沉降略有增加，面板挠度有所减小，其余坝体变形、面板应力、面板缝及周边缝计算结果类似。竣工期和蓄水期坝体变形计算结果比监测值偏大，计算得出的面板扰度和缝变位变化规律与监测成果吻合。采用反演参数，竣工期坝体最大沉降为 -926.6mm，正常蓄水期坝体最大沉降为 -942.5mm；竣工期面板向上游、下游方向最大水平位移分别为 -622.1mm、342.9mm，正常蓄水期面板向上游、下游方向最大水平位移分别为 -400.4mm、395.1mm；竣工期面板的最大挠度为 121.4mm，正常蓄水期，面板的最大挠度为 409.4mm。

8.1.4.3　考虑覆盖层和坝料流变效应的金川面板坝长期变形规律

以大渡河金川水电站面板坝为例开展分析，考虑堆石体和覆盖层流变变形，堆石体和覆盖层本构模型均采用南水模型，采用初应变法计入流变。该面板坝施工安排如下：自第 3 年 8 月开始基础垫层料、反滤料的填筑以及河床趾板混凝土浇筑；第 3 年 10 月开始大坝堆石区全断面填筑；第 4 年 5 月下旬大坝填筑到高程 2230.00m，满足拦挡 1‰ 频率洪水的要求，该时段大坝共填筑 351.71 万 m^3，填筑时间约 10 个月，平均填筑强度约 35.2 万 m^3/月，平均月上升速率 8.4m。汛期大坝继续施工，第 4 年 8 月填筑到防浪墙基础高程 2254.0m，填筑方量约 36.36 万 m^3，填筑时间 3 个月，平均填筑强度约 12.12 万 m^3/月，平均月上升速率 8.0m；第 3 年 8 月开始防渗墙施工，第 4 年 5 月下旬完成防渗墙施工；第 4 年 9 月至第 5 年 1 月下旬为坝体预沉降期，共 5 个月；第 5 年 2 月开始面板混凝土浇筑，第 5 年 4 月下旬完成面板混凝土施工；第 5 年 4 月开始上游压坡体填筑，第 5 年 5 月下旬完成施工；第 5 年 6 月开始浇筑防浪墙及填筑防浪墙后坝料至坝顶，第 5 年 6 月下旬完成；第 5 年 6 月开始下闸蓄水，约 8d 蓄至死水位，防浪墙及其坝料填筑施工结束后，也就是第 5 年 7 月蓄水至正常蓄水位，约 1d 完成蓄水。

堆石体和覆盖层流变模型参数见表 8.1-15。

表 8.1-15　　　　　　　　　堆石体和覆盖层流变模型参数

材料分区		$b/\%$	$c/\%$	$d/\%$	m_1	m_2	m_3
垫层料		0.032	0.028	0.33	0.62	0.70	0.56
过渡料		0.032	0.028	0.33	0.62	0.70	0.56
主堆石料		0.036	0.028	0.37	0.62	0.70	0.56
下游堆石料		0.049	0.031	0.41	0.63	0.63	0.58
覆盖层	Ⅰ 岩组	0.057	0.024	0.31	0.58	0.41	0.56
	Ⅱ 岩组	0.063	0.024	0.34	0.58	0.41	0.56
	Ⅲ 岩组	0.050	0.024	0.27	0.58	0.41	0.56
	砂层	0.030	0.024	0.17	0.58	0.41	0.56

1. 坝体应力与变形

表 8.1-16 和表 8.1-17 分别给出了计入流变后坝体 0+143.94 剖面和坝轴线坝 0+0.0 纵剖面应力与应变最大值及其位置。图 8.1-21 给出了大坝运行 8 年期间坝左 0+143.94 剖面坝顶的沉降过程线。计算结果显示，大坝坝顶最大沉降为 17.8cm。从沉降发展趋势来看，坝顶沉降先期发展较快，后期沉降发展趋缓，当水库运行 5～6 年时变形趋于稳定。

表 8.1－16　　　　　　坝左 0＋143.94 剖面应力与变形最大值及其位置

统 计 项 目			不考虑流变		考虑流变	
			数值	位置	数值	位置
施工期	顺河向位移 /cm	指向上游	10.2	坝 0－116.7，高程 2158.0m	9.4	坝 0－116.7，高程 2158.0m
		指向下游	11.8	坝 0＋136.4，高程 2130.0m	10.5	坝 0＋136.4，高程 2151.0m
	总沉降/cm		68.7	坝 0＋9.0，高程 2165.0m	80.8	坝 0＋9.0，高程 2175.0m
	坝体沉降/cm		10.0	坝 0＋9.0，高程 2165.0m	11.5	坝 0＋9.0，高程 2175.0m
	覆盖层沉降/cm		64.6	坝 0－22.5，高程 2151.0m	70.7	坝 0－22.5，高程 2151.0m
	砂层沉降/cm		45.0	坝 0－22.5，高程 2130.0m	49.0	坝 0－22.5，高程 2130.0m
	大主应力/MPa		2.24	坝 0＋26.2，高程 2102.4m	2.30	坝 0＋26.2，高程 2102.4m
	小主应力/MPa		1.19	坝 0＋26.2，高程 2102.4m	1.20	坝 0＋26.2，高程 2102.4m
施工度 汛期	顺河向位移 /cm	指向上游	6.1	坝 0－120.0，高程 2130.0m	5.2	坝 0－104.0，高程 2158.0m
		指向下游	11.8	坝 0＋136.4，高程 2130.0m	10.5	坝 0＋136.4，高程 2151.0m
	总沉降/cm		69.0	坝 0＋9.0，高程 2165.0m	80.9	坝 0＋9.0，高程 2175.0m
	坝体沉降/cm		10.4	坝 0＋0.0，高程 2175.0m	11.5	坝 0＋9.0，高程 2175.0m
	覆盖层沉降/cm		65.5	坝 0－22.5，高程 2151.0m	71.4	坝 0－22.5，高程 2151.0m
	砂层沉降/cm		45.8	坝 0－22.5，高程 2130.0m	49.7	坝 0－22.5，高程 2130.0m
	大主应力/MPa		2.26	坝 0＋26.2，高程 2102.4m	2.33	坝 0＋26.2，高程 2102.4m
	小主应力/MPa		1.20	坝 0＋26.2，高程 2102.4m	1.24	坝 0＋26.2，高程 2102.4m
坝体预 沉降期	顺河向移 /cm	指向上游			8.6	坝 0－107.7，高程 2165.0m
		指向下游			12.5	坝 0＋96.8，高程 2165.0m
	总沉降/cm				98.8	坝 0＋9.0，高程 2185.0m
	坝体沉降/cm				22.2	坝 0＋0.0，高程 2185.0m
	覆盖层沉降/cm				77.0	坝 0－22.5，高程 2151.0m
	砂层沉降/cm				53.1	坝 0－22.5，高程 2130.0m
	大主应力/MPa				2.35	坝 0＋926.2，高程 2102.4m
	小主应力/MPa				1.25	坝 0＋26.2，高程 2102.4m
竣工期	顺河向位移 /cm	指向上游	9.4	坝 0－107.7，高程 2165.0m	8.1	坝 0－107.7，高程 2165.0m
		指向下游	13.4	坝 0＋136.4，高程 2130.0m	12.1	坝 0＋96.8，高程 2165.0m
	总沉降/cm		81.3	坝 0＋9.0，高程 2175.0m	100.2	坝 0＋9.0，高程 2185.0m
	坝体沉降/cm		16.3	坝 0＋9.0，高程 2175.0m	23.1	坝 0＋0.0，高程 2185.0m
	覆盖层沉降/cm		70.8	坝 0－22.5，高程 2151.0m	77.5	坝 0－22.5，高程 2151.0m
	砂层沉降/cm		49.0	坝 0－22.5，高程 2130.0m	53.4	坝 0－22.5，高程 2130.0m
	大主应力/MPa		2.37	坝 0＋26.2，高程 2102.4m	2.38	坝 0＋26.2，高程 2102.4m
	小主应力/MPa		1.25	坝 0＋26.2，高程 2102.4m	1.26	坝 0＋26.2，高程 2102.4m

续表

统计项目			不考虑流变		考虑流变	
			数值	位　置	数值	位　置
蓄水期	顺河向位移/cm	指向上游	4.0	坝 0−104.0，高程 2130.0m	3.0	坝 0−104.0，高程 2130.0m
		指向下游	15.1	坝 0+96.8，高程 2165.0m	19.5	坝 0+96.8，高程 2165.0m
	总沉降/cm		85.9	坝 0+0.0，高程 2175.0m	106.4	坝 0+0.0，高程 2185.0m
	坝体沉降/cm		18.3	坝 0+9.0，高程 2175.0m	25.7	坝 0+0.0，高程 2185.0m
	覆盖层沉降/cm		75.7	坝 0−22.5，高程 2151.0m	83.1	坝 0−22.5，高程 2151.0m
	砂层沉降/cm		52.8	坝 0−22.5，高程 2130.0m	57.4	坝 0−22.5，高程 2130.0m
	大主应力/MPa		2.46	坝 0+26.2，高程 2102.4m	2.48	坝 0+7.5，高程 2101.2m
	小主应力/MPa		1.30	坝 0+26.2，高程 2102.4m	1.34	坝 0+7.5，高程 2101.2m
运行期	顺河向位移/cm	指向上游			2.0	坝 0−104.0，高程 2130.0m
		指向下游			21.4	坝 0+96.8，高程 2165.0m
	总沉降/cm				117.4	坝 0−12.0，高程 2200.0m
	坝体沉降/cm				31.9	坝 0+0.0，高程 2200.0m
	覆盖层沉降/cm				88.3	坝 0−22.5，高程 2151.0m
	砂层沉降/cm				61.4	坝 0−22.5，高程 2130.0m
	大主应力/MPa				2.51	坝 0+7.5，高程 2101.2m
	小主应力/MPa				1.36	坝 0+7.5，高程 2101.2m

表 8.1−17　　　　坝轴线坝 0+0.0 纵剖面应力与变形最大值及其位置

统计项目			不考虑流变		考虑流变	
			数值	位　置	数值	位　置
施工期	轴向位移/cm	指向左岸	6.2	坝左 0+83.94，高程 2200m	6.3	坝左 0+83.94，高程 2200m
		指向右岸	6.0	坝左 0+215.94，高程 2210m	6.1	坝左 0+215.94，高程 2210m
	总沉降/cm		68.3	坝左 0+143.94，高程 2165m	80.5	坝左 0+143.94，高程 2175m
	坝体沉降/cm		4.4	坝左 0+143.94，高程 2165m	10.8	坝左 0+143.94，高程 2175m
	覆盖层沉降/cm		63.9	坝左 0+143.94，高程 2151m	69.7	坝左 0+143.94，高程 2151m
	砂层沉降/cm		44.2	坝左 0+143.94，高程 2130m	48.1	坝左 0+143.94，高程 2130m
	大主应力/MPa		2.40	坝左 0+155.94，高程 2096m	2.42	坝左 0+155.94，高程 2096m
	小主应力/MPa		1.18	坝左 0+143.94，高程 2096m	1.19	坝左 0+143.94，高程 2096m
施工度汛期	轴向位移/cm	指向左岸	6.1	坝左 0+83.94，高程 2200m	6.4	坝左 0+83.94，高程 2200m
		指向右岸	6.0	坝左 0+215.94，高程 2210m	6.2	坝左 0+215.94，高程 2210m
	总沉降/cm		68.6	坝左 0+143.94，高程 2165m	80.8	坝左 0+143.94，高程 2175m
	坝体沉降/cm		4.5	坝左 0+143.94，高程 2165m	10.8	坝左 0+143.94，高程 2175m
	覆盖层沉降/cm		64.1	坝左 0+143.94，高程 2151m	70.0	坝左 0+143.94，高程 2151m
	砂层沉降/cm		44.6	坝左 0+143.94，高程 2130m	48.5	坝左 0+143.94，高程 2130m
	大主应力/MPa		2.42	坝左 0+155.94，高程 2096m	2.44	坝左 0+155.94，高程 2096m
	小主应力/MPa		1.20	坝左 0+155.94，高程 2096m	1.22	坝左 0+155.94，高程 2096m

续表

统计项目		不考虑流变		考虑流变	
		数值	位 置	数值	位 置
坝体预沉降期	轴向位移/cm 指向左岸			8.4	坝左 0+71.94，高程 2210m
	轴向位移/cm 指向右岸			8.7	坝左 0+215.94，高程 2210m
	总沉降/cm			98.6	坝左 0+143.94，高程 2185m
	坝体沉降/cm			22.2	坝左 0+143.94，高程 2185m
	覆盖层沉降/cm			76.4	坝左 0+143.94，高程 2151m
	砂层沉降/cm			52.3	坝左 0+143.94，高程 2130m
	大主应力/MPa			2.52	坝左 0+155.94，高程 2096m
	小主应力/MPa			1.25	坝左 0+155.94，高程 2096m
竣工期	轴向位移/cm 指向左岸	8.3	坝左 0+71.94，高程 2210m	8.6	坝左 0+71.94，高程 2210m
	轴向位移/cm 指向右岸	8.6	坝左 0+215.94，高程 2210m	8.9	坝左 0+215.94，高程 2210m
	总沉降/cm	81.1	坝左 0+143.94，高程 2175m	100.0	坝左 0+143.94，高程 2185m
	坝体沉降/cm	10.9	坝左 0+143.94，高程 2175m	23.1	坝左 0+143.94，高程 2185m
	覆盖层沉降/cm	70.2	坝左 0+143.94，高程 2151m	76.9	坝左 0+143.94，高程 2151m
	砂层沉降/cm	48.2	坝左 0+143.94，高程 2130m	52.6	坝左 0+143.94，高程 2130m
	大主应力/MPa	2.52	坝左 0+155.94，高程 2096m	2.54	坝左 0+155.94，高程 2096m
	小主应力/MPa	1.24	坝左 0+155.94，高程 2096m	1.26	坝左 0+155.94，高程 2096m
蓄水期	轴向位移/cm 指向左岸	8.3	坝左 0+71.94，高程 2210m	10.0	坝左 0+71.94，高程 2210m
	轴向位移/cm 指向右岸	8.8	坝左 0+215.94，高程 2210m	10.4	坝左 0+215.94，高程 2210m
	总沉降/cm	85.9	坝左 0+143.94，高程 2175m	106.4	坝左 0+143.94，高程 2185m
	坝体沉降/cm	12.3	坝左 0+143.94，高程 2175m	25.7	坝左 0+143.94，高程 2185m
	覆盖层沉降/cm	73.6	坝左 0+143.94，高程 2151m	80.7	坝左 0+143.94，高程 2151m
	砂层沉降/cm	50.8	坝左 0+143.94，高程 2130m	55.5	坝左 0+143.94，高程 2130m
	大主应力/MPa	2.57	坝左 0+155.94，高程 2096m	2.63	坝左 0+155.94，高程 2096m
	小主应力/MPa	1.26	坝左 0+155.94，高程 2096m	1.32	坝左 0+155.94，高程 2096m
运行期	轴向位移/cm 指向左岸			10.5	坝左 0+71.94，高程 2210m
	轴向位移/cm 指向右岸			10.9	坝左 0+215.94，高程 2210m
	总沉降/cm			116.9	坝左 0+143.94，高程 2200m
	坝体沉降/cm			31.9	坝左 0+143.94，高程 2200m
	覆盖层沉降/cm			85.0	坝左 0+143.94，高程 2151m
	砂层沉降/cm			58.5	坝左 0+143.94，高程 2130m
	大主应力/MPa			2.67	坝左 0+155.94，高程 2096m
	小主应力/MPa			1.37	坝左 0+155.94，高程 2096m

考虑流变，坝体轴向变形表现为左右岸坝体向河谷的挤压变形，施工期、施工度汛期、坝体预沉降期、竣工期、蓄水期和运行期坝体最大轴向变形在 6.1～10.9cm 之间。施工期、坝体预沉降期和竣工期坝体顺河向变形基本表现为上游坝体向上游变形，下游坝体向下游变形；施工度汛期和蓄水期坝体上游向变形减小，下游向变形有所增大；蓄水至正常蓄水位和运行 8 年后坝体最大下游向变形分别为 19.5cm、21.4cm；坝体最大沉降发

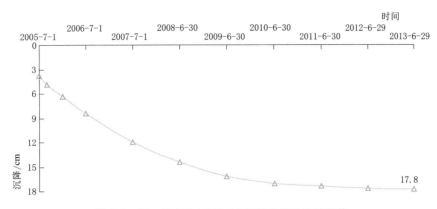

图 8.1-21　坝左 0+143.94 剖面坝顶沉降过程线

生在河床覆盖层剖面坝左 0+143.94 轴线附近，施工期、施工度汛期、坝体预沉降期、竣工期、蓄水期和运行期，坝体最大总沉降分别为 76.9cm、80.9cm、98.8cm、100.2cm、106.4cm 和 117.4cm，沉降率分别为 0.50%、0.50%、0.61%、0.62%、0.66% 和 0.72%。河床覆盖层沉降较大，施工期、施工度汛期、坝体预沉降期、竣工期、蓄水期和运行期，坝基覆盖层面最大沉降分别为 76.9cm、71.4cm、77.0cm、77.5cm、83.1cm 和 88.3cm，其中砂层面的最大沉降分别为 49.0cm、49.7cm、53.1cm、53.4cm、57.4cm 和 61.4cm。由图 8.1-22 可知，轴线位置砂层沉降约占覆盖层沉降的 44.5%，覆盖层沉降约占总沉降的 72.7%，即坝体自身沉降约占总沉降的 27.3%。

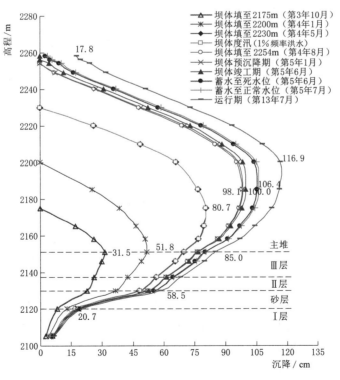

图 8.1-22　坝左 0+143.94 剖面轴线位置的沉降发展图

通过比较可知，考虑覆盖层和坝料的流变变形后，坝基覆盖层和坝体向河谷的收缩变形及沉降变形有较大程度的增加，坝体自身沉降变形在总沉降中的比例有所提高，其最大变形位置也有所提高，坝体应力相应地略有增加。

2. 面板应力与变形

混凝土面板应力变形特征值见表 8.1-18。与不考虑流变相比，考虑流变因素后，面板轴向应力表现为拉应力、压应力均有所增加，面板顺坡向应力表现为压应力增加，拉应力有所减小。

表 8.1-18　　　　　　　　　　　　混凝土面板应力变形特征值

统 计 项 目			不考虑流变	考 虑 流 变	
			蓄水期	蓄水期	运行期
面板	轴向变形 /cm	指向左岸 极值	1.47	1.56	1.70
		指向左岸 位置	坝左 0+47.94，高程 2213.6m	坝左 0+47.94，高程 2213.6m	坝左 0+47.94，高程 2220.5m
		指向右岸 极值	1.65	1.76	1.89
		指向右岸 位置	坝左 0+239.94，高程 2220.5m	坝左 0+239.94，高程 2220.5m	坝左 0+239.94，高程 2230.5m
	挠度 /cm	极值	25.4	32.3	42.1
		位置	坝左 0+131.94，高程 2175.5m	坝左 0+131.94，高程 2185.5m	坝左 0+131.94，高程 2210.5m
	轴向应力 /MPa	压应力 极值	8.06	8.22	8.58
		压应力 位置	坝左 0+131.94，高程 2205.5m	坝左 0+131.94，高程 2205.5m	坝左 0+131.94，高程 2215.5m
		拉应力 极值	1.42	1.46	1.51
		拉应力 位置	坝左 0+29.94，高程 2189.5m	坝左 0+29.94，高程 2189.5m	坝左 0+29.94，高程 2189.5m
	顺坡向应力 /MPa	压应力 极值	11.85	11.92	12.03
		压应力 位置	坝左 0+119.94，高程 2170.6m	坝左 0+119.94，高程 2170.6m	坝左 0+119.94，高程 2170.6m
		拉应力 极值	1.29	1.27	1.26
		拉应力 位置	坝左 0+35.94，高程 2162.5m	坝左 0+35.94，高程 2162.5m	坝左 0+35.94，高程 2162.5m

考虑流变后，蓄水期与运行期面板最大挠度分别为 32.3cm、42.1cm；指向左岸、右岸的最大轴向位移分别为 1.56cm 和 1.76cm、1.70cm 和 1.89cm。蓄水期、运行期面板轴向最大压应力分别为 8.22MPa、8.58MPa，轴向最大拉应力分别为 1.46MPa、1.51MPa；面板顺坡向最大压应力分别为 11.92MPa、12.03MPa，顺坡向最大拉应力分别为 1.27MPa、1.26MPa。

3. 防渗墙应力与变形

施工期、蓄水期及运行过程中坝左 0+107.94 防渗墙顺河向变形如图 8.1-23 所示。

施工期防渗墙顺河向变形表现为向上游变形；施工度汛期由于坝体临时挡水，防渗墙向下游变形，而后随着坝前水位下降，防渗墙逐渐向上游复位。由于覆盖层土体为弹塑性变形，卸载后防渗墙变位不能恢复到加载前的位置；当坝体继续填筑以至完建时，防渗墙又向上游变形；大坝蓄水后防渗墙则再次向下游变形。施工期、施工度汛期、竣工期、蓄水期和运行期时坝左 0+107.94 位置防渗墙最大顺河向位移的变化为－4.5cm、6.5cm、2.0cm、5.5cm 和 16.3cm。

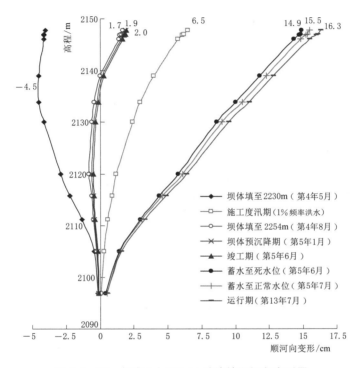

图 8.1－23　坝左 0+107.94 防渗墙顺河向变形图

考虑流变后，防渗墙轴向变形有所增大，施工期和竣工期顺河向变形稍有减小，蓄水期顺河向变形有所增大；相应地，施工期和竣工期墙体应力有所减小，蓄水期应力有所增大。受侧向土压力、库水压力和墙周摩擦力等因素的影响，防渗墙在不同阶段应力状态有所不同。施工期上游墙体上部受拉、下部受压，下游墙体以受压为主，仅在两岸附近部位受拉；施工度汛期、竣工期和蓄水期，墙体主要受压，仅在两岸附近部位受拉。竣工期墙体最大压应力为 6.79MPa（上游面）、4.41MPa（下游面），最大拉应力为 1.26MPa（上游面）、0.99MPa（下游面）；蓄水期墙体最大压应力为 10.54MPa（上游面）、12.14MPa（下游面），最大拉应力为 1.22MPa（上游面）、1.26MPa（下游面）；运行期墙体最大压应力为 10.68MPa（上游面）、12.26MPa（下游面），最大拉应力为 1.24MPa（上游面）、1.27MPa（下游面）。

4. 趾板应力与变形

河床趾板应力变形特征值见表 8.1－19。考虑流变后，蓄水期趾板变形增大，轴向和顺河向的拉应力、压应力均有所增大。

表 8.1－19　　　　　　　　　　　河床趾板应力变形特征值

统计项目				不考虑流变	考 虑 流 变	
				蓄水期	蓄水期	运行期
河床趾板	轴向变形 /cm	指向左岸	极值	0.55	0.59	0.61
			位置	坝左 0＋43.234, 坝 0－157.6	坝左 0＋43.234, 坝 0－157.6	坝左 0＋43.234, 坝 0－157.6
		指向右岸	极值	0.51	0.55	0.57
			位置	坝左 0＋180.664, 坝 0－157.6	坝左 0＋180.664, 坝 0－157.6	坝左 0＋180.664, 坝 0－157.6
	顺河向变形 /cm		极值	11.6	12.8	13.8
			位置	坝左 0＋107.94, 坝 0－154.4	坝左 0＋107.94, 坝 0－154.4	坝左 0＋107.94, 坝 0－154.4
	沉降 /cm		极值	26.9	30.4	31.4
			位置	坝左 0＋107.94, 坝 0－154.4	坝左 0＋107.94, 坝 0－154.4	坝左 0＋107.94, 坝 0－154.4
	轴向应力 /MPa	压	极值	8.20	8.48	8.59
			位置	坝左 0＋107.94, 坝 0－154.4	坝左 0＋107.94, 坝 0－154.4	坝左 0＋107.94, 坝 0－154.4
		拉	极值	1.20	1.23	1.25
			位置	坝左 0＋43.234, 坝 0－157.6	坝左 0＋43.234, 坝 0－157.6	坝左 0＋43.234, 坝 0－157.6
	顺河向应力 /MPa	压	极值	8.35	8.56	8.68
			位置	坝左 0＋107.94, 坝 0－157.6	坝左 0＋107.94, 坝 0－157.6	坝左 0＋107.94, 坝 0－157.6
		拉	极值	1.14	1.16	1.17
			位置	坝左 0＋43.234, 坝 0－157.6	坝左 0＋43.234, 坝 0－157.6	坝左 0＋43.234, 坝 0－157.6

河床趾板轴向变形表现为自两侧向中间变形，位移较小，运行期最大变形为 0.61cm；施工期、坝体预沉降期及竣工期顺河向位移表现为向上游变形，坝体度汛期、蓄水期和运行期顺河向位移表现为向下游变形，蓄水期和运行期最大顺河向位移分别为 12.8cm、13.8cm；沉降表现为自上游向下游逐渐增加，近坝端沉降最大，蓄水期和运行期最大沉降分别为 30.4cm、31.4cm。

在大坝施工、蓄水及运行等阶段，趾板主要受压，拉应力仅分布于岸坡附近小面积区域。蓄水期趾板最大轴向压应力为 8.48MPa，最大轴向拉应力为 1.23MPa，最大顺河向压应力为 8.56MPa，最大顺河向拉应力为 1.16MPa；运行期趾板最大轴向压应力为 8.59MPa，最大轴向拉应力为 1.25MPa，最大顺河向压应力为 8.68MPa，最大顺河向拉应力为 1.17MPa。

5. 连接板应力与变形

连接板应力变形特征值见表8.1－20。考虑流变后，蓄水期连接板变形增大，轴向和顺河向的拉应力、压应力均有所增大。

表 8.1－20　　　　　　　　　　　　　连接板应力变形特征值

统 计 项 目				不考虑流变	考虑流变	
				蓄水期	蓄水期	运行期
上游连接板	轴向变形/cm	指向左岸	极值	1.07	1.21	1.24
			位置	坝左 0+59.94,坝 0－165.6	坝左 0+59.94,坝 0－165.6	坝左 0+59.94,坝 0－165.6
		指向右岸	极值	1.00	1.15	1.18
			位置	坝左 0+143.94,坝 0－165.6	坝左 0+143.94,坝 0－165.6	坝左 0+143.94,坝 0－165.6
	顺河向变形/cm		极值	12.2	13.2	14.0
			位置	坝左 0+107.94,坝 0－165.6	坝左 0+107.94,坝 0－165.6	坝左 0+107.94,坝 0－165.6
	沉降/cm		极值	12.7	14.2	14.8
			位置	坝左 0+107.94,坝 0－161.6	坝左 0+107.94,坝 0－161.6	坝左 0+107.94,坝 0－161.6
	轴向应力/MPa	压	极值	7.50	7.84	7.92
			位置	坝左 0+107.94,坝 0－165.6	坝左 0+107.94,坝 0－165.6	坝左 0+107.94,坝 0－165.6
		拉	极值	1.14	1.16	1.17
			位置	坝左 0+43.234,坝 0－165.6	坝左 0+43.234,坝 0－165.6	坝左 0+43.234,坝 0－165.6
	顺河向应力/MPa	压	极值	4.60	6.86	7.05
			位置	坝左 0+107.94,坝 0－161.6	坝左 0+107.94,坝 0－161.6	坝左 0+107.94,坝 0－161.6
		拉	极值	1.09	1.11	1.12
			位置	坝左 0+43.234,坝 0－165.6	坝左 0+43.234,坝 0－165.6	坝左 0+43.234,坝 0－165.6
下游连接板	轴向变形/cm	指向左岸	极值	0.65	0.74	0.77
			位置	坝左 0+59.94,坝 0－161.6	坝左 0+59.94,坝 0－161.6	坝左 0+59.94,坝 0－161.6
		指向右岸	极值	0.62	0.70	0.72
			位置	坝左 0+143.94,坝 0－161.6	坝左 0+143.94,坝 0－161.6	坝左 0+143.94,坝 0－161.6
	顺河向变形/cm		极值	12.0	12.9	13.7
			位置	坝左 0+107.94,坝 0－161.6	坝左 0+107.94,坝 0－161.6	坝左 0+107.94,坝 0－161.6
	沉降/cm		极值	18.5	19.3	20.1
			位置	坝左 0+107.94,坝 0－157.6	坝左 0+107.94,坝 0－157.6	坝左 0+107.94,坝 0－157.6

续表

统计项目				不考虑流变	考虑流变	
				蓄水期	蓄水期	运行期
下游连接板	轴向应力/MPa	压	极值	4.99	6.38	6.59
			位置	坝左0+107.94，坝0−161.6	坝左0+107.94，坝0−161.6	坝左0+107.94，坝0−161.6
		拉	极值	1.08	1.09	1.10
			位置	坝左0+43.234，坝0−161.6	坝左0+43.234，坝0−161.6	坝左0+43.234，坝0−161.6
	顺河向应力/MPa	压	极值	7.89	8.11	8.20
			位置	坝左0+107.94，坝0−157.6	坝左0+107.94，坝0−157.6	坝左0+107.94，坝0−157.6
		拉	极值	1.05	1.08	1.10
			位置	坝左0+43.234，坝0−161.6	坝左0+43.234，坝0−161.6	坝左0+43.234，坝0−161.6

连接板轴向变形表现为自两侧向中间变形，蓄水期和运行期最大轴向变形分别为 1.21cm 和 1.24cm；顺河向变形表现为向下游变形，蓄水期和运行期最大顺河向位移分别为 13.2cm 和 14.0cm；沉降表现为自上游向下游逐渐增加，近坝端沉降最大，蓄水期和运行期最大沉降分别为 19.3cm 和 20.1cm。

连接板主要受压应力作用，拉应力区域不大，分布于岸坡附近。蓄水期连接板最大轴向压应力为 7.84MPa、最大轴向拉应力为 1.16MPa，运行期最大轴向压应力为 7.92MPa、最大轴向拉应力为 1.17MPa；蓄水期最大顺河向压应力为 8.11MPa、最大顺河向拉应力为 1.11MPa，运行期最大顺河向压应力为 8.20MPa、最大顺河向拉应力为 1.12MPa。

6. 接缝止水变位

接缝止水变位极值汇总于表 8.1−21。考虑流变面板周边缝蓄水期和运行期变位分别如图 8.1−24 和图 8.1−25 所示；垂直缝变位分别如图 8.1−26 和图 8.1−27 所示。考虑流变防渗墙、连接板与趾板之间接缝蓄水期和运行期的沉降分布如图 8.1−28 和图 8.1−29 所示。

周边缝变形有张有压，向河谷错动，向坝内沉陷。蓄水期和运行期面板周边缝最大张开量分别为 9.5mm、10.0mm，最大沉陷分别为 27.0mm、28.9mm，最大错动量分别为 11.2mm、11.9mm。面板垂直缝两端为张开缝，中间为压紧缝。张压分布与面板拉压应力分布相近。蓄水期和运行期垂直缝最大张开量分别为 7.5mm、8.0mm。连接板与趾板间的接缝处于压紧状态，接缝错动很小，蓄水期和运行期最大相对沉降分别为 9.4mm、10.1mm。连接板与连接板间的接缝处于压紧状态，接缝错动很小，蓄水期和运行期最大相对沉降分别为 7.5mm、8.3mm。防渗墙与连接板接缝也处于压紧状态，但相对沉降较大，蓄水期和运行期最大相对沉降分别为 65.0mm、66.8mm。混凝土面板与防浪墙接缝变形总体较小，蓄水期最大沉降、张开和错动分别为 8.9mm、5.4mm、4.0mm，运行期为 9.5mm、5.7mm、4.5mm。

考虑流变后，混凝土面板周边缝的沉降和错动位移有一定的增加，张开变形变化相对较小，面板垂直缝张拉区域和张拉变形有所增加，接缝三向变形均稍有增大。

表 8.1-21　　　　　　　　　　　接缝止水变位极值　　　　　　　　　单位：mm

统 计 项 目				不考虑流变	考虑流变	
				蓄水期	蓄水期	运行期
接缝	周边缝	张开	极值	8.7	9.5	10.0
			位置	坝左 0+227.94，高程 2185m	坝左 0+227.94，高程 2185m	坝左 0+227.94，高程 2185m
		沉降	极值	20.4	27.0	28.9
			位置	坝左 0+239.94，高程 2196m	坝左 0+239.94，高程 2196m	坝左 0+239.94，高程 2196m
		错动	极值	9.1	11.2	11.9
			位置	坝左 0+29.94，高程 2189.5m	坝左 0+29.94，高程 2189.5m	坝左 0+29.94，高程 2189.5m
	垂直缝	张开	极值	6.8	7.5	8.0
			位置	坝左 0+23.94，高程 2220.5m	坝左 0+23.94，高程 2220.5m	坝左 0+23.94，高程 2220.5m
		沉降	极值	4.9	5.5	5.9
			位置	坝左 0+203.94，高程 2158.6m	坝左 0+203.94，高程 2158.6m	坝左 0+203.94，高程 2158.6m
		错动	极值	4.3	5.0	5.5
			位置	坝左 0+23.94，高程 2220.5m	坝左 0+23.94，高程 2220.5m	坝左 0+23.94，高程 2220.5m
	防渗墙与上游连接板	张开	极值	−2.9	−3.1	−3.2
			位置	坝左 0+107.94，坝 0−165.6，高程 2147.8m	坝左 0+107.94，坝 0−165.6，高程 2147.8m	坝左 0+107.94，坝 0−165.6，高程 2147.8m
		沉降	极值	43.0	65.0	66.8
			位置	坝左 0+107.94，坝 0−165.6，高程 2147.8m	坝左 0+107.94，坝 0−165.6，高程 2147.8m	坝左 0+107.94，坝 0−165.6，高程 2147.8m
		错动	极值	3.3	3.6	3.7
			位置	坝左 0+43.234，坝 0−165.6，高程 2147.8m	坝左 0+43.234，坝 0−165.6，高程 2147.8m	坝左 0+43.234，坝 0−165.6，高程 2147.8m
	上、下游连接板	张开	极值	−1.6	−1.7	−1.8
			位置	坝左 0+107.94，坝 0−161.6，高程 2147.8m	坝左 0+107.94，坝 0−161.6，高程 2147.8m	坝左 0+107.94，坝 0−161.6，高程 2147.8m

续表

统计项目				不考虑流变	考虑流变	
				蓄水期	蓄水期	运行期
接缝	上、下游连接板	沉降	极值	6.4	7.5	8.3
			位置	坝左0+107.94，坝0-161.6，高程2147.8m	坝左0+107.94，坝0-161.6，高程2147.8m	坝左0+107.94，坝0-161.6，高程2147.8m
		错动	极值	3.1	3.3	3.4
			位置	坝左0+71.94，坝0-161.6，高程2147.8m	坝左0+71.94，坝0-161.6，高程2147.8m	坝左0+71.94，坝0-161.6，高程2147.8m
	下游连接板与趾板	张开	极值	−2.4	−2.5	−2.6
			位置	坝左0+107.94，坝0-157.6，高程2147.8m	坝左0+107.94，坝0-157.6，高程2147.8m	坝左0+107.94，坝0-157.6，高程2147.8m
		沉降	极值	8.6	9.4	10.1
			位置	坝左0+107.94，坝0-157.6，高程2147.8m	坝左0+107.94，坝0-157.6，高程2147.8m	坝左0+107.94，坝0-157.6，高程2147.8m
		错动	极值	3.3	3.4	3.5
			位置	坝左0+71.94，坝0-161.6，高程2147.8m	坝左0+71.94，坝0-161.6，高程2147.8m	坝左0+71.94，坝0-161.6，高程2147.8m
	面板与防浪墙	张开	极值	4.6	5.4	5.7
			位置	坝左0+23.94，高程2254m	坝左0+23.94，高程2254m	坝左0+23.94，高程2254m
		沉降	极值	7.8	8.9	9.5
			位置	坝左0+131.94，高程2254m	坝左0+131.94，高程2254m	坝左0+131.94，高程2254m
		错动	极值	3.1	4.0	4.5
			位置	坝左0+23.94，高程2254m	坝左0+23.94，高程2254m	坝左0+23.94，高程2254m

7. 主要结论

考虑流变的应力变形计算分析成果如下：

（1）堆石料在填筑过程中受到自重、初次蓄水、库水位的反复升降等原因都会使坝料颗粒棱角破碎，产生相互滑移。堆石料由于这些原因所引起的一定量的后期变形使得坝体沉降增加较为明显，竣工期和蓄水期坝体最大沉降分别为100.2cm和106.4cm（占坝高0.66%）。水库进入运行期后，坝体的沉降仍有所发展；运行8年后，坝体变形稳定，坝体最大沉降117.4cm，坝体最大沉降率约为0.72%，坝顶最大沉降17.8cm，在坝体变形正常范围内。

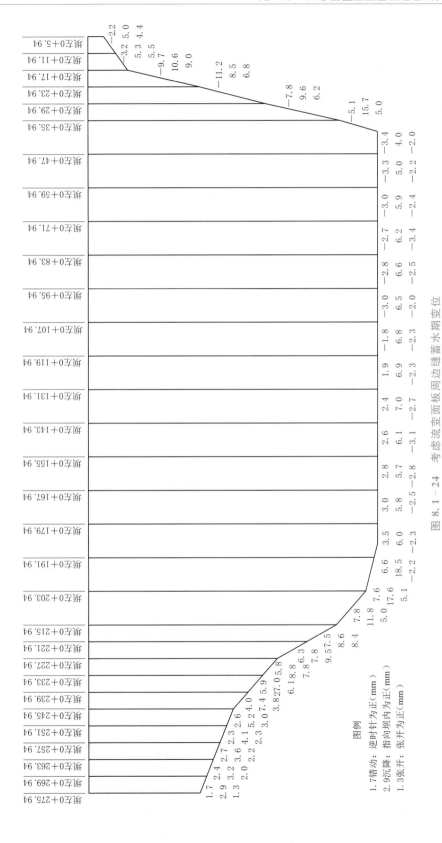

图 8.1-24 考虑流变面板周边缝蓄水期变位

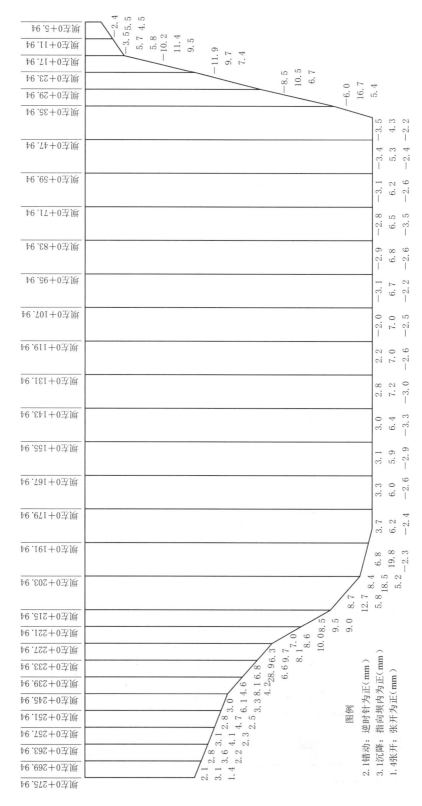

图 8.1-25　考虑流变面板周边缝运行期变位

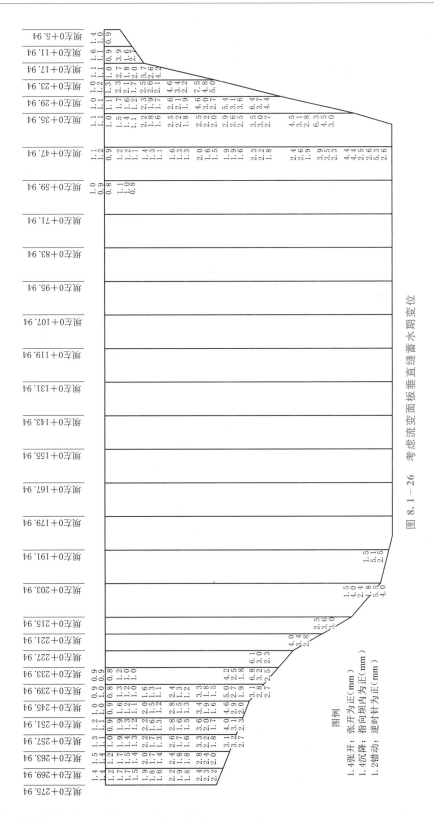

图 8.1-26　考虑流变面板垂直缝蓄水期变位

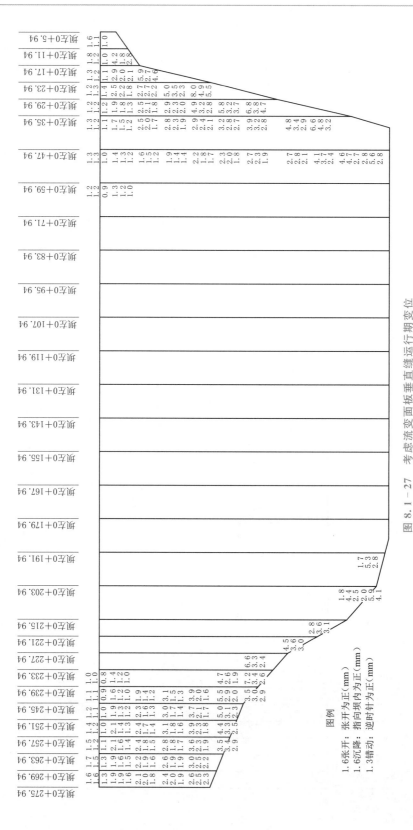

图8.1-27 考虑流变面板垂直缝运行期变位

306

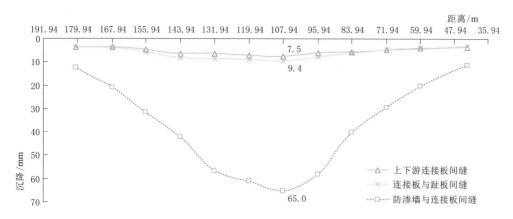

图 8.1 - 28　考虑流变防渗墙、连接板与趾板之间接缝蓄水期的沉降分布

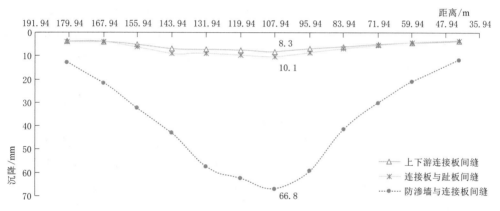

图 8.1 - 29　考虑流变防渗墙、连接板与趾板之间接缝运行期的沉降分布

（2）施工期坝体预沉降可有效减少坝体后期变形，控制面板应力变形性状。面板浇筑前坝体预沉降 5 个月，坝体最大沉降达到 98.8cm，完成总沉降的 84%，沉降变形比预沉降期之前增大了 10% 左右，采用预沉降是十分有效的工程措施。

（3）考虑流变后，面板变形有一定增加，面板轴向应力表现为拉应力、压应力均有所增加，面板顺坡向应力表现为压应力增加，拉应力有所减小。面板最大压应力为 12.03MPa，最大拉应力为 1.51MPa，其压应力在 C25 混凝土材料承压允许范围内，拉应力仅局部边界单元拉应力超限。面板的应力总体满足要求。

（4）考虑流变后，趾板和连接板的变形有所增大，轴向和顺河向应力均有所增大。趾板最大压应力为 8.68MPa、最大拉应力为 1.25MPa，连接板最大压应力为 8.20MPa、最大拉应力为 1.17MPa，趾板和连接板拉、压力均在 C25 混凝土材料应力允许范围内，趾板和连接板的应力满足要求。

（5）考虑流变后，防渗墙施工期、施工度汛期、竣工期、蓄水期和运行期最大挠度的变化为 -4.5cm、6.5cm、2.0cm、15.5cm 和 16.3cm，防渗墙最大压应力为 12.26MPa、最大拉应力为 1.27MPa，拉应力、压应力基本在 C20 混凝土材料允许范围内。

（6）考虑流变后，止水接缝变位均有所增大。面板周边缝最大张开、沉陷和错动分别为10.0mm、28.9mm、11.9mm，面板垂直缝最大张开量为8.0mm，连接板与连接板、连接板与趾板、防渗墙与连接板之间的接缝最大相对沉陷分别为8.3mm、10.1mm、66.8mm，面板与防浪墙接缝最大沉陷、张开和错动分别为9.5mm、5.7mm和4.5mm。从近年止水结构研究成果看，上述变形完全在目前止水结构及材料能够适应的变形范围内。

8.2 覆盖层上面板坝防渗系统长期性能演化模型

8.2.1 防渗系统混凝土性能劣化机理

8.2.1.1 环境水作用下水泥砂浆劣化试验

在水利水电工程领域，水泥砂浆常作为修补或灌浆材料应用于水工隧洞、防渗帷幕、输水渠道、防渗护面等。此类涉水工程服役环境较为复杂，尤其是在盐湖、盐渍土地区服役的水泥砂浆，其耐久性、抗渗、强度等指标受水化学环境影响较显著。水溶液中腐蚀性离子会对水泥砂浆进行长期缓慢的侵蚀。水泥砂浆受溶液中侵蚀离子腐蚀作用产生初始微裂隙，在外部渗压作用下，易不断发展形成贯穿裂缝。

结合盐湖、盐渍土地区服役的水泥砂浆材料劣化问题，开展中性蒸馏水溶液、浓度0.1mol/L中性、弱酸性和强酸性的 Na_2SO_4 溶液侵蚀浸泡条件下水泥砂浆试样力学特性试验、断裂试验和水力劈裂试验和微观测试，测试分析砂浆试样质量、抗拉强度、断裂韧度、临界劈裂水压值等参数的演变规律；结合水泥砂浆试样侵蚀及破坏后的表观形貌，揭示环境水作用下水泥砂浆试样断裂和水力劈裂破坏机理。

1. 试验概况

宏观试验及微观测试的水泥砂浆试样原材料及配合比相同。试样原材料包括水、P·O 42.5 普通硅酸盐水泥、细度模数 2.75 的中河砂。水采用的是蒸馏水。水泥砂浆配合比为水泥：砂：水＝1：3：0.5。

抗压强度、劈裂抗拉强度试验采用尺寸为 70.7mm×70.7mm×70.7mm 的立方体试样。断裂试验采用三点弯曲直切口梁水泥砂浆试件，试样尺寸为 100mm×100mm×515mm，切口裂缝尺寸为 2mm×40mm×100mm，其示意图如图 8.2－1 所示。水力劈裂试验采用的是中央含贯穿性预制裂缝的水泥砂浆试样，试样尺寸为 150mm×150mm×150mm，试样预制裂缝尺寸为 2mm×50mm×150mm，其示意图如图 8.2－2 所示。

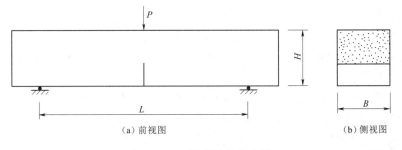

（a）前视图　　　　　　　　　　（b）侧视图

图 8.2－1　断裂试件示意图

针对腐蚀性 SO_4^{2-} 和 H^+，配置 pH 为 7、3 和 1 的 Na_2SO_4 溶液（0.1mol/L）作为化学侵蚀溶液，同时选取 pH 为 7 的蒸馏水环境作为空白对照组。

主要试验设备包括上海三思纵横 WAW-1000 型电液伺服万能试验机［见图 8.2-3（a）］、江苏永昌科教仪器制造有限公司研制的水-固-热耦合大型三轴试验系统［见图 8.2-3（b）］、北京东方振动和噪声技术研究所研制的 INV3060A 动态应变测试系统、水压密封装置、SEM 扫描电子显微镜［见图 8.2-3（c）］、台湾衡欣高精度水质 pH 计等。

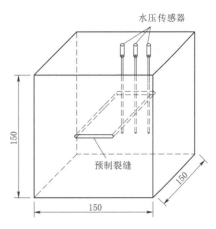

图 8.2-2　水力劈裂试件示意图
（单位：mm）

试样经养护 28d 后，取出自然风干。待浸泡 5d、10d、20d、30d、45d、60d、90d、120d、180d、240d、270d 后分别从侵蚀浸泡溶液中取出试样，擦拭试样表面水分。首先，称量各试样在对应浸泡龄期下的质量，观测试样表观损伤和微细观结构特征；然后，根据不同测试要求，对试样进行应变片粘贴，测试各试样在对应浸泡龄期下的抗压强度、抗拉强度、断裂参数及临界劈裂水压。

（a）万能试验机

（b）三轴试验系统

（c）扫描电子显微镜

图 8.2-3　主要试验设备

按照不同测试目的，将试验项目分为四类，A～D 依次代表抗压强度试验、抗拉强度试验、三点弯曲断裂试验及水力劈裂试验，试验方案设计见表 8.2-1。试验工况编号规定如下：以试验工况 A-0.1-3 为例，A 代表抗压强度试验，侵蚀溶液 Na_2SO_4 浓度为 0.1mol/L，溶液 pH 为 3。

表 8.2-1   试 验 方 案 设 计

试验方案	试验项目	试 样 尺 寸	水化学溶液
A-0-7	抗压强度试验	试样 70.7mm×70.7mm×70.7mm	蒸馏水，pH 为 7
A-0.1-7			0.1mol/L Na_2SO_4，pH 为 7
A-0.1-3			0.1mol/L Na_2SO_4，pH 为 3
A-0.1-1			0.1mol/L Na_2SO_4，pH 为 1
B-0-7	抗拉强度试验	试样 70.7mm×70.7mm×70.7mm	蒸馏水，pH 为 7
B-0.1-7			0.1mol/L Na_2SO_4，pH 为 7
B-0.1-3			0.1mol/L Na_2SO_4，pH 为 3
B-0.1-1			0.1mol/L Na_2SO_4，pH 为 1
C-0-7	三点弯曲断裂试验	试样 100mm×100mm×515mm，切口 2mm×40mm×100mm	蒸馏水，pH 为 7
C-0.1-7			0.1mol/L Na_2SO_4，pH 为 7
C-0.1-3			0.1mol/L Na_2SO_4，pH 为 3
C-0.1-1			0.1mol/L Na_2SO_4，pH 为 1
D-0-7	水力劈裂试验	试样 150mm×150mm×150mm，预制裂缝 2mm×50mm×150mm	蒸馏水，pH 为 7
D-0.1-7			0.1mol/L Na_2SO_4，pH 为 7
D-0.1-3			0.1mol/L Na_2SO_4，pH 为 3
D-0.1-1			0.1mol/L Na_2SO_4，pH 为 1

2. 结果与讨论

（1）表观形貌。在中性蒸馏水环境中，不同浸泡时间下，水泥砂浆试样表观形貌几乎无明显变化，无脱砂、起皮、棱角剥落、产生腐蚀空隙等现象，表面平整。在浓度为 0.1mol/L、pH 为 7 的 Na_2SO_4 溶液条件下，受侵蚀水泥砂浆试样浸泡历时 30d 前，试样表面形态无明显变化；浸泡历时 90d 后 SO_4^{2-} 侵入水泥砂浆内部，与水泥砂浆部分组成成分发生反应，试样表观形貌开始出现棱角剥落、掉渣和局部区域起皮等现象；当浸泡历时 180d 时，试样表面出现白色结晶物。在浓度为 0.1mol/L、pH 为 3 的 Na_2SO_4 溶液条件下，受侵蚀水泥砂浆浸泡历时 30d 时，试样四周有轻微棱角剥落现象，随试样浸泡时间增加，侵蚀作用加剧；浸泡历时 180d 时试样棱角剥落明显，表观形态变化明显，伴有白色结晶物析出。在浓度为 0.1mol/L、pH 为 1 的 Na_2SO_4 溶液条件下，受强酸作用，浸泡初始试样表面有气泡冒出，随后表面起泡消失，浸泡历时 30d 的试样四周棱角剥落，表皮水泥溶解，掉渣明显，出现砂化现象；随着浸泡历时延长，试样砂化现象加剧，剥落严重，表面软化，产生大量红褐色泥质沉淀，同时试样表面宏观空隙明显，水泥砂浆试样侵蚀严重。

（2）质量变化。不同水化学溶液和侵蚀历时条件下砂浆试样质量变化曲线如图 8.2-4

所示。由图 8.2-4 可知：中性蒸馏水环境下，水分通过砂浆试样毛细孔吸附作用迁移至试样内部，迁移至内部的水分促进水化反应进一步发展，使得侵蚀浸泡初期试样质量快速增大，60d 后增速放缓，180d 后达到相对稳定状态。在浓度为 0.1mol/L、pH 为 7 的 Na_2SO_4 溶液条件下，浸泡初期砂浆试样质量快速增加；随浸泡时间增加，质量增速减缓，浸泡 150d 时达到峰值，随后试样质量降低。在浓度为 0.1mol/L、pH 为 3 的 Na_2SO_4 溶液条件下，试样受到 H^+ 和 SO_4^{2-} 综合影响，浸泡初期，侵蚀溶液中酸性 H^+ 的影响占主导作用，试样总体质量呈现缓慢上升；浸泡 180d 时达到峰值，侵蚀后期质量大幅降低，浸泡 210d 后试样质量开始小于初期试样质量。在浓度为 0.1mol/L、pH 为 1 的 Na_2SO_4 溶液条件下砂浆试样一直呈下降趋势，浸泡初期受强酸作用，高浓度 H^+ 迅速侵蚀砂浆试样，侵蚀劣化过程一直占据主导地位，致使试样质量大幅降低，迅速丧失整体性。

（3）抗拉强度。不同水化学溶液和侵蚀历时条件下砂浆试样抗拉强度变化曲线如图 8.2-5 所示。由图 8.2-5 可知：①中性蒸馏水溶液浸泡条件下，砂浆试样抗拉强度随侵蚀浸泡时间增加而增大，120d 后趋于稳定，其值为 2.36MPa，较初始时刻增大了 50.6%。②在浓度为 0.1mol/L、pH 为 7 和 3 的 Na_2SO_4 溶液侵蚀浸泡条件下，砂浆试样抗拉强度随侵蚀时间增加先增后减，浸泡历时 180d 时达到峰值，分别为 3.20MPa 和 3.01MPa，随后不断积聚的侵蚀产物对内部结构持续施压，致使更多微细裂纹产生和发展，侵蚀进程加速，试件抗拉强度均显著降低。270d 试样抗压强度较 180d 的峰值分别减小了 47.8% 和 47.6%。③在浓度为 0.1mol/L、pH 为 1 的 Na_2SO_4 溶液条件下，试样抗压强度随浸泡历时单调递减，浸泡历时 270d 后较初始时刻降低了 94.0%，强酸侵蚀对水泥砂浆抗拉强度劣化效应大于硫酸盐侵蚀。

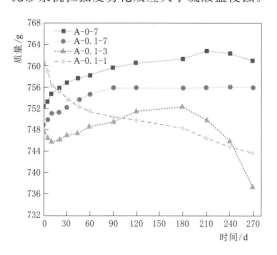

图 8.2-4　不同水化学溶液和侵蚀历时条件下
砂浆试样质量变化曲线

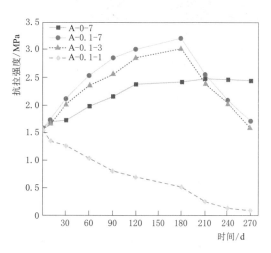

图 8.2-5　不同水化学溶液和侵蚀历时条件下
砂浆试样抗拉强度变化曲线

（4）断裂试验试样表面形貌。不同水化学溶液和浸泡历时条件下断裂试验砂浆试样表观形貌如图 8.2-6 所示。由图 8.2-6 可知：①中性蒸馏水溶液下，各侵蚀历时试样表面形貌无明显变化，试样较完整。②在浓度为 0.1mol/L 中性 Na_2SO_4 溶液环境下，侵蚀

30d 前，试样表面及预制切口表观形貌均未明显变化；侵蚀 90d 后，试样棱角剥落，局部掉渣，切口边缘部分砂颗粒脱落；侵蚀 180d 后，试件表面部分区域有白色粉状结晶物析出，棱角和切口边缘掉渣明显。③在浓度为 0.1mol/L、pH 为 3 的 Na_2SO_4 酸性溶液下，侵蚀 30d 前，溶液中 H^+ 作用下试样棱角和切口边缘少量掉渣；侵蚀 90d 后，试件棱角剥落明显，表观形貌变化明显；侵蚀 180d 后，试件表面部分区域出现白色粉状结晶物，棱角和切口掉渣明显。④在浓度为 0.1mol/L、pH 为 1 的 Na_2SO_4 强酸溶液下，相比上述三种化学溶液下，试样表观形貌演变差异明显，侵蚀 30d 后，强酸作用下试件表面和切口边缘掉渣明显，表面砂化；侵蚀 90d 后，试样表面和切口边缘砂化明显，剥落严重，局部区域出现褐色析出物；侵蚀历时 180d 后，试样表面软化、大量红褐色的泥质沉淀，表面出现较多宏观孔隙，切口破坏严重。综上说明 Na_2SO_4 强酸溶液下，H^+ 对水泥砂浆的侵蚀效应比 SO_4^{2-} 显著。

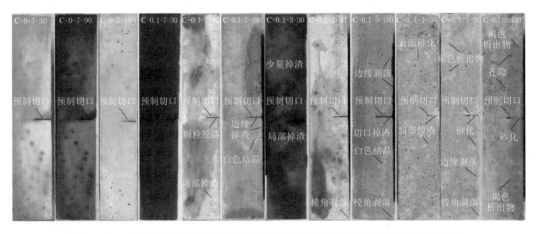

图 8.2-6　不同水化学溶液和侵蚀历时条件下断裂试验砂浆试样表观形貌图

（5）断裂参数。基于起裂载荷和峰值荷载试验测值，采用起裂韧度 K_{ini} 和失稳断裂韧度 K_{un} 计算公式，得到各工况下试样起裂韧度和失稳断裂韧度，绘制得到不同侵蚀条件下各试样断裂参数变化曲线，如图 8.2-7 所示。由图 8.2-7 可知：相比自然状态下砂浆试样，不同化学溶液作用下砂浆断裂力学效应差异明显。起裂荷载、峰值荷载变化规律与起裂韧度、失稳断裂韧度变化规律基本一致。①在中性蒸馏水溶液条件下，起裂韧度和失稳断裂韧度随侵蚀浸泡历时增加而增大，侵蚀历时 0～120d 增速明显，120d 时，试样起裂韧度和失稳断裂韧度分别增至 0.438MPa/m$^{3/2}$ 和 0.557MPa/m$^{3/2}$，浸泡 120d 后，试样起裂韧度和失稳断裂韧度趋于平稳。②在浓度为 0.1mol/L、pH 为 7 和 3 的 Na_2SO_4 溶液条件下，砂浆试样起裂韧度和失稳断裂韧度随侵蚀时间呈现先增后减的趋势，侵蚀 180d 时分别达到峰值 0.639MPa/m$^{3/2}$ 和 0.714MPa/m$^{3/2}$（pH＝7）、0.617MPa/m$^{3/2}$ 和 0.694MPa/m$^{3/2}$（pH＝3）；侵蚀 270d 后，起裂韧度和失稳断裂韧度分别下降了 58.4 ％和 41.2％（pH＝7）、63.1％和 42.0％（pH＝3），侵蚀后期起裂韧度受水化学溶液的影响较失稳断裂韧度更为敏感。③在浓度为 0.1mol/L、pH 为 1 的 Na_2SO_4 溶液条件下，强酸作用促使水泥砂浆试件的起裂韧度和失稳断裂韧度随侵蚀时间延长持续下降，侵蚀

240d 时较初始时刻分别劣化了 92.1% 和 79.9%。总体而言，裂尖受水化学溶液作用较敏感，侵蚀产物导致裂尖应力场分布不均，致使裂尖应力集中，促使裂尖开裂，导致水化学溶液作用下水泥砂浆起裂韧度的劣化幅度大于失稳断裂韧度。

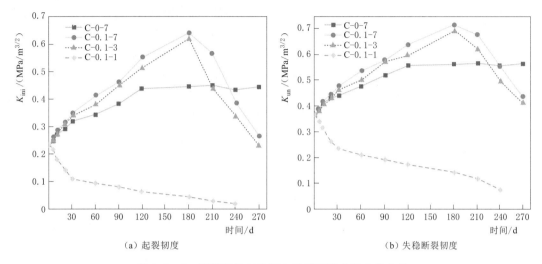

（a）起裂韧度　　　　　　　　　　　　　　　（b）失稳断裂韧度

图 8.2－7　不同侵蚀条件下各试样断裂参数变化曲线

（6）水力劈裂破坏对应的临界劈裂水压。将试样发生水力劈裂破坏对应的最大缝内水压值定义为试样的临界劈裂水压 P_{un}，不同水化学溶液作用下砂浆试样临界劈裂水压变化曲线如图 8.2－8 所示。

由图 8.2－8 可知：未经过化学溶液浸泡，初始时刻单裂缝水泥砂浆试样临界劈裂水压为 1.616MPa。①在中性蒸馏水溶液浸泡条件下，浸泡历时 0～180d 时，试样临界劈裂水压随浸泡时间延长逐渐增大，180d 后，临界劈裂水压变幅较小，趋于稳定，约 2.177MPa，相比初始时刻增加了 34.7%，总体变化规律与其物理力学变化规律一致。②在浓度为 0.1mol/L、pH 为 7 的 Na_2SO_4 溶液条件下，试样临界劈裂水压随浸泡时间延长先增后减，与其强度

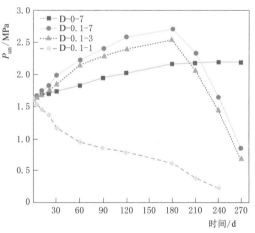

图 8.2－8　不同水化学溶液作用下砂浆
试样临界劈裂水压变化曲线

演化规律相符，临界劈裂水压由 1.616MPa 增至浸泡 180d 时的 2.701MPa，随后降至浸泡历时 270d 的 0.832MPa，此时较初始时刻减小了 48.5%。③在浓度为 0.1mol/L、pH 为 3 的 Na_2SO_4 溶液条件下，浸泡历时 0～20d 时，在砂浆水化作用下试样临界劈裂水压仍增加，浸泡历时 180d 时达到峰值，为 2.515MPa，而后逐渐降低，侵蚀 270d 后降低至 0.687MPa，此时较初始时刻降低了 57.5%。④在浓度为 0.1mol/L、pH 为 1 的 Na_2SO_4 溶液条件下，试样临界劈裂水压在强酸作用单调递减，浸泡历时 240d 时，试样临界劈裂水压

仅为 0.220MPa，相比初始时刻降低了 86.4%；浸泡历时 270d 后，试样预制裂缝严重破损，水力劈裂试验无法开展。

（7）机理分析。不同化学溶液和浸泡历时条件下砂浆试样物理力学性能和微观结构演变进程各不相同，涉及物理作用和化学反应。分析四种化学溶液作用下水泥砂浆水力劈裂破坏机理。

1）中性蒸馏水溶液条件下，水泥砂浆主要发生溶出性侵蚀。水分通过水泥砂浆毛细孔吸附作用迁移至砂浆试样内部，Ca^{2+} 与 OH^- 部分析出，溶液 pH 增大，水化反应进一步发生，试样内部矿物成分密实，试样抗压、抗拉强度增大，砂浆预制裂缝缝尖和缝端细观结构变得更加致密，临界劈裂水压值增大，水力劈裂破坏进程减缓。浸泡侵蚀后期，试样水化反应趋于平衡，Ca^{2+} 溶出相对稳定，试样质量、强度均趋于稳定，试样发生水力劈裂破坏时的临界劈裂水压波动较小。

2）在浓度为 0.1mol/L、pH 为 7 的 Na_2SO_4 溶液条件下，水泥砂浆除了发生溶出性侵蚀，还存在硫酸盐侵蚀，SO_4^{2-} 侵入砂浆试样发生如下反应：

$$Ca^{2+} + SO_4^{2-} + 2H_2O \longrightarrow CaSO_4 \cdot 2H_2O(石膏)$$

$$C-H + C-S-H + SO_4^{2-} + 2H_2O \longrightarrow CaSO_4 \cdot 2H_2O(石膏)$$

$$3(CaSO_4 \cdot 2H_2O) + 4CaO \cdot Al_2O_3 \cdot 12H_2O + 14H_2O \longrightarrow 3CaO \cdot Al_2O_3 \cdot 3CaSO \cdot 32H_2O(钙矾石)$$

生成板状的石膏、钙矾石等产物，浸泡侵蚀前期侵蚀产物填充试样孔隙，试样内部微观结构更为密实，试样质量、强度均增大，缝端强度增大，预制裂缝水泥砂浆试样水力劈裂所需临界劈裂水压更大，浸泡侵蚀后期裂缝缝端侵蚀产物堆积产生较多微裂缝，材料强度降低，裂缝表层脱落，试样质量、强度减小，缝端形态发生变化，所需临界劈裂水压降低。

3）在浓度为 0.1mol/L、pH 为 3 的 Na_2SO_4 溶液条件下，水泥砂浆主要发生硫酸盐侵蚀和酸性侵蚀。侵蚀前期，试样内部的水化产物 $Ca(OH)_2$ 和 CaO 易与 H^+ 发生化学反应，生成易溶于水的矿物，但预制裂缝受 H^+ 的影响程度小于硫酸盐侵蚀和水化作用，侵蚀产物填充试样内部孔隙，试样强度增大，水泥砂浆试样水力劈裂破坏所需临界劈裂水压亦增大；侵蚀后期，硫酸盐侵蚀产物堆积膨胀产生大量微裂缝，裂缝表面沙化、剥落现象明显，随侵蚀时间增长，预制裂缝缝端处的微裂缝汇聚形成次生裂缝，高水压进入裂缝内，次生裂缝区进一步扩展贯通，随缝内水压的不断增大，裂缝在强度薄弱区域扩展延伸，当宏观裂缝裂尖应力强度因子达到失稳断裂韧度时，试样整体劈裂破坏。

4）在浓度为 0.1mol/L、pH 为 1 的 Na_2SO_4 溶液条件下，水泥砂浆主要发生硫酸盐侵蚀和酸性侵蚀，且酸性侵蚀占主导地位，发生如下反应：

$$CaO + 2H^+ \longrightarrow Ca^{2+} + 2H_2O$$

$$Ca(OH)_2 + 2H^+ \longrightarrow Ca^{2+} + 2H_2O$$

$$mCaO \cdot nSiO_2 + 2mH^+ \longrightarrow mCa^{2+} + nSiO_2 + mH_2O$$

$$mCaO \cdot nAl_2O_3 + 2mH^+ \longrightarrow nAl_2O_3 + mCa^{2+} + mH_2O$$

$$mCaO \cdot nSiO_2 + 4nH^+ \longrightarrow mCa^{2+} + nSi(OH)_4$$

受溶液中高浓度 H^+ 影响，砂浆除了发生水化反应，还在强酸作用下生成大量可溶于水化学溶液的矿物。同时，SO_4^{2-} 侵入试样内部，生产板状或柱状的石膏，水泥砂浆微观结构骨架受到强酸侵蚀损伤显著，石膏等晶体不能像在中性或弱酸性 Na_2SO_4 溶液中一样填充试样内部孔隙和缺陷，而是加剧砂浆微细观结构损伤，致使试样持续劣化，试样质量、强度持续降低。侵蚀后期，Fe^{3+} 析出表面，产生红褐色物质附着在试样表面及缝端，预制裂缝表面砂化严重，缝尖形态发生改变，砂颗粒脱落，产生大量孔隙和裂隙。试样发生水力劈裂破坏所需临界劈裂水压持续降低，当缝内水压不断增大，预制裂缝缝尖周围微裂隙相互贯通，不断发展形成宏观裂缝，当宏观裂缝裂尖应力强度因子达到失稳断裂韧度时，试样整体劈裂破坏。

3. 主要结论

（1）不同水化学溶液和侵蚀历时条件下砂浆试样物理力学性能、断裂性能和水力劈裂性能和微观结构演变进程各不相同。在中性蒸馏水溶液条件下，砂浆质量、抗拉强度、断裂韧度、临界劈裂水压等指标随侵蚀历时增加而增大，180d 后趋于稳定；在中性和弱酸性 Na_2SO_4 溶液条件下，砂浆各指标总体随侵蚀历时增加先增后减；在强酸性 Na_2SO_4 溶液条件下，砂浆各指标劣化速率明显高于上述三种水化学溶液，各指标随侵蚀历时持续降低。在相同侵蚀溶液条件下，砂浆各力学指标演变规律较为一致。

（2）在中性蒸馏水溶液条件下，砂浆试样表观形态无明显变化，侵蚀浸泡 120d 时试样抗拉强度为 2.68MPa，较初始时刻分别增大了 50.6%；在中性和弱酸性 Na_2SO_4 溶液条件下，砂浆试样表观形态经历了表面掉渣、局部区域起皮至白色结晶物析出、棱角剥落等变化，侵蚀 270d 时试样抗压、抗拉强度分别较初始时刻劣化了 30.7% 和 47.6%；在强酸性 Na_2SO_4 溶液条件下，砂浆试样砂化、剥落显著、产生大量红褐色泥质沉淀、表面孔隙明显，侵蚀严重。强酸侵蚀对水泥砂浆强度的劣化效应明显强于硫酸盐侵蚀。

（3）在中性蒸馏水溶液条件下，三点弯曲梁试样和切口表观形貌无明显变化，起裂韧度和失稳断裂韧度在侵蚀 120d 前增速明显，侵蚀 120d 后趋于稳定，为 0.438MPa/m$^{3/2}$ 和 0.557MPa/m$^{3/2}$；在中性和弱酸性 Na_2SO_4 溶液条件下，侵蚀 180d 时砂浆试样起裂韧度、失稳断裂韧度均达到峰值，270d 后分别降低了 58.4% 和 41.2%、63.1% 和 42.0%；在强酸性 Na_2SO_4 溶液条件下，侵蚀 240d 时试样起裂韧度和失稳断裂韧度较初始时刻分别劣化了 92.1% 和 79.9%。水化学溶液作用对砂浆起裂韧度劣化幅度大于失稳断裂韧度。

（4）在中性蒸馏水溶液条件下，单裂缝砂浆试样水力劈裂破坏时裂缝沿预制裂缝方向贯通试样，劈裂面有水喷射出，并伴有沉闷劈裂声，侵蚀 180d 后，试样临界劈裂水压趋于稳定，约 2.177MPa，相比初始时刻增加了 34.7%；在中性和弱酸性 Na_2SO_4 溶液条件下，侵蚀 180d 后试样水力劈裂破坏时无明显宏观裂缝，有水从试样侧面渗出，试样临界劈裂水压达到峰值，分别为 2.701MPa 和 2.515MPa，侵蚀 270d 后分别降低了 48.5% 和 57.5%；强酸性 Na_2SO_4 溶液下，侵蚀 180d 后试样预制裂缝周围酥松，裂缝被杂碎砂粒和侵蚀产物沉淀堵塞，侵蚀 270d 后，试样预制裂缝严重破损，水力劈裂试验无法开展。

（5）在中性蒸馏水溶液条件下，砂浆主要发生溶出性侵蚀，抗水力劈裂能力增强；在中性 Na_2SO_4 溶液条件下，砂浆发生溶出性侵蚀和硫酸盐侵蚀，抗水力劈裂能力先增强后降低；在弱酸性 Na_2SO_4 溶液条件下，砂浆发生溶出性侵蚀、硫酸盐侵蚀和酸性侵蚀。侵蚀前期，硫酸盐侵蚀和水化作用占主导作用，抗水力劈裂能力先增强后降低；在强酸性

Na_2SO_4 溶液条件下，水泥砂浆主要发生硫酸盐侵蚀和酸性侵蚀，且酸性侵蚀占主导地位，试样抗水力劈裂能力持续下降。

8.2.1.2 硫酸盐侵蚀作用下纤维混凝土劣化试验

玄武岩纤维混凝土是以水泥基材料为基体，混入适量玄武岩纤维，经过均匀拌和、振捣密实以及标准养护而成的人工材料，相较于基体混凝土，其性能指标与使用寿命等可得到一定程度提升。为探究玄武岩纤维对水泥基材料基本性能指标产生的改善作用，柳树沟水电站等面板坝工程部分区域面板混凝土掺入纤维，提高受拉区面板的抗裂性能。

1. 试验概况

试验材料主要由水泥、细骨料、粗骨料、玄武岩纤维和水等五种材料组成。水泥使用 P·O 42.5 普通硅酸盐水泥；细骨料使用优质河砂，清洗两遍并烘干，为保证试样材料力学特性离散性较小，严格控制河砂的级配，经筛选后选用细度模数为 2.75 的中砂；粗骨料采用瓜子片碎石，水洗两遍并烘干，为控制混凝土试样的材料力学特性离散性，经筛选后选用最大粒径为 15mm；试验用水为普通自来水；玄武岩纤维选用上海某公司生产的玄武岩纤维，长度分别为 6mm 和 12mm，具体参数指标见表 8.2-2。

表 8.2-2　　　　　　　　　　　　玄武岩纤维参数指标

性　能	参数指标	性　能	参数指标
长度/mm	6/12	弹性模量/GPa	95～115
直径/μm	15	断裂伸长率/%	3.2
密度/(g/cm³)	2.7	最高使用温度/℃	800
拉伸强度/MPa	3000～3500		

力学特性试验在上海三思纵横 WAW-1000 型电液伺服万能试验机（见图 8.2-9）完成。设备配套的 TestSoftV1.1 采集分析系统是一套实时数据采集和离线数据分析的系统，可直接在控制计算机上实时采集、显示和分析数据，便于后续数据处理和导出。

图 8.2-9　万能试验机

为实现应力应变数据的精确采集，根据试验精度要求，应力测量采用两种量程和精度的荷载传感器：YBY-300kN 型荷载重传感器量程为 0～300kN，准确度级别为 0.3 级，用于抗压试验中压力荷载的测量；位移测量采用 YWC-20 型位移传感器，量程为 30mm，精度不低于 0.3%，分辨率为 0.005mm，安装在带磁力底座的可调节支架上进行测量，为方便数据采集标准统一，荷载与位移传感器均由溧阳市超源仪器厂生产，如图 8.2-10 所示。

为了深入研究玄武岩纤维在混凝土中的三维分布型式和增强改善机理，选择 SEM 扫描电子显微镜对混凝土试样块体进行微观观测，仪器型号为蔡司 Supra55，放大倍数可达

100000 倍左右，设备如图 8.2 - 11 所示。该仪器可用于观察不同体积掺量条件下玄武岩纤维混凝土的纤维分布规律、孔隙分布情况以及微观形貌特征。

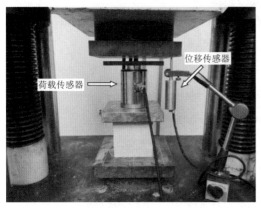

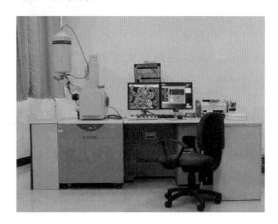

图 8.2 - 10 荷载与位移传感器　　　　　图 8.2 - 11 扫描电子显微镜

混凝土配合比为水泥：水：砂：石子＝1：0.49：1.56：2.55，水灰比为 0.49，砂率为 0.38。试验制备 100mm×100mm×100mm 的立方体试件。试验方案考虑五种体积掺量的玄武岩纤维，根据不同的体积，各组采用外掺法掺入不同体积的玄武岩纤维，试验工况见表 8.2 - 3。

表 8.2 - 3　　　　　　　　　　　试 验 工 况

试件编号	纤维长度/mm	纤维体积掺量/%	试件编号	纤维长度/mm	纤维体积掺量/%
B - 0	0	0	B - 12 - 1	12	0.1
B - 6 - 1	6	0.1	B - 12 - 2	12	0.2
B - 6 - 2	6	0.2	B - 12 - 3	12	0.3
B - 6 - 3	6	0.3	B - 12 - 4	12	0.4
B - 6 - 4	6	0.4	B - 12 - 5	12	0.5
B - 6 - 5	6	0.5			

2. 结果与讨论

（1）抗压强度试验。

1）破坏形态。素混凝土在万能试验机以预设的加荷速率加载过程中，随着轴压的持续增长，块体表层初步呈现细微裂纹；在机械加载的作用下，部分微小裂缝相互联结且略微扩展，在试件侧面逐渐明显；荷载在持续增加的同时，裂缝数量逐渐增多，且缝宽扩大，并向试件上方和下方延伸，逐步向块体棱角靠拢，棱角处微裂纹逐步扩张，直至横跨试样表面，引致块体剥落，形成典型的混凝土对顶角锥形破坏，同样伴随有新的细小裂纹在试样中心处生成。最后试样损坏时，周边棱部、角部裂纹横跨基体表面，块体边角部位混凝土出现剥落，块体损坏时有一定的崩裂声，并伴有碎块迸出，同时裂纹的体态为比较杂乱的散布形式，如图 8.2 - 12 所示。

而对于玄武岩纤维增强混凝土，前期裂纹发展规律及试样破坏规律与素混凝土类似，

（a）普通混凝土

（b）玄武岩纤维增强混凝土

图 8.2-12　混凝土抗压破坏形态图

但是在最终抗压破坏时，相对素混凝土崩裂声较小，几乎无明显的破坏声响，且很少伴随有碎块蹦出，因抗压破坏导致的破碎块体在纤维的桥接作用下可以依附在混凝土表面，很少有较大的碎片出现。

2）混凝土荷载—位移曲线。由万能试验机配套的 TestSoftV1.1 采集分析系统自动记录试验的荷载和位移数据，并生成即时动态曲线图便于观察监测。试样检测结束后，对初始数据进行筛选和同步处理，整理归纳出不同玄武岩纤维长度和体积掺量条件下混凝土试样的荷载—位移曲线，即玄武岩纤维增强混凝土从接触、开始变形、逐渐破坏到最终破坏失去承载能力的过程。

从图 8.2-13 可以看出，混凝土的荷载—位移曲线主要可分为四个不同阶段，即孔隙压密阶段、弹性阶段、不稳定破坏发展阶段和破坏阶段。

　　第一阶段：孔隙压密阶段，即坐标原点到线性段起始节点。玄武岩纤维增强混凝土试件中的原始孔隙和孔洞等在早期外荷载的作用下受压致密，且时间较短，形成早期的非线性变形。

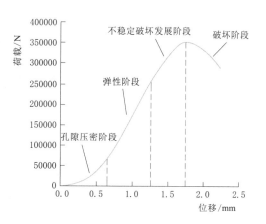

图 8.2 - 13　混凝土荷载—位移曲线的主要阶段

　　第二阶段：弹性阶段，即线性段起始节点到线性段极限节点。该阶段基体承受大部分轴压，内部块体部分暂时处于平衡状态，损伤较小，试件的部分原始孔隙等导致微裂纹略微扩展，外荷载卸荷后形变可以基本恢复，此时，纤维的承载作用由于试样块体完好的整体性而未能完全显露出来。

　　第三阶段：不稳定破坏发展阶段，即线性比例极限点到荷载极限点。此时水泥基材料基体逐渐产生塑性变形，荷载—位移曲线的弯曲程度逐步增加，随着轴压的持续增加，位移的缓慢增大，表观裂纹开始逐渐产生并扩展，塑性变形开始出现，试件内部与表面均有微损伤在积累。

　　第四阶段：破坏阶段，从荷载峰值点到结束点。破坏后的混凝土基体依然留存一定的残余强度，随着位移的增大，试件承受荷载能力逐渐下降，试件内部与表观裂缝持续发展直至贯通，形成明显的宏观贯通性裂缝。

　　如图 8.2 - 14 所示，玄武岩纤维体积掺量对于荷载—位移曲线有着不同程度的影响。从荷载—位移曲线观察可知，玄武岩纤维混凝土（Basalt Fiber Reinforced Concrete，BFRC）的荷载—位移曲线与素混凝土的曲线类似。在弹性阶段，对比参照基体，玄武岩纤维混凝土的斜率有所改善，说明加入玄武岩纤维的混凝土可以在不同程度上改善混凝土的弹性模量。在不稳定发展阶段和破坏阶段，可以看到玄武岩纤维混凝土的荷载—位移曲线的曲率是小于素混凝土的，即在相同的荷载增量下，纤维混凝土的位移增长要大于素混凝土，这说明在加入玄武岩纤维的情况下，由于纤维与水泥浆体结合性较紧密，其良好的抗拉性能有效地承担了外荷载，同时桥接了纤维相黏结的水泥浆体，阻碍了内部裂缝的扩展，并在混凝土破坏之后，依然可以串联起各破碎块体，混凝土出现裂而不断的现象，增强了混凝土的韧性。

　　3）纤维掺量对抗压强度影响。

　　此次试验分别测定了纤维长度为 6mm 和 12mm，纤维体积掺

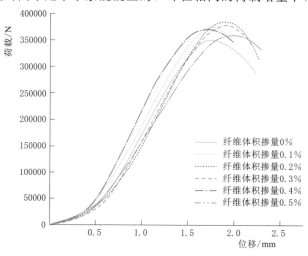

图 8.2 - 14　6mm 玄武岩纤维混凝土荷载—位移曲线

量分别为 0%、0.1%、0.2%、0.3%、0.4% 和 0.5% 的 BFRC 立方体基体抗压强度，具体试验结果见表 8.2-4。

表 8.2-4　　　　　　　　抗压强度试验结果

试件编号	纤维掺量/%	纤维长度/mm	抗压强度/MPa	抗压强度变化率/%
BF0	0	—	35.24	0
BF6-1	0.1	6	37.61	6.73
BF6-2	0.2	6	38.57	9.45
BF6-3	0.3	6	38.03	7.92
BF6-4	0.4	6	37.26	5.73
BF6-5	0.5	6	36.07	2.36
BF12-1	0.1	12	36.62	3.92
BF12-2	0.2	12	37.06	5.16
BF12-3	0.3	12	36.41	3.32
BF12-4	0.4	12	35.22	-0.06
BF12-5	0.5	12	34.55	-1.96

试样抗压强度变化和抗压强度变化率曲线分别如图 8.2-15 和图 8.2-16 所示。由图 8.2-15 和图 8.2-16 可看出，随着试样中玄武岩纤维含量加多，基体的抗压能力先上升后下降，掺入 6mm 纤维的基体在掺量为 0.1%～0.5% 时抗压极限优于素混凝土，此时纤维对于基体的抗压作用均呈现出改善效果，而长度为 12mm 的玄武岩纤维在改善混凝土抗压强度的效果上略微弱于 6mm 的玄武岩纤维，只有含量为 0.1%、0.2% 和 0.3% 时有所改善。在两种长度纤维的作用下，抗压强度分别提高 2.36%～9.45%、3.32%～5.16%，且均在体积掺量为 0.2% 时效果最为显著，此时的抗压强度分别为 38.57MPa 和 37.06MPa，相较素混凝土，其最大增幅为 9.45% 和 5.16%。而在抗压强度达到相应的最大值之后，水泥基复合材料的抗压能力便开始逐步减少，部分强度会低于对照组强度，强

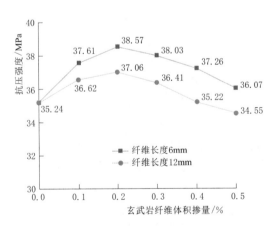

图 8.2-15　玄武岩纤维混凝土抗压强度变化曲线

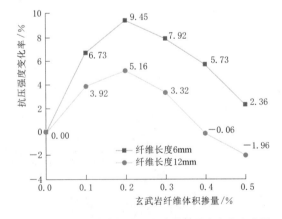

图 8.2-16　玄武岩纤维混凝土抗压强度变化率曲线

度最低的是加入 0.5% 的 12mm 纤维的试样，抗压强度为 34.55MPa，相较素混凝土，强度降低了 1.96%。由此可推论出，纤维的含量可以作用于基体的抗压强度，长纤维对于基体的改善效果要弱于短纤维，且随着纤维体积掺量的增加，对混凝土强度的作用效果有所区别，存在着最佳长度与最佳体积掺量，当 6mm 的纤维含量达到 0.2% 时，对基体的抗压强度增强效果最佳，强度提高了 9.45%。

由于玄武岩纤维具有较高的抗拉性能和应力应变比，在水泥基材料中混入纤维能够依靠纤维的桥接和拉伸能力有效保持基体的完整性，降低裂纹出现概率。同时，玄武岩纤维的掺入在一定程度上提高了水泥基复合材料的密实度。故而，纤维主要通过力学改善效果及填充孔隙效果影响了水泥基复合材料的工作性态。此外，纤维会因为含量提高而缠绕成团，出现纤维的团聚现象，致使抗压强度降低。

为进一步分析玄武岩纤维对混凝土抗压强度的改良机制，对图 8.2-15 中的两条抗压强度变化曲线分别进行回归拟合分析（见图 8.2-17），可以得到掺入 6mm 和 12mm 纤维的玄武岩纤维混凝土抗压强度函数关系式：

$$f_{cm} = ax^3 + bx^2 + cx + d \qquad (8.2-1)$$

式中：f_{cm} 为玄武岩纤维混凝土拟合抗压强度，MPa；x 为玄武岩纤维体积掺量，为便于计算，式中取 0~0.5；a、b、c、d 均为抗压强度拟合因子，具体见表 8.2-5。

表 8.2-5　　　　　　　　抗压强度 f_{cm} 回归方程的系数和相关参数

纤维长度 /mm	a	b	c	d	相关程度 R^2	均方根误差 RMSE	平均绝对误差 MAE
6	81.11	−104.98	33.92	35.24	0.996	0.073	0.060
12	82.87	−92.10	23.96	35.20	0.989	0.093	0.085

玄武岩纤维混凝土抗压强度与纤维掺量的关系如图 8.2-17 所示。两种纤维掺量情况下，玄武岩纤维混凝土抗压强度拟合方程的相关程度分别为 0.996 和 0.989，RMSE 分别为 0.073 和 0.093，MAE 分别为 0.060 和 0.085，平均绝对误差为 0.16% 和 0.24%，说明三次函数能较好地描述纤维掺量对玄武岩纤维混凝土抗压强度的改善效果，拟合的系数公式和参数是合理的。

（2）劈裂抗拉强度试验。

此次试验分别测定了玄武岩纤维长度为 6mm 和 12mm，纤维体积掺量分别为 0%、0.1%、0.2%、0.3%、0.4% 和 0.5% 的玄武岩纤维混凝土立方体基体劈裂抗拉强度，试验结果见表 8.2-6、图 8.2-18 和图 8.2-19。

试样劈裂抗拉强度和劈拉强度变化率分别如图 8.2-18 和图 8.2-19 所示。由图 8.2-18 和图 8.2-19 可看出，在相同含量下，增强效果随长度的增加而降低，短纤维的增强效果要优于长纤维，具有最佳改善效果。纤维对混凝土劈裂抗拉强度的改善效果同样呈现先上升后降低的趋向，二者分别使混凝土的劈裂抗拉强度增长了 2.49%~7.83% 和 0.36%~4.63%，都在体积掺量为 0.4% 时达到最大值，此时的劈裂抗拉强度分别为 3.03MPa 和 2.94MPa，相较素混凝土，其最大增幅为 7.83% 和 4.63%。由此可推论出，纤维可以作用于基体的劈裂抗拉强度，且基体内混入不同长度和含量的纤维，试样强度作用效果有所

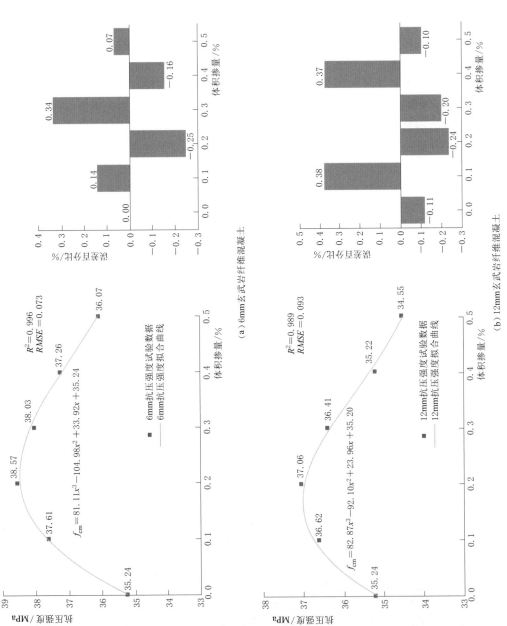

(a) 6mm玄武岩纤维混凝土

(b) 12mm玄武岩纤维混凝土

图 8.2-17　玄武岩纤维混凝土抗压强度与纤维掺量的关系

表 8.2-6　　　　　　　　　　　劈裂抗拉强度试验结果

试件编号	纤维掺量/%	纤维长度/mm	劈裂抗拉强度/MPa	劈裂抗拉强度变化率/%
BF0	0	0	2.81	0
BF6-1	0.1	6	2.88	2.49
BF6-2	0.2	6	2.93	4.27
BF6-3	0.3	6	3.00	7.76
BF6-4	0.4	6	3.03	7.83
BF6-5	0.5	6	2.91	3.56
BF12-1	0.1	12	2.82	0.36
BF12-2	0.2	12	2.85	1.42
BF12-3	0.3	12	2.92	3.91
BF12-4	0.4	12	2.94	4.63
BF12-5	0.5	12	2.84	1.07

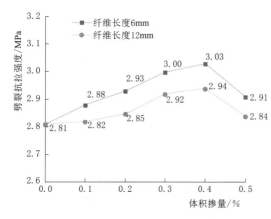

图 8.2-18　玄武岩纤维混凝土劈裂抗拉强度　　图 8.2-19　玄武岩纤维混凝土劈裂抗拉强度变化率

区别，存在着最佳长度和最佳体积掺量，当 6mm 的纤维含量达到 0.4％时，对基体的劈裂抗拉能力改善成效最佳，强度提高了 7.83％。

由于玄武岩纤维在混凝土中以多向随机状态散布，形成三维支撑结构，当混凝土试件劈裂受拉时，纤维良好的抗拉性能会有效地延缓微裂纹的扩展，纤维与胶体的紧密结合使试样在承荷时应力得到分散，荷载传递路径及裂纹开展路径得以变化，从而改善基体的劈裂抗拉强度。当纤维数量在一定范围内时，改善效果随着纤维数量的增加而提高；当掺入纤维过多时或长度增加时，纤维在混凝土块体内的平均相对距离会缩小，纤维易出现缠绕、交叉现象，从而降低混凝土劈裂抗拉强度。

为进一步分析玄武岩纤维对混凝土劈裂抗拉强度的改良机制，对图 8.2-18 中的两条劈裂抗拉强度变化曲线分别进行回归拟合分析，可以推出掺入 6mm 和 12mm 纤维的玄武岩纤维混凝土劈裂抗拉强度的函数关系式：

$$f_{tm} = a'x^3 + b'x^2 + c'x + d' \qquad (8.2-2)$$

式中：f_{tm} 为玄武岩纤维混凝土拟合劈裂抗拉强度，MPa；x 为玄武岩纤维体积掺量，为便于计算，取 $0\sim0.5$；a'、b'、c'、d' 均为劈裂抗拉强度拟合因子，具体见表 8.2 - 7。

表 8.2 - 7　　　　　　　　劈裂抗拉强度 f_{tm} 回归方程的系数和相关参数

纤维长度 /mm	a'	b'	c'	d'	相关程度 R^2	均方根误差 RMSE	平均绝对误差 MAE
6	-7.685	3.925	0.158	2.816	0.975	0.012	0.011
12	-8.981	5.683	-0.538	2.812	0.975	0.008	0.007

玄武岩纤维混凝土劈裂抗拉强度与纤维掺量的关系如图 8.2 - 20 所示。两种纤维掺量情况下劈裂抗拉强度拟合方程的相关程度均为 0.975，RMSE 分别为 0.012 和 0.008，MAE 分别为 0.011 和 0.007，平均绝对误差为 0.37% 和 0.23%，说明三次函数能较好地描述纤维掺量对玄武岩纤维混凝土劈裂抗拉强度的改善效果，拟合的公式和参数是合理的。

（3）机理分析。

1）增强机理。纤维通过弥补部分内部初始孔洞，降低基体整体的孔隙率，使水泥基复合材料的连续性提高，结构密实度增大。此外，适当的纤维在混凝土中能与水泥浆体产生良好的黏结效果，水泥浆体与纤维的契合较为紧密，并在水泥浆体中以不规则的三维乱向形式均匀分布，水泥浆体紧密包裹在纤维周围，强化了纤维的支撑结构，同时纤维与集料协同组成宏观—细观多层面骨料系统，共同改善基体的承载结构。在该次试验中，复合材料的工作性能得到了增强，最大可提高 9.45%，韧性也随之增强，当外部应力超过基体试样性能范畴时，纤维依然可以串联起各破碎块体，使基体完整性提高并保留一定的残余强度，以物理作用的形式呈现出增强效果。

2）阻裂机理。水泥基材料在制备时由于存在较多水分，因此在硬化时多余水分自然流失，在其初始位置和流失通道处会产生微裂纹并发展。均匀分散在混凝土中的玄武岩纤维填充了微裂纹和通道，形成各向均匀支撑体系，有效地阻隔了水分流失，缓解了因泌水、干缩、离析等问题产生的基体毛细管内部的负压，减少了混凝土前期因失水紧缩引致的塑性裂缝。当基体进入初凝阶段之后，局部拉伸能力无法承载因多种收缩反应致使的内部应力，基体依然受到约束的影响，大量裂缝随即产生，玄武岩纤维通过分散水化硬化过程中混凝土产生的能量改善了裂缝的发生和扩展，缓解了尖端应力集中现象。

3）增韧机理。混凝土在水化硬化过程中，玄武岩纤维充分发挥着增韧的效果。很多研究表明，玄武岩纤维既提高了水泥基复合材料的性能指标，同时也增强了抗侵蚀、抗冻融等耐久性能，基体在破坏后，会出现"裂而不断"的现象，破坏的块体依然可以依附在试样的表面而不完全脱落，这体现了玄武岩纤维对水泥基材料的增韧机理，即纤维横跨裂纹承受拉应力，改变了裂缝扩展方向并加强了能量的传递，缓解了应力集中现象。

3. 主要结论

（1）混凝土强度随纤维掺量增加呈现先上升后下降的趋向，短纤维的改善效果要优于长纤维；对于抗压强度改善效果最好的是掺入 0.2% 的 6mm 玄武岩纤维，而对于劈裂抗拉强度的最佳掺量是 0.4% 的 6mm 玄武岩纤维；玄武岩纤维混凝土的强度可以用三次函

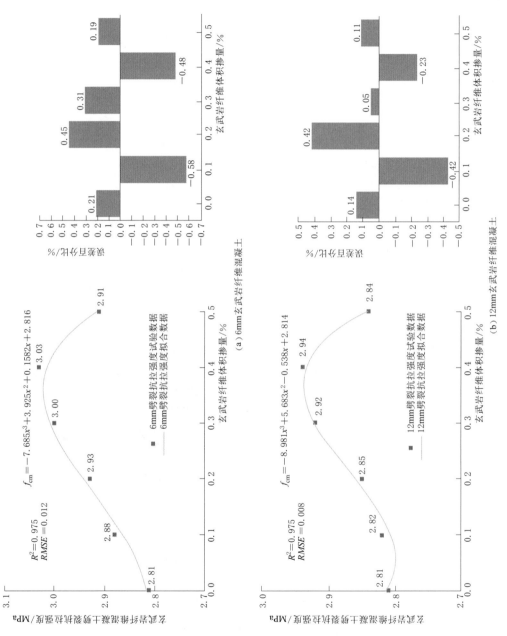

图 8.2－20　玄武岩纤维混凝土劈裂抗拉强度与纤维掺量的关系

数进行拟定，建立混凝土强度随玄武岩纤维掺量变化的数学模型。对于混凝土荷载—位移曲线的改善效果同强度基本一致。

（2）根据玄武岩纤维混凝土抗压破坏的表观形态，玄武岩纤维可以起到增韧和阻裂的作用，有效缓解了主裂缝及副裂缝的产生及扩展；玄武岩纤维依靠物理作用对混凝土进行改善，从而使玄武岩纤维混凝土出现不同的改善效果。

（3）基于复合材料力学理论、纤维间距理论以及试验成果，分析表明玄武岩纤维通过自身优异的力学性能和水泥基材料的相容性，可从增强、增韧和阻裂等三个层面对混凝土的力学性能进行改善。

8.2.1.3 坝基防渗帷幕渗透溶蚀机理

帷幕是水利水电工程中重要的普遍采用的防渗结构，由水泥净浆、砂浆和水泥黏土浆等材料灌注形成。在长期的运行过程中，帷幕中的固相钙，如氢氧化钙（CH）和水化硅酸钙（C-S-H）在环境水作用下，发生分解并析出，即溶蚀现象。

水工混凝土的耐久性包括冻融、环境水侵蚀、冲磨与空蚀、钢筋锈蚀和碱-骨料反应。对于环境水的侵蚀，常认为当 pH 大于 6.5 时，环境水对混凝土材料是没有侵蚀作用的。然而，工程实践表明，即使环境水中不存在 CO_3^{2-}、SO_4^{2-} 时，也会发生侵蚀破坏。大黑汀水库在运行 16 年后观测到坝基主廊道排水孔排出析出物，21 年后法向排水沟沉淀物显著增多，并有逐年增加趋势。经检测发现，析出物主要成分为氧化钙（CaO）。这是由于地下水对帷幕的溶出性侵蚀和软水侵蚀造成的，通过对防渗帷幕钻孔取样和钻孔内水下电视观察，大坝防渗帷幕已严重破坏。古城水库在运行 32 年后，两岸坝肩岩体存在明显的绕坝渗漏，渗水冬季结成冰堆，帷幕防渗能力明显衰减。这是因为中性的环境水 pH 等于7，而水泥基材料孔隙溶液的 pH 为 12.5～13.0，由于环境水的 pH 远小于水泥基材料孔隙溶液的 pH，从而导致材料中的固相钙在与环境水接触时，在水力梯度和浓度梯度作用下，OH^- 和 Ca^{2+} 不断析出，导致材料孔隙率增大，渗透系数增加，防渗能力下降。

水泥基材料中溶蚀现象，可根据有无渗流作用，分为接触溶蚀和渗透溶蚀。在桥墩、无压隧洞和桩基础中的溶蚀现象为接触溶蚀，固相钙分解所用时间远小于扩散的时间。对于水工挡水建筑物，如混凝土面板、心墙和帷幕等，由于孔隙水的运移作用，固相钙分解所用时间已远小于扩散时间。关于水泥基材料的溶蚀现象，许多学者进行了试验研究。在渗透溶蚀仿真中，当渗流不起主导作用，即固相钙分解的时间远小于扩散时间时，分解反应速率可采用固液平衡方程，当渗流起主导作用，即固相钙分解时间不再远小于扩散时间时，分解反应速率应采用 Ulm 提出的化学-孔隙-塑性理论。

现有的渗透溶蚀分析模拟中仍然存在问题。首先，现有的渗透溶蚀模型多是针对单一试件，局限于材料尺度，并未考虑结构整体渗流场的演变对溶蚀进程的影响；其次，渗透系数的模拟不准确，在有的渗透溶蚀模型中，将渗透系数定义为常数，忽略了溶蚀作用所导致的渗透系数演变，显然是不正确的，部分考虑了渗透系数演变的模型，仍然采用的是经验模型，并未考虑孔隙率、孔隙结构的改变对渗透系数的影响；最后，在现有渗透溶蚀分析中，缺少对材料固相钙含量、渗透系数等参数影响分析，对渗透溶蚀速率的关键因素还不清楚。帷幕浆液在设计时，关注的控制指标主要是掺合料的细度和颗分曲线、流动性、吸水率、凝结时间、密度、强度、弹性模量、渗透系数和渗透破坏比降。这些指标中与帷幕渗透溶蚀耐久性相关的是强度和渗透系数。这两个指标只能间接反映材料的抗溶蚀性能，并不能够直接用作渗透溶蚀耐久性的控制指标。

针对帷幕渗透溶蚀耐久性的控制问题，考虑结构整体渗流场和化学场的耦合作用，采用孔隙率作为渗透溶蚀耦合变量，将渗透系数和扩散系数定义为孔隙率的函数，提出水泥基材料渗透-溶蚀耦合分析方法，研究不同水力梯度、渗透系数和 CH 含量情况下帷幕性能演变规律，并提出帷幕的渗透溶蚀耐久性控制指标。

1. 渗透-溶蚀耦合模型

（1）控制方程。

水泥基材料中的固相钙溶蚀，受到扩散作用和渗流作用的控制，Ca^{2+} 一方面从浓度高的地方扩散到浓度低的地方，另一方面由水压高的地方被渗透水流运送到低水压的地方。在渗透溶蚀过程中，由于固相钙的分解，导致孔隙率和渗透系数的增加，渗透流速不是常数，因此，需要引入渗流连续方程，在溶蚀过程中孔隙溶液的流动假定仍然是达西流，水泥基材料的渗透溶蚀控制方程应为

$$\begin{cases} u = -\dfrac{k}{\rho g}\nabla P \\[2mm] \dfrac{\partial(\varepsilon_p \rho)}{\partial t} + \nabla(\rho\boldsymbol{u}) = Q_m \\[2mm] \dfrac{\partial \boldsymbol{c}}{\partial t} + \nabla(-D\,\nabla\boldsymbol{c}) + \boldsymbol{u}\,\nabla c = R_c \end{cases} \qquad (8.2-3)$$

式中：u 为渗透流速，m/s；k 为渗透系数，m/s；ρ 为水的密度，kg/m^3；g 为重力加速度，m/s^2；P 为孔隙水压力，Pa；ε_p 为孔隙率；t 为时间，s；Q_m 为源汇项，$kg/(m^3 \cdot s)$；c 为孔隙溶液中 Ca^{2+} 浓度，mol/m^3；D 为扩散系数，m^2/s；R_c 为固相钙的分解速率，$mol/(m^3 \cdot s)$。

在没有渗透水流作用的接触溶蚀中，CH 和 C-S-H 分解所需的时间和扩散的时间相比几乎可以忽略不计。因此，Ca^{2+} 和固相钙之间存在一个平衡状态。固液平衡状态方程被提出，就被广泛地应用于水泥基材料溶蚀的仿真模拟中。Nakarai 对此进行了改进，即

$$\begin{cases} \dfrac{\partial S_{Ca}}{\partial c} = \left(-\dfrac{2}{x_1^3}c^3 + \dfrac{3}{x_1^2}c^2\right)C_{CSH}\left(\dfrac{c}{c_{satu}}\right)^{1/3} & 0 \leqslant c \leqslant x_1 \\[3mm] \dfrac{\partial S_{Ca}}{\partial c} = C_{CSH}\left(\dfrac{c}{c_{satu}}\right)^{1/3} & x_1 < c < x_2 \\[3mm] \dfrac{\partial S_{Ca}}{\partial c} = C_{CSH}\left(\dfrac{c}{c_{satu}}\right)^{1/3} + \dfrac{C_{CH}}{(c_{satu}-x_2)^3}(c-x_2)^3 & x_2 \leqslant c \leqslant c_{satu} \end{cases} \qquad (8.2-4)$$

式中：S_{Ca} 为固相钙的浓度，mol/m^3；x_1、x_2 为固液平衡常数，mol/m^3，分别为 2mol/m^3、19mol/m^3；C_{CSH} 为水泥基材料中的 C-S-H 含量，mol/m^3；c_{satu} 为饱和孔隙溶液的 Ca^{2+} 浓度，mol/m^3，为 22mol/m^3；C_{CH} 为水泥基材料中的 CH 含量，mol/m^3。

当孔隙溶液中的 Ca^{2+} 浓度处于饱和状态时，材料中的固相钙就不会分解，即溶蚀现象不会发生，当孔隙溶液中的 Ca^{2+} 浓度小于饱和浓度时，材料中 CH 和 C-S-H 开始依

次分解，孔隙溶液中 Ca^{2+} 浓度大于 $19mol/m^3$ 且小于 $22mol/m^3$ 时，CH 分解，此时 C-S-H 不分解；当 Ca^{2+} 浓度大于 $2mol/m^3$ 且小于 $19mol/m^3$ 时，C-S-H 开始缓慢分解，此时 CH 已经完全溶蚀；当 Ca^{2+} 浓度小于 $2mol/m^3$ 时，C-S-H 开始快速分解。在渗透溶蚀中，孔隙溶液的 Ca^{2+} 浓度会在渗流作用下低于平衡状态的浓度，换言之，Ca^{2+} 析出的时间不再远大于固相钙分解的时间，固相钙和孔隙溶液中的 Ca^{2+} 是处在一个不平衡的状态。在这种情况下，固液平衡方程不能直接用来模拟固相钙的分解。Ulm 等（1999）提出了化学-孔隙-塑性理论，以偏离平衡状态的"距离"作为固相钙分解速率的度量。Gawin 等（2008）忽略了弹性变形和塑性硬化-软化项后，固相钙的分解可表示为

$$
\begin{cases}
\dfrac{\partial s_{Ca}}{\partial t} = \dfrac{1}{\eta} A_s \\[2mm]
\eta = RT\tau_{leach} \\[2mm]
A_s = RT\ln\left(\dfrac{c_{Ca}}{c_{Ca}^{eq}}\right) - \displaystyle\int_{s_{Ca}^{eq}}^{s_{Ca}} \kappa(\bar{s})\,d\bar{s} \\[4mm]
\kappa(s_{Ca}) = \dfrac{RT_{ref}}{c_{Ca}}\left(\dfrac{ds_{Ca}}{dc_{Ca}}\right)^{-1}
\end{cases}
\tag{8.2-5}
$$

式中：η 为不同固相钙组分的微观扩散常数，$mol/(J\cdot s)$；A_s 为化学势；R 为理想气体常数，$J/(mol\cdot K)$；T 为温度，K；τ_{leach} 为溶蚀的特征时间；c_{Ca}^{eq} 为平衡状态的孔隙溶液 Ca^{2+} 浓度，mol/m^3；s_{Ca}^{eq} 为平衡状态的固相钙浓度，mol/m^3；$\kappa(\bar{s})$ 为固液平衡常数；$\bar{s}$ 为固相钙浓度，mol/m^3。

对于固液平衡状态，平衡整体化学势 A_s^{eq} 为 0，因此，以下关系式成立：

$$
A_s^{eq} = RT\ln\left(\frac{c_{Ca}}{c_{Ca}^{eq}}\right) - \int_{s_{Ca}^{eq}}^{s_{Ca}} \kappa(\bar{s})\,d\bar{s} = 0
\tag{8.2-6}
$$

借助此关系，可将不平衡状态下的固相钙分解速率改写成为

$$
\frac{\partial s_{Ca}}{\partial t} = \frac{1}{\eta} A_s = \frac{1}{\eta}\left(\int_{s_{Ca}^0}^{s_{Ca}^{eq}} \kappa(\bar{s})\,d\bar{s} - \int_{s_{Ca}^0}^{s_{Ca}} \kappa(\bar{s})\,d\bar{s}\right)
\tag{8.2-7}
$$

（2）孔隙率、扩散系数和渗透系数的演变方程。

1）孔隙率。

水泥基材料中的固相钙主要是 CH 和 C-S-H 两种。Wan 等（2013）认为 CH 的溶解产生毛细孔，而 C-S-H 的分解产生凝胶孔。还有一些学者如 Phung 等（2016），他认为 C-S-H 的分解既会产生凝胶孔，也会产生毛细孔，只不过毛细孔所占的比例比较小。在接触溶蚀中，可以通过孔隙溶液浓度来判定 Ca^{2+} 的来源，当溶液浓度大于 $19mol/m^3$，孔隙溶液中的 Ca^{2+} 来自 CH 的分解，因此，所产生的孔隙都是毛细孔，当 CH 完全分解，孔隙溶液浓度小于 $19mol/m^3$ 时，Ca^{2+} 来自 C-S-H 的分解，所产生的孔隙为凝胶孔。然而，在渗透溶蚀中，由于固相钙和 Ca^{2+} 之间的不平衡状态，CH 和 C-S-H 同时分解，因此很难区分离子的来源。Kuhl 等（2004）提出了采用 CH、钙矾石和 C-S-H 平均密度来计算孔隙率的简化方法，通过溶蚀掉的 Ca^{2+} 总摩尔数乘以平均摩尔体积，就可以获得平均的孔隙增量。该方法被 Gawin 等（2008a，2008b）采用，并通过试验验证了其有效性，采用 Kuhl 的假设，孔隙的演化方程为

$$\varphi = \varphi_0 + \Delta\varphi(\Gamma_{\text{leach}}) ; \Delta\varphi(\Gamma_{\text{leach}}) = \frac{\mu}{\rho}\Gamma_{\text{leach}} ; \Gamma_{\text{leach}} = \int \frac{1}{\eta}A_s \mathrm{d}t \qquad (8.2-8)$$

式中：φ 为当前材料孔隙率；φ_0 为初始孔隙率；$\Delta\varphi(\Gamma_{\text{leach}})$ 为溶蚀作用导致的孔隙增量；μ 为 CH、钙矾石和 C-S-H 的平均摩尔体积，取 $3.5\times10^{-5}\,\mathrm{mol/m^3}$；$\Gamma_{\text{leach}}$ 为溶蚀的固相钙摩尔数，mol。

2）扩散系数。

在溶蚀过程中，扩散系数随着孔隙率的增加而不断增大。有效扩散系数模型首先是由 Garbocz 等（1992）所提出，但是该模型主要是用来计算由于水泥继续水化而导致的扩散系数演变，并不适用于溶蚀后的水泥基材料，因为溶蚀作用对孔隙率的影响要比后期水泥水化作用大得多。VanEijk 等（1998）在前人工作的基础上，提出了改进型的孔隙率—有效扩散系数关系方程：

$$\frac{D_e}{D_0} = 0.0025 - 0.07\varphi_{\text{cap}}(x,0)^2 - 1.8H(\varphi_{\text{cap}}(x,0) - 0.18)(\varphi_{\text{cap}}(x,0) - 0.18)^2$$

$$+ 0.14\varphi_{\text{cap}}(x,t)^2 + 3.6H(\varphi_{\text{cap}}(x,t) - 0.16)(\varphi_{\text{cap}}(x,t) - 0.16)^2 = D(\varphi)$$

$$(8.2-9)$$

式中：D_e 为溶蚀后的水泥基材料有效扩散系数，$\mathrm{m^2/s}$；D_0 为 $\mathrm{Ca^{2+}}$ 在水溶液中的扩散系数，$\mathrm{m^2/s}$；$\varphi_{\text{cap}}(x,0)$ 为初始孔隙率；$H(\cdot)$ 为权重函数；$\varphi_{\text{cap}}(x,t)$ 为当前的孔隙率；$D(\varphi)$ 为 $\mathrm{Ca^{2+}}$ 在水泥基材料中的有效扩散系数与水中扩散系数之比。

式（8.2-9）被广泛应用到水泥基材料渗透溶蚀计算中。

3）渗透系数。

水泥基材料的渗透系数常被定义为孔隙率的函数，有多种形式。

Kozeny-Carman（KC）方程，考虑孔隙率、孔隙内表面积、扭曲程度的影响。KC 方程被广泛地应用于多孔均质材料渗透系数的模拟，其表达式为

$$K = \chi\frac{\varphi^3}{(1-\varphi)^2} ; \chi = \frac{1}{\tau^2 S_a^2 F_s} \qquad (8.2-10)$$

式中：χ 为微观结构变量，$\mathrm{m^2}$；τ 为孔隙扭曲程度；S_a 为比表面积，$\mathrm{m^2/m^3}$；F_s 为形状函数。

孔隙的比表面积可以通过 BET 氮气吸附来获得，体积模量可以通过压汞试验（MIP）来获得，Phung 等（2016）假定孔隙比表面积、体积模量都是随着钙硅比而呈线性变化，并引入了集总项 Ω 来简化形状函数 F_s 和孔隙扭曲程度 τ，表达式为

$$\Omega = \frac{1}{\tau^2 F_s} ; \Omega_0 = 10^{-3}\Omega_1 ; \Omega = \Omega_0 - (\Omega_0 - \Omega_1)d_1^2 \qquad (8.2-11)$$

其中

$$d_1 = 1, C_{\text{CH}} = 0 ; d_1 = \frac{C_{\text{CH}}}{C_{\text{CH}}^0}, C_{\text{CH}} > 0 \qquad (8.2-12)$$

式中：Ω_0 为未溶蚀材料的集总项；Ω_1 为溶蚀材料的集总项；d_1 为溶蚀程度；C_{CH}^0 为初始时刻 CH 的总含量，$\mathrm{mol/m^3}$；C_{CH} 为当前时刻的 CH 总含量，$\mathrm{mol/m^3}$。

Phung 等（2016）通过试验验证了 KC 方程在溶蚀水泥基材料渗透系数模拟中的有效性，因此可采用 KC 方程来表征渗透溶蚀过程中大坝混凝土渗透系数的演变。

（3）模型应用。

水泥基材料渗透-溶蚀耦合分析方法应用于工程中的过程可分为 5 步，分别为：①基础资料收集，包括工程设计图纸、计算工况等；②现场取样，取样部位应包括所有可能发生溶蚀的部位；③室内试验，对取得的试样，开展室内试验，测量不同工程部位可溶蚀 CH 和 C-S-H 含量、材料孔隙率、初始渗透系数，并进行室内渗透溶蚀试验，获得材料孔隙率、渗透系数和扩散系数方程中的常系数，如 D_0、C_{CH}^0 等；④模型参数确定，基于室内试验结果，结合渗透-溶蚀耦合分析模型，建立材料孔隙率、渗透系数和扩散系数的演变方程；⑤渗透溶蚀计算。建立三维有限元模型，利用建立的参数演变方程，进行渗透溶蚀计算。

2. 实例验证——石漫滩水库重建工程

（1）工程概况。以石漫滩水库重建工程为例（张开来 等，2020），应用渗透-溶蚀耦合分析模型，对帷幕的渗透溶蚀的发展过程进行分析，研究帷幕的渗透溶蚀耐久性控制指标。大坝坝顶高程 112.50m，最大坝高 40.5m，最大坝宽 31.74m，坝顶长度 645m，共分 22 个坝段：1~9 号坝段为右岸非溢流坝段，长 320m；10~16 号坝段为溢流坝段，长 132m；17~22 号坝段为左岸非溢流坝段，长 193m；其中 19 号坝段为底孔坝段，长 18.00m。

（2）有限元模型。石漫滩水库整体计算模型如图 8.2-21 所示。模型选取复建工程大坝非溢流段典型断面，考虑的主要结构包括混凝土面板、坝体、齿墙、坝体排水管、坝基排水管、防渗帷幕和底部基岩。帷幕局部溶蚀模型如图 8.2-22 所示，该模型初始浓度条件与整体计算模型一致，主要用于分析不同初始渗透流速下的帷幕渗透系数演变。

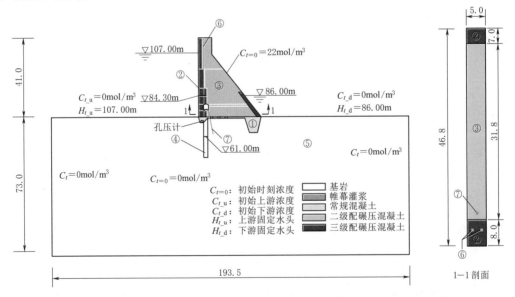

图 8.2-21　石漫滩水库整体计算模型图（单位：m）

注：①~⑦为材料编号，详见表 8.2-8。

计算初始条件包括初始 Ca^{2+} 浓度和初始水头条件，面板、坝体、帷幕和齿墙的初始 Ca^{2+} 浓度取饱和浓度 $22mol/m^3$，基岩的初始 Ca^{2+} 浓度为 0，初始边界条件包括初始水头边界和浓度边界，面板上游侧和基岩上游侧顶部为上游水头边界，取正常蓄水位 107.0m，坝体下游侧和基岩下游侧顶部为下游水头边界，取正常尾水位 86.0m，下游坝体在高程 86.0m 和 107.0m 中间设置出渗边界。

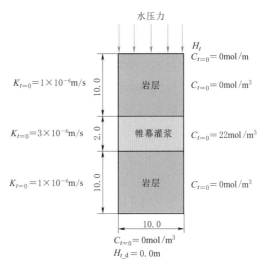

图 8.2-22　帷幕局部溶蚀模型（单位：m）

（3）计算参数。为了减小网格数目、节省计算时间，坝体被简化成均质孔隙材料。该水库大坝已运行超过 20 年，由于缺乏各材料分区的渗透参数，因此根据现场安全检查资料和渗流监测资料，利用坝基扬压力测压管水位及渗流量观测资料，进行反演分析以获取各材料分区的渗透参数，孔隙率是根据经验数据给出的，扩散系数是根据式（8.2-9）计算所得。计算参数见表 8.2-8 和表 8.2-9。

表 8.2-8　　　　　　　　　　　不同材料分区计算参数

编号	材料	初始孔隙率	初始渗透系数/(cm/s)	初始扩散系数/(m²/s)
①	常规混凝土	0.10	5.2×10^{-7}	7.11×10^{-12}
②	二级配混凝土	0.13	2.0×10^{-6}	8.78×10^{-12}
③	三级配混凝土	0.10	5.0×10^{-8}	7.11×10^{-12}
④	帷幕灌浆	0.15	1.5×10^{-6}	9.87×10^{-12}
⑤	基岩	0.20	1.0×10^{-2}	1.47×10^{-11}
⑥	坝体排水管	0.50	2.5×10^{-3}	4.50×10^{-10}
⑦	坝基排水管	0.50	6.0×10^{-4}	4.50×10^{-10}

表 8.2-9　　　　　　　　　　固相钙不平衡分解模型计算参数

固相钙成分	孔隙溶液浓度/(mol/m³)	ds_{Ca}/dc_{Ca}	扩散系数/(m²/s)	τ_{leach}/s	$\frac{1}{\eta}$/[mol/(J·s)]
CH	19～22	2142	1.44×10^{-9}	1.17×10^{4}	3.45×10^{-8}
C-S-H	2～19	203	1.62×10^{-9}	5.88×10^{2}	0.7×10^{-8}
C-S-H	0～2	1910	1.83×10^{-9}	6.52×10^{3}	6.2×10^{-8}

（4）结果验证与分析。

1）地基扬压力与渗流量变化。

图 8.2-23 是基底孔隙水压力计算值和监测值对比，其中，孔压计的位置如图 8.2-21 所示，此时的上游水位分别为 107.2 和 107.1m，下游水位分别为 86.2m 和 85.9m，

相应的溶蚀时间为 4 年和 8 年。从图 8.2-23 中可以看出，测压管监测值与计算值吻合良好。图 8.2-24 是坝基渗流量集水井监测数据和模拟结果对比，计算值是对坝基排水管出溢处流速对时间的积分得到的，然后将其按大坝总长度折算成整个大坝的坝基渗流量。坝基渗流量在 8 年时间中略有增加，监测坝基渗流量在计算曲线上下波动，计算坝基渗流量曲线与监测值线性拟合曲线吻合良好。通过基底扬压力、坝基渗流量仿真结果和监测数据的对比，可知数值模拟与工程实际较为接近，具有合理性。基于水泥基材料固相钙分解不平衡理论的渗透-溶蚀分析模型可用于水泥基材料溶蚀耐久性研究。

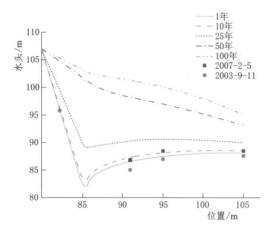

图 8.2-23　基底孔隙水压力计算值与监测值对比

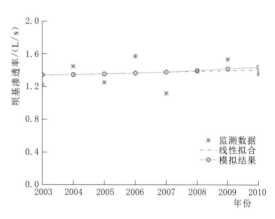

图 8.2-24　坝基渗流量模拟图

2）帷幕中线渗透系数。

图 8.2-25 是不同初始渗透系数下的帷幕中线渗透系数演变曲线，帷幕中线位置取高程 61.0m 处位置（见图 8.2-25），其中，帷幕的初始渗透系数分别为 1.0×10^{-8} m/s 和 1.0×10^{-9} m/s，从图 8.2-25 可知，渗透溶蚀作用下帷幕渗透系数具有时空变异特性，随着溶蚀时间的增加，帷幕整体的渗透系数不断增大，上游侧帷幕渗透系数增加速率要大于下游侧，这是由于孔隙溶液的运移作用所引起的，在渗透水压的作用下，上游帷幕孔隙溶液中的 Ca^{2+} 被迁移至下游侧，导致上游孔隙溶液浓度较低，固相钙分解速率相对较快，上游侧帷幕的渗透系数在溶蚀时间 50 年左右时，普遍大于下游侧 1～2 个数量级。图 8.2-26 是不同初始渗透系数下帷幕中线渗透系数增加倍数演变曲线。从图 8.2-26 可知，帷幕的渗透系数在运行 100 年后会增加 4 个数量级。初始渗透系数为 1.0×10^{-9} m/s 的帷幕渗透系数增大速率要小于 1.0×10^{-8} m/s，说明帷幕的初始渗透系数会影响溶蚀的速率，但并不会影响最终的溶蚀程度。通过该结果可知，在不改变帷幕配比和胶凝材料成分的情况下，初始渗透系数越小的帷幕耐久性越好，但经过足够长的一段时间，最终溶蚀程度还是会趋于一致。

图 8.2-27 是不同初始 CH 含量帷幕中线渗透系数演变曲线，帷幕中初始 CH 含量分别为 100mol/m³ 和 3000mol/m³，总的固相钙（CH＋C-S-H）含量均为 9000mol/m³，帷幕的初始渗透系数均为 1.92×10^{-8} m/s。从图 8.2-27 可知，在前 10 年中，CH 含量对帷幕渗透系数演变的影响不是很大，帷幕中线渗透系数基本处于一条线上，仅在上游侧

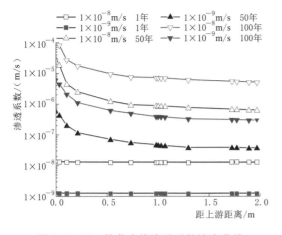

图 8.2－25　帷幕中线渗透系数演变曲线

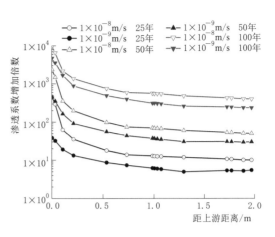

图 8.2－26　帷幕中线渗透系数增加倍数演变曲线

CH 含量为 3000mol/m^3 的帷幕渗透系数大于 CH 含量为 100mol/m^3 的帷幕。随着溶蚀时间的增加，两种不同 CH 含量的帷幕渗透系数逐渐增大，当溶蚀时间达到 50 年时，中线渗透系数平均差距为 1 个数量级，溶蚀时间到达 100 年时，渗透系数相差达 2 个数量级。图 8.2－28 是不同初始 CH 含量帷幕中线渗透系数增加倍数演变曲线。从图 8.2－28 可以更直接地看出两种不同 CH 含量帷幕中线渗透系数的变化。CH 含量的不同不仅会影响帷幕渗透系数演变的速率，更重要的是会影响帷幕的溶蚀程度，CH 含量为 3000mol/m^3 的帷幕，在溶蚀时间为 100 年时渗透系数会增加 4 个数量级，而 CH 含量为 100mol/m^3 的帷幕仅增加了 1 个数量级，这表明 CH 含量对帷幕渗透系数的发展具有重要的影响，为设计出渗透溶蚀耐久性更好的帷幕，必须要严格控制 CH 的含量。

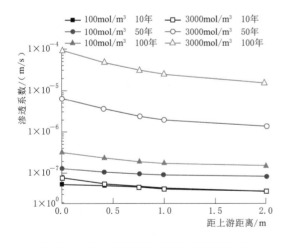

图 8.2－27　不同初始 CH 含量帷幕中线
渗透系数演变曲线

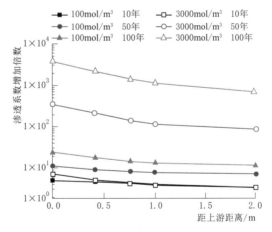

图 8.2－28　不同初始 CH 含量帷幕中线
渗透系数增加倍数演变曲线

3）防渗作用演变。

图 8.2－29 是不同 CH 含量帷幕削减水头演变曲线。模型上游水位为 107.0m，下游水位为 86.0m，初始渗透系数为 2×10^{-8} m/s。从图 8.2－29 可以看出，随着帷幕 CH 含

量的减小，帷幕削减水头百分率的下降逐渐减慢，帷幕抗溶蚀能力逐渐提高，当 CH 含量超过 6％时，CH 含量的变化对帷幕抗溶蚀能力的影响有限，只有当帷幕 CH 含量小于 6％时，帷幕的抗溶蚀能力才会显著的增加，当帷幕的初始 CH 含量为 2％时，经过 100 年的溶蚀，帷幕削减水头仍然有初始值的 40％，当初始含量为 0.2％，经过 100 年的溶蚀，帷幕削减水头能力仍保持在 60％以上。图 8.2-30 是不同初始渗透系数帷幕削减水头演变曲线，帷幕中的 CH 含量为 3000mol/m³，C-S-H 含量为 6000mol/m³。从图 8.2-30 可知，帷幕的初始渗透系数与削减水头的大小有关，帷幕渗透系数越小，初始削减水头值就越大，随着运行时间的增加，初始渗透系数小的帷幕抗溶蚀能力越强，在运行了 30 年，初始渗透系数为 1×10^{-7} m/s 和 1×10^{-8} m/s 的帷幕已经基本丧失了防渗能力，削减水头值已不足 2m。而初始渗透系数为 1×10^{-9} m/s 的帷幕，仍然保留了 50％的初始水头削减能力。从削减水头演变曲线可以看出，帷幕削减水头能力存在明显的转折，这是前期 CH 的分解导致了帷幕渗透系数急剧增加所引起的，当 CH 完全分解后，C-S-H 的分解只会使帷幕渗透系数缓慢地增加。为了提高帷幕的抗溶蚀能力和耐久性，有必要采取加大掺量粉煤灰、硅粉等措施来减小帷幕水泥浆液中的 CH 含量，并通过减小水灰比来控制初始渗透系数。这些措施从短期来看，工程造价会提高，但会极大地增加帷幕的服役年限和服役表现，从经济上讲，仍然是值得实施的。

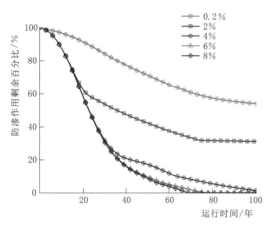

图 8.2-29　不同 CH 含量帷幕削减
水头演变曲线

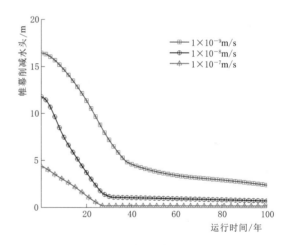

图 8.2-30　不同初始渗透系数帷幕削减
水头演变曲线

3. 帷幕渗透溶蚀耐久性控制指标

帷幕的渗透溶蚀耐久性和 CH 含量以及初始渗透系数有关，下面讨论是否可以将这两个参数作为帷幕的渗透溶蚀耐久性控制指标。CH 含量是与帷幕材料成分有关的参数，可以直接作为控制指标，而帷幕的渗透系数对溶蚀进程的影响是通过控制孔隙溶液流速来完成的，然而，帷幕孔隙溶液中 Ca^{2+} 的运移速率不仅和帷幕本身的渗透系数有关，还和周围地层的渗透系数有关，因此，直接将帷幕的渗透系数作为溶蚀耐久性的控制指标是不合适的。如果一味地追求减小帷幕渗透系数，会导致结构设计偏保守、不经济。结合渗透溶蚀控制方程和工程经验，更合理的渗透溶蚀控制指标应该是帷幕孔隙溶液的渗透流速，它直接反映了孔隙溶液中 Ca^{2+} 的运移速率。因此，帷幕渗透溶蚀耐久性控制指标应该为帷幕 CH 含量和孔隙溶液初始渗透流速。图 8.2-31 是 CH 含量为 0.2% 的帷幕在渗透流速作用下渗透系数演变规律，帷幕的渗透流速从 $1 \times 10^{-4} \sim 1 \times 10^{-8}$ m/s，帷幕的渗透系数为整体平均渗透系数 2.56×10^{-8} m/s，帷幕的初始渗透系数为 1×10^{-8} m/s。从图 8.2-31 可以看出，当帷幕孔隙溶液中的渗透流速小于 1×10^{-6} m/s 时，渗透系数增加基本呈线性模式，经过了 100 年的溶蚀，

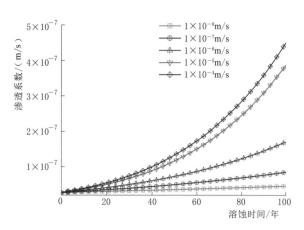

图 8.2-31　CH 含量为 0.2% 的帷幕渗透系数

整体平均渗透系数仍然小于 2×10^{-7} m/s，即使是初始渗透流速达到 1×10^{-4} m/s 的帷幕，帷幕最大平均渗透系数仍然保持在 10^{-7} 数量级。所以，对于初始 CH 含量为 0.2% 的帷幕，初始渗透流速控制在 1×10^{-6} m/s 以下，在经历 100 年的溶蚀时间后，仍然会有较好的防渗能力。图 8.2-32 是不同渗透流速下 CH 含量为 2.0% 的帷幕渗透系数演变规律。从图 8.2-32 可以看出，与 CH 含量为 0.2% 的帷幕主要的不同之处有两点：第一点是帷幕渗透系数的数值，经过 100 年的溶蚀，帷幕整体平均渗透系数在初始渗透流速超过 1×10^{-6} m/s 时，都达到了 10^{-6} 数量级，比 CH 含量为 0.2% 的高一个数量级；第二点是帷幕的渗透系数演变曲线在初始段附近存在较明显的转折，在刚开始时渗透系数增加速率较快，后期渗透系数增加速率减慢。存在转折段的原因是 CH 的含量增加了，CH 的溶解和 C-S-H 的分解对渗透系数的贡献是不同的，CH 分解产生毛细孔，C-S-H 分解产生凝胶孔和部分毛细孔，CH 分解对渗透系数的影响要大于 C-S-H。值得注意的是，CH 完全分解后帷幕的渗透系数均为 5×10^{-7} m/s，并不会随着渗透流速的改变而发生显著变化，说明帷幕的 CH 和 C-S-H 含量决定了最终溶蚀程度。相同胶凝成分的帷幕，在不同渗透流速作用下，经过足够长的服役时间后，最终会达到相同的溶蚀程度。综合以上分析，帷幕中 CH 含量不宜超过可溶解固相钙总量的 2%，同时应保证帷幕的初始渗透流速不超过 1×10^{-6} m/s，按此标准设计的帷幕，可保证寿命超过 50 年而不产生明显的防渗能力退化，帷幕渗透系数在运行 50 年以后增大值在 1 个数量级以内。

4. 主要结论

考虑了渗流和溶蚀之间的耦合作用。结合实际工程，研究水泥成分、渗透系数对帷幕溶蚀耐久性的

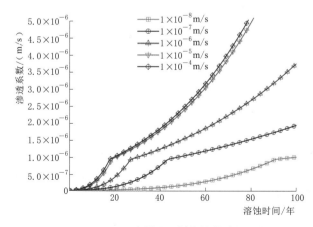

图 8.2-32　CH 含量为 2% 的帷幕渗透系数

影响，提出防渗帷幕耐久性控制指标，主要结论如下：

（1）基于水泥基材料固相钙分解不平衡理论的渗透-溶蚀分析模型可用于水泥基材料溶蚀耐久性研究，特别适用于模拟材料的时空变异特性。

（2）孔隙溶液的渗透流速对帷幕的溶蚀进程有重要的影响，在相同帷幕材料成分情况下，孔隙溶液流速越大，溶蚀进程越快。

（3）帷幕的 CH 和 C-S-H 含量决定了最终溶蚀程度，相同胶凝成分的帷幕，在不同渗透流速作用下，经过足够长的服役时间后，最终会达到相同的溶蚀程度。

（4）为提高帷幕的服役性能和年限，应采取措施减小帷幕中 CH 含量，当 CH 含量控制在 2% 以下时，渗透流速不超过 1×10^{-6} m/s 时，帷幕渗透系数在运行 50 年以后增大值在 1 个数量级以内。

8.2.2　防渗系统混凝土性能劣化规律

8.2.2.1　干湿循环下混凝土劣化规律

在大气环境中，渗透与蒸发无时无刻不在发生。水在多孔材料中渗透与蒸发的原理不难理解，多孔的混凝土吸附大气环境中的水分，水分逐渐从混凝土表面向孔内扩散，最终浸润整个孔壁，形成浸润膜。依据膜渗透原理，位于膜外的水分逐渐透过浸润膜，待整个孔内水分局部饱和，便开始流动。浸润与流动同时进行，最终孔内水分全部饱和，渗流正式开始。自此溶于水中的溶质（例如各种酸根离子）开始扩散进入孔内。

微毛细孔和大毛细孔中的水蒸发时，会形成毛细管张力；凝胶粒子表面的吸附水与水泥石固相间的物理吸附作用使凝胶水失去时产生较强的表面张力和紧缩力，从而引起凝胶体积收缩。毛细孔、凝胶孔中的水一旦蒸发，或者说只要孔中水出现凹液面，在水的表面张力作用下试件体积便会收缩。因此，干湿循环大致可以分为两个阶段对混凝土孔结构进行作用：第一阶段为水分渗透，主要是在其后期会有有害粒子被渗流作用挟带进入混凝土内部，但大气环境下水分的渗流本身对水泥混凝土内部孔结构影响并不大；第二阶段为水分蒸发，内外相对湿度差越大，越能够将小孔中的水蒸发，这是由于蒸发过程中出现的毛管力使得混凝土收缩，当收缩应力大于孔壁拉应力极限值时，孔就会被破坏，当收缩应力小于孔壁拉应力极限值时，孔收缩但不被破坏。

8.2.2.2　冻融循环下混凝土劣化规律

关于混凝土受冻破坏的原因有很多种说法，相对较合理的说法认为，混凝土的毛细孔中滞留了一些因施工需要加入的多余水：一方面，这些多余水遇冷结冰会发生体积膨胀；另一方面，如果混凝土处于饱水状态，当毛细孔中的水结冰时，凝胶孔中的水处于过冷状态，同时因为混凝土孔隙中水的冰点随孔径的减少而降低，导致凝胶孔中形成的冰核的温度在 -78℃ 以下。这种处于过冷状态的水分因为其蒸汽压高于同温度下冰的蒸汽压而向毛细孔中冰的界面处渗透，产生一种渗透压，使毛细孔中冰的体积进一步膨胀。由此可见，当混凝土处于饱水状态并受冻时，其毛细孔壁同时承受膨胀压、渗透压两种压力，当这两种压力超过混凝土的抗拉强度时，混凝土就会开裂，且在冻融循环下，这种开裂裂缝会相互贯通，直至使混凝土结构由表及里遭到破坏。

由冻融循环引起的混凝土劣化的形式有两种：表层剥落和内结构开裂。表层剥落经常发生在使用了除冰盐的混凝土路面，由于盐的存在，混凝土内部渗透压增大、饱和度提高、结冰压增大，从而加剧了混凝土在冻融循环下的破坏。内结构开裂的原因，是混凝土孔隙内溶液结冰膨胀，产生膨胀压，伴随着多次冻融循环导致混凝土损伤并不断积累，最终使混凝土内部发生开裂现象。根据实际工程来看，冻融破坏的影响主要不是强度，而是对结构适用性的影响。我国北方地区使用除冰盐的路面典型的冻融破坏特征是表面砂浆剥落、集料暴露，而下面的混凝土结构保持完好，其强度没有降低。

8.2.2.3　复杂荷载下混凝土碳化规律

大气环境中 CO_2 无处不在，处于大气环境中的水泥混凝土结构物不可避免地要受到碳化作用的影响，只是速率快慢的问题。从长期碳化作用结果来看，混凝土的微观结构被改变了。由于碳化前后水泥石成分发生了变化，物理形貌的不同和体积的变化而且受到很多其他环境的作用，这就使混凝土内部的孔隙结构变大趋向于更加连通，抗渗性能降低。混凝土的渗透系数、透水量、混凝土的过度振捣、混凝土附近水的更新速率、水流速率、结构尺寸、水压力及养护方法与混凝土的碳化都有密切的关系。因此，考虑碳化作用对水泥混凝土耐久性的影响是必要的。

混凝土碳化的本质就是空气中的 CO_2 通过扩散等作用深入到混凝土内部，并吸附溶解于混凝土内部孔隙表面的水中，形成 H_2CO_3 进而与水泥水化产物中的碱性物质发生中和反应，其实际过程非常复杂。研究混凝土的碳化机理及破坏规律，应从混凝土内部化学成分的系统变化入手。据此，混凝土碳化的前提条件为新拌混凝土中水泥的水化过程。这一过程主要是水泥熟料中的矿物水化生成可碳化物质的阶段。同时，混凝土内的钢筋在水泥水化的强碱环境下表面形成致密钝化膜，使钢筋中的铁避免与周围环境中的侵蚀性物质发生接触。

混凝土碳化过程可分为以下阶段：

（1）硬化后的混凝土吸附空气中的 CO_2 到达其表面层，CO_2 气体在混凝土孔隙内由外向内扩散。

（2）CO_2 溶解到混凝土内部孔隙表面的水溶液中，形成 H_2CO_3。这一过程的化学反应式为：$CO_2 + H_2O = H_2CO_3$。

（3）混凝土表面有限深度范围内的碳化过程。碳化产物填充混凝土表层孔隙，减少其孔隙率，提高表层混凝土的抗渗性能，可一定程度上减缓 CO_2 向混凝土内部的扩散速率。

（4）随 CO_2 侵蚀时间的延长，水泥石中的 $C-S-H$、水化铝酸钙、钙矾石等物质的碳化分解，水泥石内部的孔隙结构变差，孔隙趋于更加连通。

对于素混凝土，碳化是有利的。由于混凝土碳化产物密度大，碳化后混凝土表面的密实度增加，变得更加致密坚硬，碳化起到了有利作用，碳化过程中主要被消耗物质为 $Ca(OH)_2$，主要生成物质为 $CaCO_3$，其主要反应方程式为：$Ca(OH)_2 + H_2CO_3 = CaCO_3 + 2H_2O$。

从密度上看，$CaCO_3$ 稳定相密度为 $2.72g/cm^3$，$Ca(OH)_2$ 为 $2.24g/cm^3$。$Ca(OH)_2$ 分子量为 74，$CaCO_3$ 为 100。从水泥石的固相物质考虑，假定碳化前 $Ca(OH)_2$ 为 74g，其体积为 74/2.24，则碳化后生成 $CaCO_3$ 的质量为 100g，其体积为 100/2.72。体积增大为原来的 1.113 倍。生成的 $CaCO_3$ 填充了水泥石中的部分微小孔隙，由此可见，碳化的过程使得混凝土更密实。而从抗压强度来看，由于密实度的提高，促进了混凝土抗压强度的提高。

影响混凝土碳化的因素很多，有外部环境因素，也有混凝土内部材料性质本身的影响因素。为了更精确地给出碳化深度的预测模型，需要尽可能多地考虑这些不确定因素的影响。目前国内对混凝土碳化因素研究最全面的是西安建筑科技大学牛狄涛的预测模型中给出的混凝土碳化预测模型（牛狄涛，2003）：

$$x(t) = 2.56 k_{MC} k_j k_{CO_2} k_p k_s T^{\frac{1}{4}} RH(1-RH)\left(\frac{57.94}{f_{cu}} m_c - 0.76\right)\sqrt{t} \quad (8.2-13)$$

在其基础上，考虑应力和水灰比的影响，对该公式进行改进可得到新的碳化深度预测模型（牛狄涛，2003）：

$$x(t) = k\sqrt{t} = 2.56 k_j k_{CO_2} k_p k_f f(\sigma_s, \omega/c) T^{\frac{1}{4}} RH(1-RH)\sqrt{t} \quad (8.2-14)$$

其中
$$k_{CO_2} = \sqrt{c_0/0.03}$$
$$k_f = 57.94/f_{cu} - 0.76$$

式中：k 为混凝土碳化深度影响系数；k_{MC} 为计算模式不定性随机变量，主要反映碳化模型计算结果与实际测试结果之间的差异，同时也包含其他一些在计算模型中未能考虑的随机因素对混凝土碳化的影响；k_j 为角部修正系数，角部取 1.4，非角部取 1.0；k_{CO_2} 为 CO_2 浓度影响系数；c_0 为环境 CO_2 浓度；k_p 为浇筑面影响系数，主要考虑振捣、养护及拆模时间对碳化速率的影响，根据实际工程调查，建议 k_p 取 1.2；k_s 为工作应力影响系数，混凝土受压时取 1.0，受拉时取 1.1；T 为环境温度，K；RH 为环境年平均相对湿度，%；f_{cu} 为混凝土立方体抗压强度，MPa，是随机变量；m_c 为混凝土立方体抗压强度平均值与标准值之比值；k_f 为混凝土质量影响系数；$f(\sigma_s, \omega/c)$ 为综合考虑应力水平和水灰比的影响系数；t 为混凝土碳化时间。

李英民等（2013）考虑了不同应力水平和水灰比对混凝土碳化深度的影响，假定应力和水灰比因素对混凝土碳化的影响相互独立，提出了综合考虑应力和水灰比因素的混凝土碳化系数表述式：

（1）受拉时：

$$f(\sigma_s, \omega/c) = 1 + 0.465(\sigma_s/\sigma_t) + 0.0457(\sigma_s/\sigma_t)^2 (1.566 - 0.946\omega/c + 2.03x^2)$$
$$(8.2-15)$$

（2）受压时：

$$f(\sigma_s, \omega/c) = 1/[1 + 2.92(\sigma_s/\sigma_t)](1.566 - 0.946\omega/c + 2.03x^2) \quad (8.2-16)$$

式中：σ_s/σ_t 为混凝土所处的应力水平；ω/c 为混凝土水灰比。

8.2.2.4 面板坝防渗系统劣化规律

覆盖层上的混凝土面板堆石坝通常主要由筑坝堆石料、防渗系统（面板、趾板、防渗墙或截水槽等）组成，如图 8.2-33 所示。当坝基透水层较厚，采用明挖回填黏土截水槽施工有困难或难以保障大坝渗流稳定时，一般均采用混凝土防渗墙。这种方法在坝基较厚且坝基地质情况复杂时常常能够有效地阻断地下水渗径，保障大坝渗流稳定性。

混凝土防渗墙是利用大型器械在坝体或者坝基上挖槽、孔，并以泥浆固壁，深度一般

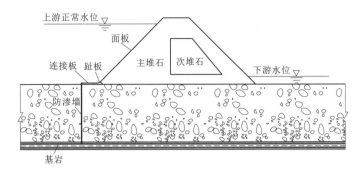

图 8.2-33　覆盖层上面板坝组成示意图

嵌入相对不透水层深度 $0.5\sim1.0\mathrm{m}$，然后向槽或者孔内浇筑流动性较好的混凝土，防渗墙顶部需嵌入坝体防渗结构一定深度，两端与岸边的防渗设施连接。采用该方法，可以在坝基内形成密封的混凝土墙，从而形成"基岩-混凝土防渗墙-防渗体"一体化防渗结构。

在深厚砂砾石坝基内，采用混凝土防渗墙可以有效地截断或者减少坝基内的地下水渗透水流，降低下游坝基内地下水水头，减小坝基的渗透变形。采用混凝土防渗墙的优点是施工快、材料省、防渗效果好，但一般需要大型机械设备，且造价较高。因此，在渗流控制要求严格的高坝大库工程中比较常用。

覆盖层上面板坝防渗系统由混凝土面板、混凝土趾板及混凝土防渗墙等组成，当覆盖层较深时，在必要时还设置帷幕灌浆。这些材料通常由混凝土浇筑而成，因此要揭示面板坝防渗系统的劣化规律首先要研究混凝土在复杂环境及荷载下的劣化过程。

混凝土劣化过程大致分三个阶段：首先混凝土表面开裂出现裂纹裂缝；然后有害介质、空气或水分等进入混凝土结构内部；最后致使混凝土内部钢筋开始锈蚀，体积膨胀，造成混凝土的劣化。混凝土劣化示意如图 8.2-34 所示。

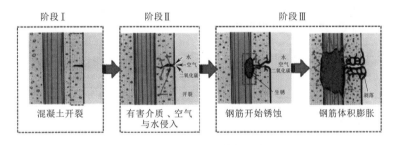

图 8.2-34　混凝土劣化示意图

从混凝土劣化的整个过程来看，阶段Ⅰ环境因素主要是侵蚀作用（冷热、干湿及冻融循环）和荷载作用（静力荷载、循环荷载及冲击荷载），然后在此作用下，混凝土结构发生微裂缝；阶段Ⅱ环境因素主要是水、空气或酸碱溶液从微裂缝渗入混凝土内部，使得混凝土膨胀、钢筋锈蚀，进而导致其强度及刚度降低；阶段Ⅲ混凝土开裂、剥落，结构整体强度或刚度丧失。

8.2.2.5　氯盐侵蚀下防渗墙性能劣化规律

大量研究结果表明，地下水氯盐侵蚀是导致混凝土防渗墙侵蚀的主要环境因素。氯盐溶于水，解离成金属离子和 Cl^-（例如：$NaCl \longrightarrow Na^+ + Cl^-$）。$Cl^-$ 对钢筋的腐蚀作用较大，会破坏钢筋钝化膜，形成腐蚀电池。Cl^- 不构成腐蚀产物，在腐蚀中也未被消耗，如此反复对腐蚀起催化作用，可见 Cl^- 对钢筋的腐蚀起着阳极去极化作用，加速钢筋的阳极反应，促进钢筋局部腐蚀，这是 Cl^- 侵蚀钢筋的特点。

Cl^- 本身对水泥混凝土材料并不具有化学侵蚀作用，一般是由于结晶冻胀过程对混凝土孔结构影响较大，事实上 Cl^- 对混凝土的侵蚀，物理作用效果远大于化学作用效果。这一观点杨全兵（2007，2012）的研究中有提及。国内外众多文献中，在研究氯盐对水泥混凝土材料本身侵蚀作用的时候，称氯盐侵蚀为盐冻。

1. Cl^- 的侵入方式

（1）扩散作用：由于混凝土内部与表面 Cl^- 浓度差异，Cl^- 自浓度高的地方向浓度低的地方移动。

（2）毛细管作用：在干湿交替条件下，混凝土表层含 Cl^- 的盐水向混凝土内部干燥部分移动。

（3）渗透作用：在水压力作用下，盐水向压力较低的方向移动。

（4）电化学迁移：Cl^- 向电位高的方向移动。

2. Cl^- 的沉积

当外界环境非常干燥时，混凝土中的水分通过混凝土的毛细孔向外蒸发，混凝土内部的盐分浓度增加，又使其向混凝土内部扩散。

3. 氯盐侵蚀对混凝土的作用

众所周知，氯盐（$NaCl$ 或 $CaCl$）可以降低水的冰点，可将水冻结时的膨胀率降低到 9% 以下，但同时提高了混凝土饱水度，当混凝土饱水度达到或超过临界饱水度（理论上为 91%）时，混凝土就受到拉应力作用，并因冻融循环增加而不断加剧，直到混凝土开裂和破坏。

8.2.3 防渗系统混凝土性能劣化预测模型

混凝土内部缺陷包括微裂缝、微空洞，这些缺陷的存在会对混凝土的抗压强度产生不可忽略的负面影响，但在盐类、冻融环境中这一强度损失现象会更明显。在现有理论中，盐浸-干湿-冻融循环环境下混凝土抗压强度衰变现象可使用混凝土损伤过程解释，这类损伤过程表现为四个阶段性的变化规律。

（1）线性上升段（晶体密实）。在盐溶液干湿循环工况下，由于外界环境提供了充足水分，混凝土内部水泥颗粒的水化程度得到较为明显的增加，对混凝土强度发展起到促进作用。同时，浸入混凝土内部的盐类体积变大会填充内部的微孔隙，在一定程度上对混凝土的内部结构起到密实作用，也使混凝土强度产生较小幅度的上升。

（2）加速下降段（损伤发育）。随着时间的增长，混凝土内部可溶盐类的侵蚀作用逐渐显现，主要分为化学侵蚀和物理侵蚀。化学侵蚀是指内部盐类与水泥水化产物反应形成石膏、钙矾石等有害物质使得混凝土内部体积膨胀。物理侵蚀是指混凝土内部孔隙的盐类多次冻融、干湿结晶现象引起的体积变化。这两种侵蚀作用的存在使得微裂缝等微缺陷扩展连通，此时，混凝土的强度将出现较为明显的劣化。

（3）平缓下降段（强度劣化）。在混凝土内部的微缺陷在盐浸、干湿、冻融等劣化作用下相互贯通后，混凝土内部的缺陷发育变得相对缓慢，强度衰变速率下降，混凝土的强度变化曲线开始进入缓慢衰变段。

（4）破坏段（残余强度）。随着盐浸干湿循环次数增多，混凝土内部产生更多的裂缝与损伤，裂缝大面积连通甚至贯穿至混凝土表面，表明混凝土进入强度快速损伤阶段。

8.2.3.1　抗压/拉强度劣化预测模型

混凝土复合盐-干湿-冻融循环抗压强度劣化预测模型可以采用四阶多项式模拟（刘日，2019）：

$$\sigma_{ct}(n) = \alpha_1 n^4 + \alpha_2 n^3 + \alpha_3 n^2 + \alpha_4 n + \alpha_5 \tag{8.2-17}$$

式中：n 为干湿循环次数；α_1 为强度非线性劣化系数，$\alpha_1 < 0$；α_2、α_3 为强度增益系数，α_2、$\alpha_3 > 0$；α_4 为强度线性劣化系数，$\alpha_4 < 0$；α_5 为初始强度系数，$\alpha_5 > 0$。

根据清水-干湿-冻融循环、复合盐浸-干湿-冻融循环条件下混凝土抗压强度曲线的变化规律，建立混凝土抗压强度衰减模型。试验采用七种配合比：分别为基准组（Ⅰ）、10%粉煤灰组（Ⅱ10）、15%粉煤灰组（Ⅱ15）、20%粉煤灰组（Ⅱ20）、10%偏高岭土组（Ⅲ10）、15%偏高岭土组（Ⅲ15）、20%偏高岭土组（Ⅲ20），针对以上七种配合比试件，分别考虑清水-干湿-冻融循环、复合盐浸-干湿-冻融循环条件，建立抗压强度演化模型，并对各系数对混凝土强度损伤程度进行分析。分析表明：当劣化曲线中次方项系数均为 0 时，α_5 代表混凝劣化初始强度，其数值大小与混凝土标准养护后的混凝土的抗压强度有关，混凝土劣化试验前抗压强度越高，α_5 的数值越大，即Ⅰ＜Ⅱ10＜Ⅱ15＜Ⅱ20＜Ⅲ10＜Ⅲ15＜Ⅲ20。α_1 与 α_4 是五个系数项中的仅有的两个负值项，这两个系数数值大小与混凝土干湿-冻融耐久性有关。混凝土劣化速率越快、强度损失越大，α_1 与 α_4 的绝对值越大。α_1 代表的物理意义是随着循环次数的增加，干湿-冻融循环等劣化过程对于混凝土的强度的影响呈现指数衰减的现象。

此外，由于 α_1 代表指数衰减的最高次方项，这意味着其直接影响着强度损伤的程度，α_1 数值越大，强度衰减曲线的下降段曲率越大，甚至会直接下降为 0，即 α_1 的数值越大，结构出现突然脆性破坏的概率越大。与 α_1 的非线性劣化趋势不同，α_4 为线性劣化系数，与干湿-冻融试验循环次数 n 线性相关，具体表现为混凝土经 n 次循环后的抗压强度损失呈现出 α_4 的 n 倍数变化；α_2、α_3、α_5 是五个系数项中的强度增益项，它们对于混凝土循环试验中的劣化进程有一定程度的阻碍作用。α_2、α_3 定义为强度增益系数，其强度增益来自水化程度提高、盐晶填充作用、胶凝材料二次反应。α_2、α_3 数值大小与混凝土配合比材料有关，代表胶凝材料水化产物抵抗环境侵蚀的能力，抵抗盐类、干湿和冻融综合侵蚀的能力越强，强度增益系数 α_2、α_3 越大。

8.2.3.2　动弹性模量劣化预测模型

相对动弹性模量劣化模型的建立是从混凝土细观结构出发，考虑外掺料对混凝土孔结构、水化作用等性能的影响，混凝土经历盐浸-干湿-冻融循环后内部损伤的基本规律符合 Loland 理论模型。Loland 理论模型假定混凝土性能各向同性、损伤为各向异性，在符合 Loland 理论的基础上引用劣化系数评价混凝土损伤性能。分析数据后发现，在初期较少次数的循环后混凝土相对动弹性模量提高了 10%～30%，在相对动弹性模量数值达到峰值点后，混凝土相对动弹性模量曲线开始出现加速下降趋势，即曲线的曲率逐渐增大。为了同时模拟出相对动弹性模量变化曲线的上升段和下降段，考虑采用三阶数学模型预测复合盐-干湿-冻融循环下相对动弹性模量劣化过程（彭华娟 等，2017），如式（8.2－18）所示：

$$E_{eq}(n) = \beta_3 n^3 + \beta_2 n^2 + \beta_1 n + \beta_0 \tag{8.2－18}$$

式中：$\beta_0 \sim \beta_4$ 为与材料性能、环境因素、配合比等相关的系数；β_1 为弹性模量线性劣化系数；β_2、β_3 为弹性模量 2 阶、3 阶系数；β_0 为初始弹性模量；$E_{eq}(n)$ 为相对动弹性模量系数；n 为循环次数。

初始弹性模量是受劣化模型曲线趋势控制的参数，其值并不等于理论相对动弹性模量的数值，其物理意义是指进行一次完整冻融循环时混凝土劣化导致的动弹性模量的损失情况。试验对比掺入粉煤灰和掺入偏高岭土的混凝土初始弹性模量，在复合盐浸-干湿-冻融循环工况下，Ⅰ、Ⅱ 10、Ⅱ 15、Ⅱ 20、Ⅲ 10、Ⅲ 15 和 Ⅲ 20 组的动弹性模量分别为 93.3%、92.2%、91.61%、91.12%、91.02%、91.10%和 92.22%（彭华娟 等，2017）。掺入粉煤灰降低混凝土的初始弹性模量，且随着粉煤灰掺量的增加初始弹性模量逐渐降低，这一变化趋势是复合粉煤灰和混凝土火山灰反应的滞后性和水化产物易脆性的特点。掺入偏高岭土后初始弹性模量与粉煤灰组差别不大，但随掺量的提高，变化趋势却相反，即随着偏高岭土掺量的提高，混凝土的初始弹性模量是在小幅度增加的。所以试验工况对混凝土损伤的影响为：复合盐浸-干湿-冻融循环试验＞清水-干湿-冻融循环试验。

8.2.3.3 考虑地下水环境的劣化预测模型

由于损伤理论比较适合混凝土的研究，以经典的 Loland 模型为依据，建立混凝土损伤模型。虽然 Loland 模型适用于单向外部拉应力，但从另一方面考虑，在三向膨胀应力作用下，混凝土局部破坏总是发生在最薄弱结合处。假如把垂直于破坏面方向的应力看成拉应力，包含破坏面的微小单元即可视为单向拉伸破坏，因此可用 Loland 模型近似模拟混凝土在膨胀应力作用下的损伤。因为硫酸盐腐蚀损伤一般在基体内部均匀产生，所以将 Loland 模型中损伤局部化部分去除，只用方程 $D(\varepsilon) = D_0 + C_1 \varepsilon^\beta$（$0 \leqslant \varepsilon \leqslant \varepsilon_f$）对材料基体劣化加以讨论，其中 D_0 为加载时刻混凝土初始损伤；C_1、β 为常数，可由边界条件确定。

根据假设，在 t 时刻，腐蚀层中固相反应速率趋于动态平衡状态，因此腐蚀层体积可认为是稳态，试件膨胀应变为一定值。根据 Loland 模型，当应变不变时，腐蚀层单位体积内的损伤量不发生变化，据此建立模型如下：

假设膨胀后混凝土试件保持立方体形状不变，边长线膨胀率为 η，t 时刻 SO_4^{2-} 的扩散深度为 $X(t)$，膨胀后试件的边长 $d(t)$ 为

$$d(t) = d - 2X(t)/\eta + 2X(t) = d + 2X(t)\left(1 - \frac{1}{\eta}\right) \tag{8.2－19}$$

未受腐蚀部分的边长 $d_n(t)$ 为

$$d_n(t) = d - \frac{2X(t)}{\eta} \tag{8.2－20}$$

此时腐蚀层中单位体积的损伤为一定值 Q_f，则整体材料的损伤度 Q_1 为

$$Q_1 = \frac{Q_f V_f + Q_0 V_n}{V} \tag{8.2－21}$$

式中：V_f 为混凝土材料受腐蚀的体积；V_n 为混凝土材料未受腐蚀的体积；V 为混凝土材料初始体积；Q_0 为混凝土材料的初始损伤度。

综合式 (8.2-19)～式 (8.2-21) 可得到材料损伤度与时间的关系：

$$Q_1 = Q_0 + 24\left(Q_f - \frac{1}{2\eta}Q_f + \frac{1}{\eta^2}Q_0\right)\frac{D_c C_0}{d^2 n}t + 6\left(Q_f + \frac{1}{\eta}Q_0\right) \times$$

$$\sqrt{\frac{2D_c C_0}{d^2 n}}\sqrt{t} + 8\left[\left(1 + \frac{3}{\eta^2} - \frac{3}{\eta}\right)Q_f - \frac{1}{\eta}Q_0\right]\left(\frac{2D_c C_0}{d^2 n}\right)^{\frac{3}{2}} t^{\frac{3}{2}} \qquad (8.2-22)$$

8.3 覆盖层上面板堆石坝长效安全预警指标

监控指标作为一种主要的大坝安全评判准则，是评价和监控大坝安全的重要指标，对于确保大坝安全运行具有极为重要的作用。利用安全监控指标，可较为简单快速地诊断大坝的安全状态，即将监测值与安全监控指标进行比较，若监测值小于监控预警值，则大坝安全；反之，大坝安全可能存在问题。因此确定科学合理的监控指标是建立大坝安全监控体系的核心和关键。

常见的监控指标有变形监控指标、渗流监控指标（包括扬压力、渗压、渗流量等）、应力监控指标等。一般来说，变形和渗流是大坝长期安全监测的重要项目，而应力应变一般只作为施工期和蓄水期控制性部位的短期监测项目。同时，应力、扬压力及渗流可采用设计规范或设计拟定值，而变形监控指标比较复杂，它受坝型、坝高、筑坝材料、地质地形、施工质量和运行时间等各种因素的影响，故不同大坝的变形监控指标需结合具体工程背景进行具体分析确定。

合理的监控指标，一方面可根据设计、运行单位的长期运行经验来确定；另一方面需要以实测数据为依据，按照各类设计规范，选择适当的控制条件，通过复杂力学分析和反分析计算得到。目前，较多的是采用置信区间法、小概率法、极限状态法等拟定变形监控指标。

8.3.1 安全监控指标构建

8.3.1.1 监控指标意义

大坝从建造到失效，通常经历以下三种状态。

（1）正常状态，指大坝（或监测的对象）达到设计要求的功能，不存在影响正常使用的缺陷，且各主要监测量的变化处于正常情况下的状态。

（2）不正常（故障）状态，指大坝（或监测的对象）的某项功能已不能完全满足设计要求，或主要监测量出现某些异常，因而影响正常使用的状态。

（3）失效（极限）状态，指大坝（或监测的对象）出现危及安全的严重缺陷，或环境中某些危及安全的因素正在加剧，或主要监测量出现较大异常，若仍按设计条件继续运行将出现重大事故的状态。破坏是失效状态的一种特例。

不正常状态和失效状态有许多症状和标志，这些症状和标志的界限值为状态特征值，在监控系统中即为监控指标，在预警系统中即为预警指标。因此，大坝安全监控指标可分为两级：第一级为大坝无故障监控指标，它是大坝正常状态和不正常状态之间的界限值，又称警戒值，预警指标主要是确定这个值；第二级是大坝极限监控指标，它是大坝安全与否的界限值，又称危险值。

大坝安全监控指标有时间上和空间上的对应性。时间上主要对应大坝的施工期、初次蓄水期和大坝老化期。因为它们是大坝安全最容易出现问题的时期，所以对每个特定的阶段要拟定特定的监控指标。空间上是指不同坝址有不同的坝体，同一个坝体不同部位有相应不同的安全监控指标，如针对面板堆石坝，有坝体位移、面板开裂、接缝止水破坏等。

8.3.1.2　指标构建方法

根据大坝安全准则：

$$R - S \geqslant 0 \tag{8.3-1}$$

式中：R 为大坝或地基的抗力；S 为临界荷载组合的总效应。

若 R 为设计允许值（即有一定的安全度）或大坝运行规律所允许的值，则满足式（8.3-1）的荷载组合所产生的各监测效应量（如变形、应力等）是警戒值。若 R 是极限值，则满足式（8.3-1）的荷载组合所产生的各监测效应量是极值。

建立安全监控指标的主要任务是根据大坝和地基已经抵御经历荷载的能力，来评估和预测抵御未来可能发生荷载的能力，确定该荷载下监控效应量的警戒值和极值。但是，由于有些大坝可能没有遭遇过最不利的荷载，而且，大坝和地基抵御荷载的能力在变化，因此，建立监控指标是一个相当复杂的问题，需要根据各大坝具体情况，用多种方法进行分析论证。

1. 置信区间法

置信区间法假定大坝发生故障这一事件是小概率事件，取显著性水平 α（一般为 $1\% \sim 5\%$），则 $P_a = \alpha$ 为小概率，在统计学中认为是不可能发生的事件。如果发生，则认为是异常的。

适用置信区间法，一般是根据以往长系列的观测资料，用统计理论（如回归分析等）或有限元法，建立监测效应量与荷载之间的数学模型（统计模型、确定性模型或混合模型等）。用这些模型计算在各种荷载作用下监测效应量 $\hat{x}$ 与实测值 x 的差值 $\hat{x} - x$，该值有 $(1-\alpha)$ 的概率落在置信带（$\Delta = \pm i\sigma$）范围之内，而且测值过程无明显趋势性变化，则认为大坝运行是正常的；反之是异常的。此时，相应的监测效应量的监测指标 x_m 为

$$x_m = x \pm \Delta \tag{8.3-2}$$

式中：x_m 为监控指标；x 为实测值；Δ 为置信带。

2. 小概率法

从观测资料中，选择不利荷载组合时的监测效应量，例如大坝的水平位移或沉降。假定监测效应量为随机变量，由观测系列可得到一个子样数为 N 的样本空间，即

$$X = \{x_1, x_2, \cdots, x_i, \cdots, x_n\} \tag{8.3-3}$$

式中：x_i 为监测值，$i = 1, 2, \cdots, n$。

通常 X 是一个小子样样本空间，其统计量可用式（8.3-4）来估计统计特征值：

$$\overline{x} = \frac{1}{n} \sum_{i=1}^{n} x_i \tag{8.3-4}$$

$$\sigma_x = \sqrt{\frac{1}{n-1}\left(\sum_{i=1}^{n} X_i^2 - n\overline{x}^2\right)} \tag{8.3-5}$$

然后用小子样统计检验方法（如 A-D 法、K-S 法）对其进行分布检验，确定其概率密度 $f(x)$ 的分布函数 $F(x)$，如正态分布或极值 I 型分布等。

令 x_m 为监测效应量的极值，若当 $x > x_m$ 时，大坝将要出现异常或险情，则其概率为

$$P(x > x_m) = P_a = \int_{x_m}^{\infty} f(x)\mathrm{d}x \tag{8.3-6}$$

求出 x_m 分布后，确定 x_m 的主要问题是确定失效概率 P_a，其值根据大坝的重要性确定。该方法求出的是监测效应量的极值，而预警指标是警戒值，因此该方法不适用于建立安全预警指标。

3. 极限状态法

大坝每一种失事模式对应于相应的荷载组合，失事主要归结为强度和稳定等破坏，其极限方程为式（8.3-1）。根据计算 S 和 R 方法的不同，用极限平衡条件建立安全监控指标的方法可归纳为安全系数法、一阶矩极限状态法和二阶矩极限状态法。

（1）安全系数法。

在式（8.3-1）中，抗力用允许抗力（即允许应力、允许抗滑力和允许扬压力等），计算抗力的物理力学参数用一阶矩确定（即均值）。荷载效应 S 用最不利荷载组合时的各个荷载的一阶矩（均值）计算。因此，该法的平衡条件为

$$\frac{\overline{R}}{K} - \overline{S} = 0 \tag{8.3-7}$$

式中：$\overline{R}$ 为抗力的均值，计算所用的物理力学参数由试验资料用一阶矩确定或由原型观测资料反演求得；K 为安全系数，可参考规范确定；$\overline{S}$ 为荷载效应的均值。

由式（8.3-7）可求出最不利荷载组合时的各种荷载，然后用监测效应量的数学模型（统计模型、确定性模型和混合模型）求出该监测效应量的监控指标。

（2）一阶矩极限状态法。

抗力 R 和荷载效应 S 的确定基本上与安全系数法相同，其不同之处为抗力不再采用允许抗力。其极限状态方程为

$$\overline{R} - \overline{S} = 0 \tag{8.3-8}$$

式中：$\overline{R}$ 为抗力的均值，如极限抗拉强度、抗压强度和抗剪强度等。

由式（8.3-8）可求出满足该式的最不利荷载组合时的各种荷载，然后代入监测效应量的数学模型，即可求得该监测效应量的监控指标。

（3）二阶矩极限状态法。

如果把抗力 R 和荷载效应 S 都当作随机变量，则根据原型观测资料或试验资料，可求得它们的概率密度函数 $f(R)$、$f(S)$ 及其特征值（$\overline{R}$、$\overline{S}$）、标准差（σ_R、σ_S）。由极限状态方程及失效概率 P_a，用可靠度理论可求得最不利荷载组合时的各种荷载，然后应用监测效应量的数学模型，可求出监控指标。失效概率 P_a 需根据大坝重要性而定。

8.3.1.3　方法选取

置信区间法简单、易用，但存在以下不足：①如果大坝没有遭遇过最不利荷载组合或

监测资料系列较短，则利用以往监测效应量的资料系列建立的数学模型，只能用来预测大坝遭遇荷载范围内的效应量，其值不一定是包括最不利荷载组合的警戒值；②监测资料系列不同，分析计算结果的标准差也不同；③显著性水平不同，置信区间也不同；④该法没有考虑大坝失事的原因和机理，物理概念不明确，也没有考虑大坝的重要性；⑤如果参数选择不当，由该法确定的监控指标可能超过大坝监测效应量的真正极值。

小概率法定性考虑了对大坝或地基强度和稳定不利的荷载组合所产生的效应量，并根据以往观测资料来确定监控指标，显然其合理性比置信区间法有所提高。但只有当观测资料系列较长，且真正遭遇到较不利荷载组合时，该法估计的监控指标才接近极值，否则只能是现行荷载条件下的极值。此外，失事概率的确定还没有规范可循，有一定的经验性。

采用极限状态法所求得的监测效应量的监控指标是该效应量的极值，但必须要有完整的大坝和地基的材料物理力学参数的试验资料。该法求得的效应量极值与计算区域材料的本构模型有关，也与数值模型的精度有关。

在工程施工和初次蓄水阶段，大坝安全监控指标可根据设计理论计算和模型试验成果，并参考类似工程经验确定。该阶段，确定大坝安全监控指标的基础是计算或试验理论和模型精度，需要选择合适的方法和数学模型、边界条件。在运行阶段，大坝安全监控指标可根据极限状态法和置信区间法确定。该阶段，确定大坝安全监控指标的基础是监测资料，因此，必须十分注意监测系统的可靠性、稳定性，以及监测资料的连续性、准确性。

8.3.2　应用实例

九甸峡水电站大坝是我国首次在高寒地区、高地震烈度、高陡边坡和深厚覆盖层基础条件下建设的百米级高混凝土面板堆石坝，而且库容较大，工程区地形地质条件较差，设计和施工难度是罕见的。该坝于 2005 年 6 月开始施工，2007 年 12 月开始蓄水。施工期的监测资料基本完整，但是较短，水库水位还未达到正常蓄水位，坝体也未经历过较不利荷载组合，采用置信区间法和小概率法不能得到合理的监控指标。因此，根据施工期和蓄水期的监测资料结合坝体材料参数的反演分析，采用极限状态法建立该坝的安全监控指标。

8.3.2.1　面板堆石坝的监控指标体系

根据大量土石坝的实际运行规律，结合混凝土面板堆石坝的特点，可以建立面板堆石坝的安全监控指标体系。一般来说，土石坝的安全监控指标体系主要可分成坝体及坝基和近坝区两个子系统，根据指标设计和筛选原则，确定主要监控指标。图 8.3-1 给出了面板堆石坝主要监控指标体系构成。

对于混凝土面板堆石坝，面板变形和应力以及堆石体的变形是其最主要的监测项目，也是关系到大坝

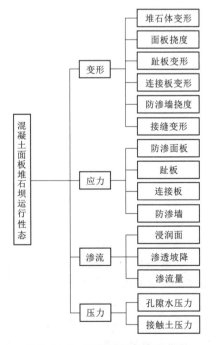

图 8.3-1　面板堆石坝主要监控指标体系构成

安全的关键因素。因此，九甸峡面板堆石坝的安全监控指标根据其工程特点和监测布置，确定以堆石体变形、接缝变形、面板应力为主，构成预警指标体系。

8.3.2.2 正常运行时大坝安全监控指标

考虑堆石体流变效应，堆石体采用变化七参数黏弹塑性模型。其中，弹性参数采用 E-B 模型的参数反演值，见表 8.3-1。

$$\eta_M(t) = \eta_{M0}\left[1 + a e^{k(t-t_0)^n}\right] \qquad (8.3-9)$$

式中：a、k、n 为试验参数，根据九甸峡面板堆石坝的实际情况经初步试算，取值为 $a = 0.002$、$k = 0.165$、$n = 0.45$。

坝体及坝基的非线性材料黏弹性参数见表 8.3-2。

表 8.3-1 堆石体 E-B 模型参数

参数	γ /(kN/m³)	φ_0 /(°)	K	n	R_f	K_b	m	$\Delta\varphi$ /(°)	K_{ur}
垫层	22.34	58.1	1750	0.43	0.768	1200	0.41	14.5	2250.0
过渡料	22.05	54.1	1500	0.55	0.907	1250	0	10.5	2150.0
主堆区	21.56	50.9	1468	0.51	0.919	1084	0.49	8.5	2050.0
次堆区	21.56	50.9	1229	0.53	0.919	937	0.51	8.5	1750.0
砂砾石	20.48	46.4	700	0.31	0.798	210	0.28	5.8	1500.0

表 8.3-2 非线性材料黏弹性参数

参数	E_K /GPa	η_K /(GPa·s)	E_M /GPa	η_{M0} /(GPa·s)	E_s /GPa	η_s /(GPa·s)
垫层	15.0	3.5×10^8	25.0	9.2×10^{10}	28.0	0.36×10^{10}
过渡层	13.0	3.2×10^8	22.0	9.0×10^{10}	15.0	0.32×10^{10}
主堆石	9.0	2.8×10^8	19.0	8.8×10^{10}	12.0	0.15×10^{10}
次堆石	9.0	2.6×10^8	18.0	8.3×10^{10}	10.0	0.10×10^{10}
覆盖层	9.0	2.6×10^8	18.0	8.3×10^{10}	10.0	0.10×10^{10}

计算时，不考虑温度影响，采用正常蓄水位 2202m，预测 10 年的变形监控指标。坝体分级加载过程见表 8.3-3。

表 8.3-3 坝体分级加载过程

荷载级	单元数	坝体高程/上游水位/m	开始日期	结束日期	施工天数 /d	加载率
1	785	2071/				0.1
2	973	2081/	2006-4-1			0.1
3	1195	2093/		2006-5-16	40	0.1
4	1478	2105/	2006-5-17			0.1
5	1705	2115/		2006-7-23	55	0.1
6	1973	2125/	2006-7-24	2006-8-31	30	0.1

荷载级	单元数	坝体高程/上游水位/m	开始日期	结束日期	施工天数/d	加载率
7	2240	2135/	2006 - 9 - 1	2006 - 11 - 7	55	0.1
8	2494	2145/	2006 - 11 - 8	2006 - 12 - 20	35	0.1
9	2724	2155/	2006 - 12 - 21			0.1
10	2951	2165/		2007 - 2 - 20	50	0.1
11	3143	2175/	2007 - 2 - 21			0.1
12	3313	2181/				0.1
13	3478	2188/				0.1
14	3597	2195/				0.1
15	3845	2205/		2007 - 5 - 31	90	0.1
16	4697	2205/	2007 - 6 - 1	2007 - 6 - 30	30	0.1
17	4697	2205/2092	2007 - 7 - 1			0.1
18	4697	2205/2112				0.1
19	4697	2205/2132				0.1
20	4697	2205/2150				0.1
21	4697	2205/2166				0.1
22	4697	2205/2186				0.1
23	4697	2205/2202		2007 - 9 - 30		0.1
24	4697	2205/2202		2018 - 7 - 10		0.1

8.3.2.3 影响量和效应量分析

该坝堆石体变形监测主要布置在坝横 0+57.50 和坝横 0+105.50 两个断面上，其有 6 条水平位移和垂直位移测线，36 个测点，分布在每个断面三个高程上。坝体水平位移采用钢丝位移计监测，垂直位移采用水管式沉降仪监测。结合该坝实际情况，选择具有代表性的典型测点 E21、E26、E29、E30、E31 和 E36 建立变形监控指标。

对于坝体堆石体的变形，建立运行初期沉降综合分析模型，对典型测点监测资料进行了计算分析。其中，影响堆石体变形的主要因素是水压分量，其次是时效分量。

面板及面板缝监测布置共有 4 项，分别是面板缝测缝计、面板测斜仪、面板应力计和挠度计以及面板脱空计，其中测缝计监测资料最全，测量精度较高，而且面板及面板接缝系统是面板堆石坝防渗系统的关键，也关系到坝体结构的稳定和安全，因此选择关键部位面板缝或周边缝的测缝计资料建立安全监控指标。结合该工程地质及监测资料，确定选取左岸陡坡测点 J3 - 13、J3 - 14 及河床平趾板测点 J3 - 7 作为典型点。

对于面板缝及周边缝，建立接缝开合综合分析模型，并对部分典型测点的监测资料进行了计算分析，回归模型统计分析计算分离出了水压分量、温度分量和时效分量。其中，影响面板开合的主要因素是水压分量，其次是温度分量，而该坝时效分量很小。

1. 水压分量

水压力荷载是面板堆石坝的一种主要荷载，水位变化直接反映了水压力荷载的变化，坝体和坝基的变形、渗流和应力应变等均与其有着密切的关系，因此，水位资料是大坝安全监测最基本的观测资料。在进行大坝安全监测资料分析时，一般采用日平均水位。当水位日变化缓慢或在一日中采用等时距观测时，采用算术平均法计算日平均水位；当日水位变化较大且采用不等时距观测时，采用积分法计算日平均水位。水位的变化与水库的调节能力及其运行调度有关，以水位变化过程线表示。九甸峡面板堆石坝水位监测资料基本每隔 4h 采集一次数据，因而监测资料分析采用日平均水位。

根据监测资料分析，水压分量影响因子选择两个，分别为 H^i、$\overline{H^i}$，水压分量 δ_H 可表示为

$$\delta_H = a_0 + \sum_{i=1}^{4} a_{1i}(H^i - H_0^i) + \sum_{i=1}^{4} a_{2i}(\overline{H^i} - \overline{H_0^i}) \tag{8.3-10}$$

式中：a_0、a_{1i}、a_{2i} 为待定参数。

2. 温度分量

温度分量主要影响面板应力与表面裂缝。温度监测资料分为气温监测资料与水温监测资料。大坝监测所用的气温资料，其来源可以是邻近气象站的观测成果，也可以是坝上或坝体特定部位（如坝面附近、坝体内空腔处）设置观测点测到的数据。气温资料一般需要进行整理分析才能应用于其他监测资料的分析中。常用的平均气温有一年的日、旬、月、年平均温度和多年的日、旬、月、年平均温度。日平均气温根据当日各次观测值计算，可用每小时观测值共 24 个测值求平均值，或用 2 时、8 时、14 时、20 时的测值平均，或用日最高和最低气温平均。以上三种方法中，算法依次简化，但误差相对增大。对大坝安全监测资料分析来说，一般采用第二种方法即可。气温的变化也是影响水温变化的重要因素，水温与气温分别对面板有不同影响。面板堆石坝蓄水前，气温对面板的影响主要是面板混凝土与外环境温差易导致混凝土凝结时产生干缩裂缝，从而影响面板整体性与稳定性；面板堆石坝蓄水后，主要是水库水温影响面板，但水温一般比较稳定，故水温对面板应力及接缝开合的影响不大。

当面板混凝土水化热基本散发完后，面板的温度仅取决于边界温度变化，即上游面水位以下和水接触处的温度等于水温，水位以上和空气接触处的温度等于气温，下游面坝体、堆石体接触处的温度等于垫层堆石的温度。一般水温和气温作简谐变化，因此面板混凝土的温度也作简谐变化，但是变幅较小。由于面板很薄，因而相位差较小。因此，选用多周期的谐波作为因子，则温度分量 δ_T 可表示为

$$\delta_T = \sum_{i=1}^{m_3} \left(b_{1i}\sin\frac{2\pi it}{365} + b_{2i}\cos\frac{2\pi it}{365} \right) \tag{8.3-11}$$

式中：b_{1i}、b_{2i} 均为回归系数；i 为谐波周期，当 $i=1$ 时为年周期，当 $i=2$ 时为半年周期；t 为始测日至监测日的累计天数；m_3 为周期数，一般取 1 或 2。

3. 时效分量

该堆石坝采用先进振动碾压技术，施工质量较好，堆石体压实度高，因而坝体初期流变较小。监测资料分析与有限元法计算表明，施工期和运行初期坝体变形的时效分量较小。由于堆石体的流变较为明显，且持续时间较长，因此，堆石体变形的时效分量随时间

增加而增大，其占总变形的比例也会逐渐增大。但是，堆石体的流变在持续一定时间后呈现增幅逐渐减小趋势，并最终基本稳定下来。

可见，变形安全监控指标受堆石体流变的影响较大，其值是时间的变量，因此，为了建立面板堆石坝变形安全监控指标，需要准确估计堆石体的流变特性，预测流变变形即时效分量。采用前述提出的变化七参数黏弹塑性模型对九甸峡面板堆石坝进行有限元分析，建立随时间变化的变形安全监控指标，为该坝的长期安全运行和预警提出科学的依据。

除了以上主要因素以外，对大坝安全影响较小或不常有的其他环境量因素还有降水、气压、风速、地震、基岩初始应力（地应力）等，这些因素要么影响很小，要么出现机会极少，因此不予考虑。

8.3.2.4 正常运用安全监控指标

1. 堆石体变形监控指标

坝体变形监测仪器主要布置在坝横 0+57.50 和坝横 0+105.50 两个典型断面上，共有 6 条测线 36 个测点，这里选取部分主要测点，给出计算分析得到的安全监控指标。它们是主堆石区靠近上游的测点 ES21，靠近下游的测点 ES26，以及沉降最大的坝体中下部测点 ES29、ES30、ES31 和 ES36，均位于坝横 0+105.50 断面上。利用确定性模型计算出各测点在运行期不同阶段的变形值，绘制成动态监控指标图，如图 8.3-2～图 8.3-7 所示。

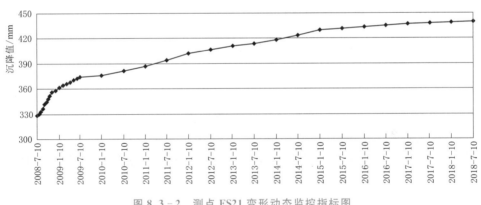

图 8.3-2 测点 ES21 变形动态监控指标图

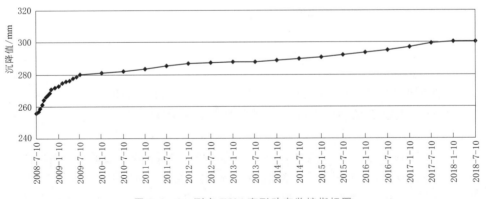

图 8.3-3 测点 ES26 变形动态监控指标图

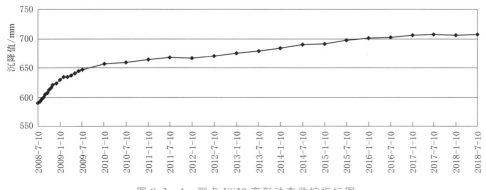

图 8.3-4　测点 ES29 变形动态监控指标图

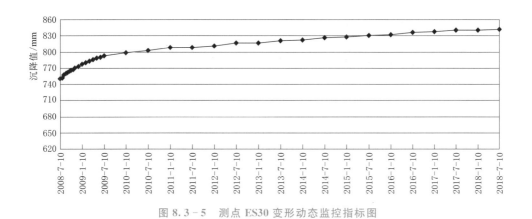

图 8.3-5　测点 ES30 变形动态监控指标图

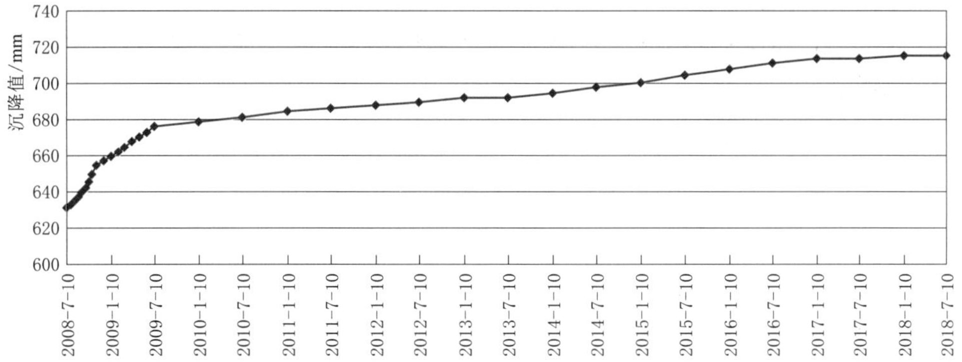

图 8.3-6　测点 ES31 变形动态监控指标图

2. 接缝变形监控指标

该坝左岸陡峭，河床深覆盖层也偏于左岸。现场观测发现左岸接缝变形值较大，因此主要选择左岸的接缝变形建立监控指标。选择河床平趾板处周边缝测点 J3-7 及左岸周边缝测点 J3-13、J3-14 作为关键测点，利用确定性模型计算出各接缝测点在运行期不同阶段的变形值，绘制成动态变形监控指标，如图 8.3-8～图 8.3-10 所示。

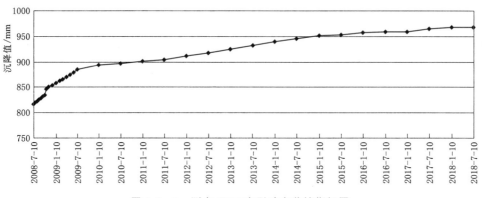

图 8.3 - 7　测点 ES36 变形动态监控指标图

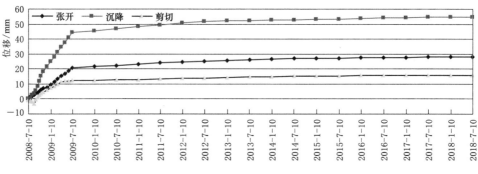

图 8.3 - 8　测点 J3 - 7 变形动态监控指标图

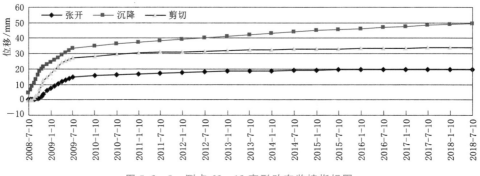

图 8.3 - 9　测点 J3 - 13 变形动态监控指标图

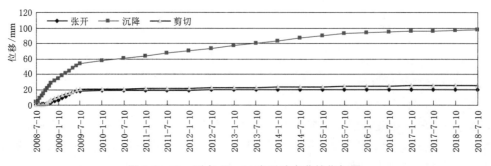

图 8.3 - 10　测点 J3 - 14 变形动态监控指标图

3. 面板应力监控指标

该坝面板在蓄水初期应力较小，岸坡附近的面板受拉，中部面板受压。从顺坝坡方向的应力分布来看，蓄水期，由于水压力荷载的作用，面板发生弯曲变形，受河床深覆盖层的影响，面板下部的应力最大两头较小。应力最大值发生在靠河床右岸面板的中下部。从面板沿坝轴线方向的应力分布来看，蓄水期河床段面板沿坝轴线方向主要承受压应力，岸坡附近的面板处于受拉状态。根据该面板坝监测的实际情况，选择面板应力较大部位的应力测点建立面板应力监控指标，分压应力较大和拉应力较大两种情况，分别给出压应力监控指标 S8，拉应力监控指标 S18。利用确定性模型计算面板在运行期不同阶段的应力，绘制成面板应力动态监控指标图，如图 8.3 - 11 和图 8.3 - 12 所示。

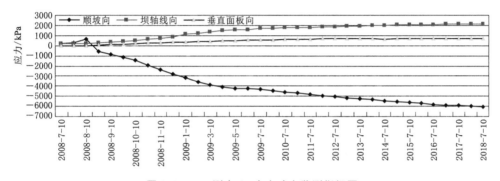

图 8.3 - 11　测点 S8 应力动态监测指标图

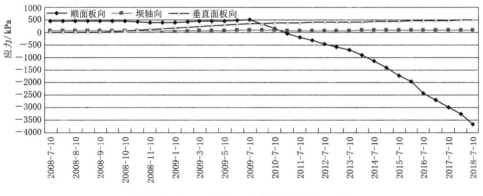

图 8.3 - 12　测点 S18 应力动态监测指标图

4. 安全预警指标

如果各测点在任意时刻的测值小于相应时刻的预警指标，则认为大坝运行正常；如果任意时刻的测值大于相应时刻的预警指标，则认为大坝运行存在风险，应加强监测，并向上级部门及时汇报。

上述动态监控指标可以作为九甸峡面板堆石坝运行期的一级安全预警指标，若测值超过相应指标，则可发出报警信息，从而达到预警的目的。由于九甸峡面板堆石坝的结构性态在堆石体流变的过程中不断进行着调整，其主要力学参数也在不断变化。为此提出了动态监控指标的概念，试图描述这些变化，使得随时间变化的监控指标更加符合工程实际。

在工程运行时间逐渐加长，积累较多的监测资料后，可以进行更深入的分析研究，修正安全监控指标，从而提高预警的准确性。

8.3.2.5 危险状态下的安全监控指标

计算危险状态的安全监控指标可以采用极限状态法。根据该面板堆石坝的结构特点，确定以接缝的变形作为控制指标。根据设计资料，该面板堆石坝接缝止水变形极值为7cm，以此作为控制目标，经过黏弹塑性有限元法计算发现，如果上游水位保持在正常蓄水位2202m且假定坝体结构性态未能调整改善，流变继续发展，那么12年以后接缝的最大变形达到7cm。将不利荷载工况代入确定性模型，经过计算分析可以得到此危险状态下的大坝安全监控指标，包括堆石体变形极限值和面板应力极限值，见表8.3-4和表8.3-5。

表 8.3-4　　　　　　　　堆石体变形极限值

测　点	E21	E26	E29	E30	E31	E36
变形极限值/mm	616.4	312.7	884.4	879.3	832.4	1082.4

表 8.3-5　　　　　　　　面板应力极限值

测　点	S8			S18		
	顺坡向	坝轴向	垂直面板向	顺坡向	坝轴向	垂直面板向
应力极限值/kPa	−3724.8	85.8	504.8	−6047.9	2172.5	729.1

如果各测点在任意时刻的测值小于极限值，则认为大坝运行正常；如果任意时刻的测值大于极限值，则认为大坝运行存在风险，应及时进行现场检查，掌握潜在事故的苗头，如裂缝、沉陷、渗漏等。在重复观测并排除过失误差后，研究可能采用的补救措施。如果处理后测值仍超过极限值，说明该坝已处于事故状态，应采取必要的工程措施，减小荷载，如降低库水位，组织力量进行加固处理等。

上述监控指标可以作为九甸峡面板堆石坝运行期的二级安全预警指标。若测值超过指标值，则可发出预警信息，达到预警目的。

8.4 本章小结

(1) 详细介绍了覆盖层面板坝主要材料的本构模型，提出了基于 HMPSO-RBFNN 模型的土石坝力学参数反演分析方法，应用于溪古面板坝变形参数反演分析。相比试验参数计算结果而言，反演参数计算得出的溪古面板坝内部水平向位移和沉降略有增加，面板挠度有所减小，其他坝体变形、面板应力、面板缝及周边缝计算结果较为接近；竣工期和蓄水期坝体变形计算结果较监测值偏大，计算得出的面板挠度和缝变位变化规律与监测成果吻合。

(2) 阐述了覆盖层上混凝土面板堆石坝流变分析方法，通过堆石体和覆盖层流变效应面板堆石坝应力应变分析模型，分析了金川面板堆石坝长期变形规律。结果表明：金川面板堆石坝竣工期和蓄水期坝体最大沉降分别为 100.2cm 和 106.4cm。水库运行 8 年后，坝体变形稳定，坝体最大沉降 117.4cm，坝体最大沉降率约为 0.72%，坝顶最大沉降

17.8cm，在坝体变形正常范围内；施工期坝体预沉降可有效减少坝体后期变形，控制面板应力变形性状；面板变形有一定增加，面板轴向应力表现为拉应力、压应力均有所增加，面板顺坡向应力表现为压应力增加，拉应力有所减小；趾板和连接板的变形有所增大，轴向和顺河向应力均有所增大；止水接缝变位均有所增大；堆石体、面板、趾板、连接板、防渗墙和止水缝变形在止水结构及材料能够适应的变形范围内。

（3）开展了不同 Na_2SO_4 溶液侵蚀下水泥基材料物理力学性能劣化试验，建立了水泥基材料渗透-溶蚀耦合分析模型，提出了坝基防渗帷幕渗透溶蚀耐久性控制指标，揭示了干湿循环、冻融循环、复杂荷载作用下混凝土、面板坝防渗系统及氯盐侵蚀作用下防渗墙性能劣化规律，分析了阐述覆盖层上面板坝防渗系统强度、动弹性模量损伤劣化预测模型。

（4）引入坝体变形、接缝变形和面板应力的动态安全监控指标概念，分析了水压力、温度和时效分量对变形和应力监控指标的影响，采用变化七参数黏弹塑性模型和确定性模型，确定了正常运行状态下和危险状态下堆石体变形、接缝变形、面板应力监控和安全预警指标。

第 9 章

展望

覆盖层的力学参数是覆盖层上面板坝应力变形特性研究和工程设计的基础资料，目前勘探工作难以准确掌握覆盖层的物理力学指标。综合运用现场勘探、现场大型载荷试验、大型旁压试验和物探等手段，更加准确地确定覆盖层力学参数是未来应该重视的研究内容。

数值模拟成果是覆盖层上面板堆石坝设计的重要参考依据。覆盖层上面板坝防渗系统复杂，防渗结构与坝体及覆盖层接触面特性对防渗系统的应力计算结果影响显著。未来对计算成果的合理性有着重要影响的接触面特性和接触面模型还有待进一步研究。

综合分析已建、在建覆盖层上百米级面板坝变形特性，本书初步提出了坝基覆盖层物理力学指标，其合理性有待在未来工程建设和研究中进一步验证。同时，在防渗系统悬挂式防渗墙渗流控制原则上，应结合坝体和坝基静力和动力计算成果给出具体控制指标。

覆盖层变形、防渗墙应力变形、坝体渗流量的监测技术有待进一步完善。覆盖层上面板坝防渗系统劣化模型需要进一步定量化，并与覆盖层上面板坝长效安全运行预警指标关联起来。

参 考 文 献

艾斌, 1996. 混凝土面板堆石坝变形及监测问题 [J]. 大坝与安全 (3): 28-33.

安岩, 邹建, 王玉凤, 等, 2011. 浅层折射波在覆盖层厚度探测中的研究及应用 [J]. 勘察科学技术 (5): 51-54.

白俊光, 李学强, 2013. 深厚覆盖层混凝土面板堆石坝运行工作性状分析及应用研究 [R]. 西安: 中国水电顾问集团西北勘测设计研究院.

白勇, 2009. 深厚覆盖层地基防渗排水设施对渗流场影响的数值分析 [D]. 西安: 西安理工大学.

班宏泰, 覃文文, 赵昕, 等, 2008. 岩体参数的反演分析方法 [J]. 科技创新导报 (8): 7-8.

蔡新华, 何真, 孙海燕, 等, 2012. 溶蚀条件下水化硅酸钙结构演化与粉煤灰适宜掺量研究 [J]. 水利学报, 43 (3): 302-307.

陈海军, 任光明, 聂德新, 等, 1996. 河谷深厚覆盖层工程地质特性及其评价方法 [J]. 地质灾害与环境保护 (4): 54-60.

程展林, 丁红顺, 2004. 堆石料蠕变特性试验研究 [J]. 岩土工程学报, 26 (4): 473-476.

程正飞, 2018. 碾压混凝土坝渗流性态分析与渗控结构优化研究 [D]. 天津: 天津大学.

迟世春, 朱叶, 2016. 面板堆石坝瞬时变形和流变变形参数的联合反演 [J]. 水利学报, 47 (1): 18-27.

崔飞, 袁万城, 史家钧, 2000. 基于静态应变及位移测量的结构损伤识别法 [J]. 同济大学学报 (自然科学版) (1): 5-8.

党林才, 2011. 深厚覆盖层上建坝的主要技术问题 [J]. 水力发电, 37 (2): 24-28.

邓铭江, 2012. 严寒、高震、深覆盖层混凝土面板坝关键技术研究综述 [J]. 岩土工程学报 (6): 985-996.

刁慧贤, 束一鸣, 姜晓桢, 2014. 深覆盖层高面板堆石坝连接板型式优化分析 [J]. 水电能源科学, 32 (11): 79-83.

丁家平, 1987. 有限单元法的渗流量求解及渗流图像的自动化绘制 [J]. 水利水运工程学报 (2): 81-89.

方维凤, 2003. 混凝土面板堆石坝流变研究 [D]. 南京: 河海大学.

冯新生, 付军, 周良景, 2009. 寺坪砂砾石面板坝的三维有限元计算分析 [J]. 水利水电技术, 40 (4): 62-65 (70).

冯彦东, 杨军, 2009. 综合物探方法在河床深厚覆盖层勘探中的应用 [J]. 工程地球物理学报, 6 (2): 208-211.

凤家骥, 张国安, 1989. 柯柯亚面板坝的防渗设计与原型观测 [J]. 水力发电 (3): 17-20.

付巍, 2011. 墙幕结合防渗体系对深厚砂砾石坝基渗影响分析 [J]. 大坝与安全 (4): 15-18.

付志安, 凤家骥, 1993. 混凝土面板堆石坝 [M]. 武汉: 华中理工大学出版社.

甘磊, 沈振中, 肖钧升, 等, 2017. 河谷坡度对高面板堆石坝应力变形特征的影响 [J]. 水利水电科技进展, 37 (5): 78-83.

甘磊, 陈官运, 沈振中, 等, 2022. 堤坝混凝土防渗墙渗透溶蚀演化规律研究 [J]. 水利学报, 53 (8): 939-948.

高莲士, 宋文晶, 汪召华, 2002. 高面板堆石坝变形控制的若干问题 [J]. 水利学报 (5): 3-8.

高林钢, 李同春, 林潮宁, 等, 2020. 基于改进鲸鱼优化算法的重力坝变形参数反演 [J]. 水资源与水工程学报, 31 (3): 193-199.

高全, 吴洁莲, 施玉群, 2016. 深圳水库主坝坝体渗流监控指标拟定方法 [J]. 水电与新能源, (2): 21-

24，38.

高钟璞，2000. 大坝基础防渗墙［M］. 北京：中国电力出版社.

顾淦臣，张振国，1988. 钢筋混凝土面板堆石坝三维非线性有限元动力分析［J］. 水力发电学报（1）：26-45.

关志诚，1989. 混凝土面板堆石坝三维非线性有限元应力应变分析［J］. 东北水利水电（9）：2-10.

关志豪，姜冬菊，黄丹，等，2020. 基于优化神经网络的高拱坝力学参数反演［J］. 粉煤灰综合利用，34（2）：1-6.

郭洪兴，速宝玉，詹美礼，1999. 三维复杂排渗体的结构特征及有限元网格加密技术［J］. 河海大学学报，27（5）：90-93.

郭向红，孙西欢，马娟娟，2009. 基于混合遗传算法估计 van Genuchten 方程参数［J］. 水科学进展，20（5）：677-682.

郭兴文，1999. 混凝土面板堆石坝数值分析与接缝止水试验研究［D］. 南京：河海大学.

郭兴文，吕生玺，王德信，等，2004. 西流水面板堆石坝三维流变分析［J］. 河海大学学报（自然科学版）（2）：159-163.

郭兴文，孙林松，于玉莽，2001. 堆石流变性对水布垭面板堆石坝性状的影响［J］. 河海大学学报，29（3）：88-91.

郭兴文，王德信，蔡新，等，1999. 混凝土面板堆石坝流变分析［J］. 水利学报（11）：42-47.

顾冲时，吴中如，阳武，1999. 用结构分析法拟定大坝变形二级监控指标［J］. 大坝观测与土工测试，23（1）：21-23.

韩峰，徐磊，周昌巧，等，2019. 深覆盖层面板堆石坝连接板长度敏感性分析［J］. 水利与建筑工程学报，17（5）：112-117.

韩新华，2014. 中小型水利工程防渗墙施工技术［M］. 杭州：浙江大学出版社.

黄景忠，王建有，胡良明，2006. 面板堆石坝三维非线性有限元分析［J］. 东北水利水电（11）：1-2.

霍吉祥，苏社教，马福恒，等，2018. 坝基帷幕防渗性能衰减的数值模拟［J］. 武汉大学学报（工学版），51（1）：21-26.

纪伟，赵坚，沈振中，等，2005. 水布垭水利枢纽岩溶体内防渗帷幕优化布置研究［J］. 水电能源科学，23（1）：36-39.

贾攀，佘成学，2019. 水泥基材料渗透溶蚀有限元模拟方法［J］. 长江科学院院报，36（5）：108-115.

江玉乐，张朝霞，黄鑫，2008. 高密度电法在水电站选址覆盖层厚度探测中的应用［J］. 物探化探计算技术，30（3）：235-238，5.

金辉，2008. 西南地区河谷深厚覆盖层基本特征及成因机理研究［D］. 成都：成都理工大学.

康飞，2009. 大坝安全监测与损伤识别的新型计算智能方法［D］. 大连：大连理工大学.

孔祥芝，陈改新，李曙光，等，2017. 渗漏溶蚀作用下碾压混凝土层（缝）面抗剪强度衰减规律试验研究［J］. 水利学报，48（9）：1082-1088.

赖巧玉，刘国明，2007. 金钟面板堆石坝应力变形三维弹塑性有限元分析［J］. 福州大学学报（自然科学版），35（4）：594-600.

李波，顾冲时，李宗录，等，2008. 基于偏最小二乘回归和最小二乘支持向量机的大坝渗流监控模型［J］. 水利学报，12：1390-1394，1400.

李民，李珍照，1995. 用数字滤波法从大坝测值中分离出时效分量初探［J］. 武汉水利电力大学学报，28（2）：137-142.

李巍，吴擎文，何蕴龙，2006. 水泊渡水库面板堆石坝三维非线性结构有限元分析［J］. 贵州水力发电，20（2）：19-21.

李炎隆，李守义，丁占峰，等，2013. 基于正交试验法的邓肯-张 E-B 模型参数敏感性分析研究［J］.

水利学报，44（7）：873－879.

李英民，周小龙，谭潜，2013. 受力状态下混凝土材料劣化模型与可靠性分析［J］. 土木建筑与环境工程（6）：82－88.

李志远，2012. 大渡河安宁水电站深厚覆盖层勘探技术与方法概述［J］. 水利水电技术，43（9）：81－86.

郦能惠，杨泽艳，2012. 中国混凝土面板堆石坝的技术进步［J］. 岩土工程学报，34（8）：1361－1368.

郦能惠，米占宽，孙大伟，2007. 深覆盖层上面板堆石坝防渗墙应力变形性状影响因素的研究［J］. 岩土工程学报，29（1）：26－31.

练继建，王春涛，赵寿昌，2004. 基于 BP 神经网络的李家峡拱坝材料参数反演［J］. 水力发电学报（2）：44－48.

梁国贺，2017. 时空全域代理模型及大坝参数反演应用［D］. 北京：清华大学.

梁军，2003. 高面板堆石坝流变特性研究［D］. 南京：河海大学.

刘衡秋，胡瑞林，周宏磊，等，2010. 云南虎跳峡大塘子松散堆积体滑坡形成演化机制分析［J］. 三峡大学学报（自然科学版），32（2）：37－41.

刘杰，谢定松，2011. 我国土石坝渗流控制理论发展现状［J］. 岩土工程学报，33（5）：714－718.

刘娟，马耀，2008. 深厚覆盖层上高面板坝防渗体系设计研究［J］. 水力发电，（8）：81－83，113.

刘日，2019. 盐浸-干湿-冻融多重耦合作用下混凝土的劣化性能研究［D］. 呼和浩特：内蒙古大学.

刘迎曦，王登刚，张家良，等，2000. 材料物性参数识别的梯度正则化方法［J］. 计算力学学报，17（1）：71－77.

刘正云，顾冲时，2002. 探讨较优的土石坝变形时效模型［J］. 长江科学院院报，19（1）：21－24.

卢晓仓，王晓朋，李鹏飞，2013. 旁压试验在河床深厚覆盖层勘察中的应用［J］. 水利水电技术，44（8）：54－56，59.

陆绍俊，沈长松，邢林生，1992. 带缝重力拱坝安全监控指标拟定方法探讨［J］. 大坝与安全（2）：32－40.

罗玉龙，罗谷怀，彭华，2007. 往复式高喷技术在砂卵石堤基防渗中的应用［J］. 人民长江，38（8）：103－105，29.

吕生玺，沈振中，温续余，2008. 九甸峡混凝土面板堆石坝地震反应特性研究［J］. 中国农村水利水电（2）：88－91.

马洪琪，2011. 300m 级面板堆石坝适应性及对策研究［J］. 中国工程科学，13（12）：4－8，19.

米占宽，2001. 高面板坝坝体流变性状研究［D］. 南京：南京水利科学研究院.

米占宽，沈珠江，李国英，2002. 高面板堆石坝坝体流变性状［J］. 水利水运工程学报（2）：35－41.

苗喆，李学强，王君利，2006. 察汗乌苏水电站趾板建在深厚覆盖层上混凝土面板堆石坝设计［J］. 面板堆石坝工程，163（3－4）：94－101.

牛狄涛，2003. 混凝土结构耐久性与寿命预测［M］. 北京：科学出版社.

钮新强，2017. 高面板堆石坝安全与思考［J］. 岩土工程学报，36（1）：104－111.

彭华，陈胜宏，2002. 饱和-非饱和岩土非稳定渗流有限元分析研究［J］. 水动力学研究与进展，17（2）：253－259.

彭华娟，陈建国，2017. 双掺粉煤灰及偏高岭土对混凝土性能的影响研究［J］. 粉煤灰综合利用（6）：24－26，30.

彭鹏，单治钢，宋汉周，等，2011. 反映坝基帷幕体防渗时效的多场耦合数值模拟［J］. 岩土工程学报，33（12）：1847－1853.

邱乾勇，沈振中，王伟，2008. 深覆盖层对面板堆石坝面板变形和应力的影响［J］. 水力发电（1）：38－41.

权锋，杨伟龙，吴勇，等，2009. 公伯峡面板堆石坝三维应力变形有限元分析［J］. 电网与清洁能源，25（2）：76－80.

沈婷，李国英，李云，等，2005. 覆盖层上面板堆石坝趾板与基础连接方式的研究 [J]. 岩石力学与工程学报 (14)：2588-2592.

沈宇扬，沈振中，李佳杰，等，2020. 基于思维进化算法优化 BP 神经网络的渗透参数反演研究 [J]. 水电能源科学，38 (2)：102-105，121.

沈振中，陈小虎，温续余，等，2005. 九甸峡混凝土面板堆石坝三维流变分析研究 [J]. 中国科技论文在线.

沈振中，甘磊，2011. 西藏尼洋河多布水电站工程枢纽区三维渗流分析 [R]. 南京：河海大学.

沈振中，江沆，沈长松，2009. 复合土工膜缺陷渗漏试验的饱和-非饱和渗流有限元模拟 [J]. 水利学报 (9)：1091-1095.

沈振中，毛春梅，1994. 稳定渗流场流网的计算与自动化绘制 [J]. 河海大学学报，22 (5)：75-77.

沈振中，邱莉婷，周华雷，2015. 深厚覆盖层上土石坝防渗技术研究进展 [J]. 水利水电科技进展，35 (5)：27-35.

沈振中，张鑫，陆希，等，2006. 西藏老虎嘴水电站左岸渗流控制优化 [J]. 水利学报，37 (10)：1230-1234.

沈珠江，1994a. 土石料的流变模型及其应用 [J]. 水利水运科学研究 (4)：335-342.

沈珠江，1994b. 鲁布革心墙堆石坝变形反馈分析 [J]. 岩土工程学报 (5)：1-13.

沈珠江，左元明，1991. 堆石料的流变特性试验研究 [A] //第六届土力学基础工程学术会议论文集 [C]. 上海：同济大学出版社，443-446.

史光宇，刘牧冲，刘清利，等，2010. 西藏旁多水利枢纽坝基深厚覆盖层防渗分析论证 [J]. 东北水利水电 (7)：4-6，71.

司红云，曹邱林，郑东健，2003. 基于神经网络的大坝参数反演法 [J]. 水利与建筑工程学报 (4)：22-23，30.

宋玉才，2014. 深厚覆盖层坝基帷幕灌浆技术研究及工程应用 [D]. 武汉：武汉大学.

速宝玉，沈振中，赵坚，1996. 用变分不等式理论求解渗流问题的截止负压法 [J]. 水利学报 (3)：22-29.

孙明权，樊静，2012. 深覆盖层土石坝渗流性能分析 [J]. 山西建筑 (3)：234-236.

王登刚，刘迎曦，李守巨，等，2002. 巷道围岩初始应力场和弹性模量的区间反演方法 [J]. 岩石力学与工程学报 (3)：305-308.

王根龙，崔拥军，寿立勇，等，2006. 新疆下坂地水利枢纽坝基垂直防渗试验研究 [J]. 人民长江 (6)：59-61.

王海俊，殷宗泽，2008. 荷载作用堆石流变特性试验研究 [J]. 水利水运工程学报 (2)：49-53.

王辉，常晓林，周伟，2006. 流变效应对高混凝土面板堆石坝应力变形的影响 [J]. 岩土力学，27 (S1)：85-89.

王立成，穆林钧，邹凯，2021. 裂缝对混凝土中水分传输影响研究进展 [J]. 水利学报，52 (6)：647-658，672.

王立华，陈理达，李红彦，2004. 浆砌石坝体溶蚀评价及防治对策探讨 [J]. 水利学报 (5)：106-110.

王少伟，包腾飞，2020. 渗透溶蚀对高混凝土坝长期变形影响的数值分析 [J]. 长江科学院院报，37 (6)：62-69.

温立峰，柴军瑞，王晓，等，2015. 深覆盖层上面板堆石坝防渗墙应力变形分析 [J]. 长江科学院院报 (2)：84-91.

温立峰，范亦农，柴军瑞，等，2014. 深厚覆盖层地基渗流控制措施效果数值分析 [J]. 水资源与水工程学报 (1)：127-132.

温立峰，2018. 复杂地质条件下混凝土面板堆石坝力学特性规律统计及数值模拟 [D]. 西安：西安理工大学.

温续余，徐泽平，邵宇，等，2007. 深覆盖层上面板堆石坝的防渗结构形式及其应力变形特性 [J]. 水利学报 (2)：211-216.

吴福飞，侍克斌，董双快，等，2014. 塑性混凝土的长期渗流溶蚀稳定性试验 [J]. 农业工程学报，30 (22)：112-119.

吴梦喜，高莲士，1999. 饱和-非饱和土体非稳定渗流数值分析 [J]. 水利学报 (12)：38-42.

吴中如，沈长松，阮焕祥，1988. 论混凝土坝变形统计模型的因子选择 [J]. 河海大学学报（自然科学版），12：1-9.

夏万洪，魏星灿，杜明祝，2009. 冶勒水电站坝基超深厚覆盖层的工程地质特性及主要工程地质问题研究 [J]. 水电站设计，25 (2)：81-87.

谢晓华，李国英，2001. 成屏混凝土面板堆石坝应力应变分析 [J]. 岩土工程学报，23 (2)：243-246.

谢兴华，王国庆，2009. 深厚覆盖层坝基防渗墙深度研究 [J]. 岩土力学 (9)：2708-2712.

谢诣，2007. 面板堆石坝安全监测分析评价预报系统的研究和开发 [D]. 天津：天津大学.

邢林生，方榴声，陆绍俊，1992. 大坝安全监控指标研探 [J]. 华东电力 (4)：7-10.

徐洪钟，吴中如，李雪红，等，2003. 基于小波分析的大坝变形观测数据的趋势分量提取 [J]. 武汉大学学报（工学版），6：5-8.

徐颖，傅志敏，2021. 复合土工膜防渗土石坝渗流安全监控指标拟定 [J]. 水电能源科学，39 (1)：83-86.

徐毅，2013. 非均质无限深地基上带有微透水水平铺盖的土石坝渗流研究 [D]. 乌鲁木齐：新疆农业大学.

徐泽平，2005. 面板堆石坝应力变形特性研究 [D]. 北京：中国水利水电科学研究院.

徐泽平，2019. 混凝土面板堆石坝关键技术与研究进展 [J]. 水利学报，50 (1)：62-74.

许小东，2011. 深厚砂砾石地基墙幕结合防渗体系结构优化研究 [D]. 宜昌：三峡大学.

杨聚利，刘荣德，濮声荣，2008. 新疆下坂地水库坝址主要工程地质问题及坝址选择 [J]. 资源环境与工程，22 (S1)：28-32，54.

杨全兵，2007. 混凝土盐冻破坏机理（Ⅰ）：毛细管饱水度和结冰压 [J]. 建筑材料学报，10 (5)：522-527.

杨全兵，2012. 混凝土盐冻破坏机理（Ⅱ）：冻融饱水度和结冰压 [J]. 建筑材料学报，15 (6)：741-746.

杨志法，王思敬，冯紫良，等，2002. 岩土工程反分析原理及应用 [M]. 北京：地震出版社.

姚福海，2019. 狭窄河谷高面板堆石坝变形与堆石料细观力学性质研究 [D]. 武汉：武汉大学.

姚磊华，2005. 遗传算法和高斯牛顿法联合反演地下水渗流模型参数 [J]. 岩土工程学报 (8)：885-890.

于满满，谢谟文，杜岩，等，2014. 水库大坝渗透稳定性监控指标研究 [J]. 水利与建筑工程学报，12 (2)：26-30.

张宏强，梅郁，2008. 高陡坡面板堆石坝三维非线性有限元静力分析 [J]. 水利水电工程设计，27 (3)：11-13，51.

张家发，1997. 三维饱和非饱和稳定非稳定渗流场的有限元模拟 [J]. 长江科学院院报，14 (3)：35-38.

张开来，沈振中，甘磊，2018. 水泥基材料溶蚀试验研究进展 [J]. 水利水电科技进展，38 (6)：86-94.

张开来，沈振中，徐力群，等，2020. 考虑渗透溶蚀作用的防渗帷幕耐久性控制指标 [J]. 水利学报，51 (2)：169-179.

张乾飞，吴中如，2005. 有自由面非稳定渗流分析的改进截止负压法 [J]. 岩土工程学报，27 (1)：48-54.

张强勇，李术才，张云鹏，2005. 概率极限状态设计法在坝基工程中的应用 [J]. 人民黄河 (6)：60-62.

张文兵，任杰，杨杰，等，2019. 基于正交试验土石坝热-流耦合模型参数的敏感性分析 [J]. 西北农林科技大学学报（自然科学版），47 (1)：147-154.

张运花，李俊杰，康飞，2009. 西龙池面板堆石坝应力变形三维有限元分析 [J]. 水电能源科学，

27（3）：71-73，179.

张宗亮，2007. 超高堆石坝工程设计与技术创新 [J]. 岩土工程学报，29（8）：1184-1193.

章为民，沈珠江，1992. 混凝土面板堆石坝三维弹塑性有限元分析 [J]. 水利学报（4）：75-78.

赵宝福，姜林奇，1989. 利用置信区间法分析模拟模型的可靠性 [J]. 阜新矿业学院学报，8（2）：81-85.

赵成斌，袁洪克，李德庆，等，2007. 松散覆盖层内隐伏断层探测研究 [J]. 大地测量与地球动力学，27（2）：107-113.

赵坚，沈振中，1999. 基于渗透张量的裂隙渗流有限元计算中反常水头现象初探 [J]. 水电能源科学，17（2）：8-11.

郑东健，郭海庆，顾冲时，等，2000. 古田溪一级大坝水平位移监控指标的拟定 [J]. 水电能源科学，18（1）：16-18，31.

郑东健，顾冲时，徐世元，2001. 大坝观测资料分析的指示变量模型 [J]. 大坝观测与土工测试，25（2）：28-30.

周伟，徐干，常晓林，等，2007. 堆石体流变本构模型参数的智能反演 [J]. 水利学报，38（4）：389-394.

周新杰，孙新建，郭华世，等，2021. 神经网络响应面在堆石坝流变反演中的应用 [J]. 水力发电学报，40（3）：1-13.

宗敦峰，刘建发，肖恩尚，等，2017. 超深与复杂地质条件混凝土防渗墙关键技术 [M]. 北京：中国水利水电出版社.

左三胜，杨晓辉，2009. 放射性同位素测井技术在河床覆盖层渗透系数测试中的应用 [J]. 工程勘察，（2）：50-53.

BANAN M R，HJELMSTAD K D，1994. Parameter estimation of structures from static response. Ⅱ：Numerical simulation studies [J]. Journal of Structural Engineering，120（11）：3259-3283.

CARDE C，FRANCOIS R，TORRENTI J，1996. Leaching of both calcium hydroxide and C-S-H from cement paste：Modeling the mechanical behavior [J]. Cement and Concrete Research，26（8）：1257-1268.

GAN L，SHEN X，ZHANG H，2017. New deformation back analysis method for the creep model parameters using finite element nonlinear method [J]. Cluster Computing，20（4）：3225-3236.

GARBOCZI E J，BENTZ D P，1992. Computer simulation of the diffusivity of cement-based materials [J]. Journal of Materials Science，27（8）：2083-2092.

GAWIN D，KONIORCZYK M，PESAVENTO F，2013. Modelling of hydro-thermo-chemo-mechanical phenomena in building materials [J]. Bulletin of the Polish Academy of Sciences，61（1）：51-63.

GAWIN D，PESAVENTO F，SCHREFLER B A，2008a. Modeling of cementitious materials exposed to isothermal calcium leaching，considering process kinetics and advective water flow. Part Ⅰ：Theoretical model [J]. International Journal of Solids and Structures，45（25/26）：6221-6240.

GAWIN D，PESAVENTO F，SCHREFLER B A，2008b. Modeling of cementitious materials exposed to isothermal calcium leaching，considering process kinetics and advective water flow，Part Ⅱ：Numerical solution [J]. International Journal of Solids and Structures，45（25/26）：6241-6268.

GAWIN D，PESAVENTO F，SCHREFLER B A，2003. Modelling of hygro-thermal behaviour of concrete at high temperature with thermo-chemical and mechanical material degradation [J]. Computer Methods in Applied Mechanics and Engineering，192（13/14）：1731-1771.

GERARD B，LE BELLEGO C，BERNARD O. Simplified modeling of calcium leaching of concrete in various environments [J]. Materials and Structures，2002，35（254）：632-640.

GIODA G，SAKURAI S，1987. Back analysis procedures for the interpretation of field measurements in geomechanics [J]. International Journal for Numerical and Analytical Methods in Geomechanics，

11 (6): 555 - 583.

HEUKAMP F H, ULM F J, GERMAINE J T, 2001. Mechanical properties of calcium - leached cement pastes Triaxial stress states and the influence of the pore pressures [J]. Cement and Concrete Research, 31: 767 - 774.

KAMALI S, MORANVILLE M, LECLERCQ S, 2008. Material and environmental parameter effects on the leaching of cement pastes: Experiments and modelling [J]. Cement and Concrete Research, 38 (4): 575 - 585.

KITANIDIS P K, LANE R W, 1985. Maximum likelihood parameter estimation of hydrologic spatial processes by the Gauss - Newton method [J]. Journal of Hydrology, 79 (1 - 2): 53 - 71.

KUHL D, BANGERT F, MESCHKE G, 2004. Coupled chemo - mechanical deterioration of cementitious materials. Part Ⅰ: Modeling [J]. International Journal of Solids and Structures, 41 (1): 15 - 40.

KUHL D, BANGERT F, MESCHKE G, 2004. Coupled chemo - mechanical deterioration of cementitious materials Part Ⅱ: Numerical methods and simulations [J]. International Journal of Solids and Structures, 41 (1): 41 - 67.

LACY S J, PREVOST J H, 1987. Flow through Porous Media: A procedure for locating the free surface [J]. International Journal for Numerical & Analytical Methods in Geomechanics, 11: 585 - 601.

LAMBERT C, BUZZI O, GIACOMINI A, 2010. Influence of calcium leaching on the mechanical behavior of a rock - mortar interface: A DEM analysis [J]. Computers and Geotechnics, 37 (3): 258 - 266.

LE BELLEGO C, GERARD B G, PIJAUDIER - CABOT G, 2000. Chemo - mechanical effects in mortar beams subjected to water hydrolysis [J]. Journal of Engineering Mechanics, 126 (3): 266 - 272.

LI J, ELSWORTH D, 2010. A modified Gauss - Newton method for aquifer parameter identification [J]. Groundwater, 33 (4): 662 - 668.

LI Z, WU Z, CHEN J, et al, 2021. Fuzzy seismic fragility analysis of gravity dams considering spatial variability of material parameters [J]. Soil Dynamics and Earthquake Engineering, 140: 106439.

NAKARAI K, ISHIDA T, MAEKAWA K, 2006. Modeling of calcium leaching from cement hydrates coupled with micro - pore formation [J]. Journal of Advanced Concrete Technology, 4 (3): 395 - 407.

NEUMAN S P, FOGG GE, JACOBSON E A, 1980. A statistical approach to the inverse problem of aquifer hydrology: 2. Case study [J]. Water Resources Research, 16 (1): 33 - 58.

NGUYEN V H, NEDJAR B, TORRENTI J M, 2007. Chemo - mechanical coupling behaviour of leached concrete [J]. Nuclear Engineering and Design, 237 (20 - 21): 2090 - 2097.

PHUNG Q T, MAES N, JACQUES D, et al, 2016. Investigation of the changes in microstructure and transport properties of leached cement pastes accounting for mix composition [J]. Cement and Concrete Research, 79: 217 - 234.

PHUNG Q T, MAES N, JACQUES D, et al, 2016. Modelling the evolution of microstructure and transport properties of cement pastes under conditions of accelerated leaching [J]. Construction and Building Materials, 115: 179 - 192.

REN J, ZHANG W, YANG J, 2019. Morris sensitivity analysis for hydrothermal coupling parameters of embankment dam: A case study [J]. Mathematical Problems in Engineering, 2019: 1 - 11.

SANAYEI M, SCAMPOLI S F, 1991. Structural element stiffness identification from static test data [J]. Journal of Engineering Mechanics, 117 (5): 1021 - 1036.

ULM F, TORRENTI J, ADENOT F, 1999. Chemoporoplasticity of calcium leaching in concrete [J]. Journal of Engineering Mechanics, 125 (10): 1200 - 1211.

VAN EIJK R J, BROUWERS H J H, 1998. Study of the relation between hydrated portland cement composition and leaching resistance [J]. Cement and Concrete Research，28（6）：815 – 828.

WAN K，LI L，SUN W，2013. Solid – liquid equilibrium curve of calcium in 6 mol/L ammonium nitrate solution [J]. Cement and Concrete Research，53：44 – 50.

WAN K，LI Y，SUN W，2013. Experimental and modelling research of the accelerated calcium leaching of cement paste in ammonium nitrate solution [J]. Construction and Building Materials，40（3）：832 – 846.

YOKOZEKI K，WATANABE K，SAKATA N，et al，2004. Modeling of leaching from cementitious materials used in underground environment [J]. Applied Clay Science，26（1 – 4）：293 – 308.

ZHONG D，WANG Z，ZHANG Y，et al，2017. Fluid – solid coupling based on a refined fractured rock model and stochastic parameters：A case study of the anti – sliding stability analysis of the Xiangjiaba Project [J]. Rock Mechanics and Rock Engineering，51：2555 – 2567.

索　引

《中国水电关键技术丛书》
编辑出版人员名单

总 责 任 编 辑：营幼峰

副总责任编辑：黄会明　刘向杰　吴　娟

项 目 负 责 人：刘向杰　冯红春　宋　晓

项 目 组 成 员：王海琴　刘　巍　任书杰　张　晓　邹　静

　　　　　　　　李丽辉　夏　爽　郝　英　范冬阳　李　哲

　　　　　　　　石金龙　郭子君

《深厚覆盖层上高面板堆石坝关键技术与实践》

责任编辑：冯红春　任书杰

文字编辑：任书杰

审稿编辑：王　勤　孙春亮　柯尊斌

索引制作：陆　希

封面设计：芦　博

版式设计：芦　博

责任校对：梁晓静　黄　梅

责任印制：崔志强　焦　岩　冯　强

排　　版：吴建军　孙　静　郭会东　丁英玲　聂彦环

Contents

technology of China.

As same as most developing countries in the world, China is faced with the challenges of the population growth and the unbalanced and inadequate economic and social development on the way of pursuing a better life. The influence of global climate change and extreme weather will further aggravate water shortage, natural disasters and the demand & supply gap. Under such circumstances, the dam and reservoir construction and hydropower development are necessary for both China and the world. It is an indispensable step for economic and social sustainable development.

The hydropower engineering technology is a treasure to both China and the world. I believe the publication of the *Series* will open a door to the experts and professionals of both China and the world to navigate deeper into the hydropower engineering technology of China. With the technology and management achievements shared in the *Series*, emerging countries can learn from the experience, avoid mistakes, and therefore accelerate hydropower development process with fewer risks and realize strategic advancement. The *Series*, hence, provides valuable reference not only to the current and future hydropower development in China but also world developing countries in their exploration of rivers.

As one of the participants in the cause of hydropower development in China, I have witnessed the vigorous development of hydropower industry and the remarkable progress of hydropower technology, and therefore I am truly delighted to see the publication of the *Series*. I hope that the *Series* will play an active role in the international exchanges and cooperation of hydropower engineering technology and contribute to the infrastructure construction of B&R countries. I hope the *Series* will further promote the progress of hydropower engineering and management technology. I would also like to express my sincere gratitude to the professionals dedicated to the development of Chinese hydropower technological development and the writers, reviewers and editors of the *Series*.

Ma Hongqi
Academician of Chinese Academy of Engineering
October, 2019

river cascades and water resources and hydropower potential. 3) To develop complete hydropower investment and construction management system with the aim of speeding up project development. 4) To persist in achieving technological breakthroughs and resolutions to construction challenges and project risks. 5) To involve and listen to the voices of different parties and balance their benefits by adequate resettlement and ecological protection.

With the support of H. E. Mr. Wang Shucheng and H. E. Mr. Zhang Jiyao, the former leaders of the Ministry of Water Resources, China Society for Hydropower Engineering, Chinese National Committee on Large Dams, China Renewable Energy Engineering Institute, and China Water & Power Press in 2016 jointly initiated preparation and publication of *China Hydropower Engineering Technology Series* (hereinafter referred to as "the *Series*"). This work was warmly supported by hundreds of experienced hydropower practitioners, discipline leaders, and directors in charge of technologies, dedicated their precious research and practice experience and completed the mission with great passion and unrelenting efforts. With meticulous topic selection, elaborate compilation, and careful reviews, the volumes of the *Series* was finally published one after another.

Entering 21st century, China continues to lead in world hydropower development. The hydropower engineering technology with Chinese characteristics will hold an outstanding position in the world. This is the reason for the preparation of the *Series*. The *Series* illustrates the achievements of hydropower development in China in the past 30 years and a large number of R&D results and projects practices, covering the latest technological progress. The *Series* has following characteristics. 1) It makes a complete and systematic summary of the technologies, providing not only historical comparisons but also international analysis. 2) It is concrete and practical, incorporating diverse disciplines and rich content from the theories, methods, and technical roadmaps and engineering measures. 3) It focuses on innovations, elaborating the key technological difficulties in an in-depth manner based on the specific project conditions and background and distinguishing the optimal technical options. 4) It lists out a number of hydropower project cases in China and relevant technical parameters, providing a remarkable reference. 5) It has distinctive Chinese characteristics, implementing scientific development outlook and offering most recent up-to-date development concepts and practices of hydropower

China has witnessed remarkable development and world-known achievements in hydropower development over the past 70 years, especially the 4 decades after Reform and Opening-up. There were a number of high dams and large reservoirs put into operation, showcasing the new breakthroughs and progress of hydropower engineering technology. Many nations worldwide played important roles in the development of hydropower engineering technology, while China, emerging after Europe, America, and other developed western countries, has risen to become the leader of world hydropower engineering technology in the 21st century.

By the end of 2018, there were about 98,000 reservoirs in China, with a total storage volume of 900 billion m^3 and a total installed hydropower capacity of 350GW. China has the largest number of dams and also of high dams in the world. There are nearly 1000 dams with the height above 60m, 223 high dams above 100m, and 23 ultra high dams above 200m. There are also 4 mega-scale hydropower stations with an individual installed capacity above 10GW, such as Three Gorges Hydropower Station, which has an installed capacity of 22.5 GW, the largest in the world. Hydropower development in China has been endeavoring to support national economic development and social demand. It is guided by strategic planning and technological innovation and aims to promote project construction with the application of R&D achievements. A number of tough challenges have been conquered in project construction and management, realizing safe and green development. Hydropower projects in China have played an irreplaceable role in the governance of major rivers and flood control. They have brought tremendous social benefits and played an important role in energy security and eco-environmental protection.

Referring to the successful hydropower development experience of China, I think the following aspects are particularly worth mentioning. 1) To constantly coordinate the demand and the market with the view to serve the national and regional economic and social development. 2) To make sound planning of the

Informative Abstract

This book is one of the series of *China Hydropower Engineering Technology series*, a project founded by National Publication Fund. This book is based on the construction and R&D experiences of concrete face rockfill dams (CFRDs) for a number of large and medium-sized hydropower projects. It focuses on the key technical issues in the investigation, design, construction and operation of 100 m-scale CFRDs built on thick overburden foundations, as well as the theoretical researches and engineering practices of high CFRDs on thick overburden. POWERCHINA Northwest Engineering Corporation Limited, Hohai University and Sinohydro Foundation Engineering Co., Ltd. have jointly worked in this field for more than 20 years, and have made a series of important theoretical and technological breakthroughs based on theoretical research, modelling test, numerical simulation, monitoring analysis and prediction, and these technological achievements have been applied to more than 10 large water conservancy and hydropower projects at home and abroad.

This book is a valuable reference for engineers and technicians involved in the design, construction and scientific research of water conservancy and hydropower projects, and also a good guide for graduate students of related majors.

China Hydropower Engineering Technology Series

Key Technology and Practice of High Concrete Face Rockfill Dams on Deep Overburden

Zhou Heng　Lu Xi　Shen Zhenzhong　et al.

中国水利水电出版社

China Water & Power Press

· Beijing ·